MINISTÈRE DES TRAVAUX PUBLICS

ÉTUDES

DES

GÎTES MINÉRAUX

DE LA FRANCE

PUBLIÉES SOUS LES AUSPICES DE M. LE MINISTRE DES TRAVAUX PUBLICS
PAR LE SERVICE DES TOPOGRAPHIES SOUTERRAINES

BASSIN HOUILLER ET PERMIEN

DE BRIVE

FASCICULE I

STRATIGRAPHIE

PAR

M. GEORGES MOURET

INGÉNIEUR EN CHEF DES PONTS ET CHAUSSÉES

AVEC UNE CARTE GÉOLOGIQUE AU 320,000ᵉ

PARIS

IMPRIMERIE NATIONALE

M DCCC XCI

BASSIN HOUILLER ET PERMIEN

DE BRIVE

MINISTÈRE DES TRAVAUX PUBLICS

ÉTUDES

DES

GÎTES MINÉRAUX

DE LA FRANCE

PUBLIÉES SOUS LES AUSPICES DE M. LE MINISTRE DES TRAVAUX PUBLICS
PAR LE SERVICE DES TOPOGRAPHIES SOUTERRAINES

BASSIN HOUILLER ET PERMIEN

DE BRIVE

FASCICULE I

STRATIGRAPHIE

PAR

M. GEORGES MOURET

INGÉNIEUR EN CHEF DES PONTS ET CHAUSSÉES

AVEC UNE CARTE GÉOLOGIQUE AU 320,000ᵉ

PARIS

IMPRIMERIE NATIONALE

M DCCC XCI

STRATIGRAPHIE

DES DÉPÔTS PERMIENS ET HOUILLERS

DES ENVIRONS DE BRIVE.

INTRODUCTION.

Un coup d'œil jeté sur la carte géologique de la France permet de distinguer, dans la région du Plateau central, deux genres de bassins houillers.

Les uns occupent l'intérieur même du Plateau; on les a considérés comme des remplissages de lacs isolés; il semble cependant que ces dépôts aient été jadis continus et qu'ils aient rempli de longues dépressions, presque rectilignes, de largeur irrégulière, étroites et profondes, sortes de canaux qui traversaient la région centrale d'un bord à l'autre; les érosions n'ont plus laissé subsister que des témoins de ces dépôts autrefois plus épais, après avoir fait disparaître les terrains moins anciens qui, jusqu'alors, les avaient protégés contre la dénudation.

Les autres bassins sont des bassins littoraux, distribués sur le pourtour actuel du massif cristallin; ils sont, en général, plus développés, débutent par des couches plus anciennes et sont recouverts souvent encore par les sédiments permiens que les affaissements successifs qui se sont produits autour du horst central ont soustrait, en partie, aux actions d'érosion.

Dans la Corrèze, le bassin d'Argentat est un exemple de bassin intérieur, et le bassin houiller et permien de Brive est un exemple de bassin littoral.

Si j'emploie le mot bassin pour l'appliquer à des dépôts permiens, je ne prétends pas, par là, limiter l'aire d'extension ancienne de ces dépôts. Je crois que, tandis que les dépôts houillers ont toujours été localisés, ce qui est sans doute la cause de leur facies spécial, les dépôts permiens se sont faits sur des surfaces considérables, s'étendant peut-être sur la majeure partie de la France centrale et orientale.

Il reste encore des traces nombreuses de cette grande extension des grès rouges.

Depuis les dépôts étendus de Russie et d'Allemagne, le permien se suit, jusqu'en France, par les bassins de la Sarre et de la Forêt Noire.

On le retrouve dans les Vosges, puis sur le bord septentrional du Plateau central, entre l'Autunois et le Bourbonnais ; l'affleurement permien de la Serre, près Auxonne, fait présumer la continuité du dépôt de Ronchamp, dans les Vosges, et des dépôts du Centre [1]. Au delà du Bourbonnais, le permien disparaît, et les grès secondaires, puis les couches du lias recouvrent directement les schistes cristallins.

Dans le Midi, on observe une extension symétrique de celle du Nord. Les dépôts permiens d'Italie se prolongent en France par ceux du Var, puis réapparaissent sur la bordure sud du Plateau central entre Largentière et Brive, s'étendant plus au sud, autour de la Montagne-Noire, à Lodève.

Le bassin de Brive est un des bassins permiens les plus étendus de la région du Midi, mais il n'occupe pas cependant une surface égale à celle du bassin de la Sarre. Il offre un assez grand intérêt géologique, parce qu'on y observe facilement le passage graduel du houiller au permien et que les dépôts houillers les plus récents tendent à prendre, comme dans le bassin de la Sarre, un facies permien.

Les dépôts permiens de Brive affleurent sur un espace étendu, en forme de fer de lance ; c'est la région connue sous le nom de Bas-Limousin, en raison de son altitude peu élevée par rapport à celle du Plateau central, ou Limousin. Elle s'étend sur une petite partie des départements de la Dordogne et de la Corrèze. L'orientation générale du bassin est celle des plissements du massif cristallin, du nord-ouest au sud-est. La pointe extrême sud-est est à Tudeils, près Beaulieu ; la base est à Hautefort.

Au nord et au nord-ouest, les affleurements permiens sont limités par le Plateau central, au sud-ouest par les plateaux jurassiques de Martel et Cres-

---

[1] Fournet, *De l'extension des terrains houillers sous les formations secondaires et tertiaires de diverses parties de la France*, p. 241, 1855. — Coquand, *Mémoire géologique sur la présence du terrain permien dans le département de Saône-et-Loire*, etc. — Delafond, *Observations sur le bassin de Blanzy et du Creusot*, p. 6.

sensac, à l'ouest par une apophyse isolée du Plateau central, apophyse qui constitue le massif cristallin de Terrasson.

Le terrain permien, dans toute cette étendue, est peu recouvert, et la nature accidentée du pays en facilite l'étude. Le recouvrement le plus important est formé par les grès secondaires (trias et grès à *Avicula contorta*), au sud de Brive. Il existe aussi quelques témoins jurassiques formant les crêtes situées entre Hautefort et Yssandon.

Dans la petite carte au 1/320,000 que j'annexe à ce mémoire, j'ai supposé que les dépôts secondaires et tertiaires étaient enlevés, afin de mieux mettre en évidence l'allure des couches permiennes. Pour plus de détails, je renverrai aux feuilles géologiques au 1/80,000 de Brive[1] et de Tulle[2], qui comprennent la totalité du bassin permien de Brive. Quant au bassin d'Argentat, il est à cheval sur les feuilles de Brive et d'Aurillac (publiées).

Les régions du sud-ouest du Plateau central et particulièrement les environs de Brive sont peut-être les régions les moins connues de la France au point de vue géologique, et je ne puis citer que deux noms se rattachant à la géologie du pays, ceux de de Boucheporn et de Dufrénoy.

De Boucheporn, ingénieur au corps des mines, était chargé de la carte géologique du département de la Corrèze, mais ses explorations sur le terrain paraissent avoir été très sommaires. Il a publié un texte qui contient beaucoup plus d'aperçus théoriques que de faits, et une carte assez peu exacte. Il a su cependant, dans son texte[3], distinguer exactement l'âge des différents grès du Bas-Limousin. Il établit dans ces grès deux grandes subdivisions[4] : 1° les grès inférieurs, colorés, qui appartiennent au terrain houiller proprement dit et à la formation des grès rouges; 2° les grès supérieurs, peu colorés, qui reposent en discordance sur les premiers; ces grès, qui ont eu à subir beaucoup moins de mouvements que les grès inférieurs, doivent, d'après de Boucheporn, être rattachés à l'étage des grès bigarrés triasiques.

La distinction ainsi faite entre les grès houillers, les grès rouges et les grès du trias est parfaitement fondée, et l'on peut donc dire que de Boucheporn a été le premier à signaler l'existence du permien au sud du Plateau central et à noter la discordance du trias sur le permien.

[1] Publiée.
[2] En préparation.
[3] *Explication de la carte géologique de la Corrèze*, 2ᵉ édit., p. 58 à 96.
[4] Pages 59-60.

Mais, dans son travail, les erreurs de détails sont nombreuses : il n'a pas su séparer les grès rouges permiens des grès houillers et des grès rouges permo-houillers, et il a confondu avec les grès houillers les grès gris et schistes bitumineux de la base du permien.

Cette confusion n'a pas été sans avoir une influence fâcheuse dans le domaine des applications pratiques, car beaucoup de recherches de houille ont été faites dans ces grès permiens non seulement parce qu'ils contenaient des couches de couleur noire, mais encore et surtout parce qu'on les appelait grès houillers.

Dans la suite de son texte, comme aussi sur sa carte, de Boucheporn ne s'est pas conformé à la distinction si nette qu'il avait établie entre les grès rouges et les grès du trias, et il a décrit la plupart des grès rouges sous le nom de grès bigarrés [1].

Dufrénoy, dans l'explication de la carte géologique de France [2] et sur la carte elle-même, a reproduit les erreurs de Boucheporn ; il y a ajouté une autre erreur, en faisant passer les grès rouges, partie dans les grès houillers, partie dans les grès permiens, suivant que la teinte de ces grès est d'un rouge uniforme, ou d'un rouge bigarré de vert. Il a supprimé ainsi à Brive le terrain permien, comme il l'a fait sur tout le reste du pourtour du Plateau central.

Dufrénoy a reconnu l'existence d'un niveau calcaire dans les grès rouges, niveau qu'il a assimilé au muschelkalk, bien que ce calcaire soit un produit de source, et nullement un calcaire marin. Il a signalé, de plus, la présence fréquente d'un conglomérat à la base des grès rouges.

D'Archiac [3] n'a rien ajouté à la connaissance des terrains de grès de Brive et n'a pas rectifié les assimilations erronées faites par les auteurs de la carte géologique.

Depuis l'époque à laquelle a été publiée l'*Histoire des progrès de la géologie*, aucun géologue n'a laissé de trace de son passage dans la région, et la seule publication géologique relative à la Corrèze est une nouvelle édition du texte et une réduction de la carte de Boucheporn, dues à l'initiative éclairée de M. de Lépinay, ingénieur en chef des ponts et chaussées.

---

[1] Tome II, p. 89 à 92. — Grès de Donzenac, Voutezac, Allassac, Juillac, Objat, Yssandon, Villac, etc.

[2] *Explication de la carte géologique de France*, t. I, p. 618 ; t. II, p. 134.

[3] *Histoire des progrès de la géologie*, t. VIII, p. 171 et suiv.

A la suite de mes premières explorations dans le voisinage immédiat de Brive, j'ai fait connaître en 1879, dans un mémoire inséré au *Bulletin de la Société archéologique de Brive* [1], la succession détaillée des terrains de la région.

Je rappelle ici cette succession :

7. *Argiles de Stolan ;*
6. *Grès de la Bitarelle ;*
5. *Grès de Meyssac ;*
4. *Grès et argiles de Brive ;*
3. *Grès du Gourd-du-Diable, avec calcaire à la base ;*
2. *Grès de Grand-Roche ;*
1. *Grès de la Saulière et grès houillers.*

Depuis, mes explorations, faites en vue de la carte au 1/80,000, se sont étendues à tout le bassin et n'ont fait que confirmer l'exactitude de la coupe ci-dessus ; je crois toutefois devoir en modifier la forme, afin de tenir compte des désignations locales. Les différents étages seront, en conséquence, décrits, dans le présent travail, sous les noms suivants :

Grès rouges supérieurs.
7. GRÈS DE LA RAMIÈRE (*argiles de Stolan*).
6. GRÈS DE MEYSSAC (*grès de la Bitarelle*).
5. GRÈS DE GRAMMONT (*grès de Meyssac*).
4. GRÈS ET ARGILES ROUGES DE BRIVE (*grès et argiles de Brive*).

Couches à Walchia et à poissons.
3. GRÈS À WALCHIA
2. CALCAIRE DE SAINT-ANTOINE
(*grès du Gourd-du-Diable*).

Permo-houiller......
1. GRÈS ROUGES INFÉRIEURS ET GRÈS HOUILLERS (*grès de Grand-Roche, de la Saulière et grès houillers*).

Les grès houillers sont contemporains, comme je le montrerai, tout au moins de la base des grès rouges inférieurs ; la flore observée dans ces grès houillers est celle du terrain houiller supérieur, et M. Grand'Eury les place au niveau des couches les plus élevées de ce terrain (étage des Calamodendrées) ; d'autre part, il existe quelques niveaux très localisés à faciès houiller, intercalés à diverses hauteurs dans les grès rouges qui forment la masse du permo-houiller. Ces niveaux houillers contiennent, avec un grand nombre d'espèces houillères, quelques espèces réputées permiennes. L'étage n° 1 représente donc bien les couches de passage du houiller au permien, désignées

---

[1] *Esquisse géologique des environs de Brive.* Paris, Savy, 1880.

par M. Grand'Eury, mais seulement à titre d'étage provisoire, sous le nom d'étage permo-carbonifère [1]; comme ce mot est plus généralement appliqué au système du carbonifère et du permien [2], je préfère y substituer l'expression *permo-houiller*.

Les *grès à Walchia* et les *calcaires* qui s'y rattachent représentent la base du permien; les grès contiennent une flore très nettement permienne, avec abondance de *Walchia*; les calcaires comprennent des schistes avec débris de poissons.

Les *grès rouges de Brive* et les couches qui les surmontent représentent les grès rouges permiens, c'est-à-dire le Rothliegende supérieur des Allemands. Les grès de la Ramière peuvent être contemporains du Zechstein.

Dans le présent travail, je me suis placé à un point de vue exclusivement stratigraphique. M. Zeiller, ingénieur en chef des mines, qui a déjà publié une étude sur les empreintes végétales que j'ai recueillies jadis [3], a bien voulu se charger de traiter le côté paléontologique; c'est à lui que je dois toutes les déterminations d'espèces végétales qui seront citées dans le cours du mémoire.

Les roches qui composent les sédiments houillers et permiens sont, en très grande partie, d'origine détritique; elles sont alors arénacées ou argileuses, jamais calcaires, et ont été empruntées exclusivement aux roches cristallines de la région.

Les roches arénacées comprennent, en premier lieu, des conglomérats qui sont tantôt sous la forme de poudingues, tantôt sous la forme de brèches, tantôt sont composés à la fois de fragments roulés et anguleux. J'aurai toujours soin de distinguer chacune de ces espèces de roches, et je réserverai le nom de conglomérat aux roches comprenant à la fois des galets et des fragments anguleux. Ces distinctions ont une certaine importance. Les poudingues peuvent avoir un lieu de provenance assez éloigné et ils ont été déposés sous l'eau, car ils contiennent des grès et des schistes ou des amas sableux. Les brèches ont été, au contraire, presque toujours formées sur place (je parle des brèches du permo-houiller de Brive) et à un niveau peut-être supérieur au niveau permanent des eaux, au moment de la formation du terrain. Je les

---

[1] *Mémoire sur la flore carbonifère du département de la Loire et du centre de la France*, p. 499-500.

[2] De Lapparent, *Traité de géologie*, 1re édit., p. 730.

[3] *Note sur quelques plantes fossiles du terrain permien de la Corrèze.* — Voir aussi Zeiller, *Détermination des étages houillers à l'aide de la flore fossile.*

comparerais plus volontiers à des éboulis; elles sont, en effet, très semblables aux éboulis que forme actuellement le ruissellement des eaux pluviales sur les revers des coteaux rocheux et incultes.

Les grès sont toujours des grès quartzeux, c'est-à-dire à grains de quartz. Mais j'appliquerai plus spécialement le mot grès quartzeux à des grès dans lesquels le ciment est peu apparent, par opposition aux grès argileux, à ciment abondant. Les grès peuvent aussi contenir des grains de feldspath, ou d'amphibole, empruntés aux roches cristallines voisines; ces grès feldspathiques et amphiboliques ont toujours peu d'extension et ne forment jamais la masse d'un terrain.

Les grès contiennent presque toujours du mica. Quand le mica est abondant et que l'apport a été fait par des eaux à courant lent, les paillettes se sont orientées, et le grès est schisteux, en plaquettes ou en dalles.

Le ciment est toujours argileux; je ne comprends, comme ciment, que les matières contemporaines du dépôt des éléments clastiques. La proportion en est variable, et les roches houillères et permiennes présentent tous les passages depuis les grès quartzeux jusqu'aux argiles; mais ce sont toujours des psammites. Je n'emploierai toutefois ce dernier mot que pour désigner les roches sableuses à grain un peu fin, très micacées et argileuses. Les argiles sont toujours arénacées, et sont rarement plastiques; elles sont presque toujours micacées, et par conséquent schisteuses.

J'appliquerai le mot *schiste* aux roches formées par une alternance de petits lits arénacés et d'argiles schisteuses arénacées.

Je ferai remarquer qu'on a souvent employé le mot marne pour désigner les couches argileuses arénacées permiennes. J'emploierai exclusivement le mot argile, car les roches en question ne contiennent aucun élément calcaire.

Les bancs rocheux de grès houillers et surtout les bancs rocheux permiens n'ont jamais qu'une assez faible extension, et le même banc rocheux passe latéralement, suivant les points, au schiste, au psammite ou à l'argile. Ces bancs ne constituent donc que de vastes lentilles, et le fait est très général, car il a été constaté par tous les auteurs qui ont eu à décrire les sédiments permiens.

Outre l'élément clastique et grenu et le ciment, tous les deux de provenance continentale, les roches permiennes contiennent presque toujours, en plus faible quantité, des matières d'origine chimique. Les unes ont été formées au moment du dépôt et sont plus ou moins ferrugineuses ou siliceuses; d'autres sont postérieures au dépôt, et c'est ainsi que des venues siliceuses, probablement triasiques, ont, en divers points, consolidé les roches, poudingues et grès. Ces venues siliceuses sont loin d'avoir, dans le bassin de Brive, l'importance qu'elles ont dans certaines régions du centre de la France.

Mais le trait le plus saillant des grès et argiles permiennes, c'est la coloration rouge lie de vin, rougeâtre ou violacée, qui donne aux roches ce que l'on peut appeler le facies permien; cette coloration résulte d'un phénomène chimique qui s'est opéré dans le ciment de la roche, quelquefois postérieurement, presque toujours au moment même du dépôt, sous l'action des matières ferrugineuses carbonatées tenues en dissolution dans les eaux; l'origine de cette coloration n'est donc pas continentale, elle est hydrothermale.

Parfois, la coloration est verte ou verdâtre, et elle est alors souvent due à des phénomènes de décoloration postérieurs au dépôt, et, dans ce cas, elle est en relation avec les lits et joints du terrain. Dans les cas contraires, elle est uniquement en rapport avec la stratification, et c'est alors que je désignerai le terrain sous le nom de grès bariolés ou bigarrés, ou argiles bigarrées, sans vouloir pour cela les assimiler, comme l'ont fait de Boucheporn et Dufrénoy, aux grès bigarrés du trias. La ressemblance de facies prouve seulement que la sédimentation du trias s'est faite exactement, en bien des cas, dans les mêmes conditions que celles des grès bariolés du permien.

Certains schistes sont imprégnés de bitume, et la proportion de bitume est surtout forte dans les schistes à grain très fin et très feuilletés; leur coloration est alors parfaitement noire. Ils ne forment jamais, dans la région de Brive, que des lits de quelques centimètres d'épaisseur, qui ont presque toujours été confondus avec les lits de houille, bien que leur origine en soit peut-être très différente.

Mais il y a aussi, dans les grès de Brive, des dépôts formés de résidus végétaux à l'état de houille. Le plus souvent, la houille est en lits de quelques centimètres d'épaisseur; quelquefois, elle se réduit à des fragments d'écorces carbonisés. On observe aussi des schistes charbonneux et des grès charbonneux. Les grès de Brive sont d'ailleurs fort pauvres en houille, et nullement comparables, à ce point de vue, aux grès de Decazeville, de Commentry ou même d'autres bassins moins favorisés.

En résumé, et simplement pour la commodité du langage, j'établirai trois grandes divisions minéralogiques dans les grès et psammites du bassin de Brive :

1° Les *grès et schistes à facies houillers*. Ces grès ne présentent pas la coloration rouge et ne sont pas bigarrés : ce sont des grès gris ou blancs à grains généralement un peu gros, plus ou moins ferrugineux, solides ou sableux. Les schistes sont gris, noirâtres ou noirs, fins ou grossiers. Les schistes grossiers sont les plus fréquents; les schistes fins sont noirâtres. Ces grès et schistes houillers ne se présentent que dans les couches inférieures du bassin, c'est-à-dire dans l'étage n° 1.

2° Les *grès et schistes gris* (*facies Autunien*). Le grain est souvent plus fin que celui des grès dits houillers; ils sont plus souvent micacés, schisteux et mieux stratifiés. Leur teinte est le gris jaunâtre ou le gris verdâtre. Les schistes sont gris jaunâtres, jamais noirs ni solides comme certains schistes houillers. Ces roches forment un niveau assez constant (niveau des grès à *Walchia*), mais elles existent aussi à des niveaux plus bas et plus élevés.

3° Les *grès rouges et les argiles rouges*, ou simplement les *grès rouges* (*facies permien*). Ce sont des psammites gréseux ou argileux, de teinte rouge, verdâtre ou bigarrée, très micacés, généralement peu solides. Ces roches sont les plus abondantes et celles qui impriment à la topographie et à la végétation leurs caractères particuliers. Il m'arrivera peut-être parfois de réunir les grès gris et rouges, pour les opposer aux grès houillers, en les désignant sous le nom de *grès permiens*. Mais, par ces noms de grès houillers et de grès permiens, je ne chercherai alors à différencier que des facies, des modes de sédimentation, sans vouloir établir des distinctions d'âge. Dans le bassin de Brive, on peut d'ailleurs poser en fait que, si les couches d'âge houiller ou permo-houiller peuvent contenir des grès à facies permien, les couches d'âge permien ne contiennent jamais de grès à facies houiller.

Les terrains du bassin de Brive comprennent quelques couches formées entièrement ou partiellement de sédiments d'origine chimique. Ce sont des calcaires de teinte noirâtre, verdâtre ou rosée, compactes, sans grain apparent. L'analyse chimique accuse une grande proportion de carbonate de chaux, avec un peu de magnésie, et la teinte noire paraît due à des sels de fer. Je n'ai pas trouvé dans ces roches trace d'organismes.

Ces calcaires forment souvent des bancs épais et réguliers, massifs ou schisteux, alternant avec des couches gréseuses et schisteuses imprégnées de calcaire. L'épaisseur des bancs varie de 0^m,20 à 0^m,80, plus souvent de 0^m,30 à 0^m,40. Parfois, les bancs deviennent noduleux, et l'on observe aussi très fréquemment, au milieu des grès, des lits de nodules ou rognons calcaires, dont la teinte est alors claire, verdâtre ou rosée. Les nodules peuvent

2

être encore disposés par veines, ce qui indique qu'il ne s'agit que de roches formées par concrétions, grâce à la composition des eaux.

Tous ces calcaires sont des dépôts de source et ne sont nullement comparables aux calcaires du Zechstein ou du muschelkalk.

En fait de fossiles, je n'ai jamais rencontré dans les roches houillères et permiennes de Brive de restes de vertébrés, autres que des écailles de poissons assez fréquentes dans certains schistes Autuniens à différents niveaux. Les grès et schistes houillers et les grès et schistes gris contiennent beaucoup plus fréquemment des empreintes de plantes, ou des fragments de tiges, d'écorces, ou de troncs d'arbres. On n'observe que très rarement des végétaux silicifiés, ou des végétaux ligniteux; le grès s'est toujours substitué au tissu végétal, sauf pour certaines couches d'écorce.

Les grès rouges ne présentent jamais rien qu'on puisse rattacher avec certitude à des impressions végétales. On y observe cependant, sur les lits, des traces variées. Les plus communes sont semblables aux traces laissées par des gouttes de pluie; il est évident cependant qu'elles n'ont pas une telle origine. D'autres rappellent des empreintes de tiges, et peut-être le sont-elles réellement. Enfin on observe des vermiculures [1] et autres irrégularités, dues probablement à des traces ou pistes d'annélides.

Le premier chapitre du présent mémoire est consacré à la description du bassin d'Argentat, et j'en profite pour donner quelques indications sur les affleurements houillers des environs de Figeac ainsi que sur les divers lambeaux houillers qui, avec celui d'Argentat, représentent les dernières traces d'une longue traînée houillère, emportée en grande partie par les érosions.

Les chapitres II, III, IV et V ont trait uniquement à la description générale des couches du bassin de Brive; ils ne contiennent que des questions de fait.

Dans le chapitre VI, j'examine les conséquences qu'on peut déduire des faits exposés dans les chapitres précédents, quant à l'histoire de la période houillère et permienne dans le bassin. J'ai dû, nécessairement, dans ce chapitre, faire une certaine place aux hypothèses.

Au chapitre VII, je fais connaître les mouvements qui ont affecté les couches houillères et permiennes depuis les derniers dépôts permiens jusqu'à l'époque actuelle.

---

[1] Cf. Boisse, *Esquisse géologique du département de l'Aveyron*, p. 146.

La comparaison du bassin de Brive avec les autres bassins du sud du Plateau central fait l'objet du chapitre VIII. J'aurais désiré étendre plus en détail cette comparaison aux bassins du Nord, mais ceux-ci, en raison des difficultés d'observations, ne sont pas encore connus, au point de vue stratigraphique, avec autant de précision que les bassins du Sud, et les éléments de comparaison sont, dans une certaine mesure, insuffisants.

Dans le même chapitre, je résume la comparaison faite, en une vue d'ensemble, des bassins, et j'ajoute quelques considérations théoriques sur les conditions générales probables de la sédimentation houillère et permienne dans le centre de la France. J'indique aussi quelques données stratigraphiques qui peuvent intervenir pour déterminer le choix d'une limite entre l'époque houillère et l'époque permienne, sans attacher, d'ailleurs, une trop grande importance à ce genre de question. Les progrès de la géologie tendent, en effet, à effacer toutes limites tranchées entre les périodes successives et à rétablir dans la succession des couches et des organismes la continuité qui existe déjà dans le temps.

La seconde partie du mémoire fait connaître en détail les faits résumés dans les cinq premiers chapitres et le chapitre VII.

Le mémoire a été rédigé en 1890.

PREMIÈRE PARTIE.

DESCRIPTION GÉNÉRALE.

CHAPITRE PREMIER.

BASSIN D'ARGENTAT.

Le bassin d'Argentat est un dépôt purement houiller, dépourvu de sédiments à faciès permien. Connu aussi sous le nom de bassin de Saint-Chamans, il est situé sur le territoire des communes d'Argentat et de Saint-Chamans (feuilles de Brive et d'Aurillac).

L'étude de ce bassin ne présente guère d'intérêt, si elle n'est rattachée à l'étude d'ensemble des affleurements houillers voisins qui appartiennent à la même traînée ou chenal houiller. Ceux-ci n'ont pas encore fait l'objet d'études stratigraphiques de détail, et je me contenterai de donner ici quelques brèves indications sur l'allure générale des divers dépôts et d'indiquer leurs relations avec les plissements des couches cristallines et les venues de roches éruptives liées à ces plissements.

Bassin d'Argentat. — De Boucheporn [1] considère les dépôts houillers d'Argentat comme ayant rempli le fond d'un ancien lac, et ne s'étant isolés sur la crête des mamelons que par suite de la dénudation postérieure. Ce mode de formation, d'après le même auteur, est prouvé par la constitution des dépôts formés par un conglomérat à fragments de schistes micacés empruntés au terrain sous-jacent. Ces observations de Boucheporn sont exactes et prouvent

---

[1] *Op. cit.*, p. 74 et suiv.

que le bassin de Saint-Chamans est comparable, sauf sous le rapport de la grandeur, au bassin de Commentry qui a fait l'objet des belles études de M. Fayol[1].

De Boucheporn attribue au terrain houiller d'Argentat une épaisseur de 10 à 15 mètres, et il y signale quelques couches de houille de très faible épaisseur.

Dufrénoy[2] fait remarquer que le poudingue qui constitue, en partie, le dépôt houiller, est le produit d'une agglomération de fragments anguleux de micaschistes rougeâtres, et qu'il se présente à la base du dépôt, au contact du substratum cristallin.

Je passe maintenant à l'exposé des résultats de mes explorations, en faisant remarquer que l'insuffisance des travaux d'exploitation ne permet pas de se rendre un compte bien fidèle de l'allure exacte des divers bancs.

Les affleurements houillers d'Argentat s'étendent depuis le Branchadel au nord jusqu'à la plaine d'Argentat au sud (feuilles de Brive et d'Aurillac), sur une longueur de cinq kilomètres et une largeur qui ne dépasse pas 1,500 mètres; la direction générale de l'affleurement est celle du méridien.

Les dépôts houillers reposent sur les micaschistes (étage ζ^2), sauf entre Benet et Memmeux où la leptynite d'Argentat forme le substratum, comme elle le forme aussi à la limite sud du dépôt.

Il existe des traces d'une extension plus grande du bassin. Ce n'est pas au sud, car bien que les dépôts se soient certainement prolongés dans cette direction, le creusement de la vallée de la Dordogne les a fait disparaître complètement; c'est au nord, dans la partie haute du vallon du Grand-Rieux (vallon de Gardille), que l'on constate encore, en beaucoup de points, la trace des anciens dépôts par la coloration des micaschistes. Il existe même un petit dépôt très mince, au sud-sud-est de la Grèze. Plus au nord, vers Saint-Paul, les micaschistes ont subi quelques altérations que je serais porté à attribuer encore aux phénomènes qui ont accompagné les dépôts houillers.

Au sud du bassin, les hauteurs de Belair sont formées par le micaschiste qui paraît être en place, mais qui a subi quelques altérations et remaniements.

Tout autour du puy, les dépôts houillers discontinus forment de minces

____

[1] *Études sur le terrain houiller de Commentry*, 1re partie.
[2] *Op. cit.*, t. 1, p. 624.

placages sur les revers escarpés du coteau et se prolongent au sud, sur la crête, par des lambeaux aussi isolés.

Ces dépôts sont formés par des grès et des poudingues dont les galets sont, à l'ouest, empruntés aux leptynites. J'ai constaté, de ce côté, la succession suivante de haut en bas :

3. Brèche;
2. Grès schisteux;
1. Poudingue, reposant sur le micaschiste.

Les brèches houillères, en ces points, sont très probablement de véritables éboulis anciens, formés à flanc de coteau par le simple ruissellement des eaux pluviales. Il est même parfois difficile de séparer une brèche houillère d'un éboulis moderne; c'est seulement le degré de compacité, la solidité, et parfois la présence de quelques galets, ou d'amas sableux, qui différencient l'éboulis houiller. La superposition d'une brèche houillère à des grès et à des poudingues, c'est-à-dire à des dépôts entièrement faits sous l'eau, ne peut s'expliquer que par des variations dans le niveau des eaux du bassin et dans le régime des petits ravins affluents.

Au nord des hauteurs de Belair, les dépôts houillers sont continus et présentent leur épaisseur maximum, qui paraît dépasser 20 mètres. Ils sont alors sous forme de grès alternant avec des couches schisteuses; c'est là qu'existent les couches de houille, plus ou moins horizontales; elles occupent donc la partie centrale du bassin.

Au nord du Petit-Roc, les grès et schistes font place à un conglomérat formé de fragments anguleux empruntés aux micaschistes. Ce n'est que bien rarement qu'on rencontre un galet, ou un amas sableux ou gréseux, et il n'est pas toujours évident que l'on se trouve plutôt dans un dépôt houiller que dans un éboulis moderne. Il se peut même que le substratum soit à nu en certains points et que l'affleurement que nous avons figuré comme continu sur la carte au 1/80,000 présente des lacunes, particulièrement sur les versants.

Les dépôts houillers occupent le fond du vallon, sous le Branchadel, en même temps qu'ils couvrent les hauteurs, hauteurs dont l'altitude est supérieure de 150 mètres à celle du thalweg; cependant l'épaisseur de ces dépôts, loin d'atteindre 150 mètres, ne doit guère dépasser 10 à 12 mètres. On observe en effet bien visiblement, au sud du Branchadel, un gros banc poudingiforme très solide, dont l'inclinaison est égale à la déclivité du terrain; c'est donc la même couche qui affleure sur le faîte et au thalweg.

On ne peut attribuer ces plongements à des mouvements de plissements postérieurs au dépôt des couches, puisque les affleurements ne se prolongent pas dans la direction de ces apparences de plissement. Il n'existe d'ailleurs aucune trace de faille ou de dislocation importante des couches; les travaux d'exploitation ont permis de constater seulement quelques faibles rejets. D'autre part, le plongement n'est que de 20 degrés, et M. Fayol a montré que l'inclinaison peut atteindre 45 degrés, sans qu'il soit nécessaire d'invoquer un mouvement du sol pour l'expliquer. Il est donc de toute évidence que les dépôts d'Argentat se sont faits sur un sol très accidenté, et la composition même de ces dépôts, brèche ou poudingue, confirme cette conclusion, qui est aussi celle de Boucheporn.

Il y avait, au moment où les dépôts ont commencé, deux dépressions, deux vallons, dus à l'érosion. L'un correspond à peu près au vallon du Branchadel, mais il possède une direction plus voisine du méridien, à peu près celle des couches des schistes cristallins; il a été rempli par des poudingues, au-dessous de la surface permanente primitive des eaux, et des brèches se sont formées sur les flancs du vallon, au-dessus de cette surface.

Le second vallon, moins profond mais plus large, est situé à l'ouest, entre les hauteurs de l'Écharavel et celles de Belair. Il présente la même direction que celle du premier vallon. Il a été rempli, dans la partie centrale, par des sédiments plus fins et assisés, grès, schistes et houille. Les flancs sont toujours recouverts par les éboulis houillers.

Les deux dépressions étaient séparées par la crête qui s'étend de Memmeux jusqu'au point (431), crête qui a cependant été recouverte, au moins en partie, par les conglomérats; au sud, elles devaient se réunir.

Les hauteurs de Belair formaient, au début, une sorte d'île au milieu de l'ensemble du bassin, car elles sont encore entourées de tous côtés par des affleurements houillers.

Le prolongement du chenal central est au sud; le dernier lambeau houiller, au sud, est en effet à peu près à l'altitude de 260 mètres, tandis qu'au nord, le fond du chenal, sous le Branchadel, est à l'altitude de 320 mètres environ.

Il convient de noter que les micaschistes et les leptynites, à l'emplacement des dépôts houillers aujourd'hui enlevés par les érosions, sont presque toujours modifiés, et que la modification se traduit le plus souvent par une coloration rouge et violacée, et quelquefois même, comme au sud de la Grèze, par une structure spéciale de la roche cristalline qui perd sa schistosité et devient compacte.

M. Worms de Romilly et moi avons recueilli à Argentat les espèces végétales suivantes, déterminées par M. Zeiller :

> *Pecopteris arborescens*, Schloth. sp.
> — *cyathea*, Schloth. sp.
> — *hemitelioides*, Brongn.
> — *Bioti*, Brongn.
> *Callipteridium pteridium*, Schloth. sp.
> *Alethopteris Grandini*, Brongn. sp.
> *Lepidodendron. sp.*
> *Asterophyllites equisetiformis*, Schloth. sp.
> *Annularia stellata*, Schloth. sp.
> — *sphenophylloides*, Zenk. sp.
> *Macrostachya carinata*, Germ. sp.
> *Sigillaria. sp.*
> *Cordaites. sp.*
> *Dicranophyllum gallicum*, Grand'Eury.

C'est une flore du terrain houiller supérieur; M. Zeiller l'assimile à la flore du bassin d'Ahun.

M. Grand'Eury [1], d'autre part, met le houiller d'Argentat au même niveau que celui de Champagnac.

Le bassin d'Argentat a fait l'objet d'une concession qui sera décrite au chapitre IX.

Dépôts au nord du bassin d'Argentat. — J'ai déjà signalé qu'il existe, du côté de Saint-Paul, des indices de prolongement des dépôts houillers, dans la direction générale du bassin.

Sur la feuille géologique de Mauriac, M. Fouqué n'a marqué aucun dépôt houiller; mais, sur la feuille de Tulle, qui n'a pas encore été, d'ailleurs, l'objet d'explorations suivies, j'ai remarqué dans les micaschistes, près de la halte de Gimel, des altérations semblables à celles qu'on observe presque toujours

---

[1] *Op. cit.*, t. I, p. 529.

dans le voisinage des dépôts houillers; la direction générale s'infléchirait donc très légèrement vers l'ouest.

Dans cette direction, les cartes géologiques ne figurent de dépôts houillers que dans le voisinage de Bourganeuf; ces dépôts, par leur position et par leur orientation, paraissent bien se rattacher aux dépôts d'Argentat.

Dépôts au sud du bassin d'Argentat. — Si l'on jette les yeux sur la petite carte au 1/1,000,000 (fig. 4, pl. I), mais surtout sur la feuille géologique d'Aurillac au 1/80,000, on remarquera que le dépôt d'Argentat se prolonge au sud, presque suivant la direction du méridien, par quelques petits dépôts houillers, aujourd'hui isolés, mais qui pouvaient se relier entre eux sans discontinuité. Ce sont les dépôts de Mercœur, de Teyssieu et du Soult. Dans la réalité, ces dépôt sont encore plus étendus en longueur que ne l'indique la carte, et j'ai relevé quelques autres affleurements, notamment à Planevergnes; il n'y a donc guère de doute sur la continuité primitive. Il est vraisemblable que les affleurements signalés [1] au sud, à Molière et Terrou (feuille de Gourdon et de Figeac), mais dont j'ignore la situation exacte, appartiennent à la même traînée. Celle-ci devait aboutir à un bassin plus étendu, probablement littoral, dont il subsiste encore un rivage houiller assez continu sur la bordure du Plateau central, depuis Aynac jusqu'à Figeac. Une partie de ces affleurements est indiquée sur la nouvelle carte de France au 1/500,000, une autre partie sur la carte au 1/1,000,000, et j'ai eu l'occasion d'en constater encore d'autres. Mais il y a peut-être lieu de séparer ces dépôts houillers de la région sud en deux bassins : un bassin littoral, sur le versant ouest du Plateau central, et un bassin intérieur, très voisin du bord.

La carte au 1/500,000 fait débuter le bassin littoral à Saint-Vincent, près Saint-Céré. Il y a là, en effet, quelques affleurements de grès; mais je crois qu'en raison du facies et de l'allure générale des couches, il faut rattacher ces affleurements à ceux des grès du trias, qui apparaissent, à Saint-Vincent même, surmontés en concordance par les couches de l'infralias.

Par la même occasion, je rappellerai une remarque que j'ai déjà faite [2] ailleurs, c'est qu'il n'existe pas de grès rouges dans la région de Saint-Céré, et que les soi-disant grès rouges mentionnés par Dufrénoy [3] sont des calcaires ferrugineux de la zone à *Ammonites margaritatus*.

[1] Delpon : *Statistique du département du Lot*, 1831.
[2] *Note sur le lias des environs de Brive*, p. 358.
[3] *Op. cit.*, t. II, p. 131.

Bassin houiller de la Capelle-Marival. — Les premiers affleurements de grès houiller que j'ai relevés dans cette direction apparaissent au sud d'Aynac, sur la route de la Capelle-Marival (voir fig. 4, pl. I). On retrouve les grès houillers sur les hauteurs de la Rauze, au sud de la Capelle. Ils sont traversés par des orthophyres et ils affleurent, sur le même faîte, à la métairie du Pateau; c'est un affleurement déjà signalé par M. Bleicher [1]. Là, ils occupent un espace assez étendu, depuis la Veyrière jusqu'à Saint-Bressou, et peut-être au delà; les grès remplissent évidemment une dépression dans le massif cristallin. J'ai recueilli au Pateau quelques espèces du houiller supérieur :

> *Callipteridium pteridium*, Schloth. sp.
> *Annularia stellata*, Schloth. sp.
> —   *sphenophylloides*, Zenker sp.

Bassin houiller et permien de Figeac. — Des dépôts houillers littoraux se retrouvent à Planiolles, au nord de Figeac. D'après M. Bleicher, il existerait aussi des grès houillers sur la route de Figeac à Maurs, à 1 kilomètre de Figeac [2]; mais ces grès alternent avec des mélaphyres à enstatite [3], et ils appartiennent très probablement au niveau des grès à *Walchia.*

Le permien, d'ailleurs, ne fait pas défaut dans la région. J'ai déjà signalé sa présence, il y a quelques années [4], dans la vallée du Lot, où il affleure sur six kilomètres de longueur, entre les stations de la Madelaine et de Toirac, sous forme d'un poudingue à galets volumineux de mélaphyre (?) et de roches granitoïdes. Ce poudingue est accompagné de grès violacés et d'argilolites de même teinte, et il est traversé par un épanchement de tuf mélaphyrique.

Cette formation me parait très analogue à celle décrite par M. Bleicher à l'est de Figeac, et elle est l'équivalent du conglomérat mélaphyrique du pont de Bourran [5].

Bassin de Saint-Perdoux. — Le bassin houiller intérieur est celui de Saint-Perdoux, dont l'affleurement de Saint-Bressou n'est peut-être que le prolon-

---

[1] *Essai de géologie comparée des Pyrénées, du Plateau central et des Vosges*, p. 63.
[2] Bleicher, *op. cit.*, p. 37 et suiv.
[3] Michel-Lévy : *Sur un gisement français de mélaphyre à enstatite.*
[4] Mouret : *Profil en long géologique au 1/10,000 du chemin de fer de Cahors à Capdenac.*
[5] Bergeron : *Étude géologique du massif ancien situé au sud du Plateau central*, p. 298.

3.

gement. Le houiller de la Peyronnie, décrit par M. Bleicher[1], dépend de ce bassin.

MM. Bleicher et Grand'Eury y ont recueilli un assez grand nombre d'empreintes végétales du terrain houiller supérieur, et, d'après M. Grand'Eury, les grès de Saint-Perdoux, à en juger par la flore, seraient plutôt de l'âge des couches de Rive-de-Gier et devraient, par conséquent, être placés à la base même du terrain houiller supérieur[2].

Chenaux houillers. — Depuis longtemps, on a été frappé des traits généraux de la configuration des dépôts houillers du Plateau central et de la forme allongée et rectiligne des affleurements actuels[3]. Quand on supposait que le terrain houiller s'était déposé en nappes continues sur de vastes espaces, à la manière des formations argileuses ou calcaires, on expliquait ces particularités géographiques par le jeu de failles rectilignes, et, encore aujourd'hui, on admet souvent que la grande traînée houillère de Mauriac est comprise entre deux failles qui ont isolé les affleurements qu'elles enserrent. Mais les travaux de M. Fayol ont montré que les dépôts houillers sont, dans la région du Plateau central, des dépôts limités et locaux, formés dans des dépressions également limitées; comme je le montrerai pour le bassin de Brive, ces dépôts ne remplissent même pas toujours complètement la dépression dans laquelle ils se sont formés. L'explication ordinaire par faille tombe devant cette nouvelle théorie; les failles, quand elles existent, ne jouent qu'un rôle très secondaire, en ce qui concerne la délimitation des affleurements.

M. de Launay[4] a été l'un des premiers à appeler l'attention sur l'explication rationnelle qu'on peut donner du mode d'origine des dépressions houillères. Il a mis en lumière la relation étroite qui existe entre la configuration des dépôts houillers et les plissements des couches cristallines, et il a montré que les dépôts de Commentry, de Montvicq et de Villefranche ont rempli une dépression correspondant à un pli synclinal, dépression morcelée en plusieurs petits bassins par des refoulements locaux dus à l'intrusion irrégulière de la masse granitique.

[1] *Op. cit.*, p. 37.
[2] *Ibid.*, p. 530.
[3] La petite carte des dépôts houillers du Plateau central, insérée dans la deuxième édition du *Traité de géologie* de M. de Lapparent, met bien cette configuration en relief.
[4] *Les dislocations du terrain primitif dans le nord du Plateau central.*

Mais j'ajoute que, si les plissements anciens ont certainement prédéterminé la configuration des dépôts houillers, comme le prouve l'extension de ces dépôts suivant le sens des plissements, cependant la forme même des dépressions est le résultat des érosions[1], et par conséquent elle est liée non seulement aux plissements et aux fractures qui les ont accompagnées, mais aussi à la nature des roches modelées par la dénudation. Aussi, et M. de Launay l'a déjà signalé, les dépôts houillers ne remplissent pas toujours des synclinaux. J'ajouterai que ces dépôts houillers ne se sont pas toujours faits, ne se sont généralement pas faits, dans des lacs en chapelets, quoiqu'on l'admette généralement, parce qu'on ne tient pas assez compte des phénomènes actuels de dénudation qui dépouillent peu à peu le Plateau central de ses recouvrements houillers. La continuité doit être présumée partout où n'existent pas des refoulements locaux, des inflexions brusques des couches, comme les bassins de l'Allier en offrent un exemple. La discontinuité apparente n'est que le fait des érosions postérieures au dépôt.

On peut donner à ces longues dépressions houillères, en relation avec les plissements, le nom de chenaux houillers, expression qui suppose simplement leur continuité, sans préciser les autres conditions topographiques. Les chenaux houillers peuvent être, suivant les régions, des séries de lacs en chapelets, des vallées, ou des canaux. Ils sont caractérisés surtout par leur peu de largeur, largeur très variable d'ailleurs, ces chenaux s'élargissant en certains points, se rétrécissant en d'autres points.

' Les bassins de Commentry, Montvicq et Villefranche d'une part, et celui de Souvigny d'autre part, ne sont pas les seuls exemples nets de chenaux houillers. M. Lefort[2] a cité un exemple de chenal houiller, dans le Morvan; ce sont les dépôts houillers de Montreuillon[3]. Mais les dépôts d'Argentat et surtout ceux de Mauriac en fournissent d'autres exemples bien caractérisés.

Chenal d'Argentat. — Bien que les érosions aient fait disparaître une grande partie des dépôts houillers de la traînée d'Argentat, les affleurements discontinus qu'on observe encore indiquent bien, par leur orientation, une

[1] Les dépôts houillers reposent en effet, souvent, sur le granit ou la granulite, bien que ces roches ne se soient pas consolidées au jour.

[2] Lefort, *Le terrain permo-carbonifère* (du Nivernais), 1889.

[3] Ces dépôts ont été fort disloqués et accidentés par les éruptions de porphyrite. (Michel-Lévy, *Terrain houiller des environs de Montreuillon.*)

direction constante, et font présumer l'existence d'un chenal houiller qui s'étendait depuis Saint-Sylvain (au nord d'Argentat) jusqu'à Figeac. Cette conclusion est confirmée par l'étude des conditions qui ont déterminé la formation du chenal.

Le chenal suit exactement la direction des plissements des couches cristallines; en certains points, il paraît occuper un synclinal, mais la difficulté d'observer les plongements ne permet d'affirmer rien de précis à cet égard. Le rôle joué par les érosions dans la formation du chenal est montré par ce fait, qu'il est établi exactement à la séparation de deux natures de roches très différentes et qu'il suit exactement la limite des schistes micacés (étage ζ^2) et des leptynites (partie supérieure de l'étage ζ^1), fait qui se constate surtout entre la Cère et la Bave. Dans cette région, les dépôts houillers n'ont qu'une faible largeur et ne forment que de minces placages sur les flancs de l'ancien chenal houiller, que les flancs soient constitués par des schistes micacés (Planevergne, le Soult) ou par les leptynites (Pech de Clédy).

Non seulement le chenal suit la direction générale des plissements qui est N. 170° E, mais encore il se modèle sur toutes leurs inflexions locales. Ainsi, au sud de la Dordogne, où les couches cristallines sont très pincées par un pli faille, et où elles sont quasi-verticales, le chenal est très resserré, étroit. A Argentat, là où les couches subissent une inflexion et s'épanouissent en ne présentant, par suite, qu'un plongement relativement peu considérable (de 30 à 50 degrés), les dépôts houillers prennent tout de suite une grande largeur, car le chenal se trouvait élargi; il convient de noter, d'ailleurs, que les leptynites d'Argentat, qui constituent une des parois du chenal sont des roches très altérables et très sujettes aux érosions. Enfin le refoulement accentué des couches cristallines à Saint-Sylvain, au nord d'Argentat, a très évidemment créé un barrage et limité le bassin de dépôt. C'est un fait du même genre que celui signalé à Commentry, Montvicq, etc.

J'ai insisté, dans mon travail relatif aux roches cristallines de la région [1], sur la relation qui existe entre la granulite corrézienne et les plissements. La venue de cette roche, en connexion avec les plissements dirigés N. 170° E. qui ont suivi les plissements plus anciens dirigés N. 140° E., a produit des effets locaux de défoulement, comme on l'observe à Argentat et surtout à Saint-Sylvain; c'est ainsi que les variations de largeur qui affectent les traînées

[1] Mouret, *Stratigraphie du plateau central entre Tulle et Saint-Céré.*

houillères dérivent de l'éruption granulitique, tandis que sa direction générale dérive des plissements généraux. M. Fayol avait déjà montré, à Commentry, l'influence locale que les venues de roches éruptives peuvent exercer
sur la topographie d'une région.

Puisque la direction générale des plissements et celle de la granulite concordent, il en résulte une relation indirecte entre le massif éruptif et la direction du chenal houiller. Effectivement, dans la région explorée, c'est-à-dire
entre Saint-Sylvain et la Bave, les gisements houillers longent le bord du
massif granulitique et touchent même, en certains points, la granulite. La
petite carte au 1/1,000,000, jointe à ce mémoire (fig. 4, pl. II), montre bien
ce fait. Plus au nord, sur la feuille de Tulle, on n'a pas, jusqu'à présent,
signalé de trace de prolongement du chenal d'Argentat, à part quelques
indices incertains à Saint-Paul et à Gimel; mais il est évident que si ce chenal se prolonge, il doit passer vers Corrèze, un peu à l'ouest peut-être, entre
le massif principal granulitique et le massif de Treignac. Plus au nord encore, la carte au 1/1,000,000 du Service géologique figure des îlots granulitiques, orientés toujours à peu près suivant le méridien. Il est donc probable
que les plissements de la région d'Argentat traversent tout le Plateau central
et vont aboutir vers Bourganeuf; or, on observe précisément là plusieurs
lambeaux houillers (Bosmoreau, Bouzogles, Mazuras) orientés exactement suivant la direction du méridien. Il semble donc que le chenal d'Argentat a dû
se prolonger au nord jusqu'à Bourganeuf, par Corrèze, Treignac et Eymou-
tiers; les explorations dans cette région permettront peut-être d'observer des
traces matérielles de ce prolongement.

Ce chenal d'Argentat, en tout cas, se prolongeait certainement au sud.
Il existe des dépôts houillers près de Molières, mais je n'en connais pas la
position exacte. Plus au sud, apparaissent les dépôts de Saint-Bressou, la
Capelle-Marival, Figeac et Saint-Perdoux, qui représentent très probablement
les dépôts littoraux ou voisins des dépôts littoraux. Le bassin de Saint-Perdoux
serait l'estuaire du chenal d'Argentat.

L'ancien rivage paraît, en effet, passer par Aynac, la Capelle-Marival et
Figeac, pour se retourner sans doute dans la direction de l'est et se prolonger
par le rivage des monts d'Aubrac, signalé par M. Fabre dans ses notes sur
le permien de l'Aveyron et de la Lozère.

Quoi qu'il en soit, le bassin houiller d'Argentat doit être considéré comme
une partie élargie d'un chenal houiller qui traversait probablement tout le

Plateau central, et qui paraît, en tout cas, continu, au sud de Saint-Sylvain. C'est donc un jalon, non pas entre les dépôts de Cublac et ceux de Mauriac, comme l'a supposé M. Grand'Eury[1], mais entre les dépôts de Bourganeuf et ceux de Figeac.

Chenal de Mauriac. — Le chenal de Mauriac est, de tous les chenaux houillers, celui dont la continuité est le mieux accusée et qui présente la plus grande longueur. Il s'étend très certainement entre la Cère et l'Allier, depuis Saint-Mamet (Cantal) jusqu'à Moulins (Allier); mais ces limites apparentes paraissent devoir être encore éloignées davantage. Je serais disposé à le prolonger au nord par le bassin d'Autun, et peut-être même à le faire aboutir sous les dépôts permiens des Vosges, à Saint-Dié; au sud, il aboutit très probablement au bassin de Decazeville[2], et il constituerait ainsi un long trait d'union entre les Vosges et le Rouergue.

C'est surtout au sujet de ce chenal qu'on a supposé que la limitation des dépôts houillers est déterminée par des failles[3]; mais l'existence d'une double faille traversant le Plateau central sur toute sa longueur me paraît bien contestable, et, dans tous les cas, on ne peut admettre que les dépôts houillers se soient étendus en largeur sensiblement au delà des limites actuelles; je crois que, là encore, ils remplissent une dépression longue, étroite, profonde.

C'est ce que M. de Launay a montré, dans l'Allier, pour le bassin de Souvigny, qui est une portion du chenal de Mauriac; là, le chenal est dirigé suivant les plissements anciens, et il remplit un synclinal des terrains primitifs[4]. Dans le Morvan, le même fait s'observe; d'après M. Michel-Lévy[5], les plissements sont dirigés nord-est, et c'est aussi la direction du bassin d'Autun.

Dans les autres régions, les directions des plissements anciens ne sont pas encore connues; mais on peut se guider sur les directions des massifs éruptifs qui doivent offrir une certaine concordance avec les premières.

[1] *Mémoire sur la flore carbonifère du département de la Loire,* etc., p. 529.

[2] Ce bassin de Decazeville ne se rattacherait donc pas directement au bassin de Saint-Perdoux, comme l'avait supposé M. Bergeron. (*Op. cit.,* p. 219.)

[3] Voir, notamment, Annuaire Dagincourt, t. V, p. 680.

[4] De Launay, *op. cit.,* p. 1053.

[5] *Feuilles de Château-Chinon et d'Autun. — Aperçu général sur la constitution du Morvan,* p. 763.

. . A ce point de vue, il faut remarquer que, tandis que le chenal d'Argentat est en relation avec la granulite, le chenal de Mauriac est en relation avec le granite; il dérive donc de plissements plus anciens. Ce fait se constate avec la plus grande netteté aux environs de Bord [1], où la vallée de la Dordogne occupe en ce point l'ancien chenal houiller dont le versant ouest est formé par le granite, et le versant est, par les gneiss.

Au sud même de Mauriac, on voit un affleurement houiller traverser la vallée de l'Alize, comme le ferait un filon, accusant ainsi la direction générale, en dépit des érosions et du nouveau façonné du terrain.

Dans la région de Saint-Mamet [2], les gisements houillers reposent sur un affleurement de schistes cristallins, pincé entre deux massifs granitiques, et là rien ne met mieux en évidence le fait, que les venues éruptives dérivent plus ou moins directement des plissements, ou ont une origine commune avec ces mouvements.

Plus au sud, il n'existe pas de venues granitiques accusant les plissements, mais la direction des vallées secondaires peut jouer le même rôle empirique comme je l'ai montré dans un autre travail [3], et la vallée de la Mouleyre semble, par sa direction, indiquer que le chenal de Mauriac se prolongeait au sud par Livinhac, c'est-à-dire qu'il venait aboutir sur le rivage sud du Plateau central, dans le bassin de Décazeville (voir la carte au 1/1,000,000, fig. 4, pl. I); ce n'est là, d'ailleurs, qu'une hypothèse.

En résumé, le chenal de Mauriac, comme celui d'Argentat, paraît bien être en relation directe avec les plissements des couches cristallines, c'est-à-dire avec les mouvements antéhouillers; mais il dériverait plutôt des plissements les plus anciens, dirigés vers le nord-nord-est et qui ont été accompagnés par la venue du granite, tandis que le chenal d'Argentat dérive des plissements plus récents nord-sud, ou tout au moins de l'accentuation de plissements plus anciens ayant cette même direction.

C'est ainsi que les deux chenaux de Mauriac et d'Argentat accusent, avec la bordure sud-ouest du Plateau central, la structure en éventail des plissements du Plateau central à l'ouest de la chaîne des Puys, dans le triangle occupé par le Limousin et la Marche, structure qui est une amorce du raccordement avec les plis anciens de l'Armorique.

[1] Fouqué, *Feuille de Mauriac.*
[2] Id., *Feuille d'Aurillac.*
[3] *Stratigraphie du Plateau central entre Tulle et Saint-Céré*, p. 32.

Âge des dépôts houillers. — L'âge des dépôts houillers dans les chenaux est assez difficile à établir, en raison de l'absence de superpositions par les grès permiens qui, seuls, permettent de dater sûrement les dépôts les plus récents. Aussi ne peut-on guère se livrer qu'à des conjectures, basées principalement sur une flore qui n'est pas encore complètement connue. Cet âge peut d'ailleurs varier, entre certaines limites, dans un même chenal, et s'il était possible de déterminer le sens de ces variations, on aurait là des indices sur la direction de la pente longitudinale des chenaux, et par suite sur le relief général du Plateau central à l'époque houillère.

En ce qui concerne le chenal d'Argentat, M. Grand'Eury met les dépôts de Bourganeuf au niveau de ceux de Commentry, c'est-à-dire à la partie supérieure du houiller, tandis qu'il vieillit les couches d'Argentat en les assimilant comme âge à celles de Champagnac, selon lui plus anciennes que celles de Commentry.

Quant au chenal de Mauriac, M. Grand'Eury considère les dépôts de la région Nord comme les plus anciens (répondant au niveau inférieur de Saint-Étienne) et les dépôts de Champagnac comme pouvant être un peu plus récents (répondant au niveau moyen de Saint-Étienne).

Quant à moi, j'inclinerais, pour des raisons stratigraphiques, à placer tous les bassins houillers véritablement intérieurs, c'est-à-dire les chenaux houillers, sensiblement au même niveau géologique; j'admettrais que le remplissage a dû s'effectuer à peu près à la même époque, en vertu de la transgression générale des eaux qui a été le prélude de la période permienne; seuls, les bassins littoraux (Autun, Blanzy, Saint-Étienne, le Gard, etc.) peuvent être plus anciens, et seulement dans leurs couches profondes.

Dans les études basées sur l'examen de la flore, il faut d'ailleurs tenir compte de ce que les lieux d'origine des dépôts littoraux et intérieurs sont nécessairement différents, et de ce que, vraisemblablement, la répartition géographique des espèces végétales n'était pas parfaitement uniforme.

CHAPITRE II.

GRÈS HOUILLERS DU BASSIN DE BRIVE.

Ce chapitre sera consacré à la description des grès à facies houiller, contenant une flore de l'âge du houiller supérieur, et qui reposent directement sur le substratum cristallin. Quant aux grès à facies houiller qui sont intercalés dans les grès rouges de la base du bassin de Brive, je les décrirai, avec ceux-ci, au chapitre suivant.

Affleurements. — Les grès houillers n'affleurent pas d'une manière continue à la base des grès rouges inférieurs, comme le croyaient les anciens auteurs, de Boucheporn et Dufrénoy[1]. D'ailleurs, de Boucheporn n'est pas aussi affirmatif que Dufrénoy, car, dans sa notice sur la carte de la Corrèze (p. 67 et 68), il fait observer que les petits massifs de terrain houiller remplissent les dépressions à la surface des terrains anciens et se sont formés sur place des débris de ces terrains, tandis que les grès rouges paraissent s'être étendus sur de plus vastes espaces. Cette observation est exacte non seulement en ce qui concerne l'intérieur du Plateau central, mais aussi quant à la zone du littoral. Là, les grès houillers ne paraissent pas s'être uniformément déposés le long des rivages, et ils ont formé des deltas ou rempli seulement des dépressions isolées les unes des autres, les intervalles étant occupés par les grès rouges qui reposent directement sur le substratum cristallin; c'est un point sur lequel je reviendrai au chapitre suivant.

Les affleurements de grès houillers sont multipliés. Le principal est celui qui s'étend au nord de Terrasson; deux concessions de houille, celles de Lardin et de Cublac, dépendent de cet affleurement. Un puits de sondage a, d'ailleurs, révélé l'existence de ces grès à l'est, du côté de Larche.

[1] *Explication de la carte géologique*, t. I, p. 618.

4.

L'affleurement de Terrasson est en relation avec le massif cristallin de Beauregard. Les autres affleurements suivent la bordure du Plateau central, à Bellegarde, près Salagnac (Dordogne), à Bugeadas, près Juillac (Corrèze), à Chabrignac, à Sainte-Féréole, à la Chapelle-aux-Brots, et au Parjadis, près Lanteuil.

Je rattacherai aussi à la description des grès houillers celle de certains conglomérats qui existent indifféremment à la base des grès permiens et des grès houillers, de manière à comprendre ainsi dans une même description la série continue du rivage ancien.

Bassin de Terrasson. — De Boucheporn [1] a signalé l'affleurement houiller de Cublac, sans le décrire; il a cependant fait connaître qu'un des puits creusés pour la recherche de la houille avait traversé, sur plus de 100 mètres, un « conglomérat ou brèche » formé de fragments roulés de porphyres, diorites, amphibolites, etc. Sur la carte, il ne figure qu'un petit affleurement de grès houiller au sud de Loubignac. Dufrénoy, qui a reconnu [2] que le terrain houiller de Cublac se prolonge au nord-ouest de Loubignac, suppose que le conglomérat appartient au terrain houiller et qu'il a rempli, peut-être, une dépression profonde. A part quelques détails sur la couche de houille exploitée, il n'a pas ajouté à ce qu'avait déjà fait connaître de Boucheporn, mais il a mentionné les affleurements du Lardin, que de Boucheporn rattache avec raison à ceux de Cublac. Toutefois la coupe de la *figure 38* insérée dans le texte explicatif de la carte de France n'est pas exacte, et ne peut même donner une idée des relations des grès de Cublac et des grès du Lardin, ceux-ci se trouvant fort en dehors de la coupe. Les porphyres feldspathiques marqués de la lettre π sont des schistes cristallins précambriens silicifiés, et les grès de Savignac ne sont pas des grès houillers, mais des grès rouges permiens, accolés par faille aux schistes anciens.

Ayant exposé ce qui était connu au moment auquel j'ai entrepris mes premières explorations, je vais donner maintenant une description plus complète du bassin houiller de Terrasson, et principalement de ses affleurements [3].

[1] *Op. cit.,* p. 76.

[2] *Ibid.,* t. I, p. 621.

[3] Je saisis ici l'occasion de remercier MM. Duny et Jean Delas, ingénieurs des mines et successivement directeurs des exploitations de Cublac, qui ont bien voulu me faire profiter des connaissances qu'ils avaient acquises sur les terrains de la région et me communiquer les plans de la concession. J'ai pu aussi, grâce à l'obligeance de M. Duny, réunir une collection assez complète des empreintes recueillies dans les travaux de la mine.

Les affleurements houillers de Terrasson occupent le revers sud du massif cristallin de Terrasson, depuis Cublac jusqu'au sud de Peyrignac. Au nord, ces affleurements sont limités par la faille de Beauregard; au sud, par celle de Meyssac et par les coteaux liasiques de Terrasson; à l'ouest, ils sont probablement limités par une faille; en tout cas, ils disparaissent sous le recouvrement formé par les terrains secondaires; à l'est et au nord-est, ils sont limités par la faille de Châtres, qui se prolonge jusqu'à Villac.

Les affleurements, dans l'intervalle, sont en partie recouverts par les grès du lias et par les alluvions des vallées, et à l'ouest, par un manteau peu épais de grès à facies permien.

On doit donc subdiviser le bassin de Terrasson, relativement aux affleurements, en trois parties, savoir : les affleurements de Cublac, entre Cublac et le ruisseau de l'Elle; ceux du Lardin (Saint-Lazare), entre l'Elle et la station de Condat, et ceux de Peyrignac, au coude de la vallée du Cern, près du moulin de Lestieu.

Affleurements de Cublac. — Les grès houillers de Cublac reposent sur les schistes anciens et plongent au sud; on peut observer la superposition dans le petit vallon du moulin de Lignac, comme autour du Marquoil.

De nombreux rejets, dirigés au nord-nord-est, traversent les couches; l'un de ces rejets fait apparaître les schistes cristallins près de la Villedieu.

La formation probablement la plus ancienne du bassin de Cublac est le conglomérat signalé par de Boucheporn dans le puits de l'Espérance. La coupe de ce puits situé au fond du vallon, sur le chemin direct de Cublac à Loubignac, est la suivante de haut en bas :

4. Schistes houillers . . . . 2^m
3. Poudingue à gros galets de quartz 8
2. Schistes houillers et houille 10
1. Conglomérat reposant sur les schistes cristallins 118

TOTAL 138

C'est, d'ailleurs, le seul point où l'on ait pu observer la base du conglomérat qui affleure seulement à sa partie supérieure. Ses affleurements s'étendent sur 500 mètres sous le village de Loubignac, depuis le fond du ruisseau de la Marélie, près du puits Sainte-Barbe, jusqu'à la croisée de la route et du chemin vicinal de Loubignac; ils sont limités au nord-est par une faille qui ramène à un niveau inférieur les grès houillers et, du côté opposé, ils sont recouverts presque immédiatement par les grès houillers. Toutefois le conglomérat apparaît dans les talus de la route que recoupe la faille, et non seulement on peut vérifier la superposition des grès au conglomérat, mais on peut constater en outre l'existence d'une couche de schiste houiller intercalée dans le conglomérat. En un point, un rejet traverse le conglomérat, désagrégé d'un côté, durci de l'autre sur o m. 50 à 1 mètre d'épaisseur, d'où une apparence de dyke ou filon.

Si le conglomérat paraît épais, il est très limité en étendue ; le seul puits qui, outre le puits de l'Espérance, ait atteint les schistes cristallins, est le puits La Valade, situé près de la pointe sud du contrefort compris entre la Charlerie et la Valade, et ce puits n'a traversé que des grès et schistes houillers, sans conglomérat. Sur les revers ouest du contrefort de Loubignac dans la vallée de l'Elle, on observe, reposant sur les schistes, des poudingues à galets de quartz ; mais ces couches sont bien différentes des conglomérats, et d'ailleurs, dans le vallon de la Marélie, on les retrouve au-dessus du conglomérat. Cependant le fond cristallin du vallon du moulin de Lignac s'avance bien près du village de Loubignac. Ainsi donc, le conglomérat ne s'étend guère dans la direction de l'ouest, pas plus qu'il ne s'étend à l'est.

Dans la vallée du moulin de Sourgnac, le revers du coteau est occupé, en partie, par des poudingues divers, mais ces couches sont encore différentes du conglomérat et ne contiennent guère que des galets de quartz. Il y a donc tout lieu de croire que le conglomérat forme un placage sur un flanc abrupte du coteau de l'époque houillère ; sa grande épaisseur n'est qu'apparente et, au reste, une telle épaisseur ne serait pas exceptionnelle, car M. Fayol a signalé [1] à Commentry une formation de grès à blocs, épaisse de 100 mètres.

Le conglomérat n'est pas seulement caractérisé par son épaisseur et son gisement spécial ; il présente aussi une composition toute différente des autres roches du terrain houiller.

De Boucheporn est le premier qui ait signalé ce conglomérat [2] et il y cite des porphyres, des diorites vertes, des amphibolites, des schistes jaspoïdes, des granites, etc. Mais cet auteur a eu le tort d'assimiler le conglomérat du puits de l'Espérance aux grès poudingiformes de Savignac, qui en sont tout différents et ne contiennent que des galets de quartz ou de phyllades.

[1] *Op. cit.*, p. 27.
[2] *Description géologique de la Corrèze*, p. 624.

Dufrénoy[1], outre les roches citées par de Boucheporn, signale des quartz lydiens et des feldspath compactes.

D'après ce que j'ai observé, le conglomérat est composé principalement de galets de phyllades compactes, altérés, noirâtres ou jaunâtres, appartenant au type des schistes précambriens compacts de Juillac et de Génis, et non au type des schistes argileux du massif de Terrasson. Il contient aussi un grand nombre de galets de porphyroïdes (porphyres, de Boucheporn), et beaucoup de galets de granulites à gros éléments, ou de pegmatite. Les galets d'amphibolite, de lydienne et de quartz ne sont pas rares; mais cependant les galets de quartz ne sont pas aussi nombreux que dans les poudingues houillers dont ils constituent presque toute la masse.

Tous ces galets sont généralement réunis par un ciment ferrugineux abondant, brun, verdâtre ou violacé, très dur.

La dimension des galets, toujours roulés, est très variable : quelques-uns sont volumineux et ont jusqu'à o m. 4o de diamètre. La plupart sont posés sur leur plus grande face; quelques-uns sont verticaux; ils sont amassés sans ordre, sans trace de stratification, et la disposition d'ensemble rappelle celle d'un éboulis, plutôt que d'un dépôt fait sous les eaux, sur une pente faible.

Tandis que les poudingues houillers ne contiennent que des galets de quartz et un petit nombre de galets de schistes, c'est-à-dire des éléments empruntés aux roches ordinaires des terrains cristallins de la région, tous les éléments du conglomérat se rapportent à des roches exceptionnelles, dont le gisement se trouve aux environs de Salagnac, à 2 2 kilomètres au nord de Cublac.

Les porphyroïdes affleurent d'Excideuil à Juillac, et elles sont développées à Salagnac. Les lydiennes n'existent qu'au Moureau, près de Salagnac, et à Salagnac même. Les amphibolites et les pegmatites sont probablement situées plus au Nord; je ne connais pas d'affleurements de ces roches aux abords mêmes du bassin.

Ces quartz lydiens, comme les granulites, existent d'ailleurs en galets dans les grès houillers et les grès rouges à Sainte-Trie et à la Roche, près Bellegarde, à 3 kilomètres à l'ouest de Salagnac. Les feldspath compactes signalés par Dufrénoy sont probablement des galets arrachés à des roches siliceuses, intercalées dans les phyllades en divers points au nord de Juillac, notamment

[1] *Op. cit.*, t. I, p. 76.

à Artigeas; ces roches sont, je crois, un faciès des schistes quartzeux et des quartz si développés au nord de la forêt de Bord.

Il est donc très probable que les matériaux du conglomérat ont été apportés de la région de Salagnac ou de Juillac et des régions encore plus au nord. Mais le recouvrement par les terrains sédimentaires permiens ne permet pas de suivre les traces intermédiaires de ce dépôt, entre son lieu d'origine et ses affleurements à Cublac.

A part le conglomérat qui ne constitue qu'une minime partie des dépôts houillers, mais qui date le commencement de ces dépôts, les terrains de Cublac comprennent des poudingues, schistes et grès houillers semblables à ceux décrits par M. Fayol à Commentry. Les poudingues se composent de grès et d'une grande quantité de galets de quartz bien roulés, de grosseur moyenne et uniforme; ils contiennent de rares galets de schistes anciens, comme aussi quelques galets de porphyroïdes et autres roches, galets empruntés probablement au conglomérat.

Sur le chemin vicinal de Loubignac, ces poudingues ont un ciment assez solide pour qu'en essayant de les briser, les galets de quartz se tranchent aussi nettement que les grès qui les entourent. Cette résistance est due à une silicification postérieure au dépôt des grès et qui ne s'est exercée qu'aux abords de la faille de Châtres; elle affecte aussi les grès du lias ou du trias.

Les poudingues n'occupent que la base des dépôts, et ils alternent avec quelques couches schisteuses. Leur épaisseur est variable; le poudingue le plus inférieur a une épaisseur de 8 mètres au puits de l'Espérance; un peu plus loin, sur la route, son épaisseur se réduit à 3 mètres. Il est surmonté de 4 mètres de schistes, puis d'un poudingue analogue qui n'a que 1 m. 50 à 2 mètres d'épaisseur. Sur le chemin vicinal de Loubignac, on observe encore le poudingue inférieur, de même que sur le revers nord du coteau, en face Savignac; là, il est très silicifié, se trouvant en contact direct avec la faille. Des grès poudingiformes à empreintes de tiges et des grès jaunâtres qui le surmontent sont peu modifiés par la silicification.

Près de la Villedieu, le premier dépôt qui repose sur les phyllades ne présente que 0 m. 30 d'épaisseur et se compose de schistes noirs charbonneux. Il est surmonté par le poudingue, qui n'a que 0 m. 40 d'épaisseur et qu'un ciment ferrugineux rend solide.

Mais au fur et à mesure qu'on suit les affleurements vers le nord, on constate que le poudingue forme toujours un niveau constant à la base du houiller, sous forme d'une roche très solide dans le vallon du moulin de Lignac. Son épaisseur s'accroît graduellement et, à Marquoil, elle est considérable; là, le poudingue est composé uniquement de galets de quartz presque sans mélange de grès ou de sables; c'est en ce point que nous avons remarqué quelques galets provenant du conglomérat.

Les meilleures coupes des affleurements houillers sont fournies, dans la partie est, par le chemin vicinal de Loubignac et par le chemin de Terrasson à Malavalle.

D'après la coupe du seul puits qui ait atteint le substratum cristallin, le puits La Valade, l'épaisseur totale des couches à facies houiller est de 200 mètres environ. Elles se composent d'une alternance de grès blancs ou jaunâtres à grain moyen, quartzeux, et de schistes gris noirs ou jaunâtres, fins ou grossiers. Il existe, à différents niveaux, des lits ferrugineux, des couches de rognons de fer carbonaté et des lits de houille, de quelques centimètres d'épaisseur.

On n'a traversé, dans toute cette épaisseur, qu'une seule couche de houille exploitable; elle est à 125 mètres au-dessus de la base du terrain, et toutes les coupes concordent pour arrêter les couches à facies houiller à 75 mètres au-dessus de la couche de houille. Les bancs houillers les plus supérieurs sont formés par des grès gris à grain fin, micacés, de teinte verdâtre, surmontant un lit de houille et de fer carbonaté[1] qui affleure en quelques points (ruisseau de la Marélie, éminence des Piniers), et ils sont surmontés par des grès et argiles rouges. On observe déjà, à la partie supérieure du terrain houiller, quelques couches schisteuses rouges et bigarrées, et de rares bancs de grès psammitiques rougeâtres. Le passage des grès houillers aux grès à facies permien n'est donc pas tranché; les grès à facies permien se distinguent surtout par la finesse du grain, l'abondance du mica et du ciment argileux, et la plus grande proportion de roches à ciment coloré.

Il est possible que le terrain houiller s'étende davantage vers l'est. Un ancien sondage exécuté à la rivière de Mansac, entre Cublac et Larche, sur la rive droite de la Vézère, aurait atteint les grès houillers avant la profondeur de 200 mètres.

Dans tous les cas, le houiller existe certainement entre la rivière de Mansac et Brive; un puits exécuté à Larche, entre la station et la Vézère, a

---

[1] M. Bergeron (Mém. cité, p. 220) rappelle que la houille peut passer au fer carbonaté.

traversé le terrain houiller sur une certaine épaisseur; voici la coupe de ce puits, dit *puits Bernou :*

5. Grès à *Walchia*... 50^m
4. Calcaires et schistes à poissons........................... 17
3. Argiles et grès rouges.. 20
2. Grès et argiles rouges ou bigarrées et grès à facies houiller intercalés.. 286
1. Grès à facies houiller, sans grès rouges.................. 59

Total................. 432

Quoique le puits n'ait pas été approfondi jusqu'au terrain cristallin, il y a tout lieu de penser, en raison de la grande profondeur atteinte, que les grès houillers traversés en dernier lieu, sur 59 mètres, reposent directement sur le substratum cristallin et remplissent par conséquent, comme les grès de Cublac et les autres grès décrits dans le précédent chapitre, une dépression du fond du bassin de Brive.

A peu de distance de Larche, près de Lissac, il existe un lambeau de schistes cristallins pincés par deux failles entre les grès rouges de Grammont et les calcaires de l'oolite; ces schistes sont surmontés par des grès à facies permien qui seront décrits au chapitre suivant. Les grès à facies houiller ne s'étendent donc pas dans cette direction.

Je reviens aux affleurements de Cublac. Déjà, aux abords du village de Loubignac, on observe que les couches, gréseuses ou schisteuses à la partie moyenne, deviennent, à la partie supérieure, un peu argileuses et présentent quelques bigarrures violacées. Ce facies argileux s'accuse davantage vers le sud-ouest et envahit les couches sur une plus grande épaisseur, comme on peut déjà l'observer à la Pagégie, et mieux encore à la Villedieu. Le terrain se compose de couches argileuses, schisteuses, de teinte verte ou rouge, de grès graveleux massifs jaunâtres et de grès à grain fin, psammitiques, micacés, verdâtres, comme les grès des Piniers. Cependant, à la Villedieu, ces couches n'appartiennent pas à la partie supérieure de la formation; elles en représentent la base, et elles ne sont séparées du poudingue inférieur que par une faible épaisseur de grès grossiers quartzeux et de schistes à facies vraiment houiller, exploités à la Tuilière.

Ce facies argileux de la Villedieu ne s'étend pas au nord. Le vallon du moulin de Lignac est creusé dans des grès à facies franchement houiller.

Flore de Cublac et de Larche. — J'ai trouvé, soit dans les déblais des puits de la mine, soit surtout dans les échantillons avoisinant la couche exploitée et recueillis par M. Duny, les espèces suivantes déterminées par M. Zeiller :

Sphenopteris cristata, Brongn. sp.
Pecopteris dentata, Brongn. var. *obscura,* Zeill. (var. nov.).
   —   *cyathea,* Schloth. sp.
   —   *hemitelioides,* Brongn.
   —   *Candollei,* Brongn.
   —   *Daubreei,* Zeill.
   —   *polymorpha,* Brongn.
   —   *unita,* Brongn.
   —   *Sterzeli,* Zeill.
   —   *feminæformis,* Schloth. sp.
Dictyopteris Brongniarti, Guth.
Zygopteris pinnata, Gr. Eury sp.
Alethopteris Grandini, Brongn. sp.
Odontopteris Brardi, Brongn., abondant.
   —   *obtusa,* Brongn.
   —   *lingulata?* Gœpp. sp.
Nevropteris cordata, Brongn.
Tæniopteris jejunata, Gr. Eury.
Aphlebia cf. *elongata,* Zeill.
Calamites leioderma, Guth.
Annularia stellata, Schloth. sp.
Asterophyllites equisetiformis, Schloth. sp.
Sphenophyllum oblongifolium, Germ.
   —   *angustifolium,* Germ.
Sigillaria Brardi, Brongn.
   —   *spinulosa,* Rost.
   —   *Moureti,* Zeill.
Stigmaria ficoides, Sternb.
Poacordaites. sp.
Cordaites angulostriatus, Gr. Eury.
   —   cf. *lingulatus,* Gr. Eury.
Cordaianthus.
Cordaicarpus.
Codonospermum anomalum, Brongn.
Walchia piniformis, Schloth. sp.

M. Grand'Eury avait déjà cité quelques-unes de ces espèces, et en outre les suivantes :

Pecopteris Bioti, Brongn.
Odontopteris Reichiana, Gutb., var. *lanceolata*, Gr. Eury.
Callipteridium gigas, Gutb. sp.
Annularia spicata, Gutb. sp.
Carpolithes socialis, Gr. Eury.
     —   *ovoideus*, Corda.
     —   *disciformis*, Sternb.

Sur la route de Loubignac, au nord du village, et à peu de hauteur au-dessus du conglomérat et des poudingues, M. Delas a recueilli :

Pecopteris unita, Brongn.
     —   *sp.*
Odontopteris Brardi, Brongn.
Dictyopteris Brongniarti, Gutb.
Sphenophyllum oblongifolium, Germ.
Annularia stellata, Schloth. sp.
Cordaites. sp.
Rhabdocarpus subtunicatus, Gr. Eury.
Trigonocarpus. sp.
Walchia piniformis, Schloth. sp., abondant.

A l'ouest de Cublac, j'ai recueilli dans diverses carrières :

Sphenopteris Matheti?? Zeill. (la Tuilière).
Pecopteris Daubreei, Zeill. (la Villedieu).
     —   *Platoni*, Gr. Eury (la Villedieu).
     —   *polymorpha*, Brongn. (la Tuilière).
Dictyopteris Brongniarti, Gutb. (la Villedieu, la Tuilière, la Pagégie).
Odontopteris Brardi, Brongn. (la Pagégie).
Sphenophyllum oblongifolium, Germ. (la Villedieu, la Tuilière).
Annularia sphenophylloides, Zenk. sp. (la Villedieu).

Dans un puits de recherche (puits Camille), actuellement en cours d'exécution près de la Pagégie, M. Duny a recueilli :

à 26ᵐ,5o *Odontopteris Brardi*, Brongn.
à 42ᵐ,2o *Pecopteris Daubreei*, Zeill.
         —   *polymorpha*, Brongn.
à 43ᵐ,oo *Pecopteris polymorpha*, Brongn.
      Dictyopteris Brongniarti, Gutb.
      Aulacopteris.

Sigillaria approximata, Font. et White.
Cordaites lingulatus, Gr. Eury.

Dans le fond du puits de Larche (niv. de 430^m), M. Dessort a recueilli :

Pecopteris polymorpha, Brongn.
— *cyathea*, Schloth. sp.
— *feminæformis*, Schloth., forma *diplazioides*.
Dictyopteris Brongniarti, Guth.
Asterophyllites equisetiformis, Schloth.

Toutes ces espèces de Cublac, la Pagégie, Larche, etc., appartiennent à la flore du houiller supérieur; il ne s'y trouve aucune de celles que l'on considère, jusqu'à présent, comme caractéristiques du permien.

Affleurements du Lardin. — Sur le versant droit de la vallée de l'Elle, c'est-à-dire sur les affleurements du Lardin et de Saint-Lazare, on constate le fait signalé plus haut : les grès à facies houiller occupent la région nord autour du village de Lage et ils passent latéralement, au sud, aux couches à facies argileux, semblables à celles de la Villedieu, mais encore mieux caractérisées et que j'appellerai « couches de Lardin ».

Ce sont surtout des argiles gréseuses, micacées, schisteuses, de teinte grise, jaunâtre ou verdâtre, parfois violacée, contenant quelques lits de schistes verdâtres ou noirâtres et quelques bancs minces de grès ocreux; elles occupent tout le massif au sud de la ferme de Las-Poras, et se révèlent aisément à la vue par la pente plus adoucie des revers du coteau, alors que les grès houillers forment des pentes assez raides, et par la présence des éboulis de terre rouge argileuse à la base.

Ces couches contiennent un ou plusieurs bancs de grès gris poudingiforme, formant corniche à la crête du coteau au-dessus de la Galibe; au pied, dans le vallon de Lage, on observe quelques grès à grains grossiers, parfois très minces, assez tendres, de teinte gris jaunâtre.

Les grès houillers des environs de Lage présentent le facies ordinaire des grès houillers; ils sont quartzeux, graveleux, de teinte jaunâtre, et contiennent des couches schisteuses et des rognons de fer carbonaté. Dans la moitié inférieure, on observe, au milieu de ces grès, des grès poudingiformes et des grès ocreux ou ferrugineux, dalliformes. Vers le haut, ce sont des grès très fins, gris blanchâtres ou blancs, schisteux, avec quelques argillites à empreintes, de teinte claire ou rosée, qui paraissent occuper un niveau bien déterminé à la partie supérieure de la formation des grès houillers de Terrasson et que nous retrouverons ailleurs.

Dans le vallon de Lage, les grès houillers ne forment que le petit contrefort sur lequel est assis le village; plus au sud, ils passent aux couches argileuses, ayant le facies des couches dites « du Lardin »; elles sont bien visibles sur le chemin vicinal de Saint-Lazare à la route nationale. Les bancs de grès poudingiformes en corniche, déjà vus à la Galibe, se poursuivent encore en ce point, et leur plongement vers l'ouest permet de constater leur recouvrement par une série argileuse épaisse; ce qui prouve qu'ils ne forment pas la partie supérieure des dépôts à facies houiller, comme on pourrait d'abord le croire par leur ressemblance avec les grès à facies permien.

Au-dessus de cette série argileuse, si toutefois il n'y a pas de rejet, on observe, à la verrerie du Lardin, une alternance de grès gris, à grain fin, micacés, schisteux, verdâtres, et de couches argileuses et schisteuses. Cet ensemble comprend, dans la partie moyenne, des schistes noirâtres, plus ou moins charbonneux, épais de 10 mètres et contenant des empreintes belles et nombreuses, et à la partie supérieure, une couche de houille de 0 m. 40. Plus loin, à la maison Schnegg, les grès du Lardin sont recouverts par les grès rouges inférieurs.

En résumé, les couches, au Lardin, présentent la succession suivante de haut en bas :

7. Grès graveleux rougeâtres, facies permien.
6. Grès verdâtres et jaunâtres, avec couche de houille de $0^m 40$.
5. Psammites et schistes à empreintes.
4. Psammites argileux verdâtres, avec schistes noirs, sur une forte épaisseur.
3. Grès poudingiforme en corniche.
2. Psammites verdâtres et violacés sur 40^m.
1. Grès poudingiforme rougeâtre ou jaunâtre, visible sur quelques mètres.

L'épaisseur totale des couches n°s 1 à 6 atteint au moins 100 à 150 mètres; mais ce n'est là qu'une partie de l'épaisseur totale des dépôts houillers, car les couches de Charpenet sont inférieures aux grès n° 1, et, en ce point, les schistes cristallins sont peut-être encore à une grande profondeur.

Les schistes à empreintes du Lardin affleureraient dans le lit de la Vézère à Majubrier, mais je n'ai pas vérifié l'existence de cet affleurement. La couche de houille affleure aussi dans le lit de la Vézère à l'aval de la Verrerie. Elle a été suivie en galerie sous la maison Schnegg et derrière la Verrerie. En ce dernier point, M. Delas, directeur des exploitations, a constaté le passage latéral du toit, puis du mur de la couche, aux grès rouges, en même temps que la disparition de cette couche.

Au sud du Lardin, les grès houillers affleurent jusqu'à la grande faille de Meyssac, car on les observe encore dans le lit de la Vézère, près de Bouillac.

Dans cette région de Saint-Lazare et du Lardin, les couches plongent fortement vers le sud-ouest et disparaissent à l'ouest, tant sous les alluvions de la vallée que sous les grès et calcaires du lias. Mais un puits d'exploitation creusé près de la station de Condat a permis de reconnaître leur prolongement.

La coupe de ce puits (puits Jeanne) est la suivante, y compris celle d'une descenderie à proximité :

7. Grès rouges et bigarrés graveleux, facies permien	40^m,oo
6. Grès gris verdâtres	15 ,oo
5. Couche de houille	o ,4o
4. Grès gris verdâtres	10 ,oo
3. Grès bigarrés	15 ,oo
2. Grès et schistes gris à empreintes	9 ,oo
1. Grès bigarrés argileux	p. m.
Total	89, oo

On retrouve donc en ce point la succession des couches observées à la Verrerie avec la couche de houille et les schistes à empreintes.

Les grès dits « bigarrés », n°s 1 et 3, répondent évidemment aux psammites verdâtres ou violacés du Lardin et de Saint-Lazare.

Ici, le plongement des couches est dirigé vers l'est; mais les travaux d'exploitation ont fait reconnaître que le plongement diminue quand on s'avance à l'est, et qu'il y a par conséquent un fond de bateau entre la Verrerie et la station, tandis qu'à l'ouest, non loin de la station et à l'amont du pont sur le ruisseau du Cern, les grès verdâtres du Lardin et la couche de houille affleurent dans le lit du ruisseau.

Il résulte des coupes qui précèdent, que la couche de houille du Lardin se trouve à la partie supérieure des grès houillers, facies du Lardin, peut-être à peu près au même niveau que celle des Piniers, qui est, au reste, comprise dans des grès analogues. Mais ces deux couches ne peuvent être considérées comme le prolongement l'une de l'autre, puisque la couche du Lardin disparaît avant d'atteindre Saint-Lazare et se perd dans les grès rouges.

Cette couche a fait l'objet d'une concession, celle du Lardin.

Flore du Lardin. — Dans les schistes à empreintes derrière la Verrerie, M. Delas a recueilli la flore suivante :

> *Diplotmema Ribeyroni*, Zeill.
> *Pecopteris Bioti*, Brongn.
> —   *cyathea*, Schloth. sp.
> —   *arborescens*, Schloth. sp.
> —   *hemitelioides*, Brongn.
> —   *oreopteridia*, Schloth. sp.
> —   *polymorpha*, Brongn.
> —   *unita*, Brongn.
> —   *feminæformis*, Schloth. sp.
> *Dictyopteris Brongniarti*, Gutb.
> *Aphlebia acanthoides*, Zeill.
> *Calamites. sp.*
> *Annularia stellata*, Schloth. sp.
> *Sphenophyllum oblongifolium*, Germ.
> *Sigillaria Brardi*, Brongn.
> —   *spinulosa*, Rost.
> *Sigillariostrobus* cf. *strictus*, Zeill.
> *Stigmaria ficoides*, Sternb.
> *Cordaites angulostriatus*, Gr. Eury.
> —   cf. *lingulatus*, Gr. Eury.
> *Cordaianthus.*
> *Walchia piniformis*, Schloth. sp.

M. Grand'Eury cite en outre :

> *Carpolithes disciformis*, Sternb.

et Brongniart cite, dans les affleurements de la Vézère :

> *Odontopteris Brardi*, Brongn.
> —   *minor*, Brongn.

A Lage, au niveau des argillites, j'ai recueilli :

> *Pecopteris polymorpha*, Brongn.
> *Dictyopteris Brongniarti*, Gutb.
> *Annularia stellata*, Schloth. sp.

La flore du Lardin rappelle celle de Cublac, mais les *Walchia* y sont moins rares.

Affleurements de Peyrignac. — A l'ouest du moulin de Peyraud, dans la vallée du Cern, les grès houillers disparaissent sous les grès permiens et ceux du trias, mais cette interruption ne règne que sur une faible longueur, et le houiller, dont les couches se relèvent de nouveau vers l'ouest, affleure encore sur la rive droite entre Sileron et la Boissière, et à l'amont du moulin de Lestieu, là où le ruisseau se retourne brusquement vers le nord-nord-est en prenant le nom de ruisseau de la Nuelle.

Dans cette région, les grès houillers sont visibles sur toute leur épaisseur, car, d'une part, bien qu'on n'observe pas leur superposition aux schistes anciens, cependant les couches en contact avec ces schistes appartiennent certainement à la base de la formation, et d'autre part, on observe leur recouvrement par les grès rouges. L'épaisseur des grès houillers est faible et paraît être très inférieure à celle qu'ils possèdent vers le Lardin.

Les couches de la base sont visibles sur la rive droite, à l'amont du moulin de Lestieu. Par exemple, au voisinage de la faille de Beauregard, on constate, sur le bord de la Nuelle, la succession suivante :

4. Schistes gris à empreintes.
3. Argillite, épaisse de 1 mètre.
2. Grès grossiers sableux micacés, graveleux, épais de quelques mètres.
1. Conglomérat sableux micacé, très grossier, à galets de quartz, et gros fragments de schistes non roulés, teinte jaunâtre et violacée.

Un peu plus au sud, les argillites contiennent beaucoup d'empreintes de *Rhabdocarpus*, et elles sont comprises dans des bancs poudingiformes.

Ces argillites représentent très probablement le niveau observé déjà vers Lage.

Du côté de Sileron, les grès ont une teinte grise; ils sont schisteux et alternent avec des schistes noirâtres.

Sur la rive gauche, les grès houillers n'affleurent que sur une faible longueur au sud-ouest de la Combe-Ségerard, sur le bord de la route nationale; ils appartiennent aux couches supérieures du terrain, car ils sont immédiatement recouverts par les grès rouges; c'est évidemment le prolongement des grès de Sileron, et l'on y observe des schistes noirs à empreintes et les traces d'une couche de houille au milieu d'argiles vertes et bigarrées.

Un puits de recherches, creusé un peu plus à l'est, dans la vigne Sautet, a traversé ces mêmes bancs, ainsi qu'une petite couche de houille; ces terrains auraient été traversés aussi par un puits encore plus voisin du moulin de Peyraud.

Cette couche de la Combe-Ségerard paraît bien être le prolongement de celle du Lardin, car elle est très voisine des grès rouges; il en résulte que la réduction d'épaisseur qu'on constate vers l'ouest se fait aux dépens des couches inférieures des grès houillers, par une transgression des couches supérieures sur celles-ci.

En résumé, la couche de la Combe surmonte des psammites gris, alternant avec quelques couches de grès jaunâtres avec rognons de fer carbonaté, et reposant sur les schistes à empreintes. A un niveau inférieur, ce sont des grès et schistes gris, et des grès micacés sableux jaunâtres.

Dans les déblais anciens sortis du puits Sautet, j'ai recueilli les espèces suivantes :

Pecopteris arborescens, Schloth. sp.
　　—　　*cyathea*, Schloth. sp.
　　—　　*Candollei*, Brongn.
　　—　　*Daubreei*, Zeill.
　　—　　*oreopteridia*, Schloth. sp.
　　—　　*integra*, Andræ. sp.
　　—　　*polymorpha*, Brongn.
　　—　　*unita*, Brongn.
　　—　　*Sterzeli*, Zeill.
Callipteridium pteridium, Schloth. sp.
Dictyopteris Brongniarti, Gutb.
　　—　　*sp.*
Annularia stellata, Schloth. sp.
　　—　　*sphenophylloides*, Zenk. sp.
Sphenophyllum oblongifolium, Germ.
Dorycordaites ?

Dans le fond du vallon, sur le bord de la Nuelle, sous le village du Perd (Peyrignac), les argillites contiennent :

Diplotmema Paleaui, Zeill.
Pecopteris Bioti, Brongn.
　　—　　*arborescens*, Schloth. sp.
　　—　　*cyathea*, Schloth. sp.
　　—　　*Candollei*, Brongn.

Pecopteris polymorpha, Brongn.
—   *Platoni*, Gr. Eury.
—   *oreopteridia?* Schloth. sp.
—   *feminæformis*, Schloth., forma *diplazioides*.
—   *pseudo-Bucklandi*, Andræ.
—   *integra*, Andræ. sp.
—   *Beyrichi*, Weiss. sp.
—   *Sterzeli*, Zeill.
Dictyopteris Brongniarti, Gutb.
Odontopteris? sp.
Aphlebia Germari, Zeill.
—   *sp.?*
Nevropteris (?) *Delasi*, Zeill. n. sp., voisin de *N. salicifolia*.
Equisetites? sp.
Annularia stellata, Schloth. sp
—   *spicata*, Gutb. sp.
Sphenophyllum oblongifolium, Germ.
Calamites. sp.
Macrostachya (tige).
Cordaites lingulatus, Gr. Eury.
Cordaicarpus punctatus, Gr. Eury.
—   *sclerotesta*, Brongn.
Samaropsis. sp.
Rhabdocarpus subtunicatus, Gr. Eury.

C'est, comme au Lardin, la flore de la partie la plus récente du terrain houiller supérieur.

Affleurements de Châtres. — Le facies du Lardin persiste donc dans la région de Peyrignac; mais il n'en est plus tout à fait de même si l'on remonte vers le nord, car les affleurements situés à l'est de Châtres, à Dupuy et au Treuil, se composent de grès quartzeux gris ou jaunâtres exploités, alternant avec des schistes à empreintes; les couches directement en contact avec les schistes cristallins sont constituées presque exclusivement par des débris de quartz à peine roulés et des fragments de schistes anguleux; elles ont été formées sur place. L'épaisseur totale actuelle est de 12 à 15 mètres.

Il convient de remarquer qu'à Châtres, les schistes cristallins sont rubéfiés et altérés là où se sont déposés les grès houillers; près du moulin de Lestieu, les couches voisines de la base sont rouges ou bigarrées. Ce sont là des caractères spéciaux aux premiers dépôts littoraux, comme on le verra par la suite.

6.

Quant au niveau des couches de Châtres, la stratigraphie ne permet pas de l'établir avec certitude, car les affleurements actuels sont isolés; mais la présence d'argillites au milieu des schistes, comme aussi leur altitude, tend à les faire placer en prolongement des couches de Peyrignac, à la partie supérieure des grès houillers du bassin, sinon même au niveau des grès rouges.

On trouve en effet, dans les schistes de Châtres, la flore ci-après :

> *Diplotmema Ribeyroni ? ?* Zeill.
> *Pecopteris oreopteridia?* Schloth. sp.
>   —   *Daubreei,* Zeill.
>   —   *polymorpha,* Brongn.
>   —   *unita,* Brongn.
> *Callipteris conferta,* Sternb. sp., abondant.
> *Dictyopteris Brongniarti,* Guth.
> *Asterophyllites equisetiformis,* Schloth. sp.
> *Sphenophyllum* (tige).
> *Trigonocarpus.*

où la présence des *Callipteris* semble indiquer un niveau voisin de celui de la couche de Larche [1], c'est-à-dire plus élevé que le niveau houiller inférieur de Cublac décrit au présent chapitre.

Résumé sur le bassin de Terrasson. — En résumé, les traits principaux du bassin houiller de Terrasson sont : la présence du conglomérat de Cublac, le passage latéral du facies houiller au facies du Lardin, et le passage latéral, en un point, de ce facies du Lardin au facies permien.

Le conglomérat diffère, par la provenance de ses éléments et par leur mode d'apport et de dépôt, des grès houillers et des grès rouges. Il n'occupe qu'une surface très limitée, sauf peut-être vers le sud. Ses conditions de formation sont totalement différentes de celles des autres terrains, mais il a été immédiatement ou presque immédiatement suivi par le dépôt des couches qui le surmontent, comme le prouve son alternance avec les grès et les schistes houillers, si toutefois les intercalations schisteuses ne sont pas contemporaines d'un remaniement de la partie supérieure du conglomérat.

Les grès à facies vraiment houiller forment toute l'épaisseur des couches au nord-est et à l'est du bassin; à l'ouest et au sud-ouest, ils n'occupent que

[1] Voir au chapitre suivant.

la base ou même disparaissent complètement, et leur niveau n'est plus représenté que par les couches psammitiques de Beauregard et du Lardin.

La limite des affleurements des grès et des psammites est une ligne dirigée
par Châtres, Beauregard et la Pagégie. Au nord-est de cette ligne, ce sont
les affleurements de grès houillers; au sud-ouest, ce sont les affleurements
des couches du Lardin.

Dans leur ensemble, les grès houillers du bassin de Terrasson sont bien
mieux stratifiés et formés d'éléments plus fins que les grès du bassin d'Argentat.

Bassin de Juillac. — Je réunis en un même bassin tous les dépôts qui s'é-
tendent depuis Salagnac jusque vers Chabrignac, et qui ont été certainement
reliés les uns aux autres, bien que les lieux d'apport des matériaux ne soient
pas les mêmes et qu'il existe, par conséquent, plusieurs deltas. La partie
principale des dépôts, celle où leur épaisseur est la plus forte, s'étend des
Bichets jusqu'aux Gouttes, et les profonds ravins dont cette région est creusée
permettent de constater que les dépôts houillers ont rempli une dépression
étroite et profonde au sud, plus élargie et moins profonde au nord, vers les
Bichets; les grès sont encaissés entre les deux flancs de cette dépression, et,
en tous points de leur limite, on constate leur superposition aux phyllades, ce
qui écarte l'hypothèse de failles multiples donnant au bassin son allure actuelle;
cette allure actuelle est l'allure ancienne, à peu de chose près.

En suivant le bassin du nord au sud, on observe un changement latéral
de facies bien marqué. Vers les Bichets, les couches sont sableuses, et au
nord de la Roche, elles contiennent des schistes noirâtres à empreintes et
rognons de fer carbonaté. De la Roche aux Gouttes, ce sont des grès grossiers quartzeux peu solides, sableux, jaunâtres, avec quelques couches schisteuses. Ces grès contiennent beaucoup de galets de quartz; bien qu'ils s'étendent des faîtes jusqu'au thalweg et que le vallon ait plus de 100 mètres de
profondeur, leur épaisseur actuelle est relativement faible, car ils ne forment
qu'un placage sur le flanc des coteaux. Ils sont d'ailleurs assez mal stratifiés
et représentent, en définitive, un dépôt de remplissage analogue aux dépôts
des bassins intérieurs du Plateau central.

A la Rebeyrotte, ce facies commence à se modifier : on observe des bancs
mieux assisés; les couches en contact avec les phyllades sont encore sous
forme de grès poudingiformes, mais elles sont surmontées par des grès gra-

veleux jaunâtres, contenant quelques lits schisteux avec fer carbonaté et quelques couches argileuses rouges ou violacées. Sous la Vialle, les couches qui recouvrent les schistes cristallins sont des grès jaunâtres, contenant encore des fragments anguleux de phyllades; ceux-ci ont été modifiés, ils sont compactes et ont une teinte violacée.

Le changement de facies est plus nettement marqué du côté de Triguant, car les grès poudingiformes qui forment la base du coteau alternent avec des grès schisteux verdâtres et sont surmontés par des grès gris, à grains plus fins, avec lits schisteux; une grande carrière a été ouverte dans ces grès bien assisés, et dont le facies est plus semblable à celui des grès du Lardin qu'à celui des grès houillers.

Ces grès sont recouverts en concordance par les grès rouges; et, en suivant le pied des coteaux vers le sud, on observe les couches supérieures, formées par des grès jaunâtres schisteux alternant avec des argiles rougeâtres et quelques bancs poudingiformes. Ces couches, qui font le passage aux grès à facies permien, disparaissent, au sud de Lizac, sous les grès rouges.

Sur la rive gauche, ils sont mieux visibles; et comme les schistes cristallins affleurent encore là, on peut constater que l'épaisseur des grès houillers décroît graduellement vers le sud. Au sud du Grand-Bayot, où ces grès disparaissent sous les grès rouges, l'épaisseur ne doit pas dépasser 20 à 25 mètres. Ces roches, qui débutent par un conglomérat violacé à fragments de phyllade, se présentent sous forme de grès jaunâtres, graveleux, sableux ou poudingiformes, avec quelques couches de schistes noirâtres.

En résumé, des Bichets au Grand-Bayot, les grès à facies houiller, mal stratifiés au nord, passent, au sud, à des grès mieux assisés, à grain plus fin, en même temps que l'épaisseur diminue graduellement. C'est un fait analogue à celui déjà constaté dans le bassin de Terrasson et qui prouve qu'à Juillac, l'apport des matériaux de remplissage s'est fait du côté du nord.

Le conglomérat violacé, visible au sud-ouest de la Vialle, se voit encore en différents points à l'ouest des affleurements que je viens de décrire; il est toujours en contact avec le terrain cristallin; et il est surmonté par des grès jaunâtres, plus ou moins graveleux, ou des grès gris verdâtres schisteux passant supérieurement aux grès rouges.

Ces couches, à facies plus ou moins houiller, se prolongent depuis Triguant jusqu'au sud de Carde, et, sur le faîte, elles occupent le petit sommet non figuré sur la carte, au sud de Sanas. Au sud de ce sommet, les grès rouges reposent directement sur les phyllades, ce qui prouve que les grès houillers ne se prolongent pas plus au sud. Il en est de même sur le chemin de Bugeadas; mais, au nord de Bugeadas, il existe un autre affleurement houiller, dont les grès constituants reposent directement sur les phyllades, sans qu'il y ait de conglomérat interposé.

Un dernier affleurement de grès houiller se voit autour de la métairie de la Roche, au sud de Bellegarde; les couches, à la base, sont conglomératiques.

Le conglomérat violacé se retrouve, en dernier lieu, au nord de Salagnac, où il paraît remplir une petite dépression du massif cristallin, orientée est-ouest.

Plus loin, à l'ouest ou au sud, ce sont les couches graveleuses des grès rouges inférieurs qui reposent directement sur les schistes.

Tous ces dépôts houillers discontinus et recouverts par les grès rouges inférieurs occupent le pied des revers du massif cristallin, ou bien, comme au sud de Bellegarde, forment un mince placage à flanc de coteau; ils représentent, comme on le verra, les premiers dépôts faits le long de rivages accidentés, irréguliers, par les eaux des vallons ou ravins qui venaient y aboutir. Leurs matériaux en sont empruntés aux phyllades; le conglomérat, qui n'existe pas partout où il y a des grès houillers, et qui existe quelquefois sans qu'il y ait des grès houillers, représente plutôt une formation d'éboulis.

Dans les environs de Juillac, les grès houillers qui avaient jadis recouvert tout le terrain ne forment plus que des lambeaux discontinus. J'ai déjà décrit ceux de la Tournerie et du Grand-Bayot. Il faut aussi citer ceux de Montcheyrol, de Cabinet, et celui de Juillac même.

Le conglomérat violacé à galets de quartz et fragments de phyllades occupe, en presque tous les points, la base des dépôts; en quelques points, notamment sur le chemin rural qui monte à la Vialle, on observe des éboulis d'âge houiller, uniquement composés de fragments de phyllades, et qui ne diffèrent pas d'éboulis faits en dehors de l'eau.

Le conglomérat violacé est généralement surmonté par des grès schisteux violacés et des argiles rouges; au-dessus de ces couches, ce sont des grès gris ou jaunâtres, des schistes houillers avec fer carbonaté, et des argiles noirâtres; c'est le même faciès que dans le vallon de la Tourmente, près de la Rebeyrotte.

Ainsi, sur la route qui descend à l'ouest de Juillac, on observe la succession suivante, de haut en bas:

6. Grès dalliformes jaunâtres;

5. Argiles gréseuses et schisteuses noirâtres ;
4. Schistes feuilletés noirs et verdâtres ;
3. Argiles rouges et vertes ;
2. Conglomérat violacé ;
1. Phyllades.

Au champ de foire, ce sont des grès gris ou violacés très durs, alternant avec et passant à des argiles violacées.

Les dépôts argileux du bourg remplissent une dépression étendue, limitée au sud par les hauteurs de Juillac et de Chabrignac et au nord par celles de Sourie et de Puytineaud, dépression qui constituait une sorte de détroit entre le vallon houiller de la Tourmente et le vallon houiller du ruisseau du Mayne et de Lascaux.

Bassin de Chabrignac. — Au nord, les dépôts houillers de Chabrignac s'étendent jusqu'à Lascaux; au sud, ils s'atténuent graduellement et disparaissent vers Saint-Bonnet-la-Rivière; à l'est, ils sont masqués par les dépôts à faciès permien, mais ils n'atteignent pas Vignols; à l'ouest, l'existence de quelques petits affleurements isolés, ceux de la Fromagerie, de Puyssageat, de Chabrignac, et la rubéfaction des phyllades indiquent que les grès houillers de Chabrignac sont bien réellement le prolongement de ceux de Juillac, et que les grès houillers ont dû recouvrir jadis tout l'espace compris entre Juillac et le ruisseau du Mayne.

Ces grès de Chabrignac ont, comme à Juillac, rempli une ancienne dépression dirigée nord-sud, mais plus large que celle de la Roche, près Juillac.

Ainsi, à Lascaux, comme aux Bichets, les grès houillers se trouvent en contre-bas des hauteurs voisines, celles de Lascaux, Maillac, etc., et sont formés de couches sableuses avec grès et schistes houillers. A la base, on observe des grès poudingiformes ou des brèches à éléments de phyllades.

La faille de Vignols limite au sud l'affleurement houiller de Lascaux, mais les grès houillers affleurent sur le flanc gauche du ruisseau du Mayne; ils sont alors mieux stratifiés, et, au Mayne, le terrain se compose de couches très schisteuses. Plus au sud, on observe la superposition, sur les phyllades, d'une brèche formée de fragments de quartz et phyllade. A la partie supérieure de la formation, les grès houillers passent aux grès à faciès permien par des alternances d'argiles rouges et de grès gris, bien assisés.

Sous Maillerie, l'épaisseur du terrain houiller ne dépasse guère 25 mètres, tandis que, vers Lascaux, elle est de 50 à 60 mètres, peut-être davantage. Au contraire, à 300 mètres avant Saint-Bonnet, on voit les grès rouges inférieurs reposer directement sur les phyllades et, dans le vallon à l'est de la Forêt, on peut constater que les phyllades sont, au nord, recouvertes par des grès houillers, au sud, par des grès rouges [1].

Or, comme partout les couches de grès rouges et de grès houillers sont concordantes, il faut admettre que les grès houillers du vallon du Mayne passent latéralement aux grès rouges, de même que ces grès houillers sont un facies latéral des couches sableuses et mal stratifiées de Lascaux.

Les grès houillers de Chabrignac contiennent, à la partie supérieure, une couche de houille peu épaisse, qui affleure près du tournant de la route départementale, au sud de Puyssageat.

Ces grès qui, sur la rive gauche du ruisseau, présentent le facies ordinaire des grès houillers, passent, à l'ouest, aux grès et argiles violacées de Juillac, et forment des dépôts peu épais, reposant sur les phyllades. Ainsi, à la Fromagerie, les couches ne forment qu'un mince placage presque uniquement composé de galets de quartz et de phyllades; à Puyssageat, elles ont plus d'épaisseur, contiennent des gros galets et comprennent quelques argiles rouges. Le petit puy à l'ouest est occupé par le conglomérat violacé, qui fait là sa dernière apparition et qui passe, au sud du puy, à des grès jaunâtres.

A Chabrignac enfin, les couches sont surtout composées de grès jaunâtres.

J'ai recueilli dans les anciens dépôts du puits au Jus (mine de Chabrignac) les espèces suivantes :

Sphenopteris Mathéti, Zeill.
— *cristata*, Brongn. sp.
Pecopteris hemitelioides, Brongn.
— *cyathea*, Schloth. sp.
— *Daubreei*, Zeill.
— *unita*, Brongn.
— *Sterzeli*, Zeill.
Alethopteris Grandini, Brongn. sp.
Odontopteris Brardi, Brongn.
Lepidophyllum cf. *majus*, Brongn.
Sigillariophyllum.
Stigmaria ficoides, Sternb. sp.

[1] Cependant un sondage exécuté plus au sud, vers le village de Roche, aurait traversé environ 20 mètres de grès houillers sans atteindre le terrain primitif; il en sera question plus loin.

Aux Brandes, on recueille :

Dictyopteris Brongniarti, Gutb.
Odontopteris Brardi, Brongn.
Macrostachya carinata, Germ. sp.

C'est la flore de Cublac.

Conglomérat de Voutezac et d'Allassac. — Entre Vignols et Allassac, il n'existe pas d'affleurements houillers; et comme on peut, en beaucoup de points, et malgré les failles limitatives du Plateau central, observer la superposition des grès aux schistes cristallins, il n'est guère probable que le terrain houiller s'y soit jamais déposé.

Il y a cependant une exception : près du village de la Sauvezie (la Chauverie sur la carte), on a creusé jadis un puits peu profond pour la recherche de la houille au milieu de grès jaunâtres à facies houiller que l'on voit affleurer au milieu des grès rouges. Ces grès jaunâtres contiennent une couche de houille peu épaisse; peut-être forment-ils simplement un niveau intercalé dans les grès rouges.

Partout, entre Vignols et Allassac, où l'on peut apercevoir la superposition des grès aux schistes cristallins, les bancs inférieurs sont formés par un conglomérat violacé, argileux, à galets de quartz et galets et fragments de phyllades. Ce conglomérat n'apparaît pas du côté de Vignols où l'on observe cependant des grès dont le facies, assez différent de celui des grès rouges inférieurs, tend vers le facies houiller, et dont je parlerai plus loin.

C'est seulement à Ceyrat que commence le conglomérat qui se suit, sans autres interruptions que celles dues à la dénudation, jusqu'à Allassac; entre Ceyrat et Voutezac, il occupe une bande étroite comprise entre deux failles.

Par exception, à la Baudélie, le conglomérat est sous forme d'un poudingue peu épais, immédiatement surmonté par les grès rouges et reposant directement sur les phyllades.

A l'est de la Vézère, le conglomérat est très développé, surtout vers Allassac où il est associé à des argiles violacées et des grès de même teinte ou bigarrés, graveleux et poudingiformes, dont les matériaux, empruntés aux phyllades, sont peu roulés ou anguleux; quelques galets ont été empruntés aux schistes granulitisés du Saut du Saumon. Ce terrain remplit une dépression que longe la faille d'Allassac et son dernier affleurement est à 500 mètres à l'est d'Allassac.

Le conglomérat violacé que je viens de décrire est tout à fait analogue à celui observé à Juillac et qui est, là, surmonté par les grès houillers. A Voutezac et à Allassac, il est directement surmonté par les grès à faciès permien.

Bassin de Sainte-Féréole. — Je réunis dans ce bassin tous les affleurements houillers qui apparaissent depuis Allassac jusqu'à la vallée de la Corrèze et qui, d'ailleurs, se relient les uns aux autres.

Les grès houillers de Donzenac et Sainte-Féréole sont des grès grossiers quartzeux, souvent poudingiformes, plutôt sableux que solides, jaunâtres, assez mal stratifiés. Les bancs poudingiformes sont plus fréquents vers la base; à la partie supérieure, les grès sont souvent plus fins, et ils passent aux grès rouges inférieurs par des alternances de grès jaunâtres, de grès faiblement bigarrés, et même d'argiles rouges.

Généralement les grès houillers reposent sur les schistes cristallins sans l'intermédiaire du conglomérat violacé, et celui-ci n'existe qu'en un seul point, à Roumégou; ailleurs, les couches en contact avec les schistes cristallins sont très conglomératiques ou bréchiformes, mais peu colorées, par exemple à Lafeuillade; le défaut de coloration paraît tenir simplement à l'absence du ciment argileux.

Les grès houillers de Sainte-Féréole ne contiennent qu'assez rarement des couches argileuses et schisteuses; vers Puymaret, on observe à la base, cependant, quelques argiles violacées associées à du grès quartzeux très dur, de teinte claire.

Il y a quelques veines de grès charbonneux (Champagnac), comme aussi quelques veinules de houille. Vers Rebieyre, mais sur la rive gauche du ruisseau, les grès houillers ont été silicifiés.

Les couches graveleuses ou conglomératiques ne forment pas nécessairement la base du houiller en tous les points; par exemple à la Besse, près Sainte-Féréole, on constate que des grès assez fins, faiblement bigarrés, reposent directement sur les schistes cristallins. On sait d'ailleurs que dans ces dépôts faits sous forme d'éboulis, ou par voie d'apport fluvial ou torrentiel sur un sol accidenté, les couches en contact avec le substratum ne sont pas partout nécessairement les plus anciennes, et ces grès de la Besse appartiennent probablement à un niveau assez élevé.

Dans la région sud-ouest du bassin, vers Saille-Boste et à Puymaret, les grès houillers passent latéralement à des grès faiblement bigarrés que surmontent des grès rouges, et il est probable que ces grès doivent, comme à Chabrignac, disparaître rapidement dans cette direction. Mais la faille de Saint-Antoine, qui a ramené à un bas niveau les couches supérieures, s'oppose à toute vérification directe de ce fait.

Affleurements de la Chapelle-aux-Brots. — Le bassin de la Chapelle-aux-Brots est le prolongement de celui de Sainte-Féréole; la vallée de la Corrèze seule sépare ces deux bassins.

Les grès houillers de la Chapelle-aux-Brots ont le même facies que ceux de Donzenac et Sainte-Féréole; leurs affleurements occupent une bande étroite le long des schistes cristallins depuis le village du Buisson jusqu'à celui de Chaumeil, où une faille transversale ramène les grès rouges inférieurs au même niveau que les grès houillers.

Au sud-ouest, l'affleurement houiller est limité par une faille; toutefois, au nord de la Chapelle-aux-Brots, on observe le recouvrement des grès houillers par les grès rouges, et le passage graduel d'un facies à l'autre. En ce point, sur le bord de la route, tout à fait à la partie supérieure des grès houillers, j'ai recueilli diverses empreintes à un niveau comparable à celui du Lardin.

Vers la Chapelle-aux-Brots, les grès houillers présentent, même à leur partie supérieure, des bancs d'arène amphibolique; on sait que les amphibolites occupent les environs de Damniat, dans le voisinage de la Chapelle-aux-Brots.

Il n'est pas inutile de faire remarquer que, vers Chaumeil, tandis que les grès houillers sont bien développés et bien nets, vers la Chapelle-aux-Brots, ils se chargent d'argiles rouges, ce qui indique un passage latéral au facies permien.

Les couches en contact avec les schistes cristallins sont toujours bréchiformes; c'est ce qu'on observe, par exemple, au lavoir de Merchadour; au Buisson, les couches de la base sont des grès très poudingiformes.

Au bassin de la Chapelle-aux-Brots, je rattacherai l'étroit affleurement houiller de Sand-Bas (rive droite de la Rouanne), superposé aux schistes cristallins; son altitude peu élevée prouve qu'il occupe le fond d'une ancienne dépression dirigée vers Flaugeat; au nord, cet affleurement est limité par la faille de Chaumeil.

J'ai extrait des talus de la route départementale de Brive à Beaulieu, bornes 7^k,5oo et 7^k,6oo, près la Chapelle-aux-Brots, les espèces qui suivent :

> *Pecopteris dentata*, var. *obscura*, Zeill. (var. nov.).
> — *cyathea*, Schloth. sp.
> — *Candollei*, Brongn.
> — *hemitelioides*, Brongn.
> — *oreopteridia*, Schloth. sp.
> — *Daubreei*, Zeill.
> — *polymorpha*, Brongn.
> — *pseudo-Bucklandi*, Andræ.
> — *Bredovii*, Germ.
> *Aulacopteris.*
> *Aphlebia acanthoides*, Zeill.
> — *sp.*
> *Sphenophyllum oblongifolium*, Germ.
> — *Thoni*, Mahr.

C'est une flore de la partie supérieure du houiller supérieur.

Grès du Parjadis. — Entre Sand-Bas et Groschamp, on ne peut observer les couches les plus inférieures des grès, car une faille sépare les affleurements des grès, du massif cristallin. Les grès houillers ne reparaissent qu'entre Grandchamp et le col du Planchat, adossés, au nord-est, au massif cristallin. Une faille trace la limite actuelle de ces grès; mais la composition très bréchiforme des couches dans le voisinage de la faille prouve que celle-ci n'a qu'un faible rejet; et près du Suc, d'ailleurs, il existe un placage houiller en dehors et à l'est de la faille, en sorte que la limite de l'extension des grès houillers n'a pas été très modifiée par l'affaissement qu'accuse la faille. Le petit dépôt du Suc correspond peut-être au lieu d'apport des matériaux.

Les grès du Parjadis ont franchement le facies houiller, surtout vers le point où ont été exécutés des travaux de recherches entre le Suc et le col du Planchat. L'inclinaison des couches, assez mal stratifiées, est voisine de 8o degrés et atteint la verticale vers le col. Une galerie a pénétré dans les grès houillers qu'elle a traversés sur 65 mètres sans parvenir aux terrains cristallins. Ces grès contiennent quatre minces couches de houille.

Les affleurements houillers n'ont qu'une largeur de 3oo mètres au plus, et ils sont limités au sud-ouest par une faille; leur extension dans cette direction n'est pas connue, mais je ne la crois pas bien grande, à en juger par les autres dépôts littoraux. Un sondage a été exécuté à la Voute, assez loin des affleurements; il a été arrêté au milieu des grès permiens et sans en avoir même atteint la base, bien que sa profondeur ait été considérable.

Au delà du col du Planchat, on retrouve à la Cabane du Gay un affleurement peu étendu de grès houillers, prolongement de ceux du Parjadis. Cet affleurement est limité au sud par une faille qui fait apparaître les grès à *Walchia*.

Plus loin, dans la direction de Sérilhac, on observe, sous les couches calcaires, des grès jaunâtres avec couches d'argiles rouges et quelques lits schisteux; puis, un peu avant Sérilhac, ce sont des grès rougeâtres.

Il semble bien qu'il y ait un passage latéral graduel des grès houillers de la Cabane du Gay aux grès rougeâtres à faciès permien de Sérilhac, mais comme on ne peut observer le substratum, il est impossible de se prononcer avec certitude.

C'est seulement du côté de Lostanges que l'on voit apparaître le substratum gneissique et l'on ne constate aucune interposition de grès houiller entre ce substratum et les grès rouges inférieurs; par conséquent, il est certain que les dépôts houillers du Parjadis ne se sont pas étendus jusque-là.

M. Dessort, qui a entrepris et dirigé les travaux de recherches du Parjadis, a recueilli, soit dans les affleurements de la route, soit dans les puits et la galerie de recherche, les espèces suivantes :

> *Pecopteris hemitelioides*, Brongn.
> — *cyathea*, Schloth. sp.
> *Dictyopteris Brongniarti*, Gutb.
> *Odontopteris Brardi*, Brongn.
> *Callipteridium pteridium*, Schloth. sp.
> *Annularia stellata*, Schloth. sp.
> *Asterophyllites equisetiformis*, Schloth. sp.
> *Stigmaria. sp.*
> *Dorycordaites Ottonis*, Gein., ou *affinis*, Gr. Eury, abondants.
> *Cordaicarpus.*
> *Rhabdocarpus subtunicatus*, Gr. Eury.
> *Codonospermum anomalum*, Brongn.

C'est la même flore qu'à Cublac.

Résumé. — Les grès houillers reposent en discordance sur les gneiss (ζ^1), au sud de Lanteuil, sur les schistes micacés (ζ^2), dans les environs de la Chapelle-aux-Brots, sur les schistes à séricite et les phyllades, depuis la Corrèze jusqu'à Juillac, sur les schistes argileux anciens, près de Terrasson. La discordance est très accusée, car les grès se sont déposés sur un terrain plissé et n'ont eux-mêmes subi aucun plissement.

Les couches inférieures débutent presque toujours par des brèches ou des poudingues formant un placage sur le flanc du substratum cristallin. Ces brèches ou éboulis sont entièrement composés parfois de fragments de quartz et de schistes cristallins, et n'ont alors aucune coloration; ce sont des dépôts qui paraissent avoir été faits au-dessus du niveau permanent des eaux.

Le plus souvent les éboulis anciens contiennent un ciment argileux très coloré et constituent le conglomérat violacé; son épaisseur ne dépasse pas quelques mètres, et il n'existe pas partout.

Les couches qui le surmontent sont des grès généralement grossiers ou poudingiformes, quartzeux et mal stratifiés; ils forment la grande masse des dépôts houillers et ils comprennent, à différents niveaux, des couches schisteuses, des lits minces de houille, des lits de rognons de fer carbonaté, rarement des couches de houille.

Les grès houillers, généralement dépourvus de couches argileuses, passent à une formation en grande partie argileuse dans les environs du Lardin, et vers l'ouest, les couches supérieures s'étendent transgressivement sur les couches inférieures.

Les grès houillers ne forment pas une nappe continue à la base des grès rouges, mais simplement des dépôts localisés et isolés, principalement sur les bords du bassin. En dehors de ces points, ils passent latéralement aux grès rouges.

CHAPITRE III.

GRÈS ROUGES INFÉRIEURS ET GRÈS HOUILLERS INTERCALÉS.

Affleurements. — Les grès rouges inférieurs affleurent tout le long du Plateau central, depuis Cheirveix jusqu'à Tudeils. Ils sont recouverts au sud et au sud-ouest par les calcaires, les grès à *Walchia* et les grès rouges supérieurs.

Dans la région nord du bassin permien, les affleurements des grès rouges occupent de grandes surfaces : à l'ouest, les environs de Boisseuilh et le contrefort de Sainte-Trie; à l'est, la vaste dépression qui s'étend entre les plateaux d'Ayen et d'Yssandon et le Plateau central. Le lit du Rozeix et celui de la Vézère sont creusés dans ces grès, jusqu'au confluent avec la Corrèze. Toutefois la faille de Saint-Viance a abaissé le niveau des couches, en sorte que, de la Vézère à Mallemort, les grès inférieurs disparaissent sous les grès supérieurs.

Dans la région sud du bassin, c'est-à-dire de la Corrèze à Tudeils, les affleurements des grès rouges inférieurs sont discontinus et très limités, par suite de l'accroissement du rejet des failles et de l'inclinaison des couches, et peut-être aussi par suite de la réduction d'épaisseur de celles-ci. Ces affleurements sont ceux de la Chapelle-aux-Brots, Lanteuil, Sérilhac et Lostanges. A Lacarou, près de Marcillac, on observe encore, au contact de la faille de Puy-d'Arnac, un dernier affleurement des grès inférieurs.

Le long de la limite sud-ouest du bassin, les grès rouges inférieurs n'affleurent qu'aux environs de Cublac et de Saint-Lazare.

Région d'Hautefort. — Dans la région d'Hautefort, les grès rouges inférieurs sont graveleux de la base au sommet. Ils sont peu argileux, friables et mal stratifiés. Leur teinte est rougeâtre ou jaunâtre. A Cubas, les couches qui reposent sur les schistes cristallins sont formées par un gravier violacé incohérent, presque uniquement composé de débris de schistes, avec quelques galets de quartz.

Ce terrain comprend aussi quelques grès à **grain** moyen, peu argileux, solides ou sableux, encore mal stratifiés, et d'une teinte rouge bigarrée de vert (Brugou, près Boisseuilh). La partie supérieure contient quelques couches d'argiles rouges.

La superposition des grès aux phyllades peut s'observer directement en beaucoup de points, notamment à Cubas, Neboul, et près de Salagnac. Au Moureau (au confluent du Dalon et du ruisseau de Salagnac), comme aussi entre Neboul et Cherveix, on constate avec netteté que les grès se sont déposés sur un sol relativement accidenté.

Vers l'est, le facies graveleux s'atténue et ne se maintient que dans les couches inférieures (qui, à Salagnac, contiennent des galets de granulite); c'est ainsi que les vallées du Dalon et du ruisseau de Salagnac sont creusées dans ces couches graveleuses, tandis que le contrefort de Sainte-Trie est formé par des couches de grès plus argileux, à grain fin ou moyen, sans gravier ni galets. Ces grès, peu consistants, comprennent des couches d'argile rouge, mais ils sont généralement peu colorés, rougeâtres ou jaunâtres; on y remarque quelques bancs solides (Tireloubie).

Région de Juillac et d'Objat. — Les couches graveleuses de la base persistent encore dans la région de Juillac et de Saint-Solve, là où les grès inférieurs reposent directement sur les schistes, mais leur épaisseur se réduit souvent à quelques mètres. J'ai déjà fait remarquer, au chapitre précédent, qu'en quelques points ces couches débutent par un conglomérat violacé, analogue aux graviers de Cubas, mais argileux. A Vignols, le conglomérat violacé, qu'on peut observer derrière les maisons du village, est surmonté par des grès jaunâtres avec argiles schisteuses. Au viaduc du Sarget (sud-est de Vignols), des grès analogues, mais poudingiformes, reposent sur un poudingue à galets de quartz et de phyllades.

Quand les grès inférieurs reposent sur les grès houillers, leur facies n'est plus le même : les couches ne sont plus graveleuses, quoique cependant elles puissent contenir, par exception, quelques bancs conglomératiques (par exemple, à l'embranchement du chemin de la mine, au tournant de la route après Saint-Bonnet). Elles comprennent une alternance d'argiles rouges et de grès gris ou jaunâtres assez semblables aux grès houillers; ainsi donc les couches à facies houiller passent supérieurement, par une transition graduelle, aux couches à facies permien. Les grès rouges inférieurs, qui présentent toujours le facies graveleux quand ils reposent sur le substratum cristallin, ont, au contraire, une composition plus régulière, un grain moins grossier, et sont plus ou moins stratifiés quand ils reposent sur les grès à facies houiller. En général, aucune couche particulière, aucun changement brusque n'établit une séparation entre les deux séries de couches. Aussi n'est-il pas toujours facile de distinguer nettement les deux facies, et c'est ainsi que les grès, dans la gare de Vignols-Saint-Solve et aux abords, se présentent avec un facies mixte; ce sont des grès quartzeux, schisteux, solides, en bancs irréguliers, d'un gris verdâtre, jaunâtre ou ferrugineux, blancs ou violacés, contenant quelques couches d'argile. Ils passent, dans la tranchée de Vignols, à des couches plus argileuses, mal stratifiées, formées de grès grossiers rouges; au sud, ils passent à des grès ferrugineux solides, à vive arête, qui forment la transition avec les grès rougeâtres peu cohérents qui constituent la masse du terrain. Ce facies pseudo-houiller des grès de la station ne se poursuit pas vers l'est et sous Malleval, ce sont des grès rouges graveleux ordinaires qui apparaissent.

Les couches de passage du facies houiller au facies permien s'observent à Bugeadas, à Brunerie, à Bruyère et au Grand-Bayot, près de Juillac, sous Maillerie, dans la vallée du Mayne, et près de Saint-Bonnet-la-Rivière. Elles auraient été aussi traversées par le sondage exécuté près de Saint-Cyr-la-Roche (voir la note de la page 48), car, après avoir traversé 137 mètres de terrains entièrement rouges (grès rouges inférieurs), le sondage aurait, avant d'atteindre le grès à facies franchement houiller, traversé une alternance de grès rouges et de grès et schistes gris ou noirâtres sur environ 44 mètres.

Depuis Bugeadas jusqu'à Saint-Solve, la distinction entre les grès houillers et les grès permiens n'est donc pas facile à faire. Sur la carte détaillée, j'ai attribué le facies permien à toutes les couches qui contiennent des argiles rouges, à part les couches de Juillac, celles-ci étant surmontées par des grès houillers.

Dans leur zone moyenne et sur une grande épaisseur, les grès rouges inférieurs se présentent sous forme de grès argileux, bigarrés, rougeâtres ou rouges, plutôt grossiers, mal stratifiés, en bancs épais, peu solides, alternant avec des couches d'argile rouge. Ils comprennent aussi des couches de grès rouges à grain plus fin, assez bien assisés, alternant avec des argiles, et alors le terrain présente à peu près le même facies que les grès rouges supérieurs permiens des environs de Brive; ce facies s'observe notamment près de la faille de la Perche, sur la route de Juillac à Ayen.

Dans la région d'Objat, on observe, mais plutôt à la partie supérieure de la zone moyenne de l'étage, des grès gris verdâtre, à grain fin, micacés, solides, bien assisés, et ne contenant que peu de couches argileuses. Ces grès sont exploités à Puyfage, près Objat; ils ont été aussi exploités à la Peyrolie, près Saint-Solve.

Quelquefois les couches deviennent très sableuses, se chargent de galets de quartz et prennent une teinte d'un jaune clair; il existe un vaste amas de ces grès au Bousquet, près Saint-Bonnet-la-Rivière.

En général, les couches argileuses sont rouges; mais il y a exceptionnellement quelques argiles schisteuses noirâtres, peut-être même des grès houillers, dans les environs de la Chapelle-Salamard; c'est probablement dans ces couches, vers Madrias, que l'on a fait autrefois quelques recherches de houille.

Quand on parcourt le terrain transversalement à la direction des couches, on observe que celles-ci, plus grossières, plus solides et moins colorées dans le voisinage du massif cristallin, deviennent plus argileuses, moins cohérentes et plus colorées au fur et à mesure qu'on s'en éloigne.

On observe aussi un fait semblable, en suivant, en un point donné, les couches de la base au sommet.

Les couches supérieures de l'étage des grès rouges inférieurs sont, en effet, composées de bancs épais de grès rougeâtres, séparés par des lits ou des couches argileuses, et surmontées généralement par des couches épaisses d'argiles rouges. Il existe cependant, mais à un niveau plus bas, des bancs de grès bigarrés, avec lits graveleux, le tout formant un terrain assez hétérogène, que mettent bien en évidence les tranchées du chemin de fer du côté d'Objat. La zone supérieure des grès inférieurs s'observe notamment au Granouiller, à Roziers, à Saint-Cyr-la-Roche, à Charriéras et à la Rouchonnie, au sud d'Objat.

Les grès inférieurs ne contiennent que peu de calcaires, et le calcaire s'y trouve généralement sous forme de rognons, rarement sous forme de banc continu, dont l'épaisseur ne dépasse pas alors o m. 10 à o m. 20. Le calcaire ne se rencontre jamais dans les grès graveleux, ni dans la partie inférieure et moyenne de l'étage; on ne constate sa présence que dans les couches argileuses de la partie supérieure, surtout vers Saint-Cyr et Charriéras. Dans la région est, je n'ai reconnu l'existence de nodules ou bancs calcaires que dans les environs de Tireloubie.

En résumé, il en est de la région d'Objat comme de celle de Juillac : les

8.

grès rouges inférieurs, quand ils reposent sur le substratum cristallin, débutent parfois par un conglomérat violacé qui indique alors le rivage, mais toujours il existe, à la base, au moins des grès graveleux. Lorsque les grès permiens reposent sur le houiller, ils participent à la nature de ces grès; nous avons vu qu'aux abords de la gare de Saint-Solve, les grès ont un facies intermédiaire entre les facies permien et houiller, bien que le terrain à facies nettement houiller paraisse faire défaut à la base.

Dans la partie moyenne, et formant la grande masse du terrain, les grès sont quartzo-argileux et disposés en bancs épais mal stratifiés; leur texture est variable, plus souvent grossière, parfois poudingiforme, et ils sont peu cohérents. La teinte rouge domine, quoiqu'il y ait des grès gris jaunâtre ou bigarrés, et les couches d'argiles rouges sont fréquentes. Supérieurement, les grès ont une tendance à prendre un grain plus fin, et les poudingues deviennent plus rares; il en est de même quand on s'éloigne de l'ancien rivage.

Dans la partie supérieure de l'étage, les grès sont généralement plus solides et plus compacts, mieux assisés, et les couches d'argiles, plus développées, contiennent des lits de rognons d'un calcaire argileux, vert ou rosé.

Les couches de la base, que j'ai décrites plus haut, sont celles qui se sont déposées dans le voisinage des rivages. On n'observe celles déposées à distance qu'en un point, à Gorbas, où, par suite de quelque faille ou de quelque irrégularité du substratum, les schistes cristallins affleurent au pied du coteau sur environ 50 mètres de longueur. Une carrière ouverte dans ces schistes permet d'étudier les couches qui les surmontent, et le chemin qui monte à Gorbas montre la succession des couches jusqu'au niveau calcaire.

Cette succession est la suivante :

5. Alternance d'argiles rouges schisteuses et de grès rouges bien stratifiés, épaisseur............................ 10 à 15 mètres.

4. Grès peu cohérents, parfois graveleux, peu colorés, rougeâtres ou bigarrés, passant à des argiles rouges par place...... 50

3. Grès grossiers, graveleux, jaunâtres, et grès schisteux, jaunâtres et bigarrés, avec taches charbonneuses, environ... 15

2. Couche d'argile rouge............................ 1

1. Phyllades de Juillac............................ p. m.

On voit qu'au large, les couches déposées sur le substratum ne sont ni graveleuses ni conglomératiques, bien que la distance au rivage ne soit que de 6 kilomètres.

L'épaisseur totale des grès rouges, à Gorbas, ne serait, d'après cette coupe, que de 85 mètres environ, mais il est possible qu'une faille dissimule l'épaisseur réelle. Le sondage exécuté au nord de Saint-Cyr-la-Roche a traversé les grès inférieurs sur une épaisseur plus forte, plus de 180 mètres, ce qui permet d'assigner à l'étage une épaisseur totale dépassant 230 ou 250 mètres. Il est vrai qu'à peu de distance, à Saint-Bonnet, l'épaisseur totale est voisine de 150 mètres, et plutôt inférieure à ce chiffre.

Vers l'est, dans la région d'Hautefort, l'épaisseur diminue : elle n'est plus que de 100 mètres environ.

Région d'Allassac. — Les caractères généraux que l'on constate dans la région de Juillac se poursuivent dans celle d'Allassac et Voutezac. Les grès inférieurs débutent, le long du massif cristallin, par le conglomérat violacé, très développé à Allassac, avec couches puissantes d'argiles et de grès. Au Saillant, le conglomérat, peu coloré, n'a plus qu'une épaisseur de 1 mètre ou 2 mètres, probablement parce que le rivage se trouvait un peu plus au nord. Les grès qui surmontent le conglomérat d'Allassac sont en bancs épais, mal stratifiés, massifs, peu cohérents, sableux, de teinte claire et bigarrés. Ils contiennent quelques couches d'argiles rouges, comme aussi, et très fréquemment, des amas et bancs graveleux. Au chapitre précédent, j'ai déjà indiqué qu'il existe, à la Sauvezie, un niveau houiller avec couche mince de houille, peut-être intercalé dans les grès rouges.

Vers Montaural, la Gratade, etc., au sud d'Allassac, l'étage des grès inférieurs contient des couches sableuses à galets de quartz, de teinte claire et semblables à celles du Bousquet, près Saint-Bonnet-la-Rivière.

Dans la région sud, vers Varetz, les grès deviennent moins argileux, moins colorés, même dans leurs couches supérieures. Au-dessus du village du Temple, on en observe nettement le sommet qui est formé d'une alternance régulière de grès rouges et d'argiles rouges schisteuses. C'est un ensemble exactement semblable aux grès rouges permiens des environs de Brive ; il est surmonté immédiatement par les calcaires, et il doit être plutôt rattaché à la base du permien.

Près du moulin de la Mothe, ce niveau supérieur aux grès rouges est formé par 6 à 8 mètres d'argiles rouges qui reposent sur un banc épais de plusieurs mètres, d'un grès grossier, de teinte claire, à gros grains feldspathiques et à mica blanc, avec galets de quartz et de phyllades. Cette couche provient évidemment de la destruction d'une granulite.

Au Burg, à Varetz, affleurent des grès jaunâtres plus ou moins schisteux, alternant avec des bancs graveleux et poudingiformes.

Région de Donzenac. — De Varetz à Donzenac, on remarque que les grès de l'étage inférieur deviennent plus argileux et prennent une coloration plus accentuée; vers le village de Ronds, ils forment un ensemble très argileux, mais si l'on se rapproche davantage du massif cristallin, les couches d'argiles deviennent moins puissantes et moins fréquentes, et les grès reprennent une teinte plus claire, rougeâtre ou faiblement bigarrée.

Dans la région comprise entre Ussac et Donzenac, les grès conservent les mêmes caractères que ceux d'Allassac. Mais ils reposent ici sur les grès houillers, sans qu'on puisse établir une démarcation tranchée entre les deux facies. Tandis qu'à Juillac le passage se fait par des alternances de grès et d'argiles, le passage, vers les Saulières, est encore plus graduel, et les grès sableux jaunâtres à facies houiller, mal stratifiés, passent insensiblement, à leur partie supérieure, à des grès encore jaunâtres avec quelques faibles bigarrures rouges et à des grès un peu rougeâtres. Plus haut encore, la coloration s'accentue : des amas et des couches d'argiles s'interposent et les grès deviennent plus solides, formant des bancs épais et massifs, en corniche à la partie supérieure de l'étage; on les observe surtout à Grand-Roche et dans le vallon de Planiolles. Ces grès, à gros grains, peu argileux, rougeâtres, contiennent, comme à Varetz, des galets de quartz et de schistes cristallins; ils alternent avec quelques couches sableuses micacées et avec des argiles rouges.

Les couches poudingiformes de Planiolles se développent beaucoup du côté de Mallemort, où elles forment le couronnement du contrefort; le village de Mallemort, depuis la plaine jusqu'à sa partie haute, est établi sur ces roches, parfois fort dures, mais comprises entre des couches sableuses et micacées, bigarrées.

Région au sud de la Corrèze. — Les poudingues de Planiolles et de Mallemort ont une grande extension, car on les retrouve encore au sud de la Corrèze, où ils forment toujours la partie supérieure de l'étage; ils sont quelquefois couronnés par des argiles rouges.

Vers la base, les grès inférieurs, dans cette région, passent graduellement à des grès houillers, moins bien caractérisés, il est vrai, qu'aux Saulières.

Le terrain de la Chapelle-aux-Brots contient, comme dans la région nord, des couches d'argiles rouges; mais les grès sont, en général, moins colorés, rougeâtres ou faiblement bigarrés; leur grain est grossier, et ils sont parfois assez solides pour être exploités pour meules.

Près du village de la Chapelle-aux-Brots, sur le chemin de Brive, on observe que certaines couches sont formées d'éléments plus ou moins grossiers empruntés à l'amphibolite des environs de Damniat, ce qui tend à prouver la grande proximité du rivage à cette époque et en ce point. Les grès feldspathiques ne sont pas rares (moulin de Juge), et leur présence vient confirmer cette hypothèse. Nous avons déjà vu qu'on observe le même fait dans certaines couches de grès à facies houiller, en ce même point.

Au Parjadis, la galerie, après avoir traversé sur 12 mètres environ des grès jaunâtres avec bancs calcaires qui appartiennent probablement à la base du permien, traverse ensuite sur 133 mètres une alternance de grès rouges, grès gris, poudingues, avec argiles rouges, grises ou bigarrées. C'est au delà que la galerie pénètre dans les grès houillers. Ces grès et argiles rouges et bigarrées représentent évidemment les grès rouges inférieurs, et, en raison du pendage considérable des couches, on peut estimer leur épaisseur à 100 mètres au moins.

Près de Sérilhac, il existe, comme je l'ai déjà indiqué au sujet des grès houillers, des grès qui forment le passage latéral entre les grès à facies houiller et permien; on les observe sur la route, en couches très inclinées, visibles sur une épaisseur de 85 mètres; elles sont composées principalement de grès jaunâtres alternant avec des argiles rouges et bigarrées, argiles dont l'ensemble ne représente pas une épaisseur supérieure à 15 mètres. Les grès contiennent quelques lits schisteux de teinte grise, à facies houiller.

A Sérilhac même, les grès inférieurs sont faiblement bigarrés ou rougeâtres, et ils contiennent aussi quelques couches sableuses grossières.

Du côté de Lostanges, comme aussi à Lacarou, les grès sont généralement solides, plutôt gris ou jaunâtres ou faiblement colorés, et ils comprennent quelques couches d'argiles rouges et bigarrées; ils forment des bancs épais, massifs, dans le vallon du Soulier, et, en résumé, leur facies ne diffère pas beaucoup de celui des grès de la Chapelle-aux-Brots.

Saint-Lazare. — Les grès de Saint-Lazare, en partie recouverts par les couches secondaires, sont grossiers, graveleux ou poudingiformes, et par conséquent rappellent ceux des environs d'Hautefort; mais ils contiennent des couches d'argiles rouges, et, du côté de Goursat, ils comprennent quelques bancs de grès micacés, schisteux, verdâtres ou violacés, occupant probablement la partie supérieure de ce qui a été respecté par les érosions. Ces couches reposent toutefois, sous Goursat, sur des grès très graveleux, avec galets de quartz et de phyllades.

A Sileron, où l'on peut observer la superposition des grès rouges inférieurs aux grès houillers, le passage n'est pas brusque, quoique les couches de passage ne présentent pas une grande épaisseur.

Cublac. — Dans les environs de Cublac, les grès de l'étage inférieur affleurent à l'est de la faille de Loubignac, et les puits creusés pour l'exploitation de la mine ont permis de constater que ces grès passent graduellement au grès houiller, par la réduction, puis la disparition des couches d'argiles rouges interposées.

Alors que, près de Peyrignac, ces grès sont grossiers, graveleux et mal assisés, à Cublac, leur grain est plus fin, et ils sont disposés par bancs plus réguliers; ce sont des grès rouges ou bigarrés, micacés, argileux, peu solides, alternant avec des couches encore plus argileuses, micacées, schisteuses, bigarrées de rouge et de vert. Ces couches comprennent quelques bancs de grès gris schisteux à grain fin et de grès jaunâtre à gros grains. L'épaisseur totale paraît être d'environ une centaine de mètres.

Ces grès, dits *grès bigarrés de Cublac,* sont surmontés sur le contrefort de la Cabane, qu'entourent tous les puits de la mine, par des grès et schistes gris avec couche de houille et bancs calcaires, sur lesquels repose une très forte épaisseur de grès rougeâtres poudingiformes, dits *grès de la Valade.* La succession complète des couches en ce point est donc la suivante :

       4. Grès de la Valade.
       3. Grès de la Cabane.
       2. Grès bigarrés de Cublac.
       1. Grès houillers.

Les grès de la Valade, en tout ou en partie, passent latéralement aux grès et argiles rouges de Brive et appartiennent à l'étage des grès rouges permiens, dont ils représentent un facies particulier; ils seront décrits au chapitre V.

Les grès de la Cabane affleurent sur le faîte, au nord de la petite éminence connue sous le nom de *Moulin à vent;* ce sont des grès gris et schistes gris, avec schistes bitumineux, comprenant une couche de houille de faible épaisseur, intercalée dans des schistes à empreintes. Plus au nord, au-dessus de la Charlerie, on observe des grès gris schisteux verdâtres ou jaunâtres, et des grès sableux plus ou moins poudingiformes, avec bancs de calcaire verdâtre; ces couches paraissent surmonter celles du Moulin à vent, et elles sont surmontées elles-mêmes par les grès de la Valade; elles comprennent, d'ailleurs, quelques grès argileux et argiles rouges.

La couche de houille du Moulin à vent a été recoupée à la Cabane (ou Chabanne), dans les fondations de la maison des Frères.

Les grès de la Cabane présentent exactement le facies des grès à *Walchia*, mais, d'une part, on n'observe pas, à la base, le niveau calcaire de Saint-Antoine, puisque ces grès reposent directement sur les grès rouges inférieurs, et, d'autre part, les espèces végétales qu'ils contiennent se rapportent à la flore du houiller de Cublac, et non pas à celle des grès à *Walchia*.

Ces espèces sont, en effet, les suivantes :

Diplotmema Ribeyroni, Zeill.
Pecopteris cyathea, Schloth. sp.
— *Daubreei*, Zeill.
— *oreopteridia*, Schloth.
— *polymorpha*, Brongn.
— *unita?* Brongn.
— *feminœformis*, Schloth. sp.
Odontopteris Brardi, Brongn.
— *obtusa*, Brongn.
Annularia stellata, Schloth. sp.
Sphenophyllum oblongifolium, Germ.
Sigillaria. sp.
Stigmaria ficoides, Sternb. sp.
Cordaites. sp.
Rhabdocarpus subtunicatus, Gr. Eury.

Or, on ne trouve dans cette flore ni les *Walchia*, ni les *Schizopteris*, ni les *Callipteris* du niveau à *Walchia*, et, d'un autre côté, le plus grand nombre des fougères, notamment *Diplotmema Ribeyroni*, *Pecopteris Daubreei*, *P. feminœformis*, et surtout *Odontopteris Brardi*, ne paraissent pas monter jusqu'à ce niveau.

Il est donc difficile, en l'absence de toute raison stratigraphique décisive, de rattacher les grès de la Cabane aux grès à *Walchia*, malgré l'identité du facies, et l'on doit, de préférence, les considérer comme représentant, avec un facies spécial, la partie supérieure des grès permo-houillers. J'ai déjà indiqué, d'ailleurs, que les grès houillers eux-mêmes peuvent prendre le même facies ou un facies analogue (grès de Triguant, grès du Lardin).

Tout à fait au nord du bassin de Cublac, aux abords de la Valade et de Roche-Mouroux, les grès de la Cabane n'existent plus. Leur niveau est probablement représenté, en ce point, par tout ou partie des couches qui affleurent sur le nouveau chemin de Roche-Mouroux et qui se composent de grès plus ou moins graveleux, jaunâtres, alternant avec des argiles rouges ou vertes, développées surtout dans la partie moyenne; cet ensemble est surmonté par les grès de la Valade.

A l'aval de la Valade, sur le flanc gauche de la vallée, on retrouve le niveau de la Cabane. D'abord, presque au niveau de la plaine et en face le puits Marcillac, on a observé une couche de houille de faible épaisseur qui paraît bien représenter celle du Moulin à vent; elle est encore comprise dans des grès et schistes gris, avec schistes bitumineux. Non loin de ce point, un petit ravin permet d'observer, à la hauteur du puits Neuf, une succession assez épaisse de grès gris et jaunâtres avec schistes bitumineux et qui contiennent :

> *Pecopteris,* indéterm.
> *Nevropteris,* indéterm.
> *Annularia spicata?* Gutb. sp.
> *Poacordaites?*

Cette série est surmontée par des grès bigarrés qui, eux-mêmes, passent aux grès de la Valade par des couches sableuses, rouges ou jaunâtres, non graveleuses. Des couches analogues, avec quelques bancs calcaires, s'observent aussi dans le lit du ruisseau de Cublac et sur la route de Brignac (voir la deuxième partie du mémoire). Enfin le ravin qui passe à l'ouest de la Rochette est creusé, dans sa partie moyenne, au milieu de grès graveleux jaunâtres, alternant avec quelques schistes argileux rouges et reposant sur une série de schistes argileux rouges ou gris verdâtre, avec grès micacés gris et schistes bitumineux; il existe un banc calcaire à la partie supérieure de cette série schisteuse qui, là encore, présente exactement le facies des grès à *Walchia.*

A l'est de ce ravin, les grès inférieurs disparaissent sous les grès de la Valade. Les affleurements des couches qui viennent d'être décrites sont donc limités de toute part et ne peuvent être rattachés aux autres affleurements du bassin de Brive, ce qui rend les attributions précises de niveau assez incertaines.

Je rappelle toutefois que, par la flore, les grès de la Cabane, ou au moins leurs couches les plus inférieures, doivent être rattachés aux grès rouges inférieurs [1].

Lissac et Larche. — Près de Lissac, les couches de l'étage inférieur reposent directement sur les phyllades. Elles se composent de grès feldspathiques grossiers ou poudingiformes, jaunâtres ou rougeâtres, en bancs épais et massifs, séparés par quelques argiles rouges; ces couches n'ont pas le faciès houiller.

J'ai donné précédemment (page 33) un résumé de la coupe des terrains traversés par le puits de Larche.

Entre les calcaires et schistes permiens de la partie supérieure du puits et les grès à faciès houillers de la base, il existe, sur une épaisseur de 306 mètres, un ensemble de couches dans lequel, d'après les renseignements fournis par M. Dessort, j'établis les subdivisions suivantes :

4. Argiles et grès rouges, avec schistes à poissons (à $76^m,50$
de profondeur)............................... 20 mètres.

3. Grès rouges et bigarrés........................ 100

2. Grès à faciès houiller, avec mince couche de houille (à
206^m de profondeur)........................... 40

1. Grès gris, rougeâtres et bigarrés.................. 146

TOTAL................ 306 mètres.

qui représentent la succession régulière des terrains de haut en bas, si aucune faille importante ne vient masquer ou répéter une partie des couches.

La série supérieure (n° 4) se compose d'une alternance d'argiles et de grès rouges, comme au Temple, près Varetz, et je suis disposé à la rattacher plutôt au niveau calcaire, c'est-à-dire à la base du permien. On y trouve encore (niv. $76^m,50$) des bancs calcaires avec schistes à poissons [2].

[1] Sur la carte (feuille de Brive), ces grès ont été cependant marqués comme grès à *Walchia*; c'est qu'au moment de l'impression de la carte, la flore de la Cabane n'avait pas encore été étudiée par M. Zeiller.

[2] M. Dessort a recueilli jadis à ce niveau une empreinte de poisson entier, empreinte qui a été remise à M. Raulin.

9.

La série n° 3 présente la même composition que les grès bigarrés de Cublac; on doit la rattacher au niveau des grès rouges inférieurs, ou grès permo-houillers. La série n° 1 se compose de grès rougeâtres, de teinte moins prononcée que celle des grès n° 3, et de grès gris ou verdâtres, parmi lesquels des grès très grossiers et un banc de poudingue peu solide de 10 mètres d'épaisseur; cette série représente donc un facies de passage du facies houiller au facies permien; c'est une série analogue qui aurait été traversée par le sondage de Saint-Cyr-la-Roche, avant d'atteindre les grès franchement houillers.

Mais ce qui n'a pas été rencontré dans le sondage de Saint-Cyr-la-Roche et ce qui donne un grand intérêt à la coupe du puits de Larche, c'est l'existence, dans la partie moyenne de l'ensemble des grès rouges et rougeâtres, d'un niveau à facies houiller, avec une couche de houille de 0 m. 20 à 0 m. 40.

M. Dessort, qui a fait exécuter le puits de Larche, a mis le plus grand soin, ce dont on ne saurait trop le féliciter, à recueillir les empreintes contenues dans un schiste noir solide accompagnant cette couche, à la profondeur de 206 mètres, et M. Zeiller, qui a étudié les échantillons réunis par M. Dessort, y a reconnu les empreintes des espèces suivantes :

Pecopteris dentata, Brongn., var. *obscura*, Zeill. (var. nov.).
   — *arborescens*, Schloth. sp.
   — *cyathea*, Schloth. sp.
   — *Candollei*, Brongn.
   — *hemitelioides*, Brongn.
   — *Daubreei*, Zeill.
   — *polymorpha*, Brongn., abondant.
   — *unita*, Brongn.
   — *feminæformis*, Schloth., forma *diplazioides*.
Sphenopteris Decheni, Weiss.
Callipteris conferta, Sternb. sp.
   —   — var. *polymorpha*, Sterz.
   — *Qualeni*, Weiss.
Odontopteris Brardi, Brongn.
Tæniopteris jejunata, Gr. Eury.
Zygopteris cornuta, Zeill. n. sp.
Aphlebia acanthoides, Zeill.
   — *Dessorti*, Zeill. n. sp.
Asterophyllites equisetiformis, Schloth. sp.
Annularia stellata, Schloth. sp.

Calamites undulatus, Sternb.
— *leioderma*, Gutb.
Calamophyllites. sp.
Sphenophyllum oblongifolium, Germ.
— *tenuifolium*, Font. et White.
— *Thoni*, Mahr.
Lepidodendron Gaudryi, B. Ren.
Lepidophloios laricinus, Sternb.
— *Dessorti*, Zeill. n. sp.
Lepidostrobus Fischeri, B. Ren.
Lepidophyllum lanceolatum, Lind. et Hutt.
Knorria Selloni, Sternb.
Sigillaria approximata, Font. et White.
Stigmaria ficoides, Sternb. sp.
Daubreeia paterœformis, Germ. sp.

Cette flore contient quelques espèces, notamment *Callipteris conferta*, qu'on a rattachées jusqu'à présent au permien.

Résumé. — En résumé, l'étage inférieur à facies permien, du bassin de Brive, se compose de grès à texture généralement grossière, parfois poudingiforme, et qui contiennent des couches et amas d'argiles. La stratification est généralement peu accusée; le terrain, pris en masse, est hétérogène, et les couches de différentes natures, argiles, grès grossiers, grès plus fins, sont distribuées sans ordre, formant plutôt de vastes amas enchevêtrés et se séparant souvent très nettement les uns des autres sans passage graduel, comme si chaque nouveau dépôt avait raviné le précédent.

Les grès sont plus ou moins argileux; ils sont généralement colorés, quoique leur coloration ne soit pas aussi prononcée que celle des grès rouges permiens, et ils sont plus généralement rougeâtres ou bigarrés, parfois jaunâtres. Cependant en quelques points, vers le sommet de l'étage, les couches prennent exactement le facies de celles de l'étage des grès rouges de Brive. Les argiles sont toujours rouges, micacées et schisteuses.

Les grès inférieurs reposent en discordance sur les schistes cristallins, en concordance sur les grès houillers. Dans le premier cas, ils débutent, le long de la bordure du Plateau central, par des couches graveleuses qui reposent souvent sur un conglomérat violacé, plus ou moins chargé d'argiles. Dans le second cas, ils passent inférieurement aux grès houillers. Du côté de Vignols, le terrain à facies vraiment houiller n'existe pas, mais les grès inférieurs prennent un facies particulier qui se rapproche du facies houiller.

Non seulement les couches de la zone inférieure passent inférieurement aux grès houillers, mais les grès de la base, quand le houiller n'existe pas, ne représentent qu'un facies latéral du même terrain, ce que l'on peut constater à Juillac, Chabrignac, Sérilhac et le Lardin. De plus, les grès rouges inférieurs contiennent, à différents niveaux, des grès houillers avec couches de houille. L'exemple le plus net est celui fourni par le puits de Larche qui a révélé une série houillère vers la partie moyenne de l'étage. A Cublac, une série semblable couronne les grès bigarrés. Les grès de la Sauvezie et ceux de Madrias sont peut-être aussi d'autres exemples d'intercalations houillères dans la masse des grès rouges.

A la partie supérieure dans le centre du bassin, les grès rouges inférieurs sont généralement mieux stratifiés qu'à la base et se présentent souvent avec un facies identique à celui des grès rouges permiens. Ils comprennent des couches d'argiles rouges assez développées; celles-ci forment aussi une zone épaisse au sommet de l'étage et elles sont recouvertes par le calcaire de l'étage supérieur auquel il faut probablement les rattacher.

Depuis le village du Temple jusqu'à Lanteuil, ces argiles rouges du sommet, épaisses de 6 à 8 mètres, surmontent des bancs de grès solides, grossiers, jaunâtres ou rougeâtres, qui deviennent très poudingiformes dans les environs de Mallemort. Parfois sableux et bigarrés à leur sommet, ils ressemblent alors à certaines couches du trias de Brive.

L'épaisseur totale des grès rouges inférieurs varierait de 100 à 300 mètres; les épaisseurs les plus fortes se trouvent vers le centre du bassin.

Les grès rouges inférieurs ne contiennent ni fossiles, ni empreintes de plantes, ce qui tient sans doute à l'irrégularité de leur sédimentation, à la nature grossière des éléments de la roche et aux actions hydrothermales qui se sont opposées à la conservation des débris végétaux.

Cependant, vers la partie supérieure de l'étage, et quand les grès sont peu colorés, on y observe quelquefois des impressions indéterminables de tiges, notamment de *Calamites* (la Chapelle-Salamard, station de Vignols, Mallemort, la Chapelle-aux-Brots, etc.).

Les grès à facies houiller intercalés dans les grès rouges contiennent une flore assez riche que j'ai énumérée, d'après des déterminations dues à M. Zeiller. Il est à remarquer, à ce sujet, que les couches de la Cabane qui couronnent les grès rouges ne contiennent que des espèces houillères ou communes au houiller et au permien, tandis que les couches de Larche (niveau de 206^m), situées dans la zone moyenne, contiennent, avec ces mêmes espèces, quelques *Callipteris* et autres plantes réputées permiennes. Cela montre, une fois de plus, qu'il ne faut user qu'avec prudence, pour les déterminations d'âge, des caractères négatifs d'une flore fossile.

CHAPITRE IV.

COUCHES À WALCHIA ET À POISSONS.

Les grès rouges inférieurs du bassin de Brive sont surmontés par des grès gris et schistes gris à végétaux et à poissons, que je désigne sous le nom de couches à *Walchia et à poissons*, en raison de l'abondance relative des *Walchia* et de la fréquence des débris de poissons. On peut y distinguer, au point de vue minéralogique, deux niveaux : le niveau inférieur, peu épais, chargé de bancs calcaires avec schistes à poissons, qui est le *calcaire de Saint-Antoine*, et le niveau supérieur, beaucoup plus épais, composé en grande partie de grès, et qui constitue les *grès à Walchia*.

Si ces niveaux forment dans la région de Brive deux séries distinctes et bien séparées, on verra qu'il n'en est pas de même partout dans la région du sud du Plateau central où, quoique l'ordre de succession ne soit jamais renversé, l'un des niveaux peut s'atrophier plus ou moins au profit de l'autre. La limite entre ces deux niveaux ne peut donc être considérée comme un horizon géologique, et c'est pourquoi je les réunis dans un même étage; j'évite ainsi toute difficulté relative au choix d'une limite séparative. Néanmoins la distinction en deux niveaux répond à un fait géologique d'ordre général, que M. Bergeron a mis en lumière, il y a déjà un certain temps.

CALCAIRE DE SAINT-ANTOINE.

Le type de ce niveau est pris, comme l'indique son nom, dans les environs de Saint-Antoine-lès-Plantades, village situé à trois kilomètres au nord de Brive, sur la route de Paris. L'épaisseur des bancs calcaires n'est à l'est que de 5 mètres, et ils comprennent trois à quatre bancs réguliers d'un calcaire noirâtre un peu magnésien, schisteux, compact ou rognonné, alternant avec des couches schisteuses, argileuses, d'un gris noirâtre ou verdâtre. Ce calcaire est désigné quelquefois, dans le pays, sous le nom de *chignier*; il est exploité fréquemment pour l'empierrement des routes.

Partout le niveau calcaire repose en concordance sur les grès et argiles inférieurs.

Région entre Tudeils et Donzenac. — Le niveau calcaire affleure au sud de Sérilhac, à Lacarou, dans le vallon de Lauselou, et entre Tudeils et le village de Bru; on peut l'observer notamment au Bardy, près du col de Lalé. Les bancs calcaires y ont l'épaisseur normale.

Au nord de Sérilhac, on les retrouve avec la même épaisseur près du bourg de Sérilhac, notamment sur la route du Planchat. Ils affleurent aussi en divers points aux environs de Lanteuil, par exemple dans le lit du ruisseau près de la grange Auzelou. A la Chapelle-aux-Brots, les affleurements sont multipliés et offrent de bonnes coupes.

Au nord de la Corrèze, le calcaire de Saint-Antoine se présente partout à la séparation des grès rouges inférieurs et des grès à *Walchia*, formant un niveau bien caractérisé et bien net qui, jusqu'à Grand-Roche, conserve son épaisseur normale de 5 mètres.

A l'est de Saint-Antoine, la série calcaire repose sur environ 7 mètres de schistes et grès gris, avec schistes bitumineux, reposant eux-mêmes sur des grès sableux rouges, bigarrés de vert. C'est à la base de ces grès bigarrés qu'on observe les argiles rouges qui couronnent les grès inférieurs; ces grès bigarrés et surtout les grès et schistes inférieurs à la série calcaire doivent être rattachés au même étage, en raison de leur faciès.

Sous le pont Cardinal, à Brive, Dufrénoy a observé les couches calcaires dans le lit de la Corrèze, reposant sur des grès à faciès « houiller », probablement sur les grès avec schistes bitumineux.

A l'ouest de Saint-Antoine, les grès gris qui forment la base de la série calcaire, passent à des grès bigarrés, semblables à ceux qui, à Saint-Antoine, les séparent des argiles rouges inférieures.

Au delà de Grand-Roche, le niveau calcaire se réduit et son faciès devient plus variable. Ainsi, au Vergi, l'épaisseur des couches calcaires et schisteuses parait réduite à 2 mètres, et des argiles rouges schisteuses se substituent, sur le reste de l'épaisseur, aux schistes gris.

A la Rodde, la tranchée du chemin de fer est ouverte dans une série de bancs de calcaire noirâtre compact, épaisse de 4 à 5 mètres et surmontée

10

par les grès gris schisteux. A la base des bancs calcaires, on observe des argiles rouges remplies de nodules calcaires. Ces argiles sont visibles sur toute leur épaisseur dans la tranchée suivante au nord, où elles reposent sur les grès bigarrés grossiers de l'étage inférieur.

Région entre la Vézère et le Rozeix. — En général, dans la région à l'ouest de la Vézère, le niveau calcaire se présente sous la forme de couches épaisses d'argiles rouges avec bancs calcaires, et ces bancs, quelquefois réguliers et massifs et d'une épaisseur de o m. 20 à o m. 40, sont plus souvent composés de rognons calcaires disposés par lit. Le calcaire, en réalité, forme des lentilles de toutes dimensions, depuis le nodule de quelques centimètres jusqu'aux amas s'étendant sur plusieurs centaines de mètres, mais sous une faible épaisseur. L'épaisseur totale de la série, y compris les grès et argiles, peut atteindre 10 mètres, et peut-être davantage. On observe aussi, au milieu des argiles rouges, quelques argiles gréseuses verdâtres et des grès verdâtres ou rougeâtres.

Au Piller, près de Segonzac, les argiles rouges contiennent un banc de calcaire argileux, vert ou rosé, de o m. 75 d'épaisseur; à Segonzac, l'épaisseur de ce banc atteint 1 mètre, et c'est là le dernier affleurement du niveau calcaire. Dans le reste du bassin de l'Auvézère, les grès supérieurs reposent directement sur les grès inférieurs, sans l'intermédiaire de grès à *Walchia,* ni de couches calcaires.

De Cublac à Larche et Segonzac. — Dans les environs de Cublac, on n'observe, comme je l'ai déjà indiqué, que quelques bancs calcaires qui affleurent au milieu d'argiles rouges et de grès gris, en différents points : à la Cabane, dans le lit du ruisseau près Cublac, et sur la route du Rieux. La couche calcaire qui affleure dans le ruisseau contient de gros grains de houille. Ces bancs, qui surmontent le niveau à empreinte de la Cabane, représentent peut-être le niveau calcaire de Saint-Antoine.

Au nord, du côté de la Valade, il n'existe plus aucune trace de ce niveau; de même que dans la région d'Hautefort, les grès rouges permiens reposent sur les grès rouges ou bigarrés inférieurs.

Dans le centre du bassin, c'est-à-dire vers Larche, le niveau calcaire est bien plus développé que dans le reste de la région; voici la coupe qui a été relevée dans le puits de Larche :

Calcaire noirâtre et argile durcie.......................... 0^m 90
Grès fin, gris... 3 30
Calcaire noirâtre et argile durcie.......................... 1 50
Grès fin, gris... 2 10
Calcaire noirâtre et argile durcie.......................... 3 20
Grès fin, gris... 2 30
Calcaires noirâtres et argile durcie avec écailles de poisson..... 3 50
Schistes bleuâtres, à écailles de poisson.................... 0 40

Total................... 17^m 20

Ainsi donc, à Larche, le niveau de Saint-Antoine comprend quatre séries principales de bancs calcaires, séparées par des grès gris.

La série calcaire traversée dans le puits de Larche repose d'ailleurs sur 20 mètres d'argiles rouges avec schistes à poissons, qui doivent être rattachés au permien plutôt qu'au permo-houiller.

Dans le vallon de la Chapelle, au sud-ouest de Varetz, l'étage de Saint-Antoine est encore fort développé et comprend, au moins, deux séries de bancs calcaires.

Près du moulin de la Mothe, le niveau de Saint-Antoine diminue d'importance, mais ses caractères sont toujours bien accusés. L'épaisseur de la série calcaire principale est de 5 mètres, et les bancs calcaires reposent sur des grès schisteux jaunâtres qui les séparent d'argiles rouges d'une épaisseur de 6 à 8 mètres et dont j'ai rattaché la description aux grès rouges inférieurs.

Quand on remonte vers le nord, le niveau calcaire perd de plus en plus de sa puissance; à Lafeuille, il est encore assez net; mais au nord du ruisseau de Cabany, il passe aux argiles rouges avec rognons calcaires qui sont le facies habituel du niveau dans la région du Rozeix.

Résumé. — En résumé, le niveau de Saint-Antoine s'étend avec un facies assez constant au sud-est d'une ligne passant par Larche et Donzenac; au nord-ouest de cette ligne, c'est-à-dire sur le versant droit de la Vézère, il prend un facies argileux, et le calcaire moins développé y est distribué en couches moins régulières; plus généralement, il est en lits de nodules au milieu d'argiles rouges.

Enfin dans la région de l'ouest, depuis la Valade, près Cublac, jusqu'à

10.

Segonzac, les calcaires sont absents et les couches d'argiles rouges finissent même par disparaître.

Tous ces calcaires sont formés uniquement par voie chimique, et leur coloration souvent foncée doit être attribuée aux sels de fer qu'ils renferment. Ils ne contiennent ni fossiles, ni empreintes.

Au niveau calcaire de Saint-Antoine, je serai disposé à rattacher la série d'argiles rouges qui existent, en général, à la base et le séparent des grès rouges inférieurs. Ces argiles rouges qui, à Larche, atteignent une épaisseur de 20 mètres, contiennent aussi quelques bancs calcaires et quelques schistes gris avec débris de poissons.

La série argileuse et calcaire ne contient pas d'empreintes de plantes, mais seulement des débris de poissons, écailles et épines. Dans des schistes noirs qui surmontent presque immédiatement les calcaires, M. Bergeron a recueilli, près de la ferme Morel (Lanteuil), des épines d'*Acanthodes* et des empreintes d'*Estheria minuta*.

GRÈS À *WALCHIA*.

Les *grès* à *Walchia* reposent en concordance sur le niveau calcaire, et il y a passage graduel d'un niveau à l'autre; la série des grès à *Walchia* se compose, au reste, de grès gris et schistes gris, et ne diffère de la série calcaire que par la proportion beaucoup plus faible des couches calcaires et schisteuses.

Affleurements. — Au sud de la Corrèze, les grès à *Walchia* affleurent dans la vallée de la Sourdoire, près de Marcillac, et tout le long du massif cristallin, depuis Tudeils jusqu'au Planchat. Ils reparaissent aux abords de Lanteuil, de la Chapelle-aux-Brots et de Taurisson.

Au nord de la Corrèze, ils affleurent à Saint-Antoine, au Coquard et en divers points sur le faîte des contreforts d'Allassac, de Voutezac et de Saint-Solve; ils forment, à l'ouest, un affleurement continu qui s'étend depuis la faille de la Chapelle (de Mansac) jusque vers Segonzac.

J'ai déjà fait remarquer que, dans le bassin de l'Auvézère, les grès rouges inférieurs sont surmontés directement par des grès et argiles rouges. Dans cette région donc, ou bien les couches à *Walchia* font défaut, ou bien elles se présentent avec le même facies que les grès rouges permiens.

Près de Larche, le niveau supérieur des grès à *Walchia* affleure au pied des coteaux qui occupent la rive droite de la Vézère.

Description minéralogique. — Les grès à *Walchia* sont des grès à grain généralement fin, micacés, souvent schisteux, dalliformes, ou en bancs massifs; ces grès sont résistants, rarement sableux. Quelques bancs sont à gros grains. Les grès contiennent fréquemment, disséminés dans leur masse, des galets de quartz, parfois des fragments roulés de grès gris ou rouges, ou de schistes cristallins.

Leur teinte est grise, gris jaunâtre, gris verdâtre ou jaunâtre; c'est seulement à la partie supérieure que l'on trouve des bancs rougeâtres ou bigarrés.

Les bancs sont moyennement épais, assez réguliers. Ils contiennent des intercalations de couches schisteuses et argileuses de teinte grise et dont l'épaisseur est rarement supérieure à quelques décimètres; la partie supérieure comprend quelques couches d'argiles rouges.

Aux couches argileuses sont subordonnés des lits assez minces de schistes très feuilletés, bitumineux, d'une teinte noire; ces schistes, qui s'observent à toute hauteur dans l'étage, paraissent plus fréquents au niveau des grès qu'au niveau de Saint-Antoine.

Les grès à *Walchia* comprennent aussi quelques bancs d'un calcaire semblable au calcaire de Saint-Antoine et ces bancs, peu épais, se présentent surtout à la partie supérieure de l'étage; ils sont accompagnés d'argiles rouges et forment une sorte de récurrence du nivaeu calcaire de Saint-Antoine.

Enfin les grès contiennent parfois quelques veinules ou petits amas de houille.

Variation du facies à l'ouest. — Examinons maintenant quelles sont les variations de facies suivant les diverses localités.

Dans la région au sud de la Corrèze, les grès à *Walchia* se présentent toujours avec le facies que je viens de décrire. Leur épaisseur est d'environ 25 à 30 mètres, et peut-être davantage. Aux environs de la Chapelle-aux-Brots, on remarque, à la partie supérieure, un banc épais de grès poudingiforme assez caractéristique.

Les grès à *Walchia* se poursuivent avec le même facies, au nord de la Corrèze, jusqu'au village de Saint-Antoine qui est assis sur ces grès.

A l'ouest du Coquard, on observe les couches supérieures, formées de grès jaunâtres avec quelques bancs poudingiformes et surmontées par des grès bigarrés avec argiles rouges, schistes feuilletés verdâtres, et quelques bancs minces de calcaire verdâtre. Il est probable que ces dernières couches forment la partie tout à fait supérieure de l'étage et le passage aux grès rouges.

A la Miquelaudie, à l'ouest, on commence déjà à remarquer quelques argiles rouges schisteuses micacées au milieu des couches grises ; le facies tend à se modifier. En ce point, on observe encore bien le passage des grès à *Walchia* aux grès qui les surmontent, passage qui se fait, comme ailleurs, par une alternance de grès bigarrés et de grès jaunâtres.

La modification de facies s'accuse nettement à l'ouest de la Rodde. Tandis que les couches moyennes conservent le facies typique, les couches inférieures et supérieures passent latéralement à des grès bigarrés.

Voici la succession qu'on peut observer :

3. Grès rougeâtre et argileux ;
2. Grès et schistes gris ou jaunâtres ;
1. Grès sableux, faiblement bigarrés, contenant quelques couches schisteuses grises.

Au Poulverel, la série se compose de grès gris et de grès rougeâtres et bigarrés. Les grès sont tantôt à grain fin, micacés et schisteux, tantôt à gros grain, graveleux et poudingiformes ; ils contiennent des galets de quartz, de phyllade, de calcaire noir, ou même de grès, empruntés évidemment aux couches plus anciennes dans une autre portion du bassin. Les grès, en ce point, contiennent fréquemment aussi des géodes de calcite.

A Gorsa, au sud, les grès bigarrés occupent la base et reposent directement sur la série calcaire ; ils sont surmontés par des grès jaunâtres à grain fin. Ainsi donc, là le changement de facies se fait irrégulièrement, les grès bigarrés envahissant tantôt la partie moyenne, tantôt la partie supérieure du niveau.

A l'ouest d'Objat, comme à Saint-Solve, les grès sont généralement bigarrés, quoique faiblement colorés ; ils sont grossiers, très graveleux, poudingiformes, et comprennent à la base quelques grès et schistes présentant le facies caractéristique de l'étage. Ces grès graveleux et poudingiformes, qui se voient aussi à Saint-Cyr-la-Roche, se colorent davantage à mesure qu'on s'avance à l'ouest. A Puy-Failly, les grès poudingiformes contiennent aussi des galets calcaires; ils sont surmontés par des grès gris qui, à leur partie supérieure, comprennent un banc calcaire assez épais.

Les grès à *Walchia* de la région du Rozeix sont peu cohérents et prennent une texture sableuse. Des argiles rouges se développent au sein de ces couches gréseuses, en sorte qu'il devient difficile d'établir une distinction entre les grès rougeâtres et bigarrés de l'étage des grès à *Walchia* et les grès rouges supérieurs qui les surmontent.

En effet, du côté de Roziers, les grès ne sont plus poudingiformes : ils sont rougeâtres, assez argileux, et se terminent supérieurement par des grès et des argiles rouges à nodules calcaires. De Piller à Férande, on ne trouve plus, au-dessus de la couche calcaire, que des grès rougeâtres ou bigarrés, qui ne se distinguent des couches qui les surmontent que par une moindre proportion d'argiles. A Segonzac cependant, on observe encore, au-dessus du banc calcaire, un grès sableux jaunâtre; mais, dans le bassin de l'Auvézère, cette distinction s'efface en même temps que disparaît le niveau calcaire de Saint-Antoine, et l'on ne peut plus percevoir aucune différence de faciès dans les grès qui surmontent les couches graveleuses inférieures.

Ainsi, au fur et à mesure qu'on s'avance vers l'ouest, les grès à *Walchia* perdent leurs caractères typiques et passent à des grès rougeâtres et bigarrés, avec argiles rouges qui ne se distinguent pas des grès rouges supérieurs de la même région; et ce changement de faciès coïncide avec la disparition des dépôts calcaires du niveau inférieur.

De Segonzac au confluent de la Corrèze. — Si maintenant l'on suit les affleurements du flanc droit du Rozeix, en revenant vers l'est, on observera les mêmes faits dans l'ordre inverse.

Au Bos, les couches qui surmontent le niveau calcaire sont des grès rougeâtres ou bigarrés, mais, à Chantegrèle, les couches du même niveau présentent la succession que voici :

4. Grès rougeâtres surmontant des argiles rouges ;
3. Couche sableuse jaunâtre ;
2. Grès gris graveleux ;
1. Grès gris schisteux solide.

Les grès à *Walchia* du plateau compris entre la Vézère et le ruisseau de

Cabanis sont encore mieux différenciés; ils se composent des couches suivantes, de haut en bas :

4. Argiles rouges avec schistes bitumineux et bancs calcaires ;
3. Grès graveleux, avec lits et amas de galets de quartz, de phyllades, de pegmatite, etc., faiblement bigarrés et formant des couches qui ravinent leur substratum ;
2. Grès jaunâtre à grain fin, micacé, avec schistes gris ;
1. Grès graveleux bigarrés, passant latéralement à des grès gris jaunâtre schisteux.

Les couches poudingiformes bigarrées sont le prolongement de celles du Poulverel, d'Objat et de Saint-Cyr-la-Roche.

Au sud du ruisseau de Cabanis, les grès bigarrés passent latéralement aux grès gris schisteux, et les grès à *Walchia* ont repris complètement leur facies caractéristique à Lourenssou. Près du moulin de la Mothe, la partie supérieure est sous forme de grès sableux jaunâtres à galets de quartz, assez semblables à ceux du trias, mais sans bigarrures; et, au nord de la Viale, on observe le passage à l'étage supérieur, passage qui se fait par des grès jaunâtres accompagnés d'argiles rouges et vertes.

Affleurements de Larche. — Aux environs de Larche, dans la vallée de la Vézère, les grès à *Walchia* sont très développés, mais on n'en peut apercevoir que la partie supérieure.

Toutefois le puits creusé près de la station de Larche en fournit une coupe qui, probablement, est presque complète, en raison du pendage des couches vers le sud.

D'après cette coupe, les grès à *Walchia* sont sous forme de grès jaunâtres et gris alternant avec des couches schisteuses, quelquefois rouges ou vertes, vers la base. Ils comprennent aussi des lits calcaires, des filets de houille et des schistes bitumineux en lits minces. L'épaisseur de l'ensemble des couches traversées atteint 50 mètres.

Divers affleurements situés au sud du village du Perrier permettent de constater qu'au moins en ce point, les grès à *Walchia* sont couronnés par des schistes bitumineux et des schistes calcaires. Bien que ce niveau calcaire ne soit pas absolument constant, c'est cependant un fait assez général déjà signalé que cette récurrence affaiblie du facies des calcaires de Saint-Antoine à la partie supérieure des grès à *Walchia*.

Les couches supérieures des grès gris ont été exploitées près de la Cave et les anciens débris de carrières m'ont fourni d'assez nombreuses empreintes.

Près de Lissac, les couches les plus supérieures, pincées entre les deux failles, sont des schistes argileux micacés de teinte grise, qui, par leur facies, doivent être mis au niveau des grès à *Walchia*; j'y ai recueilli quelques débris végétaux indéterminables, probablement des *Cordaites, Aulacopteris,* etc. Ces schistes n'affleurent, au reste, que sur quelques mètres carrés, et on n'observe pas le niveau calcaire, sans doute à cause des dislocations en rapport avec les failles.

Affleurements de Cublac. — Peut-être doit-on rattacher au niveau des grès à *Walchia* la partie supérieure des grès gris schisteux qui surmontent la couche de houille de la Cabane. Il est possible aussi que la base des grès de la Valade représente une partie de l'étage à *Walchia*. Comme je l'ai déjà expliqué, je ne puis faire que des conjectures à cet égard, puisque les affleurements de Cublac sont isolés du reste du bassin, et puisque, jusqu'à présent, je n'y ai pas recueilli la flore caractéristique du permien inférieur.

Résumé. — Les grès à *Walchia*, sous leur facies caractéristique, sont, comme les grès houillers, dépourvus de colorations rouges ou bigarrées; mais ils ont généralement un grain plus fin et ils sont mieux stratifiés. Ils se rapprochent beaucoup des grès du Lardin et ils n'en diffèrent que par la proportion plus faible des couches argileuses; ils sont à peu près semblables aux grès houillers de Triguant.

En raison de leur faible coloration et aussi de la présence des schistes bitumineux, on a souvent confondu les grès à *Walchia* avec les grès houillers et l'on y a parfois creusé des puits de recherche. Cependant ces grès à *Walchia* sont encore plus pauvres en houille que les grès houillers du bassin, et ils ne contiennent guère que quelques veinules de houille ou lamelles charbonneuses, résidus des anciennes écorces.

Dans la région au nord-ouest de Donzenac et de Varetz, les grès à *Walchia* passent latéralement à des grès rouges et bigarrés avec couches d'argile rouge. La transformation est complète dans le bassin de l'Auvézère; les couches à *Walchia* et les grès rouges permiens ne se distinguent plus les uns des autres. Dans l'intervalle, principalement vers Objat, Saint-Cyr-la-Roche, Puy-Failly et Saint-Aulaire, les grès à *Walchia* sont très poudingiformes et les galets comprennent principalement des galets de quartz, mais aussi des galets de phyllades et des galets de grès et calcaires permiens; il y a, en outre, quelques galets de granulite et de pegmatite. A Cublac, leur position est incertaine, et, en tout cas, vers la Valade, ils disparaissent, sans qu'on puisse observer nettement s'il y a passage latéral aux grès rouges inférieurs ou supérieurs, ou absence de dépôts, et par suite lacune. Il est cependant probable que, dans tout l'espace actuellement couvert par les grès supérieurs à l'ouest de la ligne passant par Terrasson et Segonzac, le niveau des grès à *Walchia* existe, mais se présente avec le même facies que les grès qui le surmontent.

Bien que les grès à *Walchia* soient très pauvres en houille, cependant ils sont riches en débris végétaux sous forme d'empreintes ou de moules de tiges. Les grès ne contiennent guère que des troncs de Calamites ou de Calamodendrées, le plus souvent couchés, quelquefois verticaux, mais certaines couches schisteuses sont extrêmement riches en empreintes. La plupart de ces gisements ne présentent que des *Walchia*, mais il serait assez peu rationnel d'en conclure que la végétation de l'époque était surtout riche en *Walchia*; certains points (le Gourd-du-Diable, la Cave) sont, au contraire, pauvres en *Walchia* et riches en Fougères.

Les principaux gisements à empreintes que j'ai reconnus sont les suivants :

Le Soleilhot, près Marcillac (talus d'un chemin);
Marcillac (sentier);
Sérilhac (sentier et chemin);
Ferme Morel, près Lanteuil (chemin);
Carrière du Gourd-du-Diable, sur la route de Brive à Lanteuil, à 6 kilomètres de Brive;
Mallemort, un peu au nord du village (chemin);
Sirogne, au nord de Mallemort (chemin);
La Viale, à 3 kilomètres au sud-ouest de Varetz (chemin vicinal);
Carrière d'Objat, près de la gare (comblée);
Puits et pont de Larche;
Ancienne sablière, près du puits de Larche;
Carrière de la Cave, à l'ouest de la station de Larche;
Carrière du Perrier, encore plus à l'ouest.

On trouvera, dans le travail de M. Zeiller, la description de la flore recueillie dans ces gisements, dont les emplacements exacts figurent sur mes cartes au 1/80,000.

Cette flore comprend les espèces suivantes :

Sphenopteris Moureti, Zeiller (n. sp.) (Gourd-du-Diable, le Soleilhot).
— sp. (la Cave).
Schizopteris dichotoma, Gümb. (Gourd-du-Diable, la Cave, le Perrier).
— *trichomanoides*, Gœpp. (Gourd-du-Diable).
Pecopteris dentata, Brongn., var. *obscura*, Zeiller (pont de Larche).
— *hemitelioides*, Brongn. (Pont-de-Larche).
— *oreopteridia*, Schloth. (Gourd-du-Diable, Objat, pont de Larche).
— *polymorpha*, Brongn. (Larche, ferme Morel).
— *pinnatifida*, Gutb. (la Cave, puits de Larche?).
— *leptophylla*, Bunb. (Gourd-du-Diable).
Dictyopteris Schützei?? Rœm. (ferme Morel).
Callipteris conferta, Sternb. sp. (Gourd-du-Diable).
— *curretiensis*, Zeiller (n. sp.) (Gourd-du-Diable, pont de Larche).
— *Naumanni*, Gutb. sp. (Gourd-du-Diable, la Cave).
— *subauriculata*, Weiss sp. (Gourd-du-Diable).
— *diabolica*, Zeiller (n. sp.) (Gourd-du-Diable).
Odontopteris lingulata, Gœpp. sp. (Gourd-du-Diable, ferme Morel, Objat, la Cave).
Calamites gigas, Brongn. (Gourd-du-Diable, Objat, pont de Larche).
— *leioderma*, Gutb. (Objat).
— ind. (ferme Morel, la Cave, le Perrier, etc.).
Asterophyllites Dumasi, Zeiller (n. sp.) (Gourd-du-Diable).
Annularia sphenophylloides, Zenk. sp. (ferme Morel).
— *spicata*, Gutb. sp. (la Cave).
Bruckmannia tuberculata (fruct. d'*Ann. stellata*), Sternb. (le Perrier).
— sp. (Larche).
Sphenophyllum Thoni, Mahr. (Gourd-du-Diable).
Cordaites. sp. (la Cave).
Poacordaites. sp. (Gourd-du-Diable).
Dorycordaites Ottonis, Gein. (Objat).
Artisia? (Gourd-du-Diable).
Walchia piniformis, Schloth. sp. (le Soleilhot, la Cave? Objat).
— *hypnoides*, Brongn. sp. (le Soleilhot, Gourd-du-Diable, Mallemort, Objat, la Viale, la Cave).
— *flaccida*, Gœpp. (Gourd-du-Diable).
— *filiciformis*, Schoth. sp. (Objat).
Cardiocarpus. sp. (le Perrier).
Trigonocarpus. sp. (ferme Morel).

Samaropsis moravica, Helmh. sp. (ferme Morel).
Gomphostrobus bifidus, E. Gein. sp. (ferme Morel).
Rhabdocarpus? (le Soleilhot).

Les couches schisteuses contiennent parfois des écailles de poissons, mais je n'ai jamais trouvé d'autres restes de vertébrés, à part quelques menus débris d'ossements indéterminables.

Les calcaires du niveau supérieur, de même que ceux du niveau inférieur, ne m'ont pas montré de traces d'organismes végétaux ou animaux.

CHAPITRE V.

GRÈS ROUGES SUPÉRIEURS.

Les grès de Brive, de Grammont, de Meyssac et de la Ramière forment un ensemble épais concordant, qui repose en concordance sur les couches à *Walchia* et dans lequel les subdivisions minéralogiques qu'on peut établir ne présentent pas une grande importance et n'offrent guère, au point de vue géologique, qu'un intérêt, celui de servir à préciser l'allure des couches. Cet ensemble, comme on le verra, représente le niveau, si bien développé en Saxe et en Bohême, des grès rouges inférieurs aux *Kupferschiefer,* niveau auquel, en Allemagne, on a donné le nom de *Rothliegende supérieur.* C'est à la description de ce puissant étage que sera consacré le présent chapitre; je décrirai séparément chacun des sous-étages qui le composent, sous-étages dont la distinction, si elle a relativement peu de valeur stratigraphique, n'est pas sans importance à un point de vue pratique.

GRÈS ET ARGILES ROUGES DE BRIVE.

Les grès à *Walchia*, à leur partie supérieure, passent, comme je l'ai déjà indiqué, aux couches du Rothliegende supérieur, par des alternances de grès rouges et jaunâtres et d'argiles rouges. Ces couches de passage n'ont que 10 à 20 mètres d'épaisseur, et elles sont surmontées par une série de grès argileux rouges et d'argiles rouges, série épaisse d'environ 150 mètres et bien visible aux environs de la ville de Brive, sur la rive droite de la Corrèze.

Affleurements. — Tandis que les affleurements des couches à *Walchia* n'occupent que des espaces restreints, en raison du peu d'épaisseur de ces couches, les grès et argiles rouges de Brive couvrent une grande surface dont la majeure partie s'étend sur la rive droite de la Vézère, depuis Larche jusqu'à Hautefort et depuis Villac jusque près de Saint-Bonnet-la-Rivière. Cette région, creusée de vallées et de vallons larges mais profonds, offre un aspect particulier qui tient à la nature argileuse du terrain et à sa couleur généralement rouge. Quelques faîtes sont couronnés par les grès et les calcaires de l'infralias et du lias.

Les grès rouges de Brive affleurent aussi dans l'angle formé par la Corrèze et la Vézère, s'étendant au nord de la Corrèze jusqu'à Ussac et la Rodde.

Dans la région sud du bassin, les grès rouges affleurent à flanc de coteau, depuis Terrasson jusqu'à Tudeils. A Terrasson, ils n'apparaissent que sur peu de hauteur et sont presque immédiatement recouverts par les grès du lias, et un peu plus à l'est, ils sont masqués par les alluvions; mais plus loin, par suite du relèvement des couches, leurs affleurements se développent, et ils occupent déjà une surface assez étendue du côté de Pazayac et de Larche. Dans toute cette région, ils appartiennent à la base de l'étage et, près de Larche, les grès à *Walchia* font même leur apparition.

A l'est de la faille de Larche, les couches qui affleurent représentent, au contraire, les zones moyenne et supérieure; elles peuvent s'étudier facilement autour de Puy-Jubert, comme sur la route de Larche à Brive.

Du côté de Brive, les couches s'affaissent et les grès secondaires, formant un synclinal dont le point bas est à Brive même, viennent affleurer très peu au-dessus du niveau de la plaine; aussi les affleurements des grès rouges ne s'observent que dans la ville, au pied des coteaux et dans la gare dont les talus en présentent une belle coupe. Puis, les couches secondaires se relevant vers l'est, les affleurements de grès rouges se développent au nord de Cosnac.

A partir de la Chapelle-aux-Brots, les grès rouges affleurent à flanc de coteau sur le revers est du plateau de la Bitarelle; le pied des coteaux est occupé par les grès à *Walchia*, et le sommet par les grès de Grammont et de Meyssac. Vers le Pescher, la vallée qui sépare le plateau permien du massif cristallin s'élargit, et les affleurements des grès rouges s'étendent en proportion, occupant une certaine surface au nord de Puy-d'Arnac. Entre la faille de Meyssac et celle de Puy-d'Arnac, les couches supérieures des grès rouges ont d'ailleurs disparu, enlevées par les érosions, et l'on n'observe plus que les couches inférieures et moyennes.

Grès du Verdier et de Tudeils. — Dans la région de Tudeils, les *couches inférieures* de l'étage des grès rouges de Brive comprennent, à un certain niveau, une série peu épaisse de couches dont le facies rappelle celui des grès à *Walchia*. Je les désignerai sous le nom de *grès du Verdier*, du nom d'un village situé près du Pescher. Ces grès du Verdier, qui n'occupent pas la base même de l'étage, reposent sur une série plus épaisse de grès rouges (que j'appellerai *grès de Tudeils*), qui les séparent des grès à *Walchia*.

Les grès de Tudeils affleurent sur une assez grande surface entre le Verdier, Marcillac et Tudeils, principalement dans la partie sud, où ils couronnent les hauteurs entre Soleilhot et Puy-d'Arnac.

La route de Marcillac à l'Emprunt (près Tudeils) est ouverte dans ces grès sur toute sa longueur. Leur épaisseur doit être d'environ 60 à 70 mètres.

Les grès de Tudeils ne présentent pas exactement le facies ordinaire des grès rouges; les bancs sont mieux stratifiés et si les argiles schisteuses qu'ils contiennent sont rouges, les grès sont plutôt gris ou jaunâtres et se rapprochent des grès à *Walchia*. Ils donnent au terrain une teinte rougeâtre, assez différente de la teinte d'un rouge vif qui caractérise les terrains de grès rouges ordinaires.

Du côté de Tudeils, les argiles rouges dominent et elles sont exploitées pour tuileries; les grès sont gris verdâtre et schisteux, ou rougeâtres et massifs, mais les grès gris sont les plus fréquents; ils sont également exploités.

A l'ouest et au sud, le terrain est moins argileux et les grès sont plus solides; à la Mauginie notamment, on observe les mêmes grès qu'à Tudeils, grès peu colorés, alternant avec quelques bancs plus rares de grès schisteux rouges ou rougeâtres.

Les grès forment souvent des bancs assez massifs, exploités sur des deux flancs du vallon que suit la route entre Montmaur et le col de Noual. A la partie supérieure du coteau, du côté de Noual, ils passent à des grès jaunâtres, à grain fin, qui représentent da base des grès du Verdier.

Les argiles passent latéralement à des couches solides, très schisteuses, d'une teinte violacée.

Dans la vallée de la Sourdoire, le facies se modifie encore; les schistes persistent et ils sont très peu argileux, mais les grès deviennent schisteux et prennent une teinte analogue à celle des schistes. L'ensemble se présente près de Marcillac, sous la forme de couches peu argileuses, bien stratifiées, en bancs bien réglés, dalliformes, alternant avec des schistes; la teinte générale est d'un rouge ou rouge violacé peu prononcé.

En remontant vers le nord, les couches reprennent graduellement le facies ordinaire, c'est-à-dire se composent de grès argileux et d'argiles rouges, quoique, à Lostanges, on observe encore plusieurs bancs de grès gris ou verdâtres. Mais au Pescher et au nord du Pescher, les grès rouges débutent au-dessus des grès à *Walchia* par des grès rouges alternant avec des argiles d'un rouge vif, comme dans le reste du sous-étage.

Les *grès du Verdier*, que je sépare des *grès de Tudeils* parce que leur facies plus constant se rapproche beaucoup plus de celui des grès à *Walchia,* n'affleurent que sur des espaces très limités : près de Noual, sous le Soulier, à Ventausal, à la Plantade, à Reyraud-Bas et au Verdier-Bas.

Leur épaisseur moyenne est de 10 à 15 mètres. Ce sont des grès gris schisteux, à grain fin, micacés, ne contenant pas de couches d'argiles rouges, mais seulement quelques couches schisteuses peu épaisses. Ils sont exploités, sous le Soulier, dans le fond du petit vallon qui sépare ce hameau de celui de Ventausal.

Au delà du Verdier, où leur épaisseur paraît fort réduite, le bourg du Pescher masque leurs affleurements, si ceux-ci persistent.

Les couches qui reposent sur les grès du Verdier, entre le Soulier et le Verdier, se composent de grès argileux et micacés et d'argiles rouges schisteuses.

Au nord du Pescher, le niveau du Verdier paraît avoir disparu; cependant, entre Sérilhac et le Planchat, on remarque, vers la base des grès rouges, un banc massif, formant corniche, d'un grès grossier, feldspathique, de teinte claire, parfois poudingiforme. Les couches qui, sur 25 à 30 mètres d'épaisseur, séparent ce banc des grès à *Walchia,* comprennent un niveau schisteux non argileux, peu coloré. Ce sont peut-être là les dernières traces du facies des grès de Tudeils.

Au reste, ces couches schisteuses, non argileuses, se retrouvent de place en place et forment plutôt de vastes et minces lentilles qu'un niveau continu; elles paraissent occuper des niveaux un peu différents suivant les régions où on les observe, tout en se maintenant dans la zone inférieure des grès rouges.

Entre le Planchat et Lanteuil, un sondage a traversé un niveau analogue à celui du Verdier.

Ce sondage, exécuté à la Voute, et dont je donne la coupe détaillée dans l'annexe [1], a fourni la succession suivante :

> 3. *Grès et argiles rouges*...................................... 307^{m}
> 2. *Grès gris et schistes gris avec quelques schistes noirs*............ 45
> 1. *Grès et argiles rouges*................................... 15
>
> TOTAL.................... 367

Les chiffres ci-dessus indiquent les profondeurs observées; pour en déduire les épaisseurs des couches, il faut tenir compte du plongement qui doit être d'environ 25 à 30 degrés, peut-être même davantage. Des rejets qu'un sondage ne permet pas de reconnaître peuvent, de plus, modifier la succession et les épaisseurs réelles.

Quoi qu'il en soit, les grès n° 2 représentent les grès du Verdier; ce ne sont certainement pas les représentants des grès à *Walchia,* puisqu'on n'observe à la base aucun niveau calcaire.

Au sud de la Chapelle-aux-Brots, des couches grises de même facies sont visibles dans le vallon; ce sont des grès gris, durs, schisteux, dont les lits forment des surfaces bosselées, et qui reposent sur des grès jaunâtres analogues aux grès de Grammont. Ces grès jaunâtres, qui s'observent aussi sous la Favède, à Emprungne, etc., ne paraissent pas avoir une aussi grande épaisseur qu'à la Voute.

Au delà de la Chapelle-aux-Brots, le niveau du Verdier a disparu et ne se retrouve plus qu'à l'ouest de Brive.

Grès de la Jarrousse et de la Combe. — En effet, dans la vallée de la Vézère, à l'ouest de la faille de Larche, on reconnaît, dans la partie inférieure des grès rouges, une succession analogue à celle du sud-est. Mais, afin d'éviter de paraître établir un synchronisme précis qui ne serait pas justifié, je donnerai aux deux zones qui forment la partie inférieure de l'étage des grès rouges de cette région, des noms différents de ceux déjà employés à Tudeils, et je les désignerai sous les noms de :

> 2. *Grès de la Combe.*
> 1. *Grès de la Jarrousse.*

Les *grès de la Jarrousse,* qui reposent directement sur les grès à *Walchia* et

[1] Voir aussi la coupe figurée, pl. II, fig. 1.

qui forment la base de l'étage des grès et argiles rouges, s'étendent, au pied des coteaux, depuis la petite faille de Lavarde, près de Saint-Pantaléon, jusque sous le village du Claud, près de Cublac. En quelques points, les couches à *Walchia* affleurent sous ces grès : au sud du Perrier et depuis le ruisseau de Bellotte jusqu'à celui de Vineval.

Les grès de la Jarrousse ne diffèrent sensiblement pas des couches moyennes et supérieures du sous-étage dans la région, et ils participent au changement latéral de facies que je décrirai plus loin. Leur épaisseur est d'environ 5o mètres. Ce sont des grès argileux rouges ou rougeâtres, bigarrés ou verdâtres, rarement gris, tendres ou solides, alternant avec des couches d'argiles schisteuses rouges ou bigarrées de vert. Vers le Perrier, ces grès contiennent quelques bancs à galets de quartz, qui reposent sur les couches à *Walchia*. A la Rue-Mondie, les grès sont parfois graveleux, et certains de leurs bancs sont même poudingiformes.

Les *grès de la Combe* sont plus intéressants à étudier, parce qu'ils présentent exactement le même facies Autunien que les grès à *Walchia* et qu'ils contiennent, avec des écailles de poissons, des débris végétaux; je n'ai pu, cependant, recueillir d'empreintes déterminables. Ces grès affleurent depuis la faille de Lavarde jusque sous le Claud, où ils s'enfoncent sous les alluvions; on ne les retrouve pas dans la région de Cublac. Au nord de la Combe, ils affleurent jusqu'à la Seignardie, près de Brignac. Leur épaisseur est de 4o à 45 mètres.

Ils sont à grain fin ou grossier, micacés, schisteux mais peu argileux, d'une teinte grise ou gris jaunâtre. Ils alternent avec des couches schisteuses peu épaisses, à empreintes (la Rue-Mondie, carrière au sud-ouest du Perrier, etc.). On observe aussi quelques bancs de grès rouges ou rougeâtres, mais, dans son ensemble, le facies est exactement celui des grès à *Walchia*. Les grès sont parfois poudingiformes et, d'Audeguil au Perrier, le banc le plus inférieur est formé par un grès grossier feldspathique, à galets de quartz et de phyllades; ces grès poudingiformes sont encore abondants à la partie supérieure, au nord de la Cave.

Les grès de la Combe ne comprennent pas de couches d'argiles rouges, sauf vers la base, dans les couches de passage aux grès de la Jarrousse (au Perrier), mais ils contiennent quelques lits minces de schistes bitumineux qui accompagnent des couches calcaires.

Celles-ci affleurent en différents points et probablement à divers niveaux, savoir :

1° A la pointe du petit contrefort au sud de Nicoux, on peut observer un niveau calcaire, avec schistes bitumineux, qui serait placé vers la partie supérieure des grès de la Combe.

2° Dans le fond du vallon de Bellotte, au nord-ouest d'Audeguil, il existe une autre série calcaire et qui est plutôt située à la base de ces grès. Cette série a une épaisseur de 10 à 12 mètres et présente la composition suivante :

> 3. *Couche épaisse de rognons calcaires.*
> 2. *Grès et argiles rouges.*
> 1. *Calcaire schisteux et schistes à écailles de poissons.*

Elle est surmontée par une grande épaisseur de grès jaunâtres poudingiformes. C'est probablement à cette série qu'il faut rattacher un affleurement calcaire au milieu d'argiles rouges, sur la route de Gumont, au nord du Crozet.

3° Au nord du Perrier, dans le fond du vallon, il existe aussi une couche calcaire avec argiles rouges, couche située plutôt à la partie moyenne ou supérieure des grès de la Combe.

4° On observe encore à la pointe du petit contrefort qui descend de la Cabane, dans le vallon de la Seignardie, près de Brignac, une couche calcaire qui est certainement située à la partie supérieure des grès de la Combe, peut-être même à un niveau plus élevé; elle est surmontée de grès gris schisteux à empreintes (non déterminables) ayant le facies des grès à *Walchia,* et l'ensemble est compris dans des grès jaunâtres poudingiformes.

5° Enfin, dans le voisinage de la Rue-Mondie, la zone supérieure des grès de la Combe comprend un ou deux bancs calcaires.

Sur la rive droite de la vallée de la Logne, la grande masse des grès de la Combe est sous forme de grès grossiers jaunâtres, à facies houiller, qui contiennent des schistes à empreintes, notamment à la Cabane, près du Mas, et à la Rue-Mondie. A la Cabane, on remarque en outre un banc d'une roche jaunâtre, schisteuse, dure, d'apparence siliceuse, une sorte de *lien* blanc jaunâtre.

Au Claud, la zone des grès de la Combe comprend déjà quelques couches de grès graveleux et d'argiles rouges, ce qui annonce un passage latéral aux grès ordinaires de la région.

Les grès de la Combe n'existent pas seulement sur la rive droite de la Vézère : on les retrouve au même niveau sur la rive gauche, près de la Feuillade, sous forme de grès jaunâtres ou verdâtres, schisteux, contenant quelques couches schisteuses, argileuses, noirâtres, et passant en quelques points à des grès bigarrés. Ces assises reposent sur des grès gris, rouges, bigarrés ou rougeâtres, avec argiles rouges ou violacées, schisteuses, qui représentent les grès de la Jarrousse et sous lesquelles affleurent les grès à *Walchia*, au pied du coteau, sur le bord de la route nationale.

Le chemin de Larche à Lissac montre, à peu de distance de Chez-Gaudeille, quelques bancs calcaires avec grès verdâtres et rougeâtres, appartenant peut-être au même niveau.

Grès de la Chouanne, etc. — On observe, dans la vallée de la Logne, au nord des affleurements des grès de la Combe, d'autres affleurements occupant probablement un niveau un peu supérieur et formés par des grès jaunâtres peu argileux, assez semblables à ceux de la Combe, mais beaucoup moins développés et ne contenant pas de schistes gris à empreintes. Le bourg de Brignac repose sur des couches de cette nature, formées de grès jaunâtres, sableux, plus ou moins grossiers.

A Chamillac et à Chassat, les grès rouges contiennent, à un certain niveau, des grès jaunâtres, parfois très graveleux, épais de 10 à 15 mètres et qui sont bien visibles à la Chouanne, près Chassat, et à la chapelle mortuaire de madame Gobert. Des grès analogues, mais à peu près au même niveau que les grès de la Combe, s'observent aussi au village de la Chapelle, près Mansac. Ils sont surmontés, en ce point, par des grès poudingiformes peu colorés et ils reposent sur des grès et argiles rouges. Enfin, plus au nord encore, près de Chauviat, sous Puy-Leix, le lit du ruisseau montre un banc assez épais de calcaire noir, surmonté de quelques mètres de grès gris grossier, le tout formant un ensemble compris dans des grès et argiles rouges schisteuses; c'est probablement le prolongement du niveau de la Chapelle.

Dans tout le reste de la région, au nord de la Vézère, comme à Cublac, les couches de la partie inférieure de l'étage des grès et argiles rouges ne diffèrent pas sensiblement de l'ensemble du terrain dont je vais maintenant donner la description.

Grès et argiles rouges de Brive, Ayen, etc. — Dans toute la région au nord et au sud de Brive, les grès rouges se présentent avec le même facies : ce sont des grès à grain moyen, micacés, argileux, le plus généralement rouges, parfois rougeâtres. Les lits et joints sont souvent décolorés et prennent une teinte verdâtre qui pénètre de quelques centimètres dans l'épaisseur de la roche. Les bigarrures contemporaines du dépôt sont rares. La compacité de la roche est variable. Les bancs sont sous forme de vastes et minces lentilles qui s'amincissent sur les bords en passant latéralement aux argiles. Les surfaces de lit des bancs rocheux sont, en général, sillonnées de petites irrégularités, vermiculures, etc.

En certains points, les bancs deviennent dalliformes, solides, peu argileux et perdent leur vive coloration. A Neix, au sud de Lanteuil, ces bancs fournissent de belles dalles, couvertes de grandes impressions indéterminables de tiges (?); des grès analogues s'observent aussi à Germane, au nord de Lanteuil. Ces couches sont exploitées.

Les grès rouges comprennent encore quelques bancs grossiers feldspathiques avec galets de quartz. J'ai déjà mentionné ceux des environs de Sérilhac et de la Chapelle-aux-Brots; je citerai encore le banc de la tranchée de la Boulié, près d'Ussac, presque à la base des grès rouges.

Les argiles forment des couches aussi épaisses que les bancs de grès; elles sont micacées, schisteuses, plus ou moins chargées de menus grains de quartz, et ont une teinte généralement d'un rouge foncé ou lie de vin; parfois, elles sont violacées ou bigarrées de vert.

Les calcaires sont rares; ils sont, plus généralement, en nodules au milieu des argiles, ou quelquefois forment des bancs minces, compactes ou schisteux.

Dans la région qui s'étend de Mansac à Saint-Robert, les couches sont, comme je l'ai déjà fait remarquer, moins vivement colorées et d'une teinte moins uniforme; les grès sont plutôt verdâtres, bigarrés de rouge, surtout dans la région de Mansac; dans la région du Rozeix, ils sont rougeâtres. Les argiles sont vertes ou très bigarrées de vert; elles sont abondantes, principalement sur le plateau, et contiennent beaucoup de rognons d'un calcaire verdâtre ou rosé.

On observe, vers la base des grès rouges de cette région, quelques bancs minces calcaires, au milieu d'argiles rouges, notamment à Saint-Cyr-la-Roche, à Minet et à Bouty, près de Vars, et à la Gautherie, près de Saint-Aulaire.

Grès de Louignac. — Dans la région à l'ouest de l'Elle, à Louignac, Batefols, Teillots, Naillac, les couches inférieures sont composées de grès et d'argiles rouges et présentent le facies ordinaire. Mais les couches moyennes et supérieures sont beaucoup moins argileuses et elles se composent de bancs massifs, bien assisés, de grès rouges ou rougeâtres, homogènes, à grain assez fin ; ces bancs sont séparés par des couches plus tendres et schisteuses, mais encore solides ; les couches d'argiles sont rares. L'ensemble présente quelque ressemblance avec les grès que je décrirai plus loin sous le nom de grès de Meyssac ; ces deux formations peuvent, d'ailleurs, appartenir au même niveau.

Les grès de Louignac s'étendent presque jusqu'à Teillots au nord, jusqu'à la faille de Châtres au sud, Naillac à l'ouest, Caramoza, près Villac, au sud-est, et Louignac à l'est. On les observe notamment à Louignac, Puyredon, la Fournerie, sous Châtres et sous Larre, et au Bost, près de Naillac ; ils couronnent le sommet du puy de la Roche, au nord de Saint-Pantaléon. Ces grès occupent les faîtes, tandis que le fond et les parois des vallées sont constitués par les grès et argiles rouges. Toutefois la vallée du Taravellou, au voisinage de la faille de Châtres, est creusée entièrement dans les grès de Louignac.

Grès de Villac. — Dans les environs de Cublac et de Villac, les grès rouges, tout au moins leurs couches inférieures et moyennes, qui existent seules dans cette région, subissent un changement de facies considérable.

Les argiles s'atténuent ou disparaissent ; les grès prennent un grain grossier et deviennent même graveleux ; ils se chargent d'une quantité considérable de galets de quartz, qui ont souvent de fortes dimensions. Ces sédiments ne se sont plus déposés par bancs réguliers, et ils constituent des masses mal stratifiées ou des couches irrégulières et épaisses. Les grès sont généralement peu solides, ou sableux ; mais, dans le voisinage de la faille de Villac, ils ont été consolidés par des venues siliceuses, et ils forment d'épaisses assises tabulaires à Beauredon, au Mas, à la Sudrie, dans le voisinage de Villac, ainsi que dans le vallon de Savignac. Leur coloration n'est pas aussi marquée que celle des grès rouges argileux : elle est rougeâtre.

Cet ensemble, que je désignerai sous le nom de *grès de Villac,* comprend, outre les grès solides, des couches sableuses, micacées, graveleuses, bigarrées, analogues à certain grès du trias et contenant ou ne contenant pas de galets. Il comprend encore des bancs de grès à grain plus fin, non poudingiformes. Souvent, au milieu de ces couches qui correspondent à un dépôt sableux ordinaire, on observe des amas de grès poudingiformes à très gros galets de quartz. Si les galets sont, en très grande proportion, des galets de quartz, il y a aussi quelques galets et fragments de schistes cristallins, notamment près de la faille, au sud de Villac.

Les grès de Villac passent supérieurement aux grès rouges ordinaires, même à Villac, comme on peut l'observer au sud de la Sudrie, et à Savignac. A Beauredon, ils sont recouverts par les grès de Louignac, et à Guillot, par les grès rouges ordinaires.

Les couches inférieures des grès et argiles rouges participent à ce changement de facies. J'ai déjà fait remarquer que les grès rouges de la Jarrousse deviennent graveleux et se chargent de galets à l'ouest du Perrier. Il en est de même des grès de la Combe, sous le village du Claud, et je rappelle que les grès à *Walchia* contiennent aussi des graviers et des cailloux.

Les grès qui surmontent les grès de la Combe présentent, dans la région de Larche et de la rivière de Mansac, le facies argileux ordinaire ; mais, plus à l'ouest, ils passent au grès de Villac. Ainsi, sur le flanc droit de la vallée de la Logne, ils deviennent graveleux, ou passent à l'état de couches sableuses et de grès rougeâtres ou bigarrés, mais qui alternent encore avec des couches d'argile rouge et qui contiennent souvent des galets en assez grand nombre ; ces galets deviennent de plus en plus nombreux au fur et à mesure qu'on s'élève dans la série.

La route de Cublac à Brignac, dans la descente sur Brignac, fournit une bonne coupe de ce terrain. On constate que les couches inférieures, bien visibles à la Seignardie, sont des grès peu colorés, graveleux et poudingiformes, surmontés par des couches argileuses et sableuses, bigarrées, avec lits de rognons calcaires. Dans la zone supérieure, entre le col de Rouvet et la Chabrélie, le terrain se compose principalement de grès peu cohérents, micacés, schisteux, mal stratifiés, bigarrés, et contenant une grande proportion de galets et de graviers. Enfin, aux abords immédiats de Villac, les galets sont abondants, mais surtout vers la base.

Au fur et à mesure qu'on s'éloigne de la région de Villac et de Cublac, dans toutes les directions, sauf au sud, la proportion et le nombre des galets diminuent ; les grès sont simplement graveleux, puis ils prennent un grain de plus en plus fin et régulier, et passent aux grès rouges argileux, en même temps que les argiles rouges se développent.

Les grès de Villac doivent donc être considérés comme constituant un vaste amas au milieu des grès rouges, amas qui est limité au sud-ouest par la faille de Villac et qui, dans le voisinage de la faille, absorbe à peu près toute l'épaisseur des grès rouges. Il se prolonge peu vers le nord, ne s'étendant dans cette direction qu'à 1 ou 2 kilomètres de Villac; vers l'ouest, il disparaît sous les couches supérieures des grès rouges entre Beauredon et Nibans, mais, à l'est, les grès de Villac ont une plus grande extension. Ils se prolongent jusqu'à Charniac et Bagnaux, dans la direction de Perpezac, jusqu'à Belmont, au delà de Brignac, et jusqu'à Mansac. Plus au sud, ils ne dépassent guère la vallée de la Logne, sauf dans les couches inférieures, où le facies poudingiforme persiste sur une plus grande étendue. Au sud de Cublac, à Terrasson, les grès rouges ont encore le facies des grès de Villac; aussi est-il difficile de les distinguer des grès du lias qui les surmontent à l'est de la ville, dans le faubourg de Brive.

Il me reste à faire remarquer que, dans les environs de Savignac, la Valette, la Ramisse et Sourgnac, les couches qui occupent les sommets sont très argileuses et comprennent des grès dalliformes en quelques points (à Savignac et à la Valette).

Résumé. — J'ai déjà indiqué que l'épaisseur des grès rouges dans la région de Brive et de Tudeils atteint ou dépasse 150 mètres. Du côté de Louignac, cette épaisseur paraît encore plus forte; mais il se peut que les grès de Louignac, en tout ou en partie, représentent les grès de Grammont.

Comparés aux grès rouges inférieurs, les grès rouges de Brive ont un grain plus fin; ils sont plus micacés et plus argileux et ne contiennent que très rarement, sauf dans la région du sud-ouest du bassin, des bancs feldspathiques, graveleux et poudingiformes. Les bancs de grès sont d'ailleurs mieux réglés, moins épais; ils forment des lentilles plus minces, plus régulières et plus étendues. Les grès, d'un banc à l'autre, sont à peine différenciés et, dans le même banc, ils sont homogènes. Les couches d'argile sont plus nombreuses et plus développées. Les nodules et bancs calcaires sont aussi plus fréquents.

La teinte rouge ou lie de vin des grès rouges de Brive est beaucoup plus prononcée que celle des grès rouges inférieurs; elle affecte toujours les argiles et presque toujours les grès; elle est fréquemment accompagnée de bigarrures vertes. Les actions hydrothermales se sont donc exercées sans entrave, surtout dans la région de Brive et de Tudeils, c'est-à-dire la région sud-est. Ce n'est que dans la région d'Ayen et Mansac, c'est-à-dire sur le pourtour des dépôts de Villac, que ces actions ont subi quelques perturbations, qui se sont traduites par une coloration moins vive, bigarrée, des grès.

Toutefois, dans les couches supérieures, la teinte devient plus uniforme et rougeâtre : il semble que les phénomènes mixtes auxquels est due la coloration se soient alors régularisés et atténués.

Comparés aux couches à *Walchia*, les grès rouges s'en différencient par l'abondance des bancs d'argile, par la nature plus argileuse des grès, par la coloration et par le peu d'étendue et d'importance des niveaux calcaires subordonnés.

Les grès et argiles rouges s'étendent sur une plus grande surface, à l'ouest, que les couches à *Walchia*, mais il n'en résulte pas nécessairement qu'il y ait là une transgression; et comme je l'ai indiqué, il paraît y avoir plutôt passage latéral des grès gris schisteux aux grès rouges.

Si les couches à *Walchia* prennent, à l'ouest, le facies du Rothliegende supérieur, par contre, dans la région de Larche, dans celle de Tudeils et en quelques autres points, certains niveaux vers la base de l'étage des grès et argiles rouges prennent le facies des couches à *Walchia* et se composent de grès et schistes gris, avec schistes bitumineux, bancs calcaires et débris de poissons et de végétaux. Ces grès Autuniens du Verdier, de la Voute (sondage), de la Combe, de la Chouanne, de la Chapelle-de-Mansac, etc., ne forment pas un niveau continu, mais de vastes lentilles, des accidents dans la zone inférieure des grès et argiles rouges. D'ailleurs, les conditions qui ont accompagné la formation de ces couches n'ont pas été exactement les mêmes qu'au moment du dépôt des couches à *Walchia*, car les couches schisteuses sont moins développées, les bancs calcaires plus disséminés et moins épais, et les grès ne contiennent ni gravier ni galets. Enfin les débris végétaux sont beaucoup moins abondants; ils sont en fragments très menus; et je n'en ai recueilli d'un peu distincts qu'à la Rue-Mondie.

M. Dumas, membre de la Société géologique de France, a recueilli, à la gare de Brive, dans un grès gris intercalé au milieu des grès rouges, et représentant peut-être un des niveaux que je viens de décrire, un exemplaire de *Tylodendron speciosum*, Weiss.

Quant aux grès et argiles rouges de Brive, ils ne contiennent aucunes traces organiques, sauf peut-être de vagues moules de tiges à la surface de certains lits. J'ai déjà mentionné les diverses apparences que présentent ces lits; la plupart de ces apparences ont une origine mécanique, mais quelques-unes peuvent représenter des pistes d'annélides. M. Boisse a signalé des apparences analogues dans les grès de l'Aveyron.

13

Les bancs calcaires n'existent pas seulement dans les niveaux de grès et schistes gris; on en observe aussi au milieu des grès rouges ou des argiles rouges, à différentes hauteurs dans la formation, mais ils ne forment pas là d'horizons continus et importants. Les calcaires en nodules sont abondants dans la région d'Ayen.

Outre les accidents caractérisés par le facies Autunien, les couches de l'étage des grès rouges se présentent encore avec le facies des grès de Villac; ceux-ci constituent un immense amas, mal stratifié et poudingiforme, où les galets de quartz ont des dimensions quelquefois très grandes, amas qui entoure l'extrémité orientale du massif de Terrasson et s'étend jusqu'à 3 ou 4 kilomètres du massif.

Les grès rouges de Brive, à part les couches supérieures plus rocheuses, constituent un bon sol de culture, surtout quand le terrain trop argileux et dépourvu de calcaire est modifié par des amendements convenables. Les grès ne fournissent que de très mauvais matériaux de construction, en raison de leur composition argileuse, mais les argiles peuvent être exploitées comme terre à brique. Les nodules calcaires sont utilisés pour les empierrements.

GRÈS DE GRAMMONT.

J'ai donné aux couches qui surmontent les grès et argiles de Brive le nom de grès de Grammont, parce que ces grès sont exploités activement autour du village de Grammont, près Lissac (sud-ouest de Brive), dans des carrières qui servent à approvisionner toute la région sud de l'arrondissement de Brive.

Les dépôts que les érosions ont respectés s'étendent entre Grammont à l'ouest et les vallées de la Corrèze et de la Vézère au nord; au sud, leur extension n'est pas connue et leurs affleurements sont interrompus par la faille de Meyssac.

Ces grès de Grammont sont en grande partie masqués, dans la région centrale, au sud de Brive, par les dépôts du trias, et dans la région orientale, au nord de Meyssac, par les grès permiens de Meyssac. Ils sont à découvert dans les environs de Grammont et forment le puy qui porte le village haut (altitude, 333 mètres).

Ils affleurent aussi dans la région orientale, le long de la faille de Meyssac, et sur les revers nord et est du massif de la Bitarelle.

Les grès de Grammont, sous leur facies typique (c'est-à-dire, le plus différencié du facies des grès rouges de Brive), sont surtout visibles à Grammont. Ce sont des grès à grain fin, un peu micacés, solides, bien assisés, en bancs très épais et massifs; il y a aussi quelques bancs dalliformes ou même schisteux. La roche a une teinte jaunâtre. Les couches d'argiles sont rares et peu épaisses; elles sont rouges ou bigarrées.

Ce facies de Grammont persiste dans la région de Lanteuil. Du côté de Meyssac, les grès présentent la même structure, mais ils sont parfois rouges, souvent gris verdâtre. Les couches argileuses, ou plutôt les couches tendres et schisteuses, sont aussi plus développées.

A l'est, entre Bouix et Saint-Bazile, les grès deviennent complètement rouges, et l'ensemble ne se distingue guère des couches de l'étage des grès de Brive; il en est de même dans la vallée de la Loyre[1], à Bleygeat et au sud de Bleygeat.

Dans la vallée de Cosnac, on observe quelques bancs de grès jaunâtres, facies de Grammont, au milieu de grès rouges. Du côté de la Bitarelle, les grès de Grammont se terminent supérieurement par des grès schisteux et des schistes verdâtres, contenant quelques lits d'argiles rouges schisteuses (Puy-de-Ban, la Boucheyrie).

L'épaisseur totale des grès de Grammont est de 80 mètres environ.

Je rappelle qu'au nord de la Vézère, les grès de Louignac ont un facies peu différent de celui des grès de Grammont, qu'ils surmontent une forte épaisseur de grès et d'argiles rouges, et qu'ils représentent peut-être les couches inférieures de Grammont. Mais le creusement de la vallée de la Vézère, qui a détruit la continuité des affleurements, s'oppose à toute constatation directe du niveau exact des grès de Louignac.

Les grès de Grammont sont principalement exploités à Grammont et fournissent une bonne pierre de taille. Ils sont aussi exploités aux environs de Meyssac, concurremment avec les grès de Meyssac.

GRÈS DE MEYSSAC.

Les grès de Meyssac, que j'avais désignés, dans mon premier travail sur le permien, sous le nom de grès de la Bitarelle, parce qu'ils couronnent le grand massif sur lequel est situé le village de ce nom, sont très exploités au sud et

---

[1] Ruisseau qui passe à l'est de Cosnac et qui porte le même nom que celui qui passe à Objat.

fournissent la pierre de taille généralement utilisée à Meyssac et dans les environs. Les principales carrières se trouvent dans le voisinage de Meyssac, et c'est pour cette raison que j'abandonne la désignation primitivement adoptée. Ces grès forment tout le plateau du massif de la Bitarelle, au nord de Meyssac; ils s'étendent jusqu'à la Gleygeolle, à l'est, où ils atteignent, du côté d'Orgnac, l'altitude de 490 mètres. Au nord, ils ne dépassent pas Puy-la-Mouche; au sud, ils n'atteignent pas la faille de Meyssac; à l'ouest, ils s'enfoncent sous les grès du trias, mais ils affleurent encore au fond de quelques vallons, notamment à la tête nord du grand souterrain de Montplaisir; leur extension actuelle exacte n'est pas connue dans cette direction. En tout cas, ils ne reparaissent pas à Grammont.

C'est dans les environs de la Bitarelle que ces grès sont le mieux caractérisés. Ils débutent, au-dessus des couches schisteuses de la zone des grès de Grammont, par des alternances d'argiles rouges et de grès rougeâtres à grain fin. Puis viennent des grès homogènes, d'une teinte rouge uniforme, mais d'une nuance assez différente de celle des grès de Brive. Ces grès sont généralement tendres, massifs, en plaquettes, ou schisteux; les bancs massifs alternent avec les bancs schisteux. Ils ne comprennent pas de couches d'argiles.

Les grès de la Bitarelle persistent avec ce facies jusqu'à Stolan; mais, à la Gleygeolle, des couches d'argiles apparaissent et se développent, en sorte que le terrain ressemble à celui des zones inférieures.

Au sud, du côté de Meyssac, les couches à la base, seules, ressemblent aux grès et argiles rouges de Brive; encore leur teinte est-elle moins violacée, plus uniforme, jamais verdâtre ou bigarrée. De plus, elles comprennent quelques assises ayant exactement le facies caractéristique des grès de la Bitarelle. Les couches les plus inférieures de ce niveau, reposant en ce point (Jugeal) sur les grès de Grammont, sont formées par des argiles schisteuses d'un rouge brun, assez épaisses et contenant quelques bancs de grès rouges. Les couches supérieures ont franchement le facies des grès de la Bitarelle.

Du côté de la Ramière, ce facies persiste aussi; mais, dans la vallée de la Loyre, on ne peut séparer les grès de Meyssac de ceux de Grammont. L'absence de routes et de chemins ne facilitent pas d'ailleurs l'étude du terrain, dont il n'existe pas, dans cette région, de coupes fraîches.

L'épaisseur des grès de Meyssac est considérable et atteint 150 mètres.

GRÈS DE LA RAMIÈRE.

Les grès de la Ramière se différencient assez nettement des autres grès du Rothliegende supérieur. Ce sont des grès quartzeux grossiers, graveleux, d'une teinte rougeâtre; ils contiennent quelques argiles rouges bigarrées de vert.

Leur épaisseur atteint 70 à 80 mètres.

Ils forment le Puy-la-Ramière (altitude, 502 mètres), mais non le puy voisin, presque aussi élevé, situé au sud, car les couches plongent fortement vers le nord. A l'est, ils couronnent quelques sommités autour de Stolan; au nord, ils se retrouvent encore à la Boudie, et à l'ouest, ils disparaissent sous les grès du trias. On voit donc que les affleurements actuels sont fort peu étendus.

RÉSUMÉ GÉNÉRAL.

Considéré dans son ensemble, le Rothliegende supérieur débute par une alternance de grès et d'argiles schisteuses, d'une teinte rouge uniforme dans la région de Brive et plutôt bigarrée dans la région au nord de la Vézère; les grès et argiles, d'une épaisseur d'au moins 150 mètres, contiennent, vers la base, quelques couches intercalées présentant un facies voisin de celui des grès à *Walchia*.

Cet ensemble, toujours très argileux, est surmonté par un ensemble plutôt gréseux, d'une épaisseur de 300 à 350 mètres, formé par les grès de Grammont à la base, les grès de Meyssac dans la partie moyenne et les grès de la Ramière au sommet.

Ce qui distingue les grès de Grammont et de Meyssac de ceux de Brive, c'est surtout la régularité plus grande de la stratification, la nature moins argileuse des roches, le grain plus fin des grès, leur coloration plus uniforme et souvent plus faible, et l'absence totale de bancs ou de nodules calcaires. On ne trouve, d'ailleurs, dans ces grès ni impressions végétales, ni autres vestiges organiques, à part les apparences qu'offrent les lits de certains bancs, apparences analogues à celles déjà décrites au sujet des grès rouges.

Malgré ces différences avec les grès de Brive, les grès supérieurs s'y rattachent étroitement par leurs caractères généraux et par leur passage latéral à des roches identiques à celles de Brive.

Avec les grès graveleux de la Ramière se terminent les dépôts, actuellement conservés, du Rothliegende supérieur, dépôts dont l'épaisseur totale atteint ou dépasse 5oo mètres.

Toutes ces couches du Rothliegende supérieur, sauf celles à facies Autunien, ne contiennent ni débris de vertébrés, ni empreintes de plantes, ni lits de houille ou de fer carbonaté. Les seules marques qui nous restent des organismes anciens sont des traces ou des pistes d'annélides.

CHAPITRE VI.

CONDITIONS DE SÉDIMENTATION.

GÉNÉRALITÉS.

Émersion du Plateau central. — J'ai décrit ailleurs [1] la succession des terrains cristallins de la région. Ces terrains comprennent : dans la zone inférieure, des gneiss devenant de plus en plus feuilletés vers le sommet et contenant alors des intercalations d'amphibolites et de leptynites; dans la zone moyenne, des schistes micacés couronnés par des schistes sériciteux; et dans la zone supérieure, des phyllades dont les schistes relativement peu cristallins du massif de Terrasson paraissent représenter le terme le plus récent. J'ai montré que ces terrains, concordants entre eux, ont subi des compressions qui les ont plissés, et que les plis sont dirigés à peu près parallèlement aux limites actuelles du Plateau central, dans la région du sud-ouest. En aucun point des synclinaux de cette région, on n'a constaté la présence des terrains paléozoïques siluriens et dévoniens [2], et les dépôts postérieurs ne contiennent aucun galet ou élément qui puissent être rapportés à ces terrains. On peut, par conséquent, croire que les plissements et l'émersion de cette partie du Plateau central ont commencé après l'époque de la formation des schistes de Terrasson, c'est-à-dire probablement dans le courant de la période Cambrienne.

Les grès houillers et les grès rouges inférieurs du bassin de Brive s'étendent en discordance complète sur la série primitive, et leurs couches présentent une allure toute différente de celle des couches cristallines; elles ne sont

[1] *Note sur la stratigraphie du Plateau central entre Tulle et Saint-Céré.* — Bulletin du Service de la Carte, n° 10.

[2] Les schistes cristallins de Terrasson n'ont fourni, jusqu'à présent, aucun vestige de fossile. Je les classe provisoirement dans le Précambrien.

jamais plissées et on les voit reposer, horizontales ou relativement peu inclinées, sur la tranche des schistes cristallins verticaux ou presque verticaux. savoir : sur les gneiss granulitiques feuilletés et les leptynites vers Tudeils, sur les schistes micacés (micaschistes) et les amphibolites dioritiques vers Damniat, sur les schistes séričiteux vers Sainte-Féréole, sur les phyllades au nord du bassin, et sur les schistes argileux de Terrasson, à Cublac. Il en résulte que le dépôt des grès houillers permiens s'est effectué postérieurement aux derniers plissements qui ont affecté les couches cristallines.

Ces grès reposent directement sur le substratum cristallin; comme je viens de l'indiquer, aucun terrain sédimentaire plus ancien n'est interposé; nulle part on n'observe de dépôts qui puissent être attribués à l'anthracifère, au dévonien ou au silurien; dans tous les cas, avant le moment où les dépôts houillers ont commencé à s'effectuer, l'emplacement du bassin de Brive était émergé et uniquement soumis aux actions de dénudations. Si, jadis, des sédiments plus anciens se sont déposés en ce point, ils ont été enlevés par les érosions anciennes; il est, au reste, peu probable qu'ils s'en soient jamais formés, car M. Bergeron a montré que la partie sud du Plateau central est restée vraisemblablement émergée depuis le début des plissements, c'est-à-dire depuis l'époque Cambrienne, et, en fait, je le répète, les sédiments houillers, permiens et triasiques ne contiennent aucun galet, aucun fragment qui aient été empruntés à d'autres roches que celles dont nous observons encore les affleurements.

Topographie générale du bassin à l'époque houillère. — Pour déterminer la forme exacte du bassin au moment du dépôt des premiers sédiments permo-houillers, il faudrait, partant de la surface actuelle du substratum cristallin, déformer cette surface en lui supposant des mouvements égaux, mais contraires aux affaissements qu'elle a subis dans le cours de la période permo-houillère et des périodes postérieures (voir le chapitre VII). Les données que j'ai recueillies ne sont pas assez précises pour que je puisse faire ce travail de restitution; cependant l'allure générale des couches, et comme je le montrerai plus loin, la forme des lignes du rivage, indiquent bien que le bassin de Brive occupe une ancienne dépression existant entre le Plateau central et le massif cristallin de Terrasson, dépression relativement peu profonde au moins au début de la période de sédimentation et qui s'est accentuée par les affaissements ultérieurs, surtout par ceux survenus à la fin de la période permienne.

A quoi correspondait cette dépression? Sur le bord du Plateau central, les couches cristallines plongent vers le sud-ouest; sur le bord nord du massif de Terrasson, elles plongent vers le nord-est; au centre, à Gorbas, elles paraissent à peu près horizontales, autant qu'on peut en juger d'après le faible affleurement mis à découvert; la dépression permo-houillère occuperait donc un synclinal.

Cela ne veut pas dire qu'elle ait été créée directement par un plissement. La grande lacune qui existe entre les périodes de formation des roches cristallines, puis d'émersion et la période de dépôt des sédiments houillers du bassin, donne à penser que les érosions ont dû accomplir un travail considérable dans l'intervalle. Ce sont elles qui ont façonné la dépression, dirigées dans leur action par le plissement préalable des couches et par les circonstances qui en dépendent : cassures, variations de cohésion et plis secondaires du terrain.

Le fond du bassin de Brive, à l'époque houillère, ne devait pas être plat, à en juger par les grandes variations d'épaisseur de l'étage permo-houiller. Dans tous les cas, ses rivages et la région émergée étaient très accidentés; c'est ce que prouve indirectement la nature des dépôts, notamment les poudingues et conglomérats si fréquents dans les couches les plus anciennes, et, directement, l'observation des points où l'on peut constater la surperposition des grès aux terrains cristallins; on reconnaît alors que ces grès remplissent des dépressions étroites et profondes, comme à Juillac et à Sainte-Féréole, ou bien se sont déposés au pied de coteaux à revers très inclinés et sur les flancs desquels on peut encore observer, en certains points, les éboulis qui ont précédé la sédimentation régulière.

Dans la région de Commentry, M. Fayol, qui a montré avec la dernière évidence que les dépôts ne s'étaient pas faits sur un sol régulier et qui a même indiqué avec précision le relief exact du terrain, attribue en partie cette forme accidentée de la surface du sol aux refoulements causés par l'introduction des roches éruptives dans la masse du terrain schisteux. Je suis pleinement disposé à accepter cette explication pour le bassin de Commentry; j'ai déjà signalé, dans le premier chapitre, qu'une intervention indirecte des roches éruptives anciennes peut expliquer la distribution géographique des bassins houillers de l'intérieur du Plateau central, mais je crois que ce mode d'explication ne doit pas être trop généralisé ni employé exclusivement. Dans les environs du bassin de Brive, il n'existe pas de roche d'un caractère nettement éruptif dans le sens ordinaire du mot, et si les porphyroïdes interstratifiées de Montchabrol[1] sont éruptives, elles n'appartiennent pas à la catégorie des roches éruptives massives, telles que la granulite, le granite et les porphyres dont l'intrusion doit évidemment produire des effets locaux de refoulement. On ne constate, autour du massif de ces porphyroïdes, aucun dérangement dans la direction des couches. C'est donc uniquement aux érosions s'exerçant suivant des conditions prédéterminées par les plissements qu'il faut, dans la région de Brive, attribuer la forme accidentée du terrain.

En résumé, la région de Brive, à l'époque houillère, était occupée par une dépression relativement peu profonde, représentant peut-être quelque large vallée, dirigée du nord-ouest au sud-est, entourée par une partie montagneuse, creusée de dépressions secondaires qui venaient aboutir sur la vallée principale. A un certain moment, cet état de choses qui subsistait depuis longtemps a pris fin par l'envahissement des eaux; celles-ci ont occupé la dépression et formé une sorte de lagune, bordée au nord-est, au nord et à l'ouest par les hauteurs du Limousin ancien et communiquant probablement avec le large dans la direction du sud-est. Les érosions ont naturellement continué à s'exercer à l'intérieur du massif restant émergé, et leurs produits, qui précédemment étaient portés au loin, dans une région probablement recouverte actuellement par les dépôts secondaires, se sont alors arrêtés sur les bords du bassin qu'ils ont commencé à remplir; c'est là le début de la période de sédimentation houillère et permienne dans la région de Brive.

Conditions générales de la sédimentation. — Tandis qu'à l'époque secondaire, la région a été couverte par une mer dans laquelle se déposaient des sédiments marins proprement dits, c'est-à-dire ne présentant pas exclusivement le caractère de dépôts d'origine détritique (tels sont les calcaires jurassiques, les argiles liasiques, les sables crétacés, etc.), à l'époque permo-carbonifère, des sédiments entièrement détritiques se sont presque constamment déposés, à l'exclusion absolue de sédiments marins proprement dits.

Ces sédiments, houillers et permiens, sont composés de grès fins ou grossiers, disposés, non par bancs continus et d'une épaisseur régulière, comme le sont les sédiments calcaires, mais suivant des lentilles minces et relative-

---

[1] Ces porphyroïdes affleurent suivant une bande allongée, large de 1,500 mètres environ, entre Clermont-d'Excideuil (Dordogne) et Juillac (Corrèze).

ment peu étendues. C'est une observation qui a été faite maintes fois dans d'autres bassins permiens ou houillers.

La sédimentation locale n'est pas toujours parallèle à la stratification générale, et parfois cette stratification générale n'est même pas apparente; l'ensemble des roches constitue alors un vaste amas, qui, en général, contient beaucoup de galets et de graviers, tantôt en lits irréguliers, tantôt en petits amas.

Les éléments des grès et poudingues sont des galets empruntés aux terrains cristallins ou même aux couches permiennes, des grains de quartz, quelquefois des grains de feldspath ou de houille et des paillettes de mica.

Les seuls restes organiques sont des empreintes de plantes auxquelles adhèrent parfois les tissus végétaux, plus ou moins modifiés et transformés en charbon.

Les dépôts permiens ou houillers contiennent aussi quelques dépôts d'origine chimique, calcaires, schistes bitumineux, couches siliceuses, etc. Ces dépôts, qui ne forment qu'une infime partie de la masse du terrain, n'ont pas le caractère des sédiments marins proprement dits, et ils ne contiennent aucun reste marin. On peut les supposer déposés dans un bassin lacustre, tout aussi bien que dans des eaux marines.

D'ailleurs, les sédiments permiens de toute nature n'ont jamais fourni de mollusques marins et ne contiennent, avec des débris indéterminables de poissons, que des restes de végétaux et de vertébrés et crustacés d'eau douce; ils ont donc, à part les sédiments chimiques, une origine exclusivement continentale.

Mais il ne faut pas conclure de là que les dépôts se soient certainement faits dans des eaux douces, dans un grand lac intérieur. Si leur origine continentale et torrentielle suffit à expliquer l'absence de restes marins, rien ne s'oppose à ce qu'on puisse admettre que les dépôts se soient faits dans des eaux saumâtres ou même entièrement marines, par exemple dans des lagunes communiquant avec la mer elle-même. On verra qu'il y a des raisons d'ordre général pour adopter cette dernière hypothèse.

Le caractère de la sédimentation, comme aussi les changements géographiques survenus dans la forme des lignes du rivage, permettent de distinguer deux périodes dans la sédimentation houillère et permienne des environs de Brive.

La première période, caractérisée par des dépôts mixtes à faciès houiller et permien et par une faible aire d'extension, est ce que j'appelle la période permo-houillère.

Dans la seconde période, les rivages subissent un assez grand déplacement et l'envahissement des eaux s'accentue brusquement par rapport aux derniers phénomènes de l'époque précédente.

C'est l'époque permienne caractérisée par des dépôts à facies uniforme, par une sédimentation plus régulière et des matériaux plus fins.

Je m'expliquerai plus complètement sur les attributions d'âge au chapitre VIII. Il me suffira, pour le moment, de rappeler que là flore de la première période est, d'après M. Zeiller, une flore houillère avec quelques espèces permiennes, tandis que la flore de la deuxième période est nettement permienne.

PÉRIODE PERMO-HOUILLÈRE.

La période permo-houillère a pour caractères principaux le peu d'extension relative des dépôts, la nature grossière des sédiments, la grande proportion des poudingues et des conglomérats, l'irrégularité de la stratification et l'absence d'homogénéité de la masse du terrain.

Dépôts de rivage. — Grâce à la forme déjà accidentée du sol à l'époque houillère, grâce à la transgression des dépôts permiens sur les dépôts houillers, les sédiments houillers déposés le long des rivages ont été, en grande partie, respectés par les érosions anciennes, et nous pouvons les observer encore sur la bordure des massifs cristallins.

Non seulement on retrouve des couches de rivage, mais on retrouve encore les éboulis anciens qui existaient sur le flanc des coteaux de l'époque; on n'observe, en effet, dans les dépôts auxquels nous attribuons cette origine, ni galets, ni graviers, ni sables, ni argiles ou couches schisteuses, mais seulement des fragments anguleux, empruntés aux terrains sous-jacents. On ne pourrait même, en certains cas, les distinguer des éboulis modernes, s'ils n'étaient parfois recouverts par des grès permiens ou houillers et s'ils n'avaient subi un certain remaniement par l'effet de l'invasion des eaux.

Les premiers apports faits le long des rivages, c'est-à-dire ceux qui ont été déterminés par l'envahissement des eaux du large, sont généralement très grossiers, et ils sont évidemment formés par le remaniement plus ou moins profond, mais sur place, des éboulis anciens auxquels je viens de faire allusion.

Le plus souvent, en effet, dans la région comprise entre Salagnac au nord et Sérilhac au sud, les premières couches reposant sur les schistes cristallins sont formées par un conglomérat composé en partie de galets, graviers et sables, mélangés à des fragments anguleux noyés dans un ciment ferrugineux et argileux, quelquefois silicifié et solide. Ce ne sont pas là évidemment des cordons littoraux formés par l'action régulière des vagues et des marées, mais bien plutôt des dépôts façonnés par les eaux des ruisseaux ou des ravins ou le ruissellement ordinaire, sur des pentes rocheuses pourvues seulement d'une maigre végétation.

En certains points, les argiles dominent, formant des amas épais qui contiennent eux-mêmes des amas de grès intercalés; c'est ce qu'on observe près d'Allassac.

Le conglomérat n'existe pas partout : tantôt un véritable gravier s'est déposé, composé de menus fragments anguleux des schistes cristallins, mélangés à du sable et à quelques petits galets; tel est le caractère des couches de rivage entre Salagnac et Cubas. Dans cette partie, le rivage qui occupait le fond de l'anse d'Hautefort présentait donc une déclivité beaucoup plus faible que celle de la région orientale du bassin.

En d'autres points, les dépôts se composent simplement de sables ou de mélanges de sables et d'argiles, sous forme de grès plus ou moins ferrugineux, plus ou moins argileux, quelquefois bigarrés.

Ces derniers dépôts n'accusent pas toujours nécessairement des couches de rivage, et l'on ne peut leur attribuer ce caractère que quand on les trouve en relation de position avec des dépôts plus grossiers.

Les dépôts faits au large sont caractérisés, en général, par des sédiments plus fins; les grès reposent directement sur les schistes, en bancs bien stratifiés. A Gorbas, par exemple, au centre du bassin, la première couche déposée sur les schistes se compose d'argiles rouges surmontées par des bancs de grès. Souvent, même dans le voisinage des rivages, on voit des couches schisteuses reposer sur le substratum cristallin, et il n'est pas rare que ces couches contiennent des empreintes à leur contact même avec les schistes cristallins; le cas s'observe près de Lascaux.

Dans le voisinage des rivages, on constate des alternances de conglomérats et de grès, par exemple près du Saillant et de Voutezac.

Il n'est pas possible, certainement, de restituer les anciens rivages en tous les points, d'autant plus que l'envahissement graduel des eaux a dû, sans doute, les détruire plus ou moins, au fur et à mesure du dépôt des couches qui les marquaient. Cependant les traces attestant le voisinage du rivage sont nombreuses en tous les points du bassin; je ne fais pas allusion aux sédiments grossiers, car de tels sédiments, par suite de circonstances diverses, peuvent s'être déposés à plus ou moins grande distance, mais il arrive parfois que le point d'origine des sédiments se trouve nettement déterminé, et l'on peut alors tirer une conclusion certaine. C'est le cas des environs de la Chapelle-aux-Brots, où certaines couches du permo-houiller sont formées, à différents niveaux, par une arène amphibolique qui ne peut provenir que du massif dioritique de Damniat, situé à proximité. Il est donc clair qu'abstraction faite même des conglomérats de Merchadour qui précisent la position du rivage, les dépôts de la Chapelle-aux-Brots en sont voisins, et l'on peut en conclure que la position du rivage n'a pas sensiblement varié pendant le dépôt d'une assez grande épaisseur de couches.

Phénomènes hydrothermaux du début. — Les couches qui reposent sur les schistes cristallins sont presque toujours colorées en rouge violacé ou rouge lie de vin. Cette coloration est très vive dans les conglomérats de la base quand ces conglomérats contiennent beaucoup d'argile. Dans les grès graveleux du côté d'Hautefort, la coloration est moins prononcée, parce que ces grès ne contiennent guère que de grands éléments, sans ciment argileux.

On est d'accord pour reconnaître que ces effets de coloration des dépôts sédimentaires sont en relation avec des phénomènes hydrothermaux; ceux-ci avaient donc déjà lieu à l'époque à laquelle les premiers sédiments permo-houillers se sont déposés. Leur existence n'est pas seulement révélée par la coloration des dépôts, elle se traduit encore par les modifications qu'a subies le substratum cristallin en beaucoup de points, et notamment le long du rivage. La plus apparente de ces modifications consiste dans la rubéfaction des schistes sur une profondeur qui peut atteindre quelques mètres; mais souvent aussi, la structure intime des roches cristallophylliennes est changée : ces roches deviennent massives, grenues ou compactes et prennent une coloration d'un vert foncé. Je serai porté à rattacher au même phénomène la formation des schistes argileux graphiteux, fibreux ou rognonnés, qu'on observe parfois dans les phyllades du type ordinaire et toujours dans le voisinage immédiat de dépôts houillers.

Les phénomènes d'altération superficielle du substratum cristallin ne sont pas spéciaux au bassin de Brive, ni même à la période permienne.

M. de Grossouvre a déjà signalé [1] que, vers la Châtre, le micaschiste est toujours rubéfié dans tous les points où il est recouvert par les grès du trias. Le même phénomène s'observe dans le bassin de Brive.

M. de Launay a constaté aussi que des modifications analogues ont eu lieu dans le fond des dépressions houillères de l'Allier [2].

Tous ces phénomènes ne peuvent évidemment s'expliquer que par le fait que les eaux, à certaines époques des périodes houillères, permiennes, triasiques et oligocènes, étaient chargées de silice, d'oxyde de fer, etc., provenant de l'épanchement de sources minérales. Il est à remarquer que ces phénomènes marquent, pour ainsi dire, les périodes de transgression ou d'affaissements qui ont déterminé les dépôts des grès et sables à diverses époques dans l'Europe occidentale.

Actions mécaniques superficielles. — Outre les altérations dues à des actions chimiques, les schistes cristallins du substratum ont subi des actions mécaniques. Il en est qui peuvent être indépendantes des dépôts houillers, puisqu'elles ont encore lieu de nos jours : je fais allusion aux éboulements. Il n'est pas rare de constater aujourd'hui, sur le flanc des ravins creusés dans les massifs cristallins, d'énormes masses schisteuses, dont la direction des couches et le plongement diffèrent des directions et plongements normaux; ces masses, quoique solides, ne sont donc pas en place, et elles ont été amenées à leur position actuelle par des éboulements ou plutôt des glissements. Il s'est presque toujours produit, dans ces mouvements, une certaine déformation, et le terrain déplacé est généralement un peu moins compacte, un peu plus schisteux que le terrain resté en place. De pareils mouvements ont dû nécessairement se produire à l'époque houillère, mais il n'est guère possible, on le comprend, d'en constater actuellement les effets.

Ce ne sont pas là, d'ailleurs, les seules modifications mécaniques qu'ait pu subir le substratum; il en est d'autres que j'ai observées et qui présentent ce caractère, d'être en relation avec les sédiments houillers et de s'être accomplies en même temps que ceux-ci se déposaient, ou même de s'être produites postérieurement aux dépôts.

[1] De Grossouvre, *Observations sur l'origine du terrain sidérolithique*, p. 297.
[2] *Étude sur le terrain permien de l'Allier.*

En un grand nombre de points on peut constater, en effet, que des schistes qui, normalement, sont verticaux ou presque verticaux, deviennent horizontaux ou ne prennent qu'une faible inclinaison ; ces déformations sont superficielles et n'existent que sur quelques mètres d'épaisseur. On peut même voir, dans les tranchées suffisamment profondes, les schistes horizontaux reposant directement sur la tranche verticale des schistes non déformés. Sans doute, ces masses horizontales ne sont pas nécessairement toujours en place, mais les déformations les plus fréquentes ne se manifestent que par un simple recourbement des schistes, ce qui exclut la supposition d'un éboulement dans la masse schisteuse. La cause de ces déformations doit être cherchée, à mon avis, dans les glissements des conglomérats et grès nouvellement déposés sur la surface des schistes cristallins ramollis plus ou moins par l'effet des actions hydrothermales. Les sédiments glissant avec frottement sur le substratum auront déterminé sa déformation par voie d'entraînement. Il n'est même pas nécessaire d'invoquer toujours un glissement : le poids seul des masses sédimentaires reposant sur la tranche de schistes flexibles a pu suffire, en certains cas, pour provoquer la déformation de ces schistes.

Si j'insiste sur ces faits qui ne présentent pas un grand intérêt théorique, c'est parce qu'ils se rattachent à des faits du même ordre exposés dans une note très intéressante [1] de M. Stuart Mentcath, et dont on ne saurait, à un point de vue pratique, tenir trop de compte dans les études stratigraphiques des régions schisteuses.

Grès houillers et grès rouges. — Les couches qui surmontent le conglomérat de la base sont tantôt des grès blancs ou gris à faciès houiller, tantôt des grès rouges à faciès permien ; quand le conglomérat n'existe pas, les grès qui reposent sur le substratum peuvent aussi bien être des grès houillers ou des grès à faciès permien. Ainsi, à Boisseuilh et à Gorbas, les grès rouges ou les argiles rouges reposent directement sur les phyllades ; à Sainte-Féréole et à Lascaux, ce sont des grès houillers, avec schistes à empreintes, qui forment les couches de la base. A Juillac, le conglomérat violacé est surmonté par des grès houillers avec lit de fer carbonaté ; à Allassac, le conglomérat est surmonté par des grès et argiles rouges.

Si les grès houillers et les grès rouges sont d'âges différents, le conglomérat

[1] *Note sur certaines relations entre la géologie et l'art des mines.*

ne serait donc pas toujours du même âge, suivant le point où l'on observe. Cette conclusion n'a rien de paradoxal, et M. Bergeron a fait remarquer que, dans le Rouergue et la Montagne Noire, les formations de rivage d'âges très différents, telles que celles des grès rouges supérieurs et celles du houiller, débutent également par des conglomérats[1].

Mais, dans l'Aveyron, les conglomérats permiens et les conglomérats houillers sont loin d'occuper les mêmes régions; à Brive, au contraire, les conglomérats forment une ceinture presque continue autour du bassin; le niveau, au pied des revers du massif cristallin, reste toujours sensiblement le même. Ils se présentent, en fait, au point de vue de la continuité, comme se présenterait un cordon littoral, et on ne peut guère hésiter à les considérer comme formés à peu près à la même époque dans toutes leurs parties.

Il suit de là que les grès houillers et les grès à facies permien qui les surmontent, ou plutôt les accompagnent, sont des formations synchroniques, conclusion que l'on peut vérifier directement. Il faut remarquer, en premier lieu, que les grès rouges, quand ils reposent sur les grès houillers, y reposent toujours en concordance; à la différence d'autres régions du Plateau central, on n'observe pas que les terrains houillers aient été faillés, disloqués avant le dépôt des grès à facies permien, et quand il y a stratification, on ne peut découvrir la plus faible discordance. En second lieu, non seulement il y a concordance, mais il y a passage graduel du facies houiller au facies permien, à mesure qu'on s'élève dans la série des assises. Les couches des grès rouges qui existent à la partie supérieure des grès houillers deviennent de plus en plus fréquentes et plus épaisses, en même temps que les grès jaunâtres, quartzeux, du houiller, se chargent d'argiles et de mica, et se colorent. En troisième lieu, les grès houillers ne forment pas une nappe continue sur toute la surface du bassin, comme on l'a souvent supposé; ils sont, au contraire, étroitement localisés, et, à part le dépôt de Cublac qui possède une certaine extension, les autres dépôts sont fort peu étendus dans la direction du large, et dans celle du rivage, ils ne se rattachent pas les uns aux autres. Les dépôts de Salagnac, de Bugeadas, de Juillac-Chabrignac, du Verdier, forment autant de masses distinctes, entre lesquelles se sont déposés des grès à facies permien, et si l'on marche dans la direction du rivage, on passe

---

[1] *Page 230 du Mémoire de M. Bergeron.* Le conglomérat de la base est d'âge houiller à Graissessac, de l'âge des couches à *Walchia* à Lodève, de l'âge du Rothliegende supérieur à Camarès.

successivement des grès houillers aux grès permiens, et des grès permiens aux grès houillers. En quatrième lieu, il y a passage latéral des grès houillers aux grès rouges; les dislocations des terrains ne permettent pas de constater la manière dont se fait le passage, suivant la direction du rivage, mais si, au lieu de suivre le rivage, on observe la succession des couches quand on s'en éloigne, on constate, particulièrement à Chabrignac, que l'épaisseur des grès houillers diminue graduellement, jusqu'au point où les grès houillers ne s'étant plus déposés, les grès à faciès permien reposent directement sur le substratum cristallin. Enfin, en cinquième lieu, il existe des grès houillers intercalés dans les grès rouges, et par conséquent déposés à la même époque. Le faciès, à l'époque permo-houillère, ne peut donc être un criterium de l'âge des couches.

Comment se fait la réduction d'épaisseur des grès houillers et le passage aux grès rouges? est-ce par un amincissement des bancs de grès houillers, est-ce par le passage graduel, dans le même banc, du faciès houiller au faciès permien? — C'est ce qu'on ne peut rechercher directement, car on n'a pas, dans la Corrèze, les belles tranchées de Commentry. Mais si l'on joint au fait de l'amincissement graduel du houiller le fait, déjà signalé, du passage graduel du houiller au grès rouge quand on s'élève dans la série des couches, on doit conclure au passage *latéral* graduel des sédiments à faciès houiller aux sédiments à faciès permien, c'est-à-dire à la contemporanéité de ces deux genres de dépôts. Il est d'ailleurs un point où ce passage s'observe directement dans l'épaisseur d'une couche. C'est au Lardin, où la couche de houille comprise dans les grès gris verdâtre du Lardin se perd graduellement dans les grès rouges, auxquels passent le toit et le mur de la couche.

Le simple fait de la localisation des grès houillers et du dépôt des grès rouges indifféremment sur les schistes cristallins et sur les grès houillers suffit par lui-même pour entraîner la conclusion précédente, indépendamment de toute constatation de passage latéral. Il est impossible, en effet, d'admettre que les sédiments grossiers du houiller se soient accumulés, en certains points, sur des épaisseurs qui dépassent 200 mètres, sans que des sédiments plus fins et plus argileux ne se soient déposés dans les mêmes dépressions et plus au loin. D'autre part, il est clair que ces sédiments ne peuvent avoir disparu, emportés par les érosions ou le ravinement, avant le dépôt des grès rouges, car alors ceux-ci ne reposeraient pas partout en concordance sur les grès houillers, et surtout ne passeraient pas inférieurement à ces grès. Bien plus, les couches de grès rouges qui présentent toujours un faciès graveleux littoral quand elles reposent sur le substratum cristallin, ont toujours un faciès sublittoral (elles sont mieux stratifiées, à grain plus fin) quand elles reposent sur les grès houillers. Il faut donc que ce soit les couches inférieures des grès rouges qui représentent les sédiments plus fins reliant les différents deltas houillers de Juillac, Sainte-Féréole, Damniat et Terrasson.

Au reste, il ne faudrait pas croire qu'il y ait une différence essentielle entre le faciès houiller et le faciès permien : on observe tous les intermédiaires, non pas seulement dans des couches ou des bancs considérés isolément, mais dans les ensembles formant un dépôt. C'est ainsi qu'au Lardin, de la base jusqu'au sommet, les couches présentent un faciès qui n'est ni celui des grès houillers de Cublac, ni celui des grès rouges inférieurs; ces couches sont schisteuses comme celles de Cublac, argileuses et colorées comme celles d'Allassac, et de plus, elles montrent le passage latéral du faciès houiller au faciès du Lardin.

A Triguant, près Juillac, les grès du dépôt houiller ont le faciès des grès du Lardin, et même un faciès qui se rapproche plus de celui des grès à *Walchia* que de celui des grès houillers ordinaires. A la station de Saint-Solve, on peut indifféremment décrire le faciès par le nom de faciès houiller ou de faciès permien. Et j'ajoute que dans le bassin de Terrasson, comme à Saint-Solve, ce passage latéral d'un faciès à l'autre se fait très graduellement, ainsi qu'on peut le constater par l'observation directe.

Il ne s'ensuit pas de ce qui vient d'être exposé, qu'il y ait eu toujours nécessairement formation de grès houiller en un point, toutes les fois qu'il y avait dépôt de grès rouges. Ce que j'ai dit s'applique uniquement aux couches à la base des grès rouges inférieurs; celles-ci sont des équivalents des grès houillers, mais rien n'autoriserait à penser *à priori* que, dans le bassin de Brive, des grès houillers se soient toujours et nécessairement déposés à l'époque à laquelle les couches moyennes et supérieures des grès rouges se sont formées. En réalité, les conditions de sédimentation ont notablement changé à cette époque, mais toutefois ce changement n'a pas été radical, puisque l'on trouve encore des sédiments à faciès houiller intercalés à diverses hauteurs dans les grès rouges, et que ceux-là sont même couronnés, à Cublac, par une couche de houille.

On ne doit pas, au reste, chercher à synchroniser exactement chaque niveau spécial des grès houillers et des grès rouges; tandis que l'épaisseur des grès houillers est assez forte, l'épaisseur des grès rouges, même en y comprenant les couches moyennes et supérieures, paraît plus faible.

Il faut aussi écarter une autre conclusion qu'on pourrait être tenté de tirer dans un sens contraire à la précédente. Si les couches inférieures des grès rouges qui affleurent actuellement sont bien les équivalents, dans le temps, de grès houillers, il n'est pas évident qu'elles soient l'équivalent de tous les grès houillers du bassin. Il est fort possible que les couches de la base du houiller de Cublac, occupant la partie la plus profonde du bassin, soient d'un âge plus ancien que celui des grès houillers de Juillac et de Sainte-Féréole, et par suite, que celui de la base des grès rouges.

En résumé, au même moment, après l'invasion des eaux dans toute l'étendue du bassin, deux genres de dépôts se formaient, les uns composés de sédiments grossiers, graveleux ou poudingiformes, rarement colorés, sauf à la base, et contenant fréquemment des couches schisteuses à empreintes ou avec lits de houille, ce sont les grès à facies houiller; les autres, plus chargés d'argiles, mieux stratifiés en moyenne, plus constants comme facies, colorés en rouge et ne contenant pas de couches schisteuses avec empreintes, ce sont les grès à facies permien.

Cause probable de la différence des facies. — La localisation des dépôts à facies houiller démontre que les conditions de sédimentation ont varié d'un point à l'autre du rivage permo-houiller et ne présentent pas cette consistance, cette uniformité qui caractérise, par exemple, les dépôts littoraux du lias ou du crétacé. Or, la raison des différences est facile à trouver, si l'on remarque que les principaux de ces dépôts, sur le rivage oriental, sont en relation avec deux dépressions profondes, celles de Juillac et de Sainte-Féréole, qui représentent les embouchures de deux ravins ou vallées de l'époque houillère, vallées par lesquelles ont été apportés les matériaux grossiers et mal stratifiés qui entrent dans la composition des dépôts. A mesure qu'on s'éloigne de ces deux points, les sédiments houillers deviennent plus fins, mieux stratifiés, les poudingues moins denses, les argiles plus abondantes et la coloration plus tranchée.

Les dépôts houillers du bassin de Brive sont donc comparables à ceux qui ont été si complètement décrits par M. Fayol, à Commentry, et ils ont évidemment une origine analogue; ils ont été déposés dans des conditions semblables, par voie d'apport direct à l'embouchure des cours d'eau. La seule différence qui existe entre les dépôts houillers de Brive et ceux de Commentry n'est qu'une différence de degré; les dépôts de Brive, surtout ceux du bassin de Terrasson, sont plus réguliers, à éléments plus fins, et ils sont beaucoup plus pauvres en houille. Cette différence s'explique facilement : les dépôts de Commentry se sont faits dans un lac ou une dépression à peu près fermée, tandis que les dépôts de Brive sont des dépôts littoraux. Le régime hydraulique des bassins de Commentry et de Brive était donc différent; différentes aussi étaient les conditions topographiques de la région continentale, la région de Commentry, plus éloignée du littoral, étant peut-être plus accidentée que celle de Brive. C'est aussi une différence d'ordre géographique et topographique qui expliquerait le fait que les dépôts de Commentry ont un facies exclusivement houiller, tandis que ceux de Brive ont un facies mixte. La comparaison que j'établis ici entre Brive et Commentry pourrait, d'ailleurs, être étendue à l'ensemble des bassins de l'intérieur et des bassins littoraux.

M. Fayol fait observer que, dans sa région, les phénomènes hydrothermaux ne se sont manifestés qu'à l'époque des arkoses de Cosne. Pour être plus précis, il vaudrait mieux dire que l'effet de ces phénomènes ne s'est étendu à la région de Commentry qu'à l'époque du Permien, car l'exemple de Brive prouve que les actions hydrothermales peuvent être plus anciennes et, dans le bassin de la Sarre, on sait qu'elles ont commencé à se manifester dès la fin du houiller moyen.

Si donc on n'observe aucune coloration à Commentry, tandis qu'à Brive, le fait de la coloration est général, c'est que ce dernier bassin se trouvait en communication directe avec la région des sources ou venues hydrothermales, tandis que le lac de Commentry était isolé et peut-être même à un niveau un peu supérieur, à cette époque, au niveau général des eaux le long du massif continental montagneux de l'ouest de la France.

Dans le bassin même de Brive, bassin largement ouvert sans doute, la coexistence des deux facies peut s'expliquer, d'une part, par les diverses irrégularités du rivage; d'autre part, par la proportion relative des eaux pures venant de l'intérieur et des eaux du large chargées de sels de fer.

Les sédiments déposés sur le bord du rivage, dans le voisinage des lieux d'apport des matériaux, l'ont été au milieu d'une masse d'eau constamment troublée par les courants et refoulée par les eaux fluviales; ils n'ont dû éprouver aucun effet de coloration et ont pris en conséquence le facies houiller. Les sédiments portés plus loin se sont déposés dans les eaux du large et ont été directement soumis à l'action des matières salines qu'elles contenaient; cependant la présence de bancs peu colorés, les bigarrures prouvent que, même au large, le régime hydraulique était très variable.

Des sédiments à faciès permien ont pu aussi se former en certains points du rivage; il a suffi pour cela que ces points fussent éloignés de toute embouchure de ravin ou cours d'eau, ou que d'autres conditions topographiques particulières aient déterminé le régime du large.

La région de Boisseuilh et d'Hautefort me paraît présenter un exemple de ce genre : les sédiments sont uniformément graveleux; on n'y rencontre pas de deltas, et les couches de la base sont formées par le substratum remanié sur place par les eaux du littoral ou de quelques ravins sans importance.

Au début du houiller, cependant, et particulièrement à Juillac, on observe que les couches de la base sont fortement colorées[1], mais ce fait s'explique si l'on songe que le régime permanent n'était pas encore établi; c'était l'époque à laquelle les eaux du large ont envahi une partie de la région jusqu'alors émergée, et les conditions de cette époque, conditions qu'il nous est à peu près impossible d'imaginer exactement, faute d'exemple de phénomènes actuels de ce genre, devaient différer grandement des conditions qui ont suivi; celles-ci sont comparables en tout point aux conditions actuelles de formation des dépôts détritiques.

La différence de coloration est le caractère distinctif le plus marqué des dépôts des deux faciès; mais il y a d'autres différences qui tiennent plutôt à des questions de distance de transport des matériaux et de formes de bassins; c'est ainsi que les argiles doivent être plus abondantes dans les parties éloignées du lieu de régime torrentiel. D'autre part, la présence ou l'absence des empreintes végétales est en relation directe avec les phénomènes de coloration. La composition chimique des eaux s'opposait sans doute à la conservation des tissus végétaux pendant un temps suffisant pour la fixation des empreintes. Ce n'est pas la distance de transport qui exerce là une influence quelconque, car les végétaux peuvent être portés fort loin, et, en effet, dès que les grès rouges inférieurs présentent quelques décolorations, les traces d'empreintes apparaissent. On sait que, dans les grès houillers du nord de la

---

[1] Ce n'est pas là un fait spécial au bassin de Brive. MM. Bergeron et Boisse ont observé aussi des colorations à la base de dépôts houillers très anciens (Neffiez), colorations que M. Bergeron, il est vrai, attribue à la présence des amphibolites. A Saint-Étienne, M. Termier (*Bull.* n° 1, p. 12) signale, dans la région de Tour-en-Janet, la coloration du conglomérat houiller et des chloritoschistes.

France, les empreintes se sont formées à une grande distance des rivages. Quant à l'absence de couches de houille dans les grès rouges, elle doit s'expliquer sans doute par les mêmes raisons que celles qui expliquent l'absence des débris organiques isolés.

En résumé, les dépôts, au début de la période permo-houillère, se sont faits sous l'influence de deux ordres d'agents : les agents terrestres ou de l'intérieur, plutôt mécaniques, tendant à donner aux dépôts le faciès houiller, et les agents du large, plutôt chimiques, tendant à donner le faciès permien; aussi les dépôts houillers se rattachent toujours à un rivage, tandis que les autres dépôts peuvent s'en trouver à distance. La résultante des actions de ces deux catégories d'agents varie suivant leur intensité relative; c'est ainsi qu'aux Bichets, à Lascaux, les dépôts, pour ainsi dire terrestres, sont formés uniformément de sables jaunâtres incohérents, tandis qu'à Gorbas, les dépôts faits au large sont des argiles rouges schisteuses, bien assisées.

Extension des premiers dépôts. — Les premiers dépôts du bassin, du moins ceux qui affleurent aujourd'hui, ne paraissent pas s'être étendus beaucoup au delà des limites actuelles, comme l'indique l'ancien rivage, conservé sur une assez grande longueur (voir la carte au 1/500,000, fig. 3, planche I). A défaut de ce rivage, l'abondance et la grosseur des galets de quartz empruntés aux phyllades, la rareté ou l'absence des galets de granulite, de gneiss, de leptynites, de micaschistes et autres roches altérables situées plus au nord, prouveraient le fait.

Ce rivage est jalonné par les dépôts de grès houillers ou par les conglomérats violacés, et il correspond sensiblement, dans ses directions, aux plissements anciens. A l'ouest, il s'étendait de Peyrignac vers Cherveix, puis de Cherveix se dirigeait sur Juillac. Au delà de Juillac, le rivage, sensiblement rectiligne, se prolongeait vers Sérilhac; plus loin, on perd les traces des dépôts permo-houillers, probablement enlevés par les érosions (voir chapitre VIII).

Dans toute la partie située au nord de la Corrèze, les failles ne jouent qu'un rôle très faible dans la délimitation des affleurements actuels, et le rivage s'est conservé presque sans solution de continuité.

Au sud de la Corrèze, entre Damniat et Sérilhac, il n'en est plus de même : le rejet des failles est notable, mais toutefois il laisse encore subsister quelques traces des dépôts littoraux.

A l'ouest, et sauf dans la région de Saint-Lazare, le terrain n'a pas été faillé, et les limites actuelles du terrain de grès ont été uniquement déterminées par la dénudation.

Au sud du bassin, le recouvrement par les dépôts plus récents masque la base du système; et, sauf vers Lissac, qui paraît représenter un point à distance du rivage, nous n'avons aucune donnée sur la nature des premiers dépôts. C'est probablement dans cette direction qu'était établie la communication avec la masse générale des eaux.

Les dépôts à facies houiller ne s'étendent pas uniformément le long du rivage : ils sont assez étroitement localisés, et l'on peut discerner les embouchures des cours d'eau principaux qui en ont charrié les matériaux.

Sur le rivage situé au nord-est du bassin, le premier de ces cours d'eau débouchait un peu à l'est de Juillac, et son estuaire est encore rempli par les dépôts houillers qui s'étendent des Bichets au Grand-Bayot. A l'ouest de ce ravin, les coteaux de l'époque s'étendaient à peu près suivant la direction est-ouest, et à leur pied se sont déposés des grès à facies houillers qui viennent mourir vers Salagnac, où ils ne sont plus représentés que par un conglonérat occupant un chenal étroit.

Un second ravin houiller, moins important que celui de Juillac, a donné naissance aux dépôts de Chabrignac, et la distance entre les deux ravins est si faible, que les grès à facies houillers se suivent, sans autre solution de continuité que celle qui résulte de la dénudation; là, d'ailleurs, où les grès n'existent plus, on retrouve encore le conglomérat de la base.

Les grès du ravin de Chabrignac disparaissent aux moulins de Vignols, et les couches qui se sont déposées sur le rivage ne sont plus que des grès rouges ou des roches voisines des grès rouges, et reposant sur un conglomérat.

Le second grand ravin, comparable à celui de Juillac et même plus important, aboutissait à Sainte-Féréole, et son delta est représenté actuellement par les dépôts des Saulières.

Au Verdier, près Allassac, existait déjà un premier ravin secondaire, où les dépôts houillers ont acquis cependant une épaisseur qui dépasse 100 mètres. Le flanc oriental de ce ravin est représenté aujourd'hui par le versant gauche de la vallée du Clan.

Au sud-ouest de Donzenac, il y avait aussi un autre vallon secondaire, dont les dépôts se relient à ceux du ravin principal de Sainte-Féréole.

Comme celui de Juillac, le dépôt de Sainte-Féréole s'est fait dans une dépression large mais profonde, orientée N. 45° E. A Juillac, les grès reposent, à la limite, sur les schistes cristallins, et aucune faille n'est venue modifier l'allure ancienne des couches. A Sainte-Féréole, où l'on est plus rapproché des régions de fracture, si la limite générale des affleurements résulte surtout de la dénudation, il y a quelques points où il semble qu'elle corresponde à des failles, notamment vers Champagnac, et surtout vers Robicyre. Toutefois la déclivité des coteaux à l'époque houillère était si forte, que je n'oserais me prononcer d'une manière ferme à cet égard.

Aux dépôts houillers des Saulières se relient ceux de la Chapelle-aux-Brots; ceux-ci ont été très probablement charriés par un ravin passant entre les hauteurs de Merchadour et celles de Damniat, mais emporté complètement aujourd'hui par les érosions qui ont creusé la vallée de la Corrèze; ce ravin devait être creusé en partie dans les amphibolites de Damniat et de Venarsal, à en juger par la fréquence des arènes amphiboliques que contiennent les dépôts permo-houillers.

Le mince dépôt houiller de Sand-Bas correspond certainement à un petit ravin dirigé est-ouest et en relation avec une faille.

A partir de Lanteuil, l'importance des rejets des failles limitatives du massif cristallin ne permet plus de saisir les formes anciennes du terrain, absolument décapé aujourd'hui. Il existait sans doute un ou plusieurs ravins analogues aux précédents, notamment vers le Parjadis, où les grès présentent un faciès franchement houiller. Ces grès houillers s'étendent au delà du col du Planchat; puis, jusqu'à Sérilhac, ce ne sont plus que des dépôts mixtes à faciès plutôt permien.

Au delà de Sérilhac, on observe encore les couches permo-houillères inférieures, à la Chapoulie, près de Lostanges, où elles reposent sur les schistes micacés; elles sont sous forme de grès permiens faiblement colorés.

L'affaissement antéjurassique que je signale au chapitre suivant ne s'est pas étendu vers le sud, et les érosions de l'époque du trias ont enlevé, au sud de Marcillac, tous les dépôts des époques précédentes. C'est seulement vers Aynac, dans le département du Lot, que l'on retrouve des traces du littoral houiller.

En résumé, le rivage qui s'étendait de Salagnac, probablement indéfiniment dans la direction du sud-est, et qui occupait le flanc sud-ouest de l'anticlinal des terrains cristallins [1], était découpé plus ou moins profondément

[1] Voir mon travail sur la stratigraphie du Plateau central entre Tulle et Saint-Céré.

16

par divers ravins, dont les plus importants étaient ceux de Juillac et de Sainte-Féréole, ravins qui n'étaient autres que les embouchures des chenaux ou des vallées houillères. Mes explorations, qui n'ont pas encore porté sur les terrains cristallins de la feuille de Tulle, ne m'ont pas permis de reconnaître s'il existe encore des traces de ces chenaux tout à fait à l'intérieur du Plateau central ; jusqu'à présent, on n'a signalé aucun dépôt houiller dans la région en question.

La direction de ces ravins ou de ces vallées houillères est perpendiculaire à la ligne générale du rivage ; ainsi, à Sainte-Féréole, la dépression descend vers le sud-ouest, à Juillac vers le sud. La pente du thalweg ancien est très forte ; aux Bichets, les grès houillers sont presque à l'altitude moyenne du plateau ; aux Gouttes, dans le thalweg actuel, les schistes cristallins n'apparaissent même pas, et l'on peut faire une observation analogue à Sainte-Féréole. Il faut remarquer toutefois que cette pente, qui est supérieure à la pente des ravins actuels, a évidemment été exagérée par le mouvement général d'affaissement autour du massif cristallin.

Les pentes des versants des dépressions houillères, c'est-à-dire les déclivités transversales, sont fortes ; on peut les mesurer entre Cherveix et Moncheyrol, près Juillac, grâce aux érosions qui ont creusé le remplissage houiller, et atteint les schistes cristallins.' A Sainte-Féréole, on en observe seulement la valeur minima, car les érosions n'ont pas atteint les schistes.

En définitive, ces dépressions ou vallées, comparées aux vallées actuelles de la région, devaient présenter à peu près les mêmes conditions de pente et de profil, avec un relief plutôt plus prononcé.

Le rivage occidental est moins net que le rivage que je viens de décrire ; il paraît, en tout cas, moins accidenté et présentait sans doute une pente assez faible, constituant une sorte d'anse entre les hauteurs de Génis et celles de la Bachellerie. Le long de ce rivage, on ne retrouve aucune trace des dépôts houillers, qui s'atténuent graduellement et viennent mourir vers l'ouest, soit sur le rivage nord vers Salagnac, soit sur le rivage sud vers Châtres.

Il est cependant possible que les couches de Boisseuilh et de Cubas soient postérieures aux grès à facies houiller, et que le rivage correspondant à ceux-ci se trouve masqué, entre Juillac et Villac, par le recouvrement en grès à facies permien.

Dans tous les cas, les grès houillers et les grès rouges de la base ne paraissent pas s'être déposés à l'ouest de la vallée de l'Auvézère, comme le témoignent les graviers de Cubas.

Il ne paraît pas facile de déterminer exactement l'origine et le mode d'apport des dépôts houillers de Terrasson, ni la forme exacte des rivages, par suite de la multiplicité des failles qui ont découpé le massif cristallin. Ce massif constitue, avons-nous fait remarquer, une sorte d'apophyse qui existait déjà à l'époque houillère et que contournait sans doute le rivage.

Le dépôt le plus remarquable du bassin est le conglomérat de Cublac, plaqué contre les schistes cristallins et formant très probablement un dépôt adjacent au rivage. Les galets de porphyroïdes y sont abondants et identiques, comme roches, aux porphyroïdes qui s'étendent, plus au nord, entre Excideuil et Juillac. Il semble donc que les matériaux de ce conglomérat proviennent de cette région, peut-être de Salagnac, mais je n'ai aucune indication sur le chemin qu'ils auraient pu suivre; la grosseur énorme de certains galets, comparée à la distance de transport qui serait de 16 kilomètres, le peu de régularité du dépôt, indiquent qu'il ne s'agit pas d'un apport par les voies ordinaires et que nous sommes en présence d'un phénomène du genre de celui qui a donné naissance aux couches à blocs du bassin de Commentry, par exemple.

Je serais tenté de penser que le conglomérat représente la couche la plus ancienne du bassin de Cublac, et par conséquent occupe la partie la plus profonde de la dépression.

Par contre, les graviers de Châtres et le conglomérat de Peyrignac et du moulin de Lestieu représentent un niveau très supérieur, et qui correspond au niveau du Lardin. Enfin les poudingues à galets de quartz de Marquoil et du vallon de Lignac occupent un niveau moyen et représenteraient plutôt les parties littorales des dépôts de Cublac.

Il semblerait donc que la position du rivage ait assez grandement varié, et que, par conséquent, le massif cristallin ait éprouvé des mouvements prononcés pendant la durée des dépôts permo-houillers, mais ce ne sont là évidemment que des conjectures.

Dans tous les cas, la diminution graduelle d'épaisseur des couches vers l'ouest, la succession géographique dans la même direction du conglomérat de Cublac, puis du poudingue de Marquoil, et enfin des graviers et conglomérats de Châtres, Peyrignac et du moulin de Lestieu, tendraient à indiquer que la direction générale des différents rivages était sensiblement nord-sud, et ne concordait pas exactement, par conséquent, avec l'orientation des couches cristallines.

Quant à la position du lieu d'apport des matériaux ou de l'embouchure du cours d'eau qui les charriait, on doit la fixer dans le voisinage de Loubignac : c'est dans cette région que se trouvent concentrés les éléments les plus grossiers. Que l'on s'éloigne vers l'est, et les couches deviennent mieux stratifiées et composées d'éléments plus fins; que l'on s'éloigne vers le sud-ouest, et l'on constate que les grès houillers passent aux couches argileuses du Lardin, conformément au schéma ci-dessous :

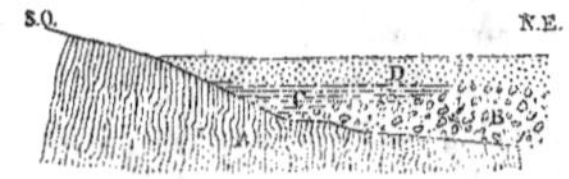

A. Substratum cristallin.   C. Psammites du Lardin.
B. Grès houillers.   D. Grès rouges inférieurs.

Quoi qu'il en soit de la position précise du rivage, la grande étendue et la forte épaisseur des grès houillers du bassin de Terrasson prouvent qu'un cours d'eau important aboutissait à la région de Cublac et déversait ses sédiments et ses eaux dans le bassin de Brive. Ce cours d'eau, qui venait vraisemblablement du nord, paraît avoir été le premier à jouer un rôle dans la formation des sédiments houillers, c'est-à-dire que les terrains de Cublac seraient un peu plus anciens, au moins dans leurs couches inférieures, que les autres dépôts de grès houillers du bassin de Brive.

Discontinuité des dépôts de grès houillers. — J'ai déjà indiqué que ces dépôts sont, en général, isolés les uns des autres, le long du rivage; il y a des lacunes entre les dépôts de Juillac et ceux du Verdier, entre ceux du Verdier et ceux de Sainte-Féréole, et entre les dépôts de Dammiat et ceux du Parjadis, près Lanteuil; le bassin de Cublac occupe aussi une position isolée, le long du rivage occidental.

Mais ce n'est pas le seul caractère de ces dépôts; j'ai déjà insisté sur ce que les grès houillers s'atténuent et disparaissent à distance du rivage, des sédiments à facies permien se substituant aux sédiments à facies houiller. On constate le fait sans aucune difficulté à Juillac et à Chabrignac.

A Donzenac et à la Chapelle-aux-Brôts, on ne peut suivre l'extension des grès houillers, mais on observe, en tout cas, que les couches supérieures passent aux grès rouges.

Ainsi ces dépôts, et c'est le cas de tous les dépôts houillers du pourtour du Plateau central, ne forment pas, comme on l'avait toujours cru, un ensemble continu occupant toute la surface du bassin permien; ce sont des dépôts sporadiques, et l'on constate qu'au centre même du bassin, à Gorbas, les grès rouges à facies permien reposent directement sur les schistes cristallins, sans interposition aucune de grès à facies houiller.

Les dépôts de Terrasson, de Juillac, de Sainte-Féréole, etc., représentent, conformément à la théorie de M. Fayol, d'anciens deltas, correspondant aux différents cours d'eau de l'époque permo-houillère, et la nature même des sédiments de ces divers deltas ainsi que la succession de leurs couches varient avec l'importance et la situation géographique des cours d'eau qui leur ont donné naissance.

Le delta de Terrasson, de beaucoup le plus important par son extension et par son épaisseur, le seul aussi qui contienne de la houille exploitable, se compose, à part les poudingues et le conglomérat, de couches assez bien stratifiées, presque horizontales et formées par des matériaux à grain fin; c'est un type des formations houillères du large.

La sédimentation des autres deltas est beaucoup moins régulière, et les sédiments sont plus grossiers, quoique moins grossiers que ceux que l'on peut observer dans certaines couches de Commentry ou de Decazeville. Les remplissages des dépressions de Juillac et de Sainte-Féréole tiennent, au point de vue sédimentaire, un rang intermédiaire entre les dépôts fluviaux et lacustres de l'intérieur, comme ceux de Commentry, d'Argentat, etc., et les dépôts littoraux ou du large, comme ceux de Saint-Étienne, de Decazeville, etc.; mais ils se rapprochent davantage des premiers.

Sédimentation des grès rouges. — Quelques-unes des conditions de la période des dépôts à facies houiller se sont encore maintenues, après cette période, pendant le dépôt des couches moyennes de l'étage des grès rouges inférieurs. Ces grès forment, en effet, un terrain hétérogène, disposé par lentilles et amas enchevêtrés les uns dans les autres et composés de grès plus ou moins grossiers. Mais, vers la fin de la période permo-houillère, ces conditions ont subi des changements marqués, précurseurs de ceux qui caractérisent les débuts de la période permienne.

Les couches supérieures des grès rouges présentent, en effet, comparées aux couches moyennes, plus de régularité et d'uniformité; la coloration est plus intense, et les dépôts d'origine hydrothermale commencent à apparaître. Tout indique un régime plus régulier, des eaux plus calmes et une plus grande distance des rivages; en d'autres termes, une extension du domaine des eaux. Des dépôts houillers, néanmoins, se sont encore formés à cette époque (couche de la Cabane), de même qu'il s'en était formé antérieurement (couches de Larche). D'ailleurs, les couches qui paraissent situées à un même niveau sont toujours plus solides, moins colorées dans le voisinage du massif cristallin que dans le centre du bassin où elles sont souvent argileuses, ce qui indiquerait que les rivages n'étaient pas bien éloignés.

Dans la région d'Hautefort et de Boisseuilh, le facies très graveleux des couches de la base persiste dans les couches du sommet, et il en est de même près de la Bachellerie, bien qu'en ce point on observe quelques couches argileuses. Le rivage occidental s'est donc peu déplacé pendant la période de dépôt des couches moyennes et supérieures.

Enfin, en quelques points, à Triguant et à Cublac, les conditions qui vont donner naissance aux sédiments à facies Autunien étaient déjà réalisées, et des grès et schistes gris avec schistes bitumineux commençaient à se déposer, sans que les végétaux entraînés dans les sédiments fussent différents de ceux des époques précédentes.

En résumé, les grès rouges permo-houillers et les deltas houillers noyés dans la masse des grès rouges ont rempli une cuvette limitée au nord-est, à l'ouest, et peut-être au sud-ouest, et communiquant probablement librement au sud-est avec les eaux du large, mer ou lagune. La forme irrégulière du fond de cette dépression est accusée en partie par les variations d'épaisseurs des couches stratifiées. Sur les bords du bassin, l'épaisseur peut se réduire à 80 ou 100 mètres; elle est plus forte dans les deltas, qui répondent à des parties plus profondes. Au point le plus profond de la cuvette, point qui paraît se trouver dans la région de Larche et de Terrasson, l'épaisseur totale dépasse 350 mètres; à Cublac, l'épaisseur est encore de 350 à 370 mètres.

Les dépôts houillers entrent dans cette épaisseur pour 200 mètres à Cublac, et pour 100 à 150 mètres à Juillac et aux Saulières. A Chabrignac, au Parjadis, etc., leur épaisseur maxima ne paraît pas dépasser 30 mètres.

Tous ces chiffres, sauf à Juillac et aux Saulières, représentent d'ailleurs sensiblement les épaisseurs réelles des sédiments, car ils correspondent à des points où les couches n'ont qu'un faible pendage ; ces épaisseurs elles-mêmes sont certainement supérieures à la profondeur de la lagune permo-houillère, eu égard au mouvement progressif d'affaissement ou à la transgresssion qui paraît s'être manifestée vers la fin de la période.

PÉRIODE PERMIENNE.

Les dépôts de la période permienne sont caractérisés par la finesse du grain des sédiments, par la régularité de la stratification et, sauf au début, par l'effet plus accusé et plus uniforme des actions hydrothermales. Les dépôts d'origine chimique ont joué un certain rôle, surtout dans les premiers temps, et, en outre, tout indique que les eaux couvraient de plus grandes surfaces qu'à l'époque précédente.

Début de la période permienne. — La substitution des schistes et des calcaires aux grès rouges et bigarrés de l'étage inférieur prouve qu'un changement important s'est alors accompli dans les conditions de sédimentation, changement qui nous sert à dater l'histoire de cette époque.

Ce changement, s'il a été rapide, n'a été ni brusque, ni accompagné de mouvements irréguliers du sol. Les grès permiens reposent, en effet, en parfaite concordance sur les grès permo-houillers, et ceux-ci, à leur partie supérieure, passent graduellement, quoique sur une faible épaisseur, aux grès permiens. Les argiles rouges, qui, en beaucoup de points, forment le sommet du permo-houiller, annoncent, avec les intercalations calcaires, qu'un nouveau régime va s'établir, et les grès gris schisteux, qui forment les premiers dépôts, alternent à la base avec les bancs de grès rouges. J'ai d'ailleurs fait remarquer plus haut que, dans la période permo-houillère, il a dû se produire un envahissement graduel des eaux et que la succession des deux périodes n'est marquée que par la plus grande rapidité de cet envahissement. Il ne faut donc pas parler ici de changement brusque, ni surtout de changement violent [1]. Mais à part le changement de position des rivages et les effets qui en résultent, les dépôts permiens se sont faits dans les mêmes conditions générales que les dépôts houillers, c'est-à-dire par voie d'apport fluvial, dans les

[1] Cette dernière expression revient encore trop souvent dans les descriptions géologiques; un *grand* changement n'implique pas nécessairement un changement *violent ;* le mot violent, comme le mot cataclysme, devrait être rayé du vocabulaire courant de la géologie.

eaux du littoral, des produits de l'érosion du massif émergé. Dans le bassin de Brive, ces produits ont toujours été de même nature, et les galets que contiennent parfois les bancs permiens sont toujours empruntés aux roches de la région limitrophe du bassin. Entre le permo-houiller et le permien, on n'observe donc pas ce profond changement qui établit une démarcation entre deux systèmes différents, qui marque, par exemple, la succession du trias au jurassique; à cette dernière époque, des sédiments calcaires littoraux ou de haute mer se sont substitués à des sédiments littoraux d'origine terrestre, ce qui implique un changement total des conditions physiques de la région. A l'époque permienne, il n'en est pas de même : les dépôts permiens sont d'origine terrestre, comme les dépôts permo-houillers et les eaux dans lesquelles se sont déposés les deux genres de sédiments sont aussi les mêmes et n'ont subi aucune modification dans leurs caractères généraux.

Par conséquent, à Brive, il n'y a aucune raison d'établir, au point de vue des changements d'ordre physique, une distinction fondamentale entre l'époque houillère et permo-houillère et l'époque permienne; sans doute, il s'est produit un changement, mais relativement peu profond, et la période permienne n'est que la continuation de la période houillère.

Formation des couches à WALCHIA. — Les premiers dépôts du permien présentent un facies spécial qui est celui des couches englobées par Hébert dans son étage Autunien. Ce qui caractérise ces couches, en dehors des caractères généraux des sédiments permiens, c'est l'abondance des couches schisteuses, la fréquence des niveaux calcaires et bitumineux, la structure des grès et, en outre, l'absence de toute coloration. Ce qui les différencie des sédiments houillers bien stratifiés, c'est, d'une part, les intercalations de dépôts d'origine chimique, d'autre part et surtout, leur continuité et leur indépendance des rivages.

Il est assez difficile de se rendre un compte exact des circonstances qui ont déterminé ou favorisé la formation des couches à *Walchia*. L'absence de coloration ne résulte nécessairement pas d'une interruption dans les actions hydrothermales, puisque, au milieu des grès rouges, on observe des bancs de grès feldspathiques non colorés, qui passent latéralement aux grès rouges, et que ces dépôts se sont faits au sein des eaux mêmes dans lesquelles des sédiments colorés se sont déposés; de plus, les couches à *Walchia* elles-mêmes passent latéralement à des grès rouges, comme on peut l'observer à l'ouest de la Vézère. Ainsi donc, l'absence de coloration n'est pas en rapport avec la composition chimique des eaux du large, composition qui a pu rester constante. Nous savons, d'ailleurs, que la coloration dépend, au moins en partie, de la composition des sédiments et de leur mode d'apport et de dépôt. Dans les mêmes circonstances, les grès feldspathiques ne sont pas colorés, les grès quartzeux et surtout les grès grossiers le sont peu, les grès à grain moyen sont rougeâtres, les grès à grain fin sont rouges et les argiles présentent le maximum de coloration.

Mais cette règle n'apprend rien, quant aux circonstances qui peuvent s'opposer d'une manière absolue aux effets de coloration; pour les grès houillers se rattachant toujours au rivage, il était naturel d'invoquer la prédominance des eaux fluviales sur les eaux du large, mais pour les couches à *Walchia* et à poissons dont on ne connaît pas les rivages, et qui en certains points se sont certainement formées au milieu de grès rouges et à distance de ces rivages, l'explication est difficile à trouver.

L'abondance des bancs calcaires et la fréquence des schistes bitumineux permettent de conclure que les dépôts s'effectuaient au milieu d'eaux calmes et qu'il y avait, à certains moments, un ralentissement dans les apports des sédiments. D'autre part, il y a eu des variations dans le niveau des eaux, car, dans la région d'Objat, les grès à *Walchia* contiennent des galets empruntés aux bancs calcaires ou aux grès à *Walchia* eux-mêmes, qui ont dû se trouver émergés en quelque autre point du bassin.

Enfin une dernière particularité des grès à *Walchia* est de présenter, au milieu de sédiments généralement à grain fin, des galets de quartz peu roulés ou du menu gravier quartzeux; dans la région d'Objat, certains bancs sont même poudingiformes. Ce sont là des faits que l'on n'observe plus dans les sédiments du Rothliegende supérieur, et qui prouvent qu'à un certain point de vue, les conditions de sédimentation des couches à *Walchia* se rapprochaient plutôt de celles de l'étage permo-houiller que de celles des couches dont le dépôt a suivi.

Formation des grès rouges. — Au dépôt des grès à *Walchia* a succédé le dépôt des grès rouges, c'est-à-dire de couches gréseuses et argileuses également bien stratifiées, mais ne contenant pas de schistes, et uniformément colorées en rouge.

Cependant les circonstances qui ont déterminé la formation des grès et schistes à *Walchia* et à poissons se sont représentées à plusieurs reprises, pendant les premières époques du dépôt des grès rouges, et ont donné naissance à des formations analogues, quoique beaucoup moins développées et surtout très localisées. Tels sont les grès du Verdier, près Lostanges, ceux de la Combe, entre Larche et Mansac, et ceux de la Chapelle, près Mansac. Les grès de la Combe, notamment, rappellent exactement les grès à *Walchia;* ils contiennent aussi des bancs calcaires à différents niveaux, des schistes bitumineux et des schistes à écailles de poissons, mais les végétaux sont plus rares et seulement à l'état de menus débris indéterminables.

Les grès que je viens de mentionner ne constituent d'ailleurs que des accidents au milieu des grès rouges; les grès à *Walchia* représentent au contraire un niveau bien déterminé, quoiqu'ils ne se soient pas formés dans toute l'étendue du bassin.

Les grès et argiles rouges ont eu une extension beaucoup plus grande que les couches à *Walchia,* à en juger par la nature des sédiments qui les composent, mais les érosions les ont enlevés en grande partie, et c'est seulement dans la région de Villac que l'on peut soupçonner le voisinage d'un rivage par le changement de facies du terrain. Les grès perdent, en effet, leur coloration rouge, prennent une teinte verdâtre ou bigarrée, se chargent de gravier et de galets et deviennent mal stratifiés.

Il convient de remarquer que tous les dépôts faits à différentes époques autour du massif de Terrasson présentent un facies qu'ils n'ont pas dans le reste du bassin : les grès houillers sont plus développés, plus étendus, mieux stratifiés, moins pauvres en houille, et ils débutent par un conglomérat exceptionnel; les grès permo-houillers sont couronnés par un horizon schisteux et houiller; les couches à *Walchia* s'atrophient, puis disparaissent; enfin les grès rouges ne contiennent pas d'accidents semblables à ceux de la Combe, et ils sont presque uniquement composés de poudingues mal stratifiés sur une grande épaisseur. Il semble donc que la position du rivage dans cette région ait peu changé et que les apports des matériaux se soient toujours faits au même endroit.

Modification dans la sédimentation. — En quelques points, dans la vallée de la Loyre et du côté de Saint-Bazile, par exemple, la sédimentation des grès et argiles rouges s'est maintenue sans grande modification presque jusqu'à la fin de la période dont les sédiments nous ont été conservés; mais, dans la majeure partie du bassin, les conditions de sédimentation ont subi quelques changements qui se sont traduits par le dépôt des grès de Grammont et de Meyssac. La nature moins argileuse de ces dépôts, leur grain plus fin, leur plus grande homogénéité et leur stratification bien régulière les différencient des grès rouges et prouvent un plus grand éloignement encore des rivages. Ainsi donc, pendant la durée du dépôt du Rothliegende supérieur, les eaux ont envahi de plus en plus la région primitivement émergée et ont couvert de vastes surfaces en dehors de celles qu'elles couvraient déjà à l'époque houillère. Cet envahissement graduel peut servir à expliquer la forte épaisseur du Rothliegende supérieur, qui atteint 5oo mètres à Meyssac, sans qu'on soit forcé d'admettre que le bassin présentât primitivement une profondeur aussi considérable.

Quelle a été l'étendue du domaine occupé par les eaux à cette époque? On ne saurait la fixer, même d'une manière approximative, par les éléments qu'on peut recueillir dans la région, car les érosions ont fait disparaître tout vestige de l'extension des dépôts permiens, érosions qui sont, comme je le montrerai plus loin, antérieures au début des dépôts secondaires.

Si l'on cherche à rétablir l'altitude primitive des dépôts permiens par rapport au Plateau central, il faut considérer la coupe passant par Sérilhac, parce qu'en ce point, les dépôts permiens se trouvent en contact avec le massif cristallin et que l'allure des couches est observable; elle indique un affaissement considérable, et qui dépasse plusieurs centaines de mètres. D'autre part, l'altitude la plus élevée des grès permiens est actuellement de 5oo mètres (Puy-la-Ramière); si aucun mouvement ne s'était produit, elle atteindrait donc, d'après ce qui vient d'être indiqué, au moins 800 à 1,000 mètres et probablement bien davantage. Or, l'altitude de la surface du Plateau central dans la région varie de 35o à 6oo mètres; si donc la surface du Plateau central n'avait pas été modifiée, soit par les érosions, soit par des dislocations, depuis l'époque permienne, on pourrait en conclure avec certitude que les sédiments permiens de Brive se sont étendus sur la majeure partie du Plateau central. La difficulté d'apprécier l'importance des érosions ne permet pas d'être aussi affirmatif.

Les grès de Meyssac ne sont pas les dépôts permiens les plus récents qui nous aient été conservés dans le bassin de Brive : ils sont surmontés par les grès de la Ramière, grès graveleux rougeâtres, avec argiles rouges, dont le facies est analogue à celui des grès rouges permo-houillers et dont les éléments paraissent empruntés aux grès permiens plus anciens. Par suite, il y a lieu de croire qu'avec ces grès se clôt la période des dépôts permiens, soit que le remplissage des bassins fût alors complet, soit plutôt que les eaux commençassent à abandonner leur ancien domaine, la transgression permienne ou l'affaissement premier prenant fin.

Phénomènes éruptifs et sources hydrothermales. — En traitant de chaque période, j'ai signalé à part les formations autres que les formations détritiques; il est bon maintenant d'examiner le sujet dans son ensemble et de passer en revue la succession des phénomènes d'origine interne.

Quoique les dépôts permo-houillers ou permiens des environs de Brive ne comprennent pas de formation éruptive proprement dite et ne contiennent pas de galets ou de tufs porphyriques, ils portent cependant les marques d'une grande activité dans l'ordre des phénomènes internes. Les plus saillantes consistent dans la coloration des grès, coloration attribuable aux sels de fer tenus en dissolution dans les eaux du large, à la faveur de l'acide carbonique. J'ai signalé que les phénomènes hydrothermaux auxquels ces sels de fer doivent leur origine, s'accomplissaient déjà dès l'époque des premiers dépôts houillers du bassin; ils se sont prolongés sans interruption jusqu'à l'époque des grès de la Ramière et probablement au delà, car les grès triasiques et leur substratum cristallin portent aussi des traces d'actions hydrothermales. Mais il convient de rappeler qu'à divers moments et en divers points, les effets de ces actions hydrothermales ont été tenus en échec par des causes qu'il est difficile de déterminer, et qui ont donné naissance notamment à la formation des grès à *Walchia*.

Les autres produits d'origine interne qui entrent dans la composition des dépôts houillers sont les calcaires, et peut-être les schistes bitumineux.

Les calcaires sont les produits de sources qui se sont fait jour à diverses époques; ils commencent à apparaître vers la fin de l'époque permo-houillère et ils se développent subitement au commencement de l'époque permienne. On retrouve des dépôts dus à ces sources au sommet des grès à *Walchia*, comme aussi dans les grès analogues qui forment des accidents au milieu des grès rouges. Des bancs ou lentilles calcaires, d'ailleurs, ne sont pas rares non plus dans les grès et argiles rouges de Brive; je n'en ai pas remarqué dans les grès supérieurs.

Les schistes bitumineux accompagnent les grès à *Walchia* et les couches plus récentes, présentant le même facies; il en existe peut-être aussi dans les grès houillers et les grès rouges permo-houillers; il n'en a pas été signalé dans les grès rouges permiens.

Les roches permo-houillères ou permiennes ont été parfois silicifiées, surtout du côté de Villac. Mais le quartz de cette région est d'âge triasique, et il en est sans doute de même des quartz de Robieyre, près de Sainte-Féréole. Il n'existe aucune trace certaine de dépôts dus à des sources siliceuses en activité pendant l'ère permienne. Dans la région au nord du Plateau central, il en a été tout autrement.

Enfin je signalerai, en terminant, l'existence de quelques filons concrétionnés, peut-être d'âge triasique, qui ont traversé les couches permiennes. Les exemples les plus nets sont le filon de galène de Chabrignac qui traverse les grès houillers, et les filons de baryte dans les grès houillers de Loubignac. Près de Sainte-Féréole, on remarque aussi des apparences filonniennes, en relation peut-être avec le houiller.

CHAPITRE VII.

FAILLES ET ALLURE DES COUCHES.

Les bords sud-ouest du Plateau central sont découpés par de nombreuses failles, et le bassin de Brive ne fait pas exception à la règle.

En tenant compte de la direction des failles et en rattachant les failles secondaires aux failles principales qui les ont déterminées, on peut grouper les failles en trois systèmes. Il ne s'agit pas, bien entendu, dans ce classement, d'un retour aux idées de l'école d'Élie de Beaumont. Les directions des failles sont des directions locales, brisées ou courbes, et les failles elles-mêmes ont joué à plusieurs reprises.

Ces systèmes sont les suivants :

1° Failles limitatives du Plateau central;

2° Failles de Meyssac et failles subordonnées;

3° Failles de Chasteaux, etc.

Failles du premier système. — Les failles du premier système sont orientées N. 133° E.; elles ont sensiblement la direction des couches du terrain cristallin; c'est un fait analogue à celui déjà observé au nord du Plateau central [1]. Elles se sont produites à la suite d'un abaissement [2] général du bassin sédimentaire.

Au nord, entre Chervcix et Juillac, cet abaissement, peu prononcé d'ailleurs, s'est effectué sans brisure, et les couches ont simplement pris un pendage vers le sud; mais, à partir de Juillac, il y a eu cassure, ou plutôt la dislocation a été accompagnée par une série de cassures ayant généralement la même direction et tantôt s'imbriquant, en quelque sorte, les unes sur les

[1] De Launay, *Terrain permien de l'Allier.* — *Bull. de la Soc. géolog.*, p. 333.

[2] Pour le moment, je prends le mot «abaissement» dans un sens géométrique et pour désigner simplement un niveau relatif. Plus loin, j'examine la question au point de vue dynamique.

autres, tantôt s'échelonnant en restant parallèles. Cependant, au sud de la vallée du Lot, la cassure a été nette et se traduit par la longue faille de Villefranche, remarquable par son étendue, l'uniformité de sa direction et l'amplitude de son rejet [1]. Toutes les failles m'ont paru directes ou verticales.

Entre Juillac et Cherveix, on observe donc la superposition des couches permiennes sur les schistes cristallins. Plus loin, vers le sud-ouest, la limite des grès est généralement masquée par les failles, mais quelquefois celles-ci traversent les affleurements sédimentaires sans les interrompre.

Le premier système de failles débute, au nord, par la faille qui limite le petit massif cristallin de Chabrignac; cette faille coudée ne se rattache à aucune autre; son rejet diminue graduellement à chaque extrémité et se réduit à zéro. De Lascaux à la Rochette, près Donzenac, le massif cristallin est limité par une brisure qui s'infléchit comme les plissements du massif, donnant naissance à deux failles successives, faisant un angle aigu. La seconde se retourne au sud du Verdier; je n'ai pu constater si elle se prolongeait dans les schistes anciens. Entre le ruisseau du Clan (qui descend de Perpezac-le-Noir) et la Corrèze, les cassures du premier système sont particulièrement multipliées; l'une coupe en travers le contrefort de Donzenac, près de ce bourg. Une autre passe par Grand-Roche et vient mourir dans les grès houillers au sud de la Corrèze, vers la Chapelle-aux-Brots; elle est accompagnée de très nombreuses cassures transversales, dirigées vers le sud-ouest. Il est évident que le massif cristallin de Damniat a joué le rôle d'un nœud résistant; il ne s'est pas rompu complètement, mais il est sillonné au sud-ouest par des cassures secondaires dirigées vers le sud-sud-ouest; au sud, il est limité par une faille bien marquée, mais dont j'ai perdu les traces vers Flaugeat.

Du moulin du Sapinier jusqu'à Pauliat, la brisure est continue, et elle se dédouble entre Lanteuil et Pauliat. De Pauliat à la vallée de la Dordogne, le Plateau central est encore limité par une faille de direction régulière, mais qui s'annule probablement avant d'atteindre la vallée de la Dordogne.

L'amplitude des rejets de cette série de failles, de Juillac à la Dordogne, est variable; elle est difficile à apprécier exactement, en raison du peu de stratification de la plupart des grès houillers qui se trouvent à la limite, mais elle dépasse certainement 250 mètres dans beaucoup de points. Je dois dire qu'en d'autres points, le rejet paraît bien faible.

---

[1] Voir la carte annexée au travail de M. Bergeron.

Les couches sédimentaires plongent toujours du côté opposé à la faille, c'est-à-dire vers le sud-ouest; ce plongement qui est considérable, de 20 à 30 degrés sur l'horizontale, ne se maintient avec cette valeur que sur quelques centaines de mètres et, à une plus grande distance des failles, il diminue rapidement, mais il est toujours marqué. C'est surtout au nord de la Vézère qu'on observe cette variation brusque du plongement; il en résulte que l'abaissement a sa plus grande amplitude dans la région sud, et il suffit, au reste, de jeter les yeux sur la carte pour reconnaître que les largeurs d'affleurements diminuent graduellement de Juillac à la Corrèze, bien qu'on n'observe aucune réduction dans l'épaisseur des couches.

L'abaissement ne porte pas sur la région comprise entre Granges-d'Ans et Terrasson, ou, plutôt, il est là moins marqué. Une sorte de témoin de cette portion de l'ancien Plateau central subsiste encore : c'est le massif de Terrasson, qui a joué, comme on l'a vu, un rôle important dans l'histoire des sédiments permiens. Ce massif atteint l'altitude de 300 mètres et, à la même distance du bord, le Plateau central n'a qu'une altitude de 350 mètres; la différence de niveau est, on le voit, peu considérable. Une faille (faille de Châtres) limite le massif au nord; elle est orientée N. 120° E., dirigée comme les couches cristallines, et elle se rattache par conséquent au premier système de faille. Je l'ai suivie à l'ouest jusqu'à Granges-d'Ans; elle se prolonge probablement au delà; dans la direction opposée, à l'est, j'ai perdu ses traces vers Cublac. En ce point, elle vient probablement se rattacher à une faille dirigée suivant la vallée de la Vézère. Son rejet est d'au moins 200 mètres, pour les grès rouges; il est moitié plus faible par rapport au lias; je reviendrai sur la conséquence à tirer de ce fait.

Failles du second système. — Au sud du massif de Terrasson, l'abaissement se traduit par l'inclinaison des couches et par des failles qui se rattachent au second système. Le second système comprend les failles orientées N. 100° E.; c'est la direction des failles de l'Aveyron. La principale de ces failles est celle de Meyssac, qui, par rapport aux terrains secondaires, commence vers Saint-Bazile et se poursuit jusqu'au delà de l'Isle, entre Savignac et Périgueux, sur une longueur totale de 80 kilomètres. Elle est continue, mais sa direction subit de brusques changements, particulièrement vers Larche. On observe d'ailleurs, en ce point, un fait que je dois signaler : sur 1,500 mètres de longueur environ près de Lissac, la faille s'est dédoublée et comprend entre ses deux branches un affleurement des schistes cristallins argileux, surmontés des grès inférieurs du permien. L'intervalle entre les deux branches est, en moyenne, de 5o à 100 mètres.

Le rejet de la faille de Meyssac, par rapport au lias, dépasse 4oo mètres vers Meyssac. Dans cette région, les grès permiens plongent au nord et les couches jurassiques plongent au sud; ces deux plongements sont considérables, mais ne se maintiennent que sur une faible distance. A Larche, le rejet est encore voisin de 3oo mètres; au sud de Terrasson, près de Chabrat, il devient très faible. Entre Terrasson et Périgueux, il reprend de l'importance : il est de plus de 200 mètres.

A la faille de Meyssac se rattachent plusieurs failles parallèles, entre autres celle de Beauregard et celle de la Cassagne.

La première, signalée vers la Bachellerie par Harlé[1] qui a, du reste, reconnu également une partie de la faille de Meyssac, commence vers Azerat et se prolonge jusqu'à la vallée de l'Elle, suivant laquelle probablement elle se dévie, pour se rattacher à une faille que je suppose exister entre Bouillac et la rivière de Mansac, mais que masquent les alluvions de la vallée.

Je ne fais que mentionner la faille de la Cassagne qui est en dehors de la région permienne et dont l'abaissement est au sud, et pour la même raison, les failles de Queyssac et de Miers; mais je dois noter la faille d'Ussac, masquée en grande partie par les grès du trias et dont l'abaissement est au nord, et la faille de Puy-d'Arnac, qui présente la même particularité, mais qui, ayant rejoué après les dépôts jurassiques, est plus facilement observable. Ces deux failles paraissent se rattacher encore au second système. Il en est de même de la faille de Brive, dirigée de l'ouest à l'est et résultant d'un affaissement au sud; celle-ci commence dans les grès rouges vers Mansac et suit la vallée de la Corrèze, mais dans cette vallée elle est masquée par les alluvions; elle est bien nette cependant entre Mallemort et la Couze (ruisseau qui descend de Favars), où elle sépare les grès rouges inférieurs de la rive droite de la Corrèze des grès rouges supérieurs de la rive gauche.

Failles du troisième système. — Il me reste à indiquer deux autres failles, dirigées nord-sud, et qui se rattachent à un troisième système. Ce sont celles de Chasteaux et de Saint-Pantaléon.

[1] *Note sur la formation jurassique et la position des dépôts manganésifères dans la Dordogne,* p. 4o.

La faille de Chasteaux, presque rectiligne et exactement dirigée du nord au sud, commence vers Grammont, près Lissac, coupe la faille de Meyssac à Lissac, suit la vallée de la Couze entre Chasteaux et la Coste, où elle a été signalée par Harlé, et vient mourir vers Gignac; l'abaissement des terrains est à l'est de la faille.

La faille de Saint-Pantaléon ne peut s'observer directement dans sa plus grande partie, parce qu'elle suit la vallée de la Vézère, de Larche à Saint-Viance, et qu'elle est masquée par les alluvions. Elle est toutefois visible au sud-ouest de Larche et s'annule au delà des Buges; on l'observerait aussi dans le lit de la Vézère, entre Varetz et Saint-Viance. L'affaissement des terrains s'est fait aussi à l'est.

Au troisième système se rattache encore la faille de la Valette, au nord de Cublac, qui présente les mêmes particularités que les failles de Chasteaux et de Saint-Pantaléon.

Résumé. — En résumé, les principales directions de faille sont les suivantes :

N. 133° E.   Failles limitatives du Plateau central.
N. 100° E.   Failles de Meyssac (*pars*), de Brive (*pars*), de Châtres, de la Cassagne.
N. 65° à 70° E. Failles de Puy-d'Arnac, de Brive (*pars*).
N. 45° E.   Failles de Meyssac (*pars*), de Saint-Pantaléon (*pars*).
N. S.   Failles de Chasteaux, de Saint-Pantaléon (*pars*), de la Valette.

Presque partout les failles ont affecté jusqu'aux terrains les plus récents qui surmontent les couches permiennes. Les seules exceptions sont les suivantes :

1° A la Bachellerie, la faille de Meyssac est masquée par les sables tertiaires qui ne paraissent pas avoir subi de dénivellation sensible;

2° A Ussac, la faille est masquée par les grès du trias dans les mêmes conditions.

Formation du Horst central. — J'ai déjà fait allusion, dans le chapitre précédent, à la grande différence qui existe entre les actions dynamiques exercées sur les terrains de la région antérieurement à l'époque houillère et celles qui se sont exercées depuis.

C'est le moment de revenir plus en détail sur ce point important.

Le professeur Suess a appelé l'attention des géologues sur les deux types principaux de mouvement que l'écorce terrestre a subis, à savoir, les mouvements verticaux ou d'affaissement et les mouvements horizontaux ou de refoulement.

C'est là une distinction fort importante. Il faut ajouter à cela, que si une même région, en vérité toutes les régions, ont pu subir ces deux genres de mouvements, ceux-ci, en général, n'ont pas coexisté dans le temps, et les mouvements d'affaissement ont généralement suivi ceux de refoulement. Il n'est pas prouvé d'ailleurs que les uns et les autres soient dus à une même cause générale, et les spéculations basées sur la contraction du globe terrestre subiront peut-être le sort des théories d'Élie de Beaumont.

Dans le bassin de Brive, les mouvements antérieurs au houiller se sont manifestés probablement à plusieurs époques, comme on l'a constaté au nord du Plateau central, par exemple [1], mais l'absence de tout terrain sédimentaire plus ancien que le permo-houiller ne m'a pas permis de dater les différents mouvements anciens. Dans tous les cas, outre des affaissements possibles, ces mouvements sont caractérisés surtout par des refoulements horizontaux; de là les plis qui affectent les couches cristallines, mais qui n'ont pas toutefois l'importance que l'on constate dans la chaîne alpine.

Les mouvements contemporains du houiller et du permien, s'il y en a eu, seraient, à en juger par la sédimentation, des mouvements d'affaissements marqués, et tout indique qu'il en est de même des mouvements qui se sont produits plus tard, et jusque dans l'époque tertiaire. Le bassin houiller-permien de Brive et aussi bien les bassins secondaires et tertiaires de cette même région occupent donc une aire d'affaissement, et par suite la portion sud-ouest du Plateau central présente les caractères du bord d'un Horst, d'après la définition donnée par le professeur Suess à ce mot.

Les preuves que, postérieurement au début du houiller, les couches n'ont pas subi de déplacements relatifs horizontaux assez importants pour être considérés comme la cause déterminant des affaissements, sont nombreuses.

Les couches du permien et celles des terrains plus récents n'ont pas été vraiment plissées, et elles forment simplement de larges cuvettes. Les couches n'ont une inclinaison forte qu'au voisinage immédiat des failles; parfois verticales comme au Planchat, près Beynat (Corrèze), ou à Saint-Amand-de-Coly

[1] De Launay, *Les Dislocations du terrain primitif dans le Nord du Plateau central*, p. 1060.

(Dordogne), elles sont le plus souvent inclinées à 40 ou 50 degrés, mais ces forts plongements ne règnent jamais que sur quelques centaines de mètres et sont suivis par des inclinaisons beaucoup plus faibles de 10 à 5 degrés, qui diminuent graduellement à mesure que l'on s'éloigne du Plateau central et se réduisent à 1 degré ou 2 degrés dans la région des affleurements jurassiques. Une pareille allure générale des couches s'accorde mal avec l'hypothèse qu'elles auraient subi un refoulement latéral qui pourrait tout aussi bien se traduire par des bombements que par des cuvettes, et plutôt par l'association des deux formes, c'est-à-dire par des plis. On observe, il est vrai, principalement dans les terrains jurassiques, des ondulations des couches, mais celles-ci ne sauraient être attribuées qu'à de faibles effets locaux de refoulement qui tiennent probablement, en partie, à un défaut d'uniformité dans les mouvements d'affaissement.

D'autre part, les directions des synclinaux des cuvettes formées à la même époque ne sont pas les mêmes : elles sont totalement différentes. Elles correspondent, non pas à une direction continue, uniforme ou sinueuse, comme ce serait le cas s'il s'agissait d'action de refoulement, mais simplement aux directions de failles, et celles-ci, qui ont joué à toutes les époques, présentent au moins cinq directions générales.

En troisième lieu, les plans des failles sont à peu près verticaux. Bien que mon attention, à l'époque où j'ai fait mes explorations, ne se soit pas spécialement portée sur la direction de pendage de ces plans, je puis poser en fait que, nulle part, ce pendage n'est très oblique sur la verticale; de plus, je n'ai jamais constaté quelque fait de nature à laisser supposer que les failles fussent inverses. Tantôt les plongements des couches se font du côté opposé à la lèvre relevée de la faille; tantôt, c'est le cas parfois des terrains jurassiques, les couches conservent leur quasi-horizontalité.

De tels faits ne se concilient guère avec des failles inverses. Aussi je suis peu disposé à admettre que les considérations générales présentées par M. de Grossouvre [1] au sujet de la nature des mouvements qui ont affecté l'écorce terrestre, trouvent leur application dans la région du sud-ouest.

Enfin, pour expliquer le jeu relatif alternatif de certaines failles, et notamment de celle de Meyssac (voir plus loin), il faudrait admettre que les terrains de la région de Brive aient été alternativement soumis à des efforts

---

[1] De Grossouvre, *Observations sur la théorie des Horst*, Bull. Soc. géol. de France, X, p. 435.

de refoulement et à des efforts de « distension »; je ne sache pas qu'on ait, jusqu'à présent, cité des exemples de cette seconde catégorie d'efforts qui feraient, en tout cas, exception à la règle de contraction générale du globe formulée par M. de Grossouvre. Le jeu alternatif des failles s'explique au contraire très simplement, comme on le verra plus loin, par des mouvements d'affaissements accomplis à des époques différentes et limités par des périmètres différents.

Je crois, en résumé, que la théorie soutenue par le professeur Suess concorde parfaitement avec les faits que j'ai observés dans la région de Brive. Le Plateau central, si du moins l'on ne considère que le bord sud-ouest, est un Horst, c'est-à-dire un massif laissé en saillie à la suite d'un mouvement vertical, d'une simple dénivellation sans intervention d'un effort latéral. Le massif cristallin de Terrasson constitue aussi un petit Horst, dernier débris peut-être d'une hauteur ancienne qui l'aurait relié au massif de Nonard et de Beaulieu; le bas niveau qu'occupent les terrains permiens entre ces hauteurs résulte simplement d'affaissements généraux, et non pas de plissements.

Toutefois, en soutenant que les affaissements de la région ne sont pas dus à des efforts horizontaux, je ne prétends pas qu'il ne puisse pas exister une relation entre les mouvements de refoulement primitifs et les affaissements qui les ont suivis après un intervalle plus ou moins long. Il est vraisemblable que les directions de certaines des cassures sont plus ou moins déterminées par les plissements anciens.

C'est ainsi que les failles limitatives du Plateau central ont exactement la direction des plis des couches cristallines.

La faille de Châtres est aussi parallèle aux plissements, et dans les environs de la Bachellerie et peut-être au delà, il en est de même de la faille de Meyssac. Quant aux failles du troisième système, elles sont subordonnées à celles du second système.

Âge des affaissements. — Les affaissements ne se sont pas tous produits à la même époque, et ils se sont échelonnés dans la série des temps, les aires d'affaissement variant pour chaque période, mais toujours limitées en général par des failles anciennes.

Cette succession des affaissements dans le temps est prouvée par les discordances.

J'ai, précédemment, signalé la grande discordance entre le houiller et les terrains cristallins, et j'ai montré que celle-ci ne résulte pas d'un mouvement d'affaissement, mais, au contraire, d'un plissement prolongé du Plateau central, plissement à la suite duquel il a émergé sur une plus grande surface que celle actuellement découverte.

Les autres discordances peuvent être rapportées à trois époques, séparées par de longues durées de tranquillité relative; ce sont les suivantes que j'examinerai successivement [1] :

    1° Discordance entre le trias et le permien;

    2° Discordance entre le crétacé et le jurassique;

    3° Discordance entre le tertiaire et le crétacé.

Discordance du tertiaire. — Les dépôts tertiaires des environs de Brive sont des sables sidérolithiques, quelquefois recouverts de meulières et qu'aujourd'hui l'on rattache à la base de l'oligocène, au niveau des glaises vertes et du calcaire de Brie. Généralement, la partie supérieure, assez bien stratifiée, de cette formation a été enlevée par l'érosion. La base seule reste; c'est un dépôt boueux, non stratifié, effectué sur un sol déjà accidenté. De plus, les mêmes causes qui ont accompagné et conditionné ce dépôt, avaient exercé des corrosions considérables sur le calcaire substratum, dont le résidu sablo-argileux constitue la majeure partie de la base de la formation sidérolithique. Ces trois circonstances rendent difficile la tâche d'apprécier, d'après l'allure des dépôts sidérolithiques, les mouvements qui les ont suivis ou précédés. J'ajoute qu'en ce qui concerne la région permienne, une nouvelle difficulté se présente à cause de la rareté des dépôts tertiaires actuellement conservés. Les seuls affleurements tertiaires que j'ai relevés sur un substratum permien sont ceux du Verdier près Lostanges (à l'est de Meyssac), du Sol près Larche, et de Viellemare près Châtres.

Les dépôts tertiaires sont aussi très rares sur le grès du trias, et ils ne sont pas fréquents sur les calcaires liasiques, dans la région permienne.

Cependant, malgré les difficultés d'observation, l'existence de nappes tertiaires étendues et sensiblement horizontales, reposant sur des couches crétacées assez fortement inclinées, ne peut laisser aucun doute sur la réalité de grands mouvements postérieurs au crétacé et antérieurs à l'oligocène. Une

---

[1] Ces trois discordances sont très générales. Consulter notamment : De Launay, *Les dislocations du terrain primitif dans le nord du Plateau central;* Michel-Lévy, *Aperçu général sur la constitution du Morvan,* p. 764.

simple transgression ne pourrait expliquer ce fait autrefois signalé par M. Drouet, que les dépôts tertiaires couvrent indifféremment les dépôts crétacés de quelque âge qu'ils soient. De plus, vers la Bachellerie, la faille de Meyssac, qui a joué postérieurement au crétacé, n'a subi que de très faibles mouvements postérieurement aux dépôts tertiaires, si même elle a rejoué; et le même fait s'observe dans la région faillée des environs de Saint-Cyprien (feuille de Bergerac).

Je n'insisterai pas davantage sur ces questions qui ne se rattachent qu'indirectement à l'objet que j'ai en vue. Je veux seulement établir qu'il y a eu, dans la région de Brive, de grands mouvements au commencement de l'ère tertiaire ou à la fin de l'ère crétacée, mouvements qui, alors, ont dû nécessairement affecter les affleurements permiens.

Il n'est pas certain que ce soient là les mouvements les plus récents; sur les feuilles de Brive et Tulle, je n'ai, il est vrai, constaté nettement aucune faille qui ait joué postérieurement au tertiaire; mais, dans la région au sud du Lot, il n'en est pas de même, et, d'après M. Bergeron[1], les dépôts oligocènes ont été affectés par de nombreuses failles, entre autres par celle de Villefranche. Il est possible par conséquent, et même probable, qu'il y a eu, à l'époque miocène, ou plus récemment encore, des affaissements du bassin de Brive, mais qui ne se sont pas traduits par un jeu appréciable des failles. Ce qui me confirme dans cette opinion, c'est l'allure des dépôts tertiaires de Puy-d'Arnac, au nord de Beaulieu; il semble bien que ces dépôts, qui suivent l'allure des couches jurassiques, aient participé au mouvement synclinal qui a formé la vallée de la Ménoire, entre le massif d'amphibolite de Beaulieu et le revers du Plateau central[2].

Discordance du crétacé. — J'ai dit qu'il y a discordance entre le crétacé et le jurassique; je dois ajouter que cette discordance est nette.

Les dépôts crétacés commencent par des lignites et autres formations fluvio-marines qui ont rempli des dépressions peu étendues, probablement vers la fin du gault ou le commencement du cénomanien. Puis, après une certaine interruption, il y a eu, vers la fin du cénomanien, un commencement de transgression marine, marquée par des dépôts peu importants du calcaire à caprines, et enfin, la mer ayant envahi définitivement toute la région du sud-

[1] *Op. cit.,* p. 327.
[2] Voir mon étude sur la stratigraphie du Plateau central.

ouest, les dépôts ligériens ont recouvert les dépôts cénomaniens et se sont étendus souvent au delà. Mais avant cette série de transgressions, il y avait eu des mouvements assez importants dans la région du sud. Pour me borner à la feuille de Brive, la craie recouvre successivement, du nord au sud, les calcaires sublithographiques jurassiques (probablement oxfordiens), puis les calcaires coralliens, et enfin les calcaires virguliens. Aux Garrigues (4 kilomètres au sud de Salignac), les couches jurassiques sont particulièrement plissées, et le crétacé repose indifféremment sur la brèche jurassique et les calcaires à faciès corallien, et sur les couches à *Ostrea virgula* qui les surmontent.

Sur la route de Sainte-Nathalène à Salignac, en face Lachanal, on voit l'étage cénomanien, épais seulement de $0^m,40$ et surmonté du ligérien, reposer sur les tranches plus inclinées des couches à *Ostrea virgula*.

Je signalerai en outre que le crétacé n'est pas plissé, tout au moins que les plissements ne sont pas apparents, et sont par conséquent peu marqués s'ils existent. Mais il en est autrement des couches jurassiques[1], toujours très ondulées. Il est vrai que ces ondulations sont liées à la nature minéralogique des couches, puisque, dans le lias, les ondulations sont moins marquées, mais elles n'en sont pas moins dues à des mouvements, et l'on observe bien nettement, dans les nouvelles tranchées du chemin de fer de Souillac à Gourdon, et même dans l'étendue d'une seule tranchée, que les couches parfaitement planes du crétacé reposent sur les couches très ondulées du jurassique. Les surfaces de séparation, d'ailleurs, n'indiquent pas qu'il y ait eu un glissement de l'un des terrains sur l'autre.

Ainsi donc, il est certain qu'il y a eu dans la région de Brive des mouvements infra-crétacés. Je n'ai pu constater si ces mouvements ont été accompagnés d'un jeu des failles; dans tous les cas, s'il y a eu jeu de la faille de la Cassagne, et si celle-ci n'est pas uniquement tertiaire, le rejet a été beaucoup plus faible qu'à l'époque post-crétacée.

Discordance du trias. — Les mouvements qui intéressent davantage le bassin permien de Brive sont ceux qui ont eu lieu avant l'époque jurassique, parce que ce sont ces mouvements qui ont soustrait, en partie, le bassin permien de Brive à l'action des érosions, et qui nous permettent ainsi, par voie

---

[1] Cf. Mouret, *Excursion à Simeyrols*, p. 878.

indirecte, de reconstituer une partie des rivages de l'époque houillère autour du Plateau central.

Mais, pour connaître ces mouvements, il faut déduire du mouvement résultant total, que les observations directes font reconnaître, les mouvements post-jurassiques; d'ailleurs, une couche jurassique quelconque, quel que soit son âge, peut aider dans la recherche, puisqu'il y a concordance depuis les grès du trias jusqu'au Kimméridien. Il n'y a pas à tenir compte de ce fait que les grès du trias, qui ont peu d'extension et qui ont rempli une dépression creusée dans les terrains permiens, ont été recouverts transgressivement par les couches à *Avicula contorta* [1], parce que l'importance des mouvements triasiques est bien supérieure à celle de la dépression en question.

Je vais montrer que ces mouvements se ramènent à un affaissement considérable de la région comprise entre le Plateau central et les failles de Châtres, de Meyssac et de Puy-d'Arnac, c'est-à-dire de celles qui délimitent encore actuellement les affleurements permiens.

Toutes les failles, sauf celle d'Ussac, ont rejoué postérieurement au jurassique, comme la carte le montre avec évidence; les failles limitatives du Plateau central ne font pas exception. Ce fait, très apparent dans la région à laquelle s'applique la carte de M. Bergeron, et jusqu'à Beaulieu (feuille de Brive), l'est moins au nord de la vallée de la Dordogne, parce que, comme je l'ai déjà montré, l'affaissement a été moins considérable, et la dénudation, enlevant le jurassique, a même atteint le permien. Le seul témoin qui permette de mesurer le rejet post-jurassique est le lambeau liasique du Bout-de-la-Côte (à 1 1 kilomètres de Beaulieu, sur la route de Tulle), situé à l'altitude 500 mètres et reposant sur les leptynites. Près de Tudeils, de l'autre côté de la faille limitative, le lias repose sur le permien à l'altitude 300 mètres; à Chaumeil, à côté de cet affleurement et à l'est de la faille, l'altitude des schistes est de 450 mètres. L'amplitude du rejet post-jurassique est donc supérieure à 150 mètres en cet endroit, et je crois que le rejet doit atteindre mais non dépasser 200 mètres, à en juger par l'altitude du Bout-de-la-Côte. Cependant l'amplitude du rejet ante-jurassique est supérieure à 300 mètres, et probablement de beaucoup, mais l'absence d'affleurement permien sur le plateau cristallin ne permet pas de calculer le chiffre exact. Ainsi l'affaisse-

---

[1] C'est par erreur que j'ai autrefois signalé une discordance entre le lias et le trias aux environs de Beaulieu. Le fait constaté peut s'expliquer par une transgression un peu brusque. (*Note sur le lias des environs de Brive*, p. 359.)

ment triasique (j'entends l'affaissement qui s'est produit entre l'époque du dépôt des grès de la Ramière et celle du dépôt des grès du trias de Brive) a été, le long de la faille, de plus de 100 mètres. A quelque distance, il a dû dépasser 500 ou 600 mètres, comme cela résulte du plongement relatif des couches permiennes vers le nord.

Dans la région nord, entre le Bout-de-la-Côte et Juillac, il n'existe pas d'affleurements jurassiques voisins de la faille, et la décomposition du mouvement total n'est plus possible.

La faille de Puy-d'Arnac a joué postérieurement au jurassique; mais, tandis qu'au nord de la faille, le trias repose sur les grès permiens très relevés contre la faille, au sud, il repose, au moulin de Faugères, sur les micaschistes; d'où il faut conclure à un affaissement triasique des terrains situé au nord de la faille, alors que l'affaissement post-jurassique s'est fait au sud.

Il en est de même de la faille de Meyssac; les deux côtés de la faille se sont affaissés à des époques différentes : le côté nord avant l'époque jurassique, le côté sud postérieurement à cette époque.

On peut le reconnaître de trois manières :

En premier lieu, l'affleurement cristallin de Lissac prouve qu'il y a eu deux mouvements, l'un au nord, l'autre au sud.

En second lieu, vers Saint-Bazile, là où la faille traverse le permien, on constate, bien que la délimitation des grès de Grammont et de Meyssac ne puisse se faire avec précision, que les grès permiens sont sensiblement au même niveau de chaque côté de la faille, et que, s'il y a une différence, elle résulte plutôt d'un abaissement des couches situées au nord de la faille. En tout cas, l'affaissement post-jurassique étant considérable a nécessairement effacé ou réduit un affaissement du côté opposé, d'âge triasique ou permien et d'une amplitude égale, sinon supérieure.

En troisième lieu, en ce point même, les grès du trias reposent sur les grès rouges, au sud de la faille, tandis qu'au nord, ils reposaient sur les grès de la Ramière ou sur des couches encore moins anciennes, plus récentes par conséquent que les grès rouges.

A l'ouest de Lissac, il n'existe pas d'affleurements permiens du côté sud de la faille, et par conséquent il devient impossible de constater les mouvements de cette époque; mais, à Lissac, le rejet par rapport au permien est supérieur à 400 mètres, et je ne m'aventurerai pas beaucoup en prétendant que le mouvement triasique a dû s'étendre au moins jusqu'à Condat, peut-être même jusqu'à Périgueux, s'il n'a pas été interrompu par une faille transverse.

La faille de Châtres nous fournit encore une preuve aussi nette de l'affaissement permien : ici l'affaissement post-jurassique se trouve, comme l'affaissement triasique, du côté du nord; mais, d'un côté de la faille, au nord, le lias repose sur les phyllades, et de l'autre côté, au sud, il repose sur les grès rouges. Il y a donc eu là encore un affaissement au nord avant le dépôt du lias, et l'importance de cet affaissement est considérable, car le rejet par rapport au permien dépasse 250 ou 300 mètres.

Au sud de Peyrignac, au moulin de Lestieu, les grès du lias reposent sur les phyllades à l'ouest et sur les tranches des grès houillers à l'est; il n'y a peut-être pas de faille, cependant, et l'on ne saurait non plus conclure sûrement à une discordance, parce que l'inclinaison des grès houillers, quoique très forte, ne dépasse pas leur inclinaison possible de dépôt. Mais la même réserve ne peut être faite en ce qui concerne les grès permiens, et comme les grès du lias reposent un peu plus à l'est sur les grès rouges inférieurs, il faut en conclure qu'il y a eu un affaissement permien ou triasique à l'est de Peyrignac.

Je rappelle aussi que, d'une manière générale, les pendages des couches liasiques et triasiques sont bien inférieurs à ceux des couches permiennes; cette remarque, déjà faite par de Boucheporn [1], prouve encore l'existence des mouvements permiens, et, de plus, il est facile de voir que l'on peut conclure toujours à un affaissement.

En effet, sur le pourtour du bassin permien de Brive, de Cherveix à la Corrèze, les grès secondaires reposent sur les couches les plus anciennes, tandis qu'au centre, c'est-à-dire vers Brive, ils reposent sur les couches les plus récentes. Bien qu'actuellement les couches du Puy-la-Ramière plongent vers l'ouest, comme ce plongement est plus faible que celui des terrains secondaires, l'inclinaison des couches, en ce point, devait être primitivement dirigée vers l'est. L'affaissement permien s'est donc produit suivant un synclinal dirigé d'Hautefort à la Gleygeolle, par Louignac, Mansac et Puy-la-Ramière; ce pli est surtout prononcé dans la région comprise entre Brive et Meyssac. Sur son versant nord, il existe un monoclinal brusque [2], passant par le

[1] *Op. cit.*, p. 60 et 61.

[2] Tous ces mouvements synclinaux et monoclinaux sont figurés par les coupes contenues dans la seconde partie du présent Mémoire.

Vialard, Puy-la-Mouche, Pouch et Laubas. Le versant sud, dans le voisinage de la faille, est relevé à 45 degrés; dans l'angle de Tudeils, entre la faille limitative et la faille de Puy-d'Arnac, les couches permiennes sont aussi très relevées contre les failles.

Dans les environs de Cublac, les grès secondaires reposent, près de la faille de Villac, sur les grès rouges inférieurs et, à 1 kilomètre plus loin, sur les grès rouges supérieurs, marquant là encore un relèvement primitif des couches permiennes vers la faille.

Entre Cublac et Peyrignac, il y a aussi quelques plissements permiens assez compliqués, mais les couches se relèvent toujours vers les failles.

Il est donc bien établi qu'avant le dépôt des grès du trias et du lias, le bassin de Brive s'était affaissé de plusieurs centaines de mètres entre les failles qui le limitent encore actuellement, prenant la forme d'une cuvette allongée dont le point le plus profond est au Puy-la-Ramière; c'est encore en ce point qu'on observe les couches permiennes les plus récentes. Ce sont là aussi que se trouvent les plus solides, ce qui explique l'existence du nœud montagneux situé au nord de Meyssac, c'est-à-dire du massif de la Bitarelle, dont l'altitude est supérieure même à celle du Plateau central au voisinage.

On observe à l'ouest une sorte de massif symétrique, qui est le Puy-de-Grammont. Entre les hauteurs de Grammont et celles de la Ramière, les affleurements permiens sont masqués par un recouvrement triasique et jurassique qui doit sa conservation à un mouvement d'affaissement relativement récent, dont le centre est sur le méridien $0°50'$ ouest environ, et dont les bords passent respectivement à Moriolles (près Lissac) à l'ouest, et à la Gardelle (près Jugeals) à l'est.

Les bords de la cuvette permienne sont relevés contre les terrains cristallins anciens partout où ceux-ci s'affleurent, c'est-à-dire sur la limite du Plateau central, comme au sud, près Marcillac, et à l'ouest, de Cublac à Peyrignac. Toutefois, entre Villac et Naillac, les couches permiennes plongent encore au sud-ouest; mais, comme je viens de l'expliquer, ce pendage est dû à un mouvement post-jurassique.

Étendue actuelle des dépôts permiens. — Les considérations qui précèdent m'amènent à examiner la question de savoir quelle peut être l'étendue des dépôts permiens masqués actuellement par les terrains jurassiques. Quoiqu'il soit difficile de répondre à cette question d'une manière certaine, il y a des raisons pour croire que le bassin permien de Brive est, en totalité, à peine plus étendu que ses affleurements.

Dans la région du sud-est, le permien a été, en effet, enlevé par les érosions au delà de la faille de Puy-d'Arnac, pendant la période qui a précédé le retour des eaux triasiques. Ce n'est pas seulement dans le voisinage de cette faille qu'on peut constater des érosions anciennes : en divers points de la vallée du Taravellou, et par conséquent à une grande distance des failles limitatives du Plateau central, on voit les micaschistes affleurer directement sous les grès secondaires, sans interposition de grès permiens, alors qu'à peu de distance au nord, les grès du trias reposent sur les grès rouges supérieurs.

Dans la région de Beaulieu à Saint-Céré, les gneiss qui affleurent au voisinage des failles sont toujours recouverts par les grès secondaires. Il en est de même au sud de Saint-Céré, où les grès du trias, même à l'ouest des failles, reposent sur les amphibolites dioritiques; c'est seulement au sud d'Aynac que reparaisse nt les grès houillers.

Ainsi donc, de Tudeils à Aynac, les dépôts houillers et permiens ont été exondés sur les bords du Plateau central et à une certaine distance de ces bords. Peut-être ont-ils été respectés plus à l'ouest, et vers Saint-Bazile, en effet, les grès rouges se prolongent au sud de la faille de Meyssac.

Cependant il faut remarquer qu'à Saint-Bazile, le rejet de la faille par rapport au permien est encore faible, mais qu'il devient très considérable à partir de Meyssac et que, par conséquent, les dépôts permiens du sud ont dû se trouver grandement atteints par les érosions.

Vers Lissac, il est vrai, le lambeau cristallin qui affleure est encore recouvert par les grès permiens, mais il a vraisemblablement participé, en partie, au mouvement d'affaissement triasique, en raison de sa brusque saillie sur la direction générale de la faille. Il peut donc se faire qu'au sud, à Lissac par exemple, le lias repose directement sur les phyllades.

Au delà de Lissac, vers l'ouest, les données font absolument défaut; cependant la solution de la question présenterait là un certain intérêt pratique, puisque les dépôts ante-jurassiques sont à facies houiller et contiennent des couches de houille.

Enfin, à l'est de Peyrignac et de Châtres, les dépôts permiens ont été enlevés par les érosions anciennes, et de la Bachellerie à Granges-d'Ans, on observe la superposition directe des grès du lias aux phyllades.

A Cherveix, on constate le même fait, ainsi que dans toute la région à

l'ouest de l'Auvézère; j'ai déjà fait remarquer que Cherveix est le point
extrême, à l'ouest, des affleurements du permien du sud-ouest de la France.
De plus, les couches jurassiques reposent en discordance, d'abord sur les grès
rouges inférieurs, puis sur les grès rouges supérieurs; il est donc certain que
les dépôts permiens actuels du bassin de Brive ne s'étendent pas à l'ouest
du méridien de Cherveix.

En résumé, le bassin permien actuel de Brive est limité au nord et à l'est
(de Cherveix à Juillac et de Juillac à Tudeils) par les érosions post-jurassiques; à l'ouest (de la Bachellerie à Cherveix) et au sud-est (Puy-d'Arnac),
par les érosions ante-jurassiques; il ne peut s'étendre qu'au sud, mais le mouvement d'affaissement des dépôts permiens au nord de la faille de Meyssac
rend cette extension peu probable et limite assurément l'épaisseur des dépôts
permiens au sud. Il en résulte que ce que nous voyons affleurer représente
probablement à peu près tout ce qui subsiste des dépôts permiens qui, jadis,
se soudaient aux autres dépôts permiens du pourtour du Plateau central.
Ajoutons que l'allure actuelle des couches est très sensiblement celle que leur
ont donnée les mouvements antérieurs à la formation des grès du trias, mouvements sans doute à peu près contemporains de l'émersion de la région; et
celle-ci a eu lieu soit à la fin de l'époque permienne, soit pendant le dépôt
des grès bigarrés de la Lorraine.

CHAPITRE VIII.

BASSINS PERMIENS DU POURTOUR
DU PLATEAU CENTRAL.

DESCRIPTION SOMMAIRE DES BASSINS DU SUD.

Pour achever de bien faire connaître le bassin de Brive, il est utile de le comparer aux autres bassins permiens du Plateau central. Je ferai porter principalement la comparaison sur ceux de la région sud qui sont les mieux connus, grâce aux travaux de MM. Boisse et Fabre et surtout de M. Bergeron. Cette étude suffira pour me permettre de justifier stratigraphiquement les assimilations d'âge que j'ai faites incidemment dans les chapitres précédents.

Le Plateau central se prolonge au sud par trois massifs cristallins : le Rouergue, les Cévennes et la Montagne Noire; c'est à ces massifs que se rattachent divers bassins houillers et permiens que je vais énumérer.

A l'ouest, les premiers dépôts qu'on rencontre après ceux de Brive sont les dépôts houillers d'Aynac, la Capelle-Marival, Saint-Perdoux et Figeac. Puis vient le bassin de Cordes (comprenant ceux de Najac, la Guépie, Vaour et Carmaux) et enfin celui de Réalmont qui constitue le dernier affleurement au sud-ouest.

Entre le Plateau central et le Rouergue s'étend le bassin de Rodez, depuis Decazeville jusqu'à Sévérac, là où les affleurements du nord et du sud du bassin disparaissent sous les dépôts jurassiques. Les dépôts houillers et permiens du bassin de Rodez se prolongent à l'est du Rouergue et de la Montagne Noire en formant notamment les bassins de Sainte-Affrique, de Lodève et de Neffiez.

Le massif des Cévennes ne comprend que le bassin houiller du Vigan au sud, celui d'Alais et ceux de Largentière à l'est.

Bassins occidentaux. — J'ai déjà, dans le chapitre consacré au bassin d'Argentat, donné quelques indications sur les dépôts de la Capelle-Marival et de Figeac. Quant au bassin de Saint-Perdoux, il n'a fait l'objet d'aucune étude. M. Grand'Eury le classe, d'après la flore qu'il a recueillie, à la base du houiller supérieur, c'est-à-dire au niveau de Rive-de-Gier.

Les grès de Carmaux sont également classés par M. Grand'Eury à un niveau très bas (zone des Cévennes); mais, à l'ouest du bassin, à Najac et à la Guépie, les grès houillers sont certainement plus récents, car ils sont surmontés en concordance par un étage permien de schistes et calcaires bien stratifiés qui passent supérieurement à des grès fins micacés, recouverts par les grès rouges. Ces grès, qui contiennent des débris végétaux, affleurent aussi à Carmaux, sans qu'on puisse observer le substratum.

A Réalmont, les grès houillers sont également recouverts en concordance par des schistes analogues à ceux de la Guépie.

Bassin de Rodez. — Le bassin de Rodez, qui est bien plus à découvert que les bassins que je viens de décrire, fournit des renseignements assez précis sur la succession des étages.

Comme le bassin de Brive, ce bassin de Rodez est occupé au centre par les sédiments permiens et sur les bords par les grès houillers; ceux-ci, très développés à Decazeville, sont, au contraire, étroitement localisés en divers autres points de la bordure.

A Decazeville, M. Bergeron distingue trois systèmes d'âges différents; ce sont les suivants :

3. Système de *Bourran*, principalement formé de couches schisteuses, et exceptionnellement riche en houille.
2. Système de *Campagnac*, comprenant deux deltas, et formé par des dépôts de rivage.
1. Système d'*Auzits*, en couches bien assisées, avec conglomérats feldspathiques.

Les couches du système supérieur sont assez régulières et, d'après M. Bergeron [1], leur mode de sédimentation se rapproche de celui de la période permienne. On peut y comparer, à ce point de vue, les couches de Cublac, exception faite du conglomérat de Loubignac, analogue aux conglomérats du système de Campagnac.

[1] Page 320 de son mémoire.

MM. Bergeron et Zeiller seraient disposés à mettre le système d'Auzits au niveau de Carmaux, c'est-à-dire au niveau de l'étage houiller des Cévennes; le système de Campagnac serait, d'après la flore, un peu moins ancien. Quant aux couches du système de Bourran, elles reposent en discordance sur celles du système de Campagnac et, par la flore, M. Grand'Eury les compare aux dépôts houillers les plus récents (Commentry, couches du Bois-d'Avaize, etc.).

Le système de Bourran se termine par une épaisse couche de houille, sur laquelle reposent directement, en concordance, des schistes argileux, riches en débris de poissons; ces schistes, épais de 3o mètres environ, passent supérieurement à des schistes gréseux et à des grès grossiers d'une égale épaisseur, avec *Walchia piniformis*. L'ensemble est surmonté par des grès et argiles rouges.

Les schistes à poissons, comparables aux schistes de la Guépie et de Réalmont, s'étendent à l'est transgressivement par rapport au terrain houiller, car, plus loin, ils reposent directement sur les schistes cristallins. On peut les suivre sur la rive sud du bassin de Rodez, le long des Palanges, et, en divers points, des grès houillers viennent s'interposer entre ces couches et le substratum cristallin.

Ces grès houillers sont semblables à ceux du système de Bourran, quoique bien moins riches en houille. Ils se terminent supérieurement, à Méjanel (à l'est de Rodez), par des grès blancs, quartzeux, micacés, contenant quelques schistes argileux et un banc calcaire. Les couches houillères, rarement poudingiformes, sont séparées des schistes à poissons par un banc de poudingue d'une épaisseur variable, en moyenne 5 à 6 mètres, et s'étendant sur une assez grande surface. Les schistes à poissons et le poudingue reposent en concordance sur les grès houillers; quand le poudingue n'existe pas, on constate un passage graduel des couches supérieures des grès houillers aux couches inférieures des schistes à poissons.

Ceux-ci se composent d'une alternance de schistes micacés, de schistes bitumineux en bancs minces et de bancs calcaires, et sont surmontés par une faible épaisseur de schistes gréseux que recouvrent les grès et argiles rouges. L'épaisseur totale est d'environ 5o mètres. Ce sont là les couches décrites à Gages[1] par M. Coquand, sous le nom de terrain permien. MM. Boisse et Ber-

---

[1] Coquand, *Permien de l'Aveyron*, p. 127.

geron constatent d'ailleurs la grande analogie entre ces grès permiens et les grès houillers qu'ils surmontent.

La fréquence et la puissance des bancs de calcaires permiens varient beaucoup suivant les localités, et ces bancs montent plus ou moins haut dans la série gréseuse, inférieure aux grès rouges. Parfois, comme à Clairvaux, les grès sont très développés, même à la base, et pauvres en calcaires et schistes bitumineux.

La rive nord du bassin de Rodez, qui s'étend dans la vallée du Lot, au pied des monts d'Aubrac, présente à peu près les mêmes caractères. Les grès houillers se terminent par des grès blancs, friables, quartzeux, non micacés, mal stratifiés, d'une grande épaisseur. Inférieurement à ces grès blancs et à la partie supérieure des grès et schistes houillers, il existe un banc calcaire.

Bassins orientaux du Rouergue. — Les couches houillères ou permiennes de la vallée de l'Aveyron, au pied des Palanges, contournent le massif du Rouergue et se prolongent sur les pentes orientales des monts Levezou, masquées, sur une certaine longueur, par les couches jurassiques; elles établissent ainsi la continuité entre le bassin de Rodez et celui de Sainte-Affrique.

Dans toute cette région orientale du Rouergue, les grès houillers n'affleurent qu'en un petit nombre de points, à Vezins, à Réquista, etc. Au nord de Montclar, les grès houillers, sous forme de grès blancs très épais, sont surmontés par les schistes bitumineux, recouverts eux-mêmes, en concordance, par les grès rouges. A Broquiès, les schistes sont mieux caractérisés : d'une épaisseur de 60 mètres, ils se composent de schistes charbonneux et bitumineux avec bancs calcaires, et reposent sur des conglomérats qui passent inférieurement aux conglomérats des grès houillers. Mais, à peu de distance, les schistes bitumineux, en transgression par rapport au houiller, reposent directement sur les schistes cristallins de l'intérieur du plateau. Vers Saint-Rome-de-Tarn, on observe le même fait, et l'étage inférieur aux grès rouges présente, en ce point, la composition suivante :

3. Grès riches en *Walchia.*
2. Schistes bitumineux et calcaires avec restes de poissons.
1. Grès inférieurs. — 10 mètres d'épaisseur.

Bassin de Lodève. — Le bassin de Lodève, devenu classique pour l'étude de l'étage des schistes à *Walchia*, présente la succession complète des terrains, depuis les grès houillers à l'ouest (bassin de Graissessac) jusqu'aux grès rouges à l'est.

Le houiller remplit une dépression étroite, dont la naissance à l'ouest est occupée par deux conglomérats de deltas (la Mouline et Saint-Gervais), séparés par des grès avec houille, tandis que, dans la partie centrale et à l'est, les dépôts sont très réguliers.

Au point de vue de l'allure des couches, on observe aussi une différence : les couches plissées à l'ouest (couches de Graissessac) sont peu dérangées à l'est (couches de Camplong).

Les grès de l'ouest sont classés, d'après leur flore analogue à celle de Carmaux, au niveau de la zone des Cévennes. Quant aux grès de Camplong, ils sont recouverts en concordance par les sédiments permiens, et comme ceux du Lot et de l'Aveyron, ils contiennent, à leur partie supérieure, un banc de 6 à 7 mètres d'épaisseur, d'un calcaire semblable aux calcaires des schistes à poissons. Il y a donc lieu de croire, et c'est également l'avis de M. Bergeron, que les grès supérieurs de Camplong et ceux de Graissessac ne sont pas du même âge.

Le long de la vallée de l'Orb, on peut observer que les grès, conglomérats et schistes de Camplong passent supérieurement et graduellement à des couches analogues, mais dans lesquelles abondent les *Walchia*, surtout à la partie supérieure. M. Bergeron n'a pu établir aucune démarcation précise entre les grès houillers de cette région et les schistes permiens; il est évident que les modifications des conditions de dépôt de ces couches se sont faites graduellement.

C'est à Lodève qu'on observe le plus grand développement de l'étage des schistes; voici la succession des couches qui le composent :

3. Schistes gréseux à *Walchia*, connus sous le nom de *schistes de Lodève*[1]. Épaisseur.............................. 50

2. Schistes ardoisiers, comprenant des schistes bitumineux à poissons et des bancs calcaires......................... 30

1. Conglomérat et éboulis d'une épaisseur variable, en moyenne.. 10

$$\text{Total}............... 90$$

Les conglomérats reposent directement sur les couches cambriennes et

[1] *La Tuilière*, près Lodève.

dévoniennes, et indiquent la présence du rivage, là du moins où ils existent, car ils font défaut en certains points. Les schistes ardoisiers, bitumineux et gréseux sont plus ou moins développés suivant les localités, mais se succèdent toujours dans l'ordre indiqué plus haut. Les *Walchia* apparaissent dès la base de la formation, mais ces végétaux sont surtout abondants dans les schistes gréseux ; les fougères se présentent plus spécialement à la base des grès à *Walchia*. On observe d'ailleurs, à Lodève, la formation sur toute son épaisseur, car les schistes à *Walchia* sont recouverts par les grès rouges.

Bassin de Neffiez. — Dans le bassin de Roujan-Neffiez, les grès houillers ont été classés par M. Grand'Eury dans la zone des Cévennes. Il est à remarquer que ces grès débutent souvent par des marnes rouges, dont M. Bergeron attribue la coloration à l'amphibolite qui forme le substratum. Dans le bassin de Brive, à Damniat, le substratum est également formé par l'amphibolite, et certaines couches sont composées en partie de débris d'amphibolite ; cependant on n'observe aucune coloration. La teinte rouge des schistes inférieurs de Neffiez ne serait-elle pas due plutôt aux actions hydrothermales ?

Les grès houillers sont recouverts par d'autres grès houillers, grossiers, surmontés par des schistes bitumineux et gréseux analogues à ceux de Lodève, sans qu'on puisse observer, d'après M. Bergeron, s'il y a ou non concordance. Suivant les observations de M. de Bronnac, citées par M. de Rouville[1], il y aurait une discordance importante.

A la base, les schistes alternent avec des bancs de conglomérats.

Grès rouges de l'Aveyron et du Tarn. — Je me suis attaché, dans ce qui précède, aux faits de nature à préciser les rapports qui existent entre les grès houillers et les schistes qui les surmontent, et je dois maintenant passer aux relations entre ces schistes et les grès rouges.

Les grès rouges, désignés localement sous les noms de *rougier* ou *ruffe*, occupent quatre bassins, ceux de Cordes au sud-ouest, Rodez au nord, Sainte-Affrique à l'est, et Lodève au sud-est.

Partout, ce puissant dépôt, de 500 à 600 mètres d'épaisseur, se présente à peu près avec le même facies, sous forme de grès rouges et d'argiles rouges. Quand il repose sur les schistes à poissons et à *Walchia*, il y a toujours con-

---

[1] De Rouville, *Permien de l'Hérault*, Bull. Soc. géol., XVI, p. 350.

cordance et passage graduel des schistes aux grès rouges, par des alternances
de couches schisteuses et de bancs de grès et d'argiles rouges. Cependant il
n'en est pas ainsi à Fontès, près Neffiez; là, les grès rouges débutent par une
brèche rouge, épaisse de 10 mètres, qui repose sur les couches à *Walchia*.

Les grès rouges sont surtout développés à la base de la formation, mais au
fur et à mesure qu'on s'élève dans les couches plus récentes, les couches de
grès se réduisent au profit des couches d'argile qui finissent par former la
masse du terrain, où l'on ne trouve plus que de rares et minces bancs de
grès rouges à grain fin. Les grès sont d'une teinte uniforme rouge brique;
il existe toutefois quelques bancs de grès non colorés, assez semblables aux
grès houillers.

Les argiles, souvent micacées ou passant à des psammites feuilletés, sont
d'un rouge violacé, ou lie de vin, souvent bigarré de vert; elles contiennent
quelques lentilles calcaires.

Dans le bassin de Rodez et en quelques points du bassin de Sainte-Affrique,
l'étage des grès rouges se termine par des grès peu solides, quartzeux, avec
fragments de schistes cristallins, en bancs massifs épais et assez semblables
aux grès rouges de la base : ce sont les grès de Villecomtal. Il y a d'ailleurs
concordance entre ces grès et les marnes rouges qui, à leur partie supérieure,
deviennent sableuses et passent aux grès.

Les grès rouges débordent les schistes permiens et reposent directement,
en beaucoup de points (la Maloupie, Bédarieux, ouest du bassin de Camarès, Rodez, vallon de Clairvaux, Firmy, Saint-Cristophle, vallée du Lot, etc.),
sur les schistes cristallins. Dans tous ces points, les dépôts débutent généralement par des grès grossiers et des conglomérats; ces dépôts sont peu
argileux, mal stratifiés et disposés en amas lenticulaires enchevêtrés les uns
dans les autres; leurs éléments sont empruntés aux roches cristallines sous-
jacentes. Ces grès sont donc exactement semblables aux grès rouges inférieurs
de Brive, bien que d'âge différent, comme on va le voir plus loin. Sur les
bords du bassin, ils ont une assez grande épaisseur; ils passent latéralement
à des sédiments plus fins, quand on s'écarte des bords pour se diriger vers
l'intérieur des bassins.

M. Fabre[1] fait observer que le caractère littoral des grès de la rive nord

[1] Fabre, *Observations sur le terrain permien de l'Aveyron*, p. 421. — *Le permien dans l'Aveyron, la Lozère, etc.*, p. 22.

du bassin de Rodez s'accuse de plus en plus quand on se rapproche des monts d'Aubrac.

Bassin des Cévennes. — Autour des Cévennes, les grès houillers appartiendraient presque à la base du houiller supérieur, d'après M. Grand'Eury. Il en serait ainsi notamment des grès houillers de Prades, au nord de Largentière [1]. Ces grès ne sont pas recouverts par le permien, mais le permien existe au sud, reposant directement sur les schistes cristallins; les couches de la base sont des conglomérats et poudingues à très gros éléments, qui contiennent quelques schistes noirs, avec des filets de houille et des empreintes de cordaites; elles sont surmontées par des conglomérats, grès et marnes schisteuses micacées, rouges, avec quelques argilolites. Il est possible que les schistes inférieurs correspondent au niveau des schistes à poissons de l'Aveyron, et alors la masse du terrain représenterait les grès rouges; il est aussi possible que les schistes inférieurs soient d'âge houiller.

M. Fabre signale encore [2] sur le bord occidental des Cévennes, près de Trèves (Gard), des grès argileux rouges, mal stratifiés, épais de 10 à 20 mètres, reposant sur les schistes à séricite et recouverts par les grès du trias. Ces couches disparaissent à l'ouest sous le causse noir; leurs affleurements ne se prolongent pas à l'est.

Description d'ensemble. — Je résume maintenant les descriptions précédentes par une description générale qui s'appliquera à tous les bassins du sud du Plateau central.

Les grès houillers, d'après la flore, comme aussi à cause de certaines discordances (à Decazeville, à Graissessac, etc.), ne seraient pas tous du même âge, et l'on pourrait les distribuer en plusieurs étages. Pour simplifier, et en raison aussi de l'incertitude qui s'attache aux classifications fondées sur les flores fossiles encore incomplètement connues, je ne distinguerai cependant que deux étages, celui des grès anciens et celui des grès récents.

Les grès anciens seraient ceux de Decazeville (Champagnac et Auzits), de Carmaux, de Graissessac, de Neffiez et des Cévennes. Les grès récents comprendraient ceux du système de Bourran (à Decazeville), les grès de Najac, de la Guépie, les grès supérieurs de Réalmont, les terrains houillers des val-

---

[1] Fabre, *Feuille de Largentière.* — *Le permien dans l'Aveyron*, etc., p. 24.
[2] Id., *ibid.*, p. 22.

lées de l'Aveyron et du Lot, ceux du Lévezou, de Réquista, et les grès supérieurs de Camplong.

Les grès récents sont bien stratifiés et très riches en houille à Decazeville, encore bien stratifiés à la base, mais mal stratifiés à la partie supérieure et moins riches en houille dans les vallées de l'Aveyron et du Lot, grossiers et conglomératiques à Réquista. Dans la Montagne Noire, ces grès sont bien stratifiés et contiennent des couches de houille.

Les différences de facies tiennent simplement à la plus ou moins grande distance des rivages et lieux d'apport des matériaux, et l'on peut remarquer que les dépôts houillers récents sont presque toujours réguliers et bien stratifiés, quand ils reposent sur les grès houillers anciens.

A leur partie supérieure, les grès houillers récents contiennent soit des couches de houille (Decazeville), soit une couche calcaire (Saint-Geniès, Laissac, Camplong), et ils passent supérieurement à des couches un peu différentes, bien stratifiées, schisteuses à la base, plutôt gréseuses au sommet. Quelquefois, des bancs de poudingues indiquent un changement quelque peu brusque (Méjanel); en d'autres points, le passage est graduel, et rien ne permet d'établir une séparation précise entre les deux formations.

Les couches schisteuses de la partie inférieure comprennent des bancs calcaires, des schistes bitumineux et de nombreux débris de poissons, avec quelques *Walchia*.

Les couches gréseuses sont riches en *Walchia*, pauvres en schistes bitumineux et calcaires. L'épaisseur totale de la formation varie de 5o mètres (Gages) à 1oo mètres (Lodève).

A leur partie supérieure, les grès à *Walchia* passent graduellement à l'étage des grès rouges qui débute et qui se termine par des grès grossiers; il contient, dans sa zone moyenne et sur la plus grande partie de son épaisseur, des argiles rouges, avec quelques lentilles calcaires.

Les grès rouges sont recouverts en discordance complète par les grès du trias. C'est un fait qui a été signalé par M. Boisse et par tous les géologues qui ont écrit après lui.

COMPARAISON ENTRE LES BASSINS DU SUD ET LE BASSIN DE BRIVE.

Parallélisme des bassins du sud et de celui de Brive. — Il y a un parallélisme évident entre les schistes à poissons et grès à *Walchia* du Rouergue et de la

Montagne Noire et les calcaires de Saint-Antoine et grès à *Walchia* du bassin de Brive; c'est, dans les deux régions, la même position dans la série des sédiments, le même facies, la même épaisseur, la même uniformité dans les dépôts et la même succession entre le niveau calcaire et le niveau gréseux.

Les différences moyennes qu'on observe entre les couches de Brive et celles du sud sont du même ordre, et même moins considérables que les différences qu'on observe en des points différents d'une partie déterminée d'une même région.

D'autre part, les grès rouges supérieurs du bassin de Brive doivent être considérés comme l'équivalent des grès rouges du sud : mêmes caractères de sédimentation, même puissance, et concordance et passage graduel aux grès à *Walchia*.

Il résulte de ces parallélismes et de la concordance qui règne, à Brive comme dans le sud, entre les schistes permiens et les couches inférieures, que ces couches inférieures doivent être synchronisées. Ainsi, les grès houillers de Brive (Cublac, le Lardin, Juillac, Chabrignac, Sainte-Féréole, etc.) et les grès rouges inférieurs doivent être mis au niveau des grès houillers récents du sud. Tous ces grès ont été déposés à la même époque, époque qui a précédé immédiatement celle du dépôt des *couches à poissons et à Walchia*, époque à laquelle on peut donner, par conséquent, le nom d'époque ou période permo-houillère. Telle est du moins la conclusion qui me paraît résulter des faits décrits dans le mémoire de M. Bergeron, comparés aux faits exposés dans le présent mémoire et notamment au fait des intercalations houillères dans les zones moyenne et supérieure des grès rouges inférieurs.

Caractères distinctifs du permo-houiller de Brive. — Ce qui caractérise les dépôts permo-houillers du bassin de Brive et les différencie de ceux des bassins du sud, c'est la formation simultanée, au début de la période, de sédiments à facies houiller et à facies permien, puis la formation presque exclusive, dans la suite, de sédiments à facies permien, à l'exception de quelques points (niveau de 206 mètres à Larches, et couches de la Cabane, à Cublac). Dans le sud, au contraire, les dépôts à facies houiller se sont généralement poursuivis jusqu'à la fin de la période, sans mélanges de grès à facies permien, et c'est même une couche puissante de houille qui, à Decazeville, marque la limite supérieure de l'étage.

Toutefois les poudingues, les grès mal stratifiés et le niveau calcaire, observés à l'est de Rodez, indiquent bien une tendance au changement des conditions de sédimentation. M. Boisse reconnaît, au reste, que les dépôts houillers de la rive nord du bassin ne se relient pas à ceux de la rive sud, c'est-à-dire à ceux des Palanges. On serait presque porté à croire que, si le bas du bassin forme cuvette sans exhaussement dans la partie centrale, les couches qui reposent directement au centre sur les schistes cristallins sont l'équivalent des grès houillers littoraux; mais c'est là une pure hypothèse, et dans les études qui ont été faites jusqu'à présent, on n'a pas signalé l'intercalation des schistes à poissons au milieu des grès rouges [1].

Un autre caractère distinctif des dépôts du bassin de Brive, c'est de ne comprendre, comme dépôts plus anciens, que des dépôts de la période permo-houillère, c'est-à-dire des dépôts houillers récents. Ni la stratigraphie ni la flore ne permettent en effet d'établir deux systèmes dans les grès houillers de Cublac; seul, le conglomérat de la base pourrait être, à la rigueur, séparé par une lacune des poudingues qui le recouvrent et devenir l'équivalent des couches de Campagnac, sinon de celles d'Auzits.

On a vu, par contre, que les grès houillers des bassins du sud appartiennent au moins à deux époques différentes.

Caractères distinctifs du permien de Brive. — Si, dans l'ensemble de leurs caractères, les dépôts permiens du bassin de Brive sont comparables à ceux du sud, il y a cependant quelques différences non de nature, mais de degré.

Les calcaires et les schistes bitumineux sont moins développés dans le bassin de Brive, mais les grès à *Walchia,* en compensation, présentent plus d'épaisseur. D'autre part, la transgression permienne que l'on peut soupçonner à Brive se vérifie positivement au sud : les schistes de la base du permien ont une extension bien supérieure à celle des grès houillers, et les grès rouges sont encore plus étendus que les schistes.

On ne signale pas, dans le sud, l'existence d'horizons à faciès autunien au milieu de l'étage des grès rouges; la composition de cet étage est assez constante, même à la base, sauf dans le voisinage immédiat des rivages. Il n'en est

---

[1] Cette hypothèse pourrait être généralisée et appliquée à certains bassins du nord, tels que ceux d'Autun et de Blanzy où il n'existe aucune raison de croire à l'existence de deux dépressions parallèles, dans lesquelles se seraient localisés les dépôts houillers observés sur chaque rive de ces bassins.

pas de même à Brive, où j'ai constaté que des grès à végétaux, avec calcaires et schistes bitumineux, sont assez développés à différents niveaux, dans les couches inférieures de l'étage des grès rouges.

Il existe aussi d'autres différences entre le bassin de Brive et ceux du sud : l'étage des grès rouges du sud, qui est en grande partie argileux, surtout dans les couches moyennes, l'est fort peu à Brive et se compose, au contraire, de bancs épais de grès fins. Toutefois il est intéressant de remarquer qu'il y a complète ressemblance dans les couches supérieures avec lesquelles se terminent les dépôts permiens des deux régions : les grès de Villecomtal peuvent être assimilés aux grès de la Ramière, et le même phénomène aurait donc mis fin aux dépôts permiens dans la région sud comme à Brive.

Dans le sud, on observe, en quelques points, les couches de rivage de la première et de la seconde période permienne. Ainsi, les schistes à poissons débutent souvent, surtout quand ils ne reposent pas sur les grès houillers, par des grès et des conglomérats, et les grès rouges comprennent aussi à la base, en certains points, des brèches et des conglomérats. Dans le bassin de Brive, il n'existe pas de couches de rivage proprement dites ; seuls, les grès poudingiformes de Villac indiquent la proximité d'un lieu d'apport des sédiments, et quant aux schistes, calcaires et grès à *Walchia*, ils débutent toujours par des couches bien stratifiées et régulières.

Le bassin permien de Brive présente encore une particularité qui ne s'observe pas dans le sud : c'est la disparition apparente de la formation schisteuse inférieure du côté de l'ouest et la superposition directe de grès rouges permiens sur les grès permo-houillers. Nous savons que cette disparition se fait plutôt par un passage latéral du facies normal des couches à *Walchia* au facies des grès rouges.

Phénomènes éruptifs et hydrothermaux. — J'ai montré qu'à Brive les phénomènes hydrothermaux ont laissé des traces de leurs effets dès le début des dépôts houillers, et que la majeure partie des sédiments permo-houillers a été affectée par ces phénomènes. Dans le sud, et sous les réserves qui viennent d'être faites au sujet du bassin de Rodez, il n'en est pas de même, à part quelques couches à la base des grès anciens, et qui doivent peut-être leur teinte rouge simplement à des conditions toutes locales. C'est seulement après le dépôt des grès à *Walchia* qu'on observe des sédiments colorés ; mais alors il existe, à ce point de vue, une ressemblance absolue entre les deux régions.

Si le bassin de Brive n'a pas été troublé par des venues de roches éruptives, il n'en est pas de même de la région de Figeac. Il y a eu là, à l'époque des grès à *Walchia*, des éruptions de mélaphyre qui ont traversé les grès houillers et se sont mêlées aux premiers sédiments permiens, qui les contiennent aussi sous forme de galets.

Des orthophyres et des porphyrites ont encore traversé les grès houillers de la Capelle-Marival et Saint-Bressou, mais ces roches sont peut-être antérieures au permien et du même âge que la porphyrite d'Auzits signalée par M. Bergeron (p. 290 de son mémoire). S'il en est ainsi, les grès houillers de la Capelle seraient plutôt des grès anciens, ce qui concorderait avec l'opinion émise par M. Grand'Eury sur l'âge des grès houillers de Saint-Perdoux.

Dans les régions du sud, autres que celles de Figeac, les dépôts permiens se sont faits sans intervention de phénomènes éruptifs; il faut excepter toutefois le bassin de Neffiez, où des porphyrites andésitiques à pyroxène ont, d'après M. Bergeron, modifié les schistes permiens.

Quoi qu'il en soit de l'âge exact des différentes roches éruptives signalées, on doit considérer les phénomènes éruptifs proprement dits comme n'ayant joué qu'un rôle insignifiant dans la région du sud du Plateau central, soit pendant l'époque houillère et permo-houillère, soit pendant l'époque permienne. Mais les phénomènes associés d'origine interne présentent une importance plus grande, et c'est à ces phénomènes qu'il faut attribuer les formations des bancs calcaires et peut-être des couches bitumineuses, ainsi que le fait encore plus général et plus persistant de la coloration des sédiments.

CLASSIFICATION DES NIVEAUX HOUILLERS ET PERMIENS DU SUD.

De l'étude comparative qui précède, on peut conclure à la succession suivante, applicable à toute la région sud et sud-ouest du Plateau central (Limousin, Rouergue, Cévennes et Montagne Noire), savoir :

5. Grès rouges.
4. Grès et schistes à *Walchia*.
3. Calcaires et schistes à poissons.
2. Grès rouges inférieurs et grès houillers récents.
1. Grès houillers anciens.

Les grès houillers anciens peuvent être, comme je l'ai déjà fait remarquer, d'âge varié, depuis l'âge des couches inférieures des Cévennes jusqu'à celui des couches moyennes et sous-supérieures de Saint-Étienne.

Grès houillers récents et grès rouges inférieurs. — Les grès houillers récents et les grès rouges qui, dans le bassin de Brive, s'y substituent en partie, représentent des couches de passage du houiller supérieur au permien inférieur. La flore connue est en très grande partie houillère; on n'y rencontre d'espèces permiennes que dans la partie supérieure de certains grès à facies houiller du bassin de Brive, et ces espèces sont en petit nombre. La faune connue, qui n'est pas très riche, est celle des schistes inférieurs d'Autun.

Ce que cet étage présente d'intéressant, c'est le changement de facies qui s'opère dans le bassin de Brive. Dans l'Aveyron, le houiller passe bien supérieurement au facies permien; mais, à Brive, le passage se fait aussi latéralement, et la partie supérieure de la zone, sauf à Cublac, ne présente plus qu'un facies complètement permien.

La présence du facies permien dans des couches plus anciennes que les schistes inférieurs du permien n'a rien qui doive étonner.

Dans la Nouvelle-Écosse (Canada), les grès rouges avec argiles rouges et vertes débutent dès l'anthracifère et se poursuivent jusqu'au permien.

Dans le bassin de la Sarre qui, à en juger par les travaux de Weiss[1], est celui dont les caractères se rapprochent le plus de ceux du bassin de Brive, les grès houillers de Sarrebrück, classés dans le houiller moyen, contiennent quelques grès rouges dans la zone inférieure et sont constitués, dans la zone supérieure, par une puissante série de grès rouges et violacés.

Je synchronise, dans l'étage de passage du houiller au permien, les grès houillers de Cublac et de Chabrignac, etc., les grès rouges inférieurs de Brive, ou partie de ces grès rouges, les grès houillers des vallées du Lot et de l'Aveyron (département de l'Aveyron), le système de Bourran à Decazeville et la zone supérieure des grès de Camplong, du bassin de Graissessac.

Couches à Walchia et à poissons. — Les calcaires et les schistes bitumineux d'une part, et les grès et les schistes à *Walchia* d'autre part, forment deux niveaux bien nets et bien constants, dont l'ordre de succession est invariable, mais dont les épaisseurs relatives varient, indépendamment de l'épaisseur totale. Il est d'ailleurs difficile d'établir une démarcation précise, et,

---

[1] De Lapparent, *Traité de géologie*, 1re édit., p. 754. — Credner, *Traité de géologie*, p. 449.

pour ces deux raisons, je crois qu'il convient, au point de vue pratique, de réunir les deux niveaux dans un même étage.

Bien que j'aie mis les calcaires et schistes de Saint-Antoine et les grès à *Walchia* de Brive au même niveau que les couches à *Walchia* de l'Aveyron et du Gard, cependant je ne crois pas qu'on soit en mesure, avec les données actuelles, d'établir un synchronisme exact dans le détail des couches. Il est possible, par exemple, que les couches inférieures des schistes et calcaires ne soient pas exactement du même âge à Brive et dans le sud, et que, dans cette dernière région, ces couches soient un peu plus anciennes.

S'il en était ainsi, l'étage des couches à *Walchia* comprendrait à Brive la zone supérieure des grès rouges inférieurs. J'ai, au reste, fait remarquer que la séparation entre les deux formations est assez incertaine et qu'aucune transgression n'est observable.

Quoi qu'il en soit, c'est là une question de détail : l'étage des couches à *Walchia* et à poissons reste caractérisé, dans l'ensemble, par l'absence du facies houiller et du facies des grès rouges (sauf à Hautefort), et surtout par l'extension des dépôts et les caractères particuliers de la sédimentation chimique. La flore, très riche, comprend, avec un certain nombre d'espèces houillères, un très grand nombre d'espèces réputées permiennes.

Le niveau de Lodève dans le Gard, celui de Gages dans l'Aveyron, les grès du Gourd-du-Diable et d'Objat et les calcaires de Saint-Antoine dans la Corrèze sont des types de l'étage des couches à *Walchia*.

Dans cet étage, le niveau inférieur est partout caractérisé par le développement des bancs calcaires et des schistes avec débris de poissons, tandis que le niveau supérieur correspond au développement des grès et des schistes à empreintes végétales. Ce sont là seulement des différences de facies, qui, je le répète, ne paraissent pas suffisantes pour démembrer l'étage.

Grès rouges. — Les grès et argiles rouges forment un étage bien net, quoique, dans la Corrèze, on puisse observer quelques récurrences du facies schisteux autunien. L'épaisseur paraît être assez uniformément de 5oo mètres. Les couches sont très pauvres en empreintes; on n'y a recueilli que les espèces suivantes :

Tylodendron speciosum, Weiss (gare de Brive), d'après M. Zeiller.
Alethopteris salicifolia, Fish. (Aveyron), d'après M. Bergeron.
Voltzia heterophylla (Aveyron), d'après MM. Fabre et de Saporta.

C'est là tout ce qui reste d'une époque où la végétation a dû être cependant aussi active qu'aux époques antérieures.

M. Bergeron attribue la rareté des empreintes dans les grès rouges à ce fait, que ces grès devaient se déposer au sein d'eaux fort agitées, tandis que les schistes permiens se seraient déposés dans des eaux profondes, sans courants violents.

Je serais plutôt disposé à croire que les réactions chimiques qui ont donné naissance à la coloration rouge des roches se sont opposées à la conservation des tissus végétaux pendant un temps suffisant pour la fixation des empreintes. L'absence de galets et de trace de ravinements, la régularité des couches, la nature argileuse des sédiments, leur composition uniforme, excluent l'action de courants violents, et si la différence des conditions de sédimentation des schistes permiens et des grès rouges doit être cherchée dans la plus ou moins grande profondeur des eaux, il me semblerait plus naturel d'admettre que les schistes se sont déposés dans une plus faible profondeur d'eau que les sédiments du Rothliegende supérieur; dans le bassin de Brive, ils contiennent fréquemment des galets, tandis que les grès rouges sont des sédiments plus fins, souvent totalement argileux.

Des grès grossiers, graveleux, terminent, dans le sud, le dépôt des grès rouges : ce sont les grès de la Ramière et de Villecomtal.

BASSINS DU NORD DU PLATEAU CENTRAL.

Les bassins qui entourent le Plateau central au nord et à l'est sont au nombre de quatre. Ce sont les suivants, de l'ouest à l'est :

1° Le *bassin de l'Allier*, étudié à Commentry par MM. Fayol [1] et de Launay [2], à Bourbon-l'Archambault par M. de Launay [3], à Decize par M. Busquet [4];

2° Le *bassin d'Autun*, étudié par M. Delafond [5];

3° Le *bassin du Creusot*, qui affleure de Bert à Charrecey et dont M. Dela-

---

[1] Fayol, *Étude sur le terrain houiller de Commentry*, 1886.

[2] De Launay, *Les dislocations du terrain primitif dans le nord du Plateau central*, 1888.

[3] Id., *Étude sur le terrain permien de l'Allier*, 1888.

[4] Id., *ibid.*, p. 33.

[5] Delafond, *Bassin houiller et permien d'Autun et d'Épinac*, 1889.

fond a commencé l'étude[1]. Il est bon de noter que ce bassin, qui ne paraît pas s'étendre au sud-ouest sur le Plateau central[2], se prolonge au nord-est, par l'affleurement de la Serre, jusqu'à Giromagny, près de Belfort, séparant le Jura des Vosges;

4° Le *bassin de Saint-Étienne* (j'omets le petit bassin de Sainte-Foy-Largentière) étudié par MM. Gruner[3], Grand'Eury[4] et Termier[5], qui se prolongerait jusque vers le Jura.

Je serai très bref sur la description de ces bassins; bien qu'ils aient été étudiés avec le plus grand soin et qu'ils aient fait l'objet de travaux remarquables, particulièrement de la part de MM. Grand'Eury et Fayol, il manque encore une étude d'ensemble. Si, dans leurs traits généraux, ces bassins sont semblables, ils diffèrent grandement par les détails, ce qui n'est pas le cas des bassins du sud.

Ces traits généraux sont les suivants :

À la base, grès houillers d'âges variés;

Dans la partie moyenne, grès gris à empreintes, calcaires, schistes bitumineux et houille;

Dans la partie supérieure, grès rouges.

Les grès houillers les plus anciens se présentent dans certaines régions des bassins de Saint-Étienne (grès de Rive-de-Gier) et d'Autun (couches d'Épinac). Les grès houillers de la zone moyenne sont représentés par les couches de Saint-Étienne, peut-être par les grès et poudingues d'Épinac, et par les grès inférieurs du bassin du Creusot.

Les grès houillers récents sont caractérisés par ceux de Commentry (avec *Calamites gigas*); on peut y rattacher aussi les grès de Buxière-la-Grue, dans le Bourbonnais, les couches du Grand-Moloy, à Autun, les grès supérieurs du bassin du Creusot, notamment à Bert, et les couches du Bois-d'Avaize, à Saint-Étienne.

---

[1] Delafond, *Observations sur le bassin de Blanzy et du Creusot*, 1890.

[2] Le chenal houiller de Decazeville à Decize est évidemment distinct du bassin du Creusot; mais il est possible que ce dernier bassin, suivant l'hypothèse de M. Bertrand, se prolonge par la Limagne et les dépôts de Brassac.

[3] Gruner, *Travaux divers sur la géologie du département de la Loire*.

[4] Grand'Eury, *Flore carbonifère du département de la Loire*, etc., 1878.

[5] Termier, *Étude sur le massif cristallin du mont Pilat*, 1889.

Ces grès houillers récents sont en relation plus ou moins directe avec les schistes permiens.

Les couches moyennes, grès et schistes, dont M. Hébert a fait l'étage autunien, sont fort développées; à Autun, leur épaisseur totale, d'après M. Delafond, serait de 1,100 à 1,200 mètres, si les différentes couches présentaient leur maximum d'épaisseur au même point. Dans le bassin du Creusot, elles sont aussi fort développées, mais elles s'atrophient graduellement vers l'ouest dans le bassin de l'Allier, et paraissent passer latéralement aux grès de Bourbon-l'Archambault; les couches de la base sont cependant encore représentées à Buxière par des schistes bitumineux.

M. Delafond établit trois subdivisions dans les schistes d'Autun, savoir :

> 3. *Étage de Millery.* — Schistes avec quelques bancs de grès et schistes bitumineux. Flore franchement permienne (*Walchia* et *Callipteris*). Épaisseur, 400 mètres (?).
>
> 2. *Étage de la Comaille-Chambois (schistes de Muse).* — Grès gris avec schistes bitumineux et couches de houille. Épaisseur, 300 à 350 mètres. Flore houillère et permienne.
>
> 1. *Étage d'Igornay-Lally (schistes d'Igornay).* — Grès gris et poudingues avec quelques bancs calcaires et schistes bitumineux à la base. Épaisseur, 400 mètres environ. Flore houillère dans son ensemble, mais avec quelques rares *Callipteris.*

Les relations précises des schistes autuniens entre eux et avec le houiller laissent encore place à quelques doutes, en raison des difficultés d'observations.

A Commentry, le houiller est recouvert par les arkoses de Cosne qui me paraissent constituer un faciès spécial d'une partie des schistes autuniens, mais dont le niveau dans le permien ne peut être plus exactement déterminé.

A Autun, les schistes d'Igornay reposent, à l'ouest du Grand-Moloy, sur des tufs porphyriques anciens, et M. Delafond en conclut leur transgressivité par rapport aux grès houillers. Dans le bassin du Creusot, à Montceau, Saint-Bérain et Bert, il y a concordance entre les grès houillers supérieurs et les schistes autuniens inférieurs, et passage graduel d'une formation à l'autre.

M. Delafond rappelle que, lors de la réunion de la Société géologique à Autun, il fut admis presque unanimement que les schistes autuniens devaient être rattachés au terrain houiller. Aujourd'hui, on est revenu sur cette opinion et l'on cherche à établir une séparation tranchée entre les grès houillers et les schistes autuniens.

Si cette séparation est justifiée pour les grès de la Comaille et les schistes

de Millery, on peut se demander s'il en est de même pour les schistes d'Igornay. La variation très considérable d'épaisseur des schistes autuniens, du bassin d'Autun à celui de l'Allier, et la concordance qu'on observe, au moins
en quelques régions, entre le niveau d'Igornay et les grès houillers, seraient
des raisons pour se demander si les schistes d'Igornay ne représentent pas
en tout ou en partie, avec un facies spécial, les grès houillers les plus récents. En tout cas, la distinction en deux niveaux demeure douteuse.

Le même doute se présente au sujet des relations entre les grès rouges
et les schistes autuniens supérieurs. Dans le bassin de l'Allier, les grès rouges,
faiblement représentés, paraissent reposer en concordance sur les grès de
Bourbon. Dans le bassin d'Autun, M. Delafond pense qu'il y a discordance
entre les schistes et les grès rouges toujours faiblement représentés, parce
que les grès rouges reposent à l'est sur des poudingues assimilés au niveau
d'Igornay, au centre sur les grès de l'étage moyen et à l'ouest sur les schistes
de Millery. Mais ce fait pourrait aussi s'expliquer par un passage latéral
des schistes de Millery aux grès rouges, passage qui a pu échapper aux
observations, car, dans le bassin si recouvert d'Autun, il ne paraît pas facile
de suivre les couches, et, comme le rappelle M. Delafond au sujet des
failles, on ne peut arriver, en cette matière, à des conclusions certaines.
J'ai cité, au reste, des faits analogues dans le bassin de Brive, à savoir : le
passage latéral si rapide des grès houillers aux psammites du Lardin (passage qui se fait sur un ou deux kilomètres de longueur), celui des grès houillers aux grès rouges et celui des calcaires et couches à *Walchia* aux grès
rouges.

Dans le bassin du Creusot, les grès rouges sont plus développés qu'ailleurs,
et leur épaisseur dépasse en effet 370 à 400 mètres; ils reposent sur environ 500 mètres de grès gris, parfois rougeâtres ou verdâtres, et ceux-ci reposent sur des schistes à *Walchia* et à *Callipteris*. On ne peut s'empêcher de
remarquer l'identité de cette succession avec celle observée dans le bassin de
l'Allier, et même avec celle que j'ai résumée, en ce qui concerne les bassins
du sud du Plateau central. Quoi qu'il en soit, je rappelle que les grès rouges
du Creusot reposent en concordance sur les schistes autuniens et qu'ils passent
même graduellement à ces couches.

En définitive, il ne me paraît pas nettement établi que les schistes et grès
autuniens, dans leur zone supérieure, ne puissent pas être l'équivalent des
couches inférieures des grès rouges des bassins où les schistes sont peu déve-

loppés. Ce serait là un fait qui ne peut être considéré comme exceptionnel, puisque, dans le bassin de Brive, les grès rouges contiennent des intercalations de couches dont le facies est très voisin de celui des schistes d'Autun (calcaires, schistes bitumineux, grès et schistes gris, empreintes avec débris de poissons, etc.).

Dans le cas où les étages divers du permien au nord du Plateau central ne seraient pas discordants entre eux, on voit que l'étage autunien d'Hébert, à Autun, appartiendrait par sa base au niveau des grès houillers récents (Commentry, le Grand-Moloy, etc.), et par sa partie supérieure au niveau inférieur des grès rouges de Blanzy. Les grès de Bourbon, les schistes de Muse et les grès gris et rougeâtres de Blanzy représenteraient donc le niveau intermédiaire entre les grès houillers récents et les grès rouges, c'est-à-dire l'étage permo-houiller.

Il est à peine besoin d'insister sur le caractère purement hypothétique de ces conclusions : j'ai simplement tenu à faire des réserves sur l'étage autunien d'Autun dont l'unité ne paraît pas suffisamment démontrée.

Au point de vue des mouvements subis par la région du Plateau central, dans le cours des périodes géologiques, on a pu parvenir à des résultats assez précis.

M. de Launay rapporte les mouvements qui ont précédé l'époque du houiller supérieur à trois périodes, auxquelles correspondent les venues granitiques, granulitiques et microgranulitiques. Ces mouvements, semblables à ceux du sud du Plateau central, consistent en refoulements ou déplacements horizontaux, puisqu'ils se sont traduits par des plissements des couches cristallines.

M. de Launay et M. Delafond sont d'accord pour reconnaître qu'il s'est produit des mouvements contemporains de la période houillère et permienne. La forte épaisseur des sédiments, le changement de facies du houiller supérieur au grès rouge et l'extension de plus en plus grande des dépôts successifs sont des raisons qui portent à penser qu'il y a eu, ou affaissement plus ou moins continu [1], ou transgression des eaux. C'est ainsi que les terrains houillers anciens n'apparaissent qu'en un petit nombre de points de la bordure cristal-

---

[1] M. Delafond signale une grande discordance entre les grès rouges de Blanzy et les grès houillers et les schistes autuniens qui surmontent ces grès houillers. Il me paraît plutôt que les faits décrits par M. Delafond (*Bassin de Blanzy et du Creusot*, p. 14) s'expliquent tout naturellement par des failles post-permiennes.

line, que les terrains houillers récents, et les schistes qui leur sont peut-être contemporains, existent partout sur cette même bordure, et qu'enfin les grès rouges s'étendent transgressivement par rapport aux couches autuniennes : à la Serre, les grès rouges reposent sur les schistes cristallins; à Ronchamp, ils débordent le houiller.

Il y a eu aussi, comme le fait observer M. Delafond, de grands mouvements entre le dépôt des grès rouges et celui des grès du trias. Non seulement ces mouvements se sont manifestés par des failles, mais encore par des compressions latérales très prononcées, qui s'observent surtout dans le bassin du Creusot. M. Bertrand a fait remarquer qu'il existe des preuves de semblables mouvements dans certains bassins de l'intérieur du Plateau central.

Il semble bien que ces mouvements de plissement permo-triasiques aient été surtout marqués à l'est. Dans le bassin d'Autun, on ne constate pas d'actions aussi énergiques. Dans celui de l'Allier, les mouvements de cette époque paraissent s'être réduits à de simples déplacements verticaux, qui n'ont même pas entraîné de discordance apparente entre les grès permiens et ceux du trias.

Conclusions. — Dans l'hypothèse que j'ai émise au paragraphe précédent, la ressemblance entre les dépôts houillers et permiens du nord et du sud du Plateau central serait très marquée :

1° A la base, seraient les grès houillers supérieurs anciens (Épinac, Saint-Étienne et Rive-de-Gier, les Cévennes, Champagnac et Auzits à Decazeville, Carmaux, Graissessac, Neffiez, etc.);

2° Au-dessus, et en transgression, un étage de grès récents qui comprendrait : *a*) des couches à faciès houiller (Commentry, le Grand-Moloy, couches supérieures de Montceau, série du Bois-d'Avaize, couches de Bourran à Decazeville, grès de Najac et de la Guépie, grès houillers supérieurs de Réalmont, grès houillers des bassins de Rodez et de Requista, grès supérieurs de Camplong, peut-être aussi ceux de Neffiez, et grès houillers de Brive); *b*) des couches à faciès autunien ou à faciès permien, surtout vers la partie supérieure de l'étage (schistes d'Igornay, de Buxière, de Montceau, schistes inférieurs de Bert et grès rouges inférieurs de Brive);

3° A la partie moyenne et en transgression par rapport au second étage, des schistes, grès, calcaires et schistes bitumineux, avec empreintes végétales et *Walchia* abondantes dans le sud (grès de Bourbon, arkose de Cosne (?), schistes de Muse, grès rougeâtres de Blanzy, couches à poissons et à *Walchia* de la Corrèze, du Rouergue et de la Montagne Noire;

4° Enfin, à la partie supérieure et en transgression très grande par rapport à l'étage précédent, des grès et argiles rouges avec quelques accidents à faciès autunien (schistes de Millery, grès rouges de l'Allier, d'Autun, de Blanzy, de Brive, de Rodez, de Camarès, etc.).

Cette succession est celle qu'on observe dans le bassin de la Sarre. Je rappelle ici la coupe de ce bassin :

4. *Grès rouge.* Grès rouges, argilolites, conglomérats, avec mélaphyres.

3. *Couches de Lebach.* Argiles schisteuses à *Walchia* et couches de houille (poissons et reptiles).

2. *Couches de Cusel.* Couches à flore mixte, grès gris et lits calcaires (*Calamites gigas* et *Callipteris conferta*).

1. *Couches d'Ottweiler.* Schistes gris houillers, grès feldspathiques, houille et quelques traces calcaires. Flore du houiller supérieur. Reposent sur les grès de Sarrebruck, du houiller moyen.

Les dépôts compris entre les grès du trias et les couches du houiller moyen pourraient donc être distribués en quatre étages, qui, suivant la nomenclature allemande, doivent porter les noms suivants :

4. *Rothliegende supérieur* (grès rouges).

3. *Rothliegende moyen* (grès et schistes à *Walchia* et à poissons).

2. *Rothliegende inférieur* (grès, conglomérats, schistes, à faciès houiller ou permien).

1. *Houiller supérieur* (grès à faciès houiller, très rarement à faciès permien, contenant une flore exclusivement houillère).

Dans cette classification, le Rothliegende inférieur comprendrait donc des couches qui ont été rattachées, suivant leur faciès, tantôt au terrain houiller supérieur, tantôt au permien, mais qui, néanmoins, considérées dans leur ensemble, seraient synchroniques.

Je n'examinerai pas d'ailleurs, ici, le point de savoir à quel niveau doit être placée la limite du permien et du houiller, et s'il convient de la faire passer à la base, à la partie supérieure ou même dans la partie moyenne du Rothliegende inférieur. C'est une question qui, si elle comporte une solution, ne peut être résolue qu'en tenant compte de l'ensemble des formations permiennes et houillères de différents faciès, et en différents points du globe.

Quant à la convenance de réunir dans un même étage des formations qui ont été classées dans des étages différents, elle repose simplement, en partie sur les faits observés dans les bassins du sud du Plateau central et en partie sur l'hypothèse que j'ai émise au sujet des bassins du nord. C'est pourquoi, afin de ne pas paraître trancher définitivement la question, j'ai eu le soin, dans le cours de ce travail, de désigner l'ensemble des couches dont il s'agit sous le nom d'étage *permo-houiller,* expression qui peut être prise dans les deux sens, soit celui d'une série unique, soit celui de deux sous-étages, l'un houiller, l'autre permien.

Sous la réserve précédente, les résultats qu'on peut tirer de la comparaison des bassins du nord et du sud du Plateau central seront résumés comme il suit, abstraction faite des questions de nomenclature :

1° Les couches les plus anciennes postérieures aux grands mouvements du Plateau central sont des grès appartenant à l'époque du houiller supérieur;

2° Les grès houillers plus récents se sont déposés en transgression sur les premiers. Les grès du sud sont synchroniques des grès du nord et peut-être aussi des schistes inférieurs d'Autun;

3° Les couches à *Walchia* du sud correspondent au niveau des schistes d'Autun, mais n'en représentent peut-être que la partie moyenne;

4° Les grès rouges du sud représentent les grès rouges du nord et peut-être, dans leur zone inférieure, les schistes supérieurs d'Autun;

6° Il y a eu, pendant le dépôt des grès houillers et permiens, des mouvements ou du terrain ou des eaux; ces mouvements se sont traduits par des transgressions de chaque étage par rapport au précédent et par l'accumulation, surtout à Autun, d'une grande épaisseur de sédiments au même point;

7° Il y a eu, après le dépôt des derniers grès permiens, de grands mouvements qui ont consisté en plissements plus ou moins marqués des terrains dans la région du nord-est et de l'est, et qui se sont résolus en failles ou en simples affaissements à l'ouest et au sud-ouest [1];

8° Les grès permiens les plus récents paraissent être les grès de la Ramière (Corrèze) et de Villecomtal (Aveyron) et sont peut-être contemporains du Zechstein;

9° Les actions hydrothermales se sont manifestées principalement dans

[1] Cf. de Launay, *Étude sur le terrain permien de l'Allier,* p. 3o1.

la dernière période, mais elles ont débuté, à Brive, dès le dépôt des grès houillers récents ;

10° Les éruptions de roches contemporaines des grès houillers récents et des grès permiens se sont localisées, dans le sud, surtout aux environs de Figeac ; elles sont fort peu importantes, comparées aux éruptions du même âge dans les Vosges et en Allemagne.

GÉOGÉNIE.

C'est une question intéressante de savoir quelles ont été les conditions générales qui ont déterminé le dépôt des sédiments houillers et permiens. Depuis quelques années, on commence à être assez bien fixé sur ce point, au moins en ce qui concerne les dépôts houillers du centre.

Formation des dépôts houillers. — A l'exception de quelques géologues peu écoutés, qui subordonnaient les théories aux faits, on expliquait autrefois la formation des dépôts houillers, et notamment de la houille, par des circonstances tout à fait spéciales à l'époque houillère : composition anormale de l'atmosphère, conditions météorologiques exceptionnelles, puissance extraordinaire de la végétation et surtout extrême mobilité du sol, dont les mouvements devaient rendre compte de toutes les variations de composition des assises superposées.

Aujourd'hui, l'hypothèse relative aux conditions exceptionnelles climatériques, dernier reste de la théorie des cataclysmes, survit encore, bien qu'elle ait été combattue par divers géologues et notamment par Neumayr [1], mais on s'accorde généralement, depuis peu, à reconnaître la stabilité du sol pendant l'époque houillère.

D'une part, le professeur Suess a systématisé nos connaissances orogéniques, et l'attention a été alors appelée sur ce fait, qu'à l'époque houillère la partie centrale de la France, notamment, constituait une région continentale montagneuse analogue aux Alpes [2].

D'autre part, M. Fayol, par ses études remarquables sur le bassin de Commentry, a établi le même fait par d'autres voies et il a montré que, confor-

[1] *Ueber Klimatische Zonen während der Jura und Kreidezeit,* 1883.

[2] Cf. Bertrand, *La chaîne des Alpes et la formation du continent européen.* — *Les bassins houillers du Plateau central de la France.* — *Distribution géographique des roches éruptives en Europe.*

mément aux principes généraux soutenus par l'école de Lyell et de Constant
Prévost, les dépôts houillers du Plateau central se sont effectués dans des conditions analogues à celles qui sont encore réalisées actuellement en plusieurs
points du globe, c'est-à-dire par voie d'apports fluviaux ou torrentiels, dans
des lagunes ou lacs, de matériaux arrachés aux régions émergées et soumises,
par conséquent, à la dénudation, celle-ci s'exerçant dans les conditions nor-
males que nous connaissons.

M. Bergeron, dans son travail sur le Rouergue et la Montagne Noire, a fait
ressortir les faits spéciaux à cette région, qui justifient la théorie de M. Fayol,
et, dans la description que j'ai donnée du bassin de Brive, on peut reconnaître la plupart des traits signalés par M. Fayol à Commentry et la ressemblance générale des conditions de formation des deux bassins. La seule différence essentielle tient, c'est du moins ce que je suppose, non pas au mode
d'apport des matériaux, mais à la configuration du bassin de dépôt; tandis
que les dépôts de Commentry se sont faits dans un petit lac, dépression uniquement remplie par les eaux fluviales, le bassin de Brive devait communiquer
avec les eaux du large et constituait plutôt un golfe qu'une lagune isolée;
c'est ainsi que des dépôts d'origine interne, tels que les calcaires, ont pu se
développer dans la masse détritique, et que celle-ci porte les marques des
autres actions hydrothermales. A ce point de vue, le bassin de Brive est comparable aux bassins de l'Allier, d'Autun, du Creusot, de la Sarre, etc.

Formation des dépôts permiens. — Si les conditions de formation des dépôts
à faciès houiller sont aujourd'hui bien connues, grâce à M. Fayol, celles qui
ont accompagné les dépôts à faciès permien n'ont pas encore été l'objet d'é-
tudes suivies, et les hypothèses qu'on pourrrait faire à ce sujet ne se trouveraient peut-être pas suffisamment appuyées sur les faits.

L'absence, dans les sédiments permiens, d'organismes marins ne prouve
pas, comme l'a fait remarquer M. Gosselet [1] au sujet de dépôts analogues,
que ces sédiments appartiennent à des dépôts d'eau douce, de même que leur
grande extension et leur forte épaisseur ne prouvent pas qu'ils se soient effectués dans des eaux profondes ou dans la mer. L'origine de ces dépôts est continentale, et leur coloration est due à des actions hydrothermales; c'est là
tout ce qui est établi jusqu'à présent. Les dépôts d'origine interne : calcaire,

[1] *Bulletin de la Société géologique* [3], I, p. 417.

silice, hydrocarbures, sont surtout développés dans la formation autunienne; bien qu'ils existent aussi dans les grès rouges et les grès houillers, ils y sont rudimentaires; mais l'explication de la différence de sédimentation qui sépare les schistes autuniens et grès à *Walchia* des grès rouges et des grès et schistes houillers n'a pas encore été donnée.

Changements des conditions de sédimentation. — Pour rétablir l'histoire d'une période telle que la période permo-carbonifère de l'Europe centrale, il ne suffit pas de connaître les conditions de formation des dépôts de divers faciès, il faut encore connaître les causes qui ont présidé aux différents changements de faciès dans le temps, et surtout à l'établissement du régime nouveau; il s'agit de savoir quels sont les changements qui ont déterminé le dépôt des premiers sédiments en un point donné sur le substratum, et ceux qui, dans la suite, ont fait varier les conditions de sédimentation. Il y a là des phénomènes brusques [1], qui doivent être expliqués par des changements brusques (ce qui n'exclut pas la lenteur des causes profondes, mais ce qui implique une rupture de l'état d'équilibre).

On a fait à ce sujet diverses hypothèses [2], et l'on a supposé, tantôt un développement graduel de l'importance des cours d'eau ou de nouvelles conditions climatériques, etc., tantôt des mouvements orogéniques.

La première de ces hypothèses se concilie mal, à mon avis, avec les faits observés autour du Plateau central, et d'ailleurs, à l'époque du houiller supérieur, le régime hydraulique devait être fixé depuis longtemps.

C'est évidemment l'hypothèse des mouvements orogéniques (ou des transgressions marines) qui, seule, peut rendre compte des changements qui ont marqué les débuts de la période houillère. Dans la théorie de M. Fayol, ainsi que l'a fait remarquer M. de Lapparent, on ne nie pas la possibilité de tels mouvements, on refuse seulement d'attribuer au sol une mobilité, une instabilité telle qu'on puisse expliquer par elle la formation des couches de houille. Les mouvements dont il est question ne peuvent être que des mouvements très lents, au sens absolu du mot, et surtout distancés dans le temps et séparés par des périodes pendant lesquelles le sol ou les eaux ne subissaient

[1] Je prends le mot *brusque* dans un sens relatif; je veux simplement dire que la durée d'établissement d'un nouveau régime a été, sauf en quelques points, beaucoup plus courte que la durée des dépôts constituant une division géologique : étage, sous-étage ou zone.

[2] Cf. notamment Bertrand, *Les bassins houillers du Plateau central de la France*, 1888.

aucun déplacement ou ne subissaient que des déplacements encore plus lents.

Les changements brusques auxquels j'ai fait allusion sont de deux sortes : ce sont, soit des mouvements de plissements de la masse solide, soit des modifications dans le niveau général des eaux par rapport au continent, et ces modifications peuvent elles-mêmes être causées soit par un affaissement de certaines parties de la masse émergée, soit par ces transgressions marines et d'eau douce sur lesquelles le professeur Suess a appelé l'attention du monde savant, soit par la combinaison de ces deux ordres de phénomènes.

Hypothèse du déplacement des rivages. — Je ne veux pas ici entrer dans la discussion de ces différentes hypothèses, discussion qui exigerait une connaissance approfondie de tous les bassins permiens de l'Europe centrale; je me contenterai d'indiquer que l'hypothèse qui implique seulement un changement dans la position des rivages, que ce changement soit dû à un affaissement du sol ou à une transgression des eaux, me paraît être celle qui rend le mieux compte de l'établissement des régimes permo-houiller et permien dans la région du sud-ouest du Plateau central. Dans cette hypothèse, les dépôts houillers ne peuvent être considérés comme remplissant des lacs ou bassins isolés et indépendants, et les dépôts d'un même âge ont dû s'effectuer à la même altitude dans des bassins, rivières ou chenaux communiquant avec le large.

Il est certain, en tout cas, que les dépôts houillers n'ont pas été déterminés, comme on l'a supposé parfois, par un retrait des eaux, mais au contraire par leur envahissement, qui s'est ensuite de plus en plus prononcé, comme l'atteste l'extension croissante des dépôts, extension reconnue d'après la position conservée des rivages. Tandis que les dépôts houillers anciens et récents sont, le plus souvent, étroitement localisés, les premiers dépôts permiens viennent recouvrir de vastes espaces, et les dépôts des grès rouges ont couvert des régions encore plus vastes.

Les recherches déjà faites en divers points du Plateau central tendent à prouver que ce massif est de consolidation très ancienne et qu'il formerait une apophyse de la chaîne calédonienne; plus tard, il aurait été plus ou moins remanié par les plissements hercyniens, en même temps que se dressait la Montagne Noire. Il devait constituer une région montagneuse émergée depuis la fin de la période dévonienne.

Les érosions se sont donc exercées pendant une longue durée sur ce continent assez profondément plissé, et elles n'ont pu manquer de creuser des vallées profondes, en relation nécessairement avec les directions des plissements, ainsi que l'ont fait remarquer MM. Bertrand et de Launay[1]. Ces phénomènes de dénudation se sont poursuivis jusque pendant la période du houiller moyen, mais à la fin de cette période, et dans l'hypothèse où je me place, les eaux ont commencé à envahir la région sud du Plateau central et ont rempli quelques-unes des dépressions les plus profondes; c'est ainsi que se sont formés les dépôts houillers de Graissessac, Carmaux, Auzits, etc. Dans la région orientale, cet envahissement des eaux a été accompagné de mouvements de plissements; dans la région occidentale, on n'observe guère que des mouvements verticaux, des affaissements.

Le niveau des eaux paraît avoir subi une ou plusieurs oscillations; c'est seulement ainsi qu'on peut s'expliquer l'allure actuelle des couches anciennes de Decazeville. Puis, l'envahissement des eaux s'accentuant, leur niveau s'est élevé dans les dépressions qu'elles occupaient déjà, et elles ont, de plus, rempli de nouvelles dépressions, moins profondes que les précédentes. C'est alors que se sont formés les dépôts houillers récents ou permo-houillers, notamment celui du bassin de Brive.

A partir de l'époque permo-houillère, il y a concordance entre les couches successives dans la région sud et sud-ouest du Plateau central, qui est la seule que je considère ici; mais chaque étage couvre une surface plus grande que l'étage précédent. L'envahissement des eaux s'est donc prononcé de plus en plus, souvent graduellement, et aussi par saccades; il ne paraît pas toutefois que la profondeur ait beaucoup augmenté au large, et M. Bertrand l'a rappelé, le régime marin et pélagique du houiller et du permien ne s'est pas étendu jusqu'à la France. Ce régime n'existait, à l'époque houillère, que jusqu'en Carinthie, et à la fin de l'époque permienne, que jusqu'au sud du Tyrol; les dépôts de la France centrale sont toujours restés continentaux.

Cependant, à l'époque des grès rouges, l'extension des eaux a été considérable; au début, elles couvraient déjà tout le Rouergue, entouraient les Cévennes et s'étendaient aussi sur le Quercy et le Bas-Limousin[2]. Plus tard, les eaux ont peut-être envahi une grande partie du Plateau central et des Cévennes; je suis d'autant plus disposé à le croire, que les couches moyennes

---

[1] Voir notamment de Launay, *Les dislocations du terrain primitif*, etc., p. 1058.

[2] Bergeron, *op. cit.*, p. 322. — Fabre, *Le permien dans l'Aveyron, la Lozère, le Gard et l'Ardèche*, p. 25.

des grès rouges, qui sont les plus développées, ne présentent nulle part l'indice d'un rivage, et qu'au centre même du plateau, à Saint-Solve, dans le
Mont-Dore, j'ai vérifié l'existence d'un dépôt de grès rouges, grossiers, il est
vrai. Par cette extension des grès rouges, on s'expliquerait mieux la conservation des dépôts houillers de l'intérieur du Plateau central, car les érosions
n'auraient commencé à attaquer ces dépôts qu'à une époque toute récente.

Dans l'hypothèse de vastes bassins permiens au centre de la France, la
masse continentale serait à l'ouest, occupant l'Aunis, la Saintonge, le Poitou
et la Bretagne, toutes régions où il n'existe pas trace de dépôts permiens.

La fin de la période permienne a été marquée par un retrait des eaux,
suivi d'affaissements à l'ouest et de plissements au sud, derniers phénomènes
hercyniens [1] qui ont dû modifier assez profondément la topographie et pré-
parer le régime de la sédimentation triasique.

La région du sud-ouest est alors restée émergée pendant un temps considérable, et ce n'est que vers la fin du trias que des dépôts continentaux se
sont formés dans le Quercy et le Bas-Limousin, accompagnés de venues siliceuses peu importantes et rapidement suivis par les dépôts marins de la période jurassique. Ceux-ci ont dû couvrir, à une certaine époque et peut-être
dès l'époque du lias, la surface précédemment occupée par les dépôts permiens,
le continent se maintenant toujours à l'ouest. Mais l'étude de ces changements appartient à l'histoire de la période secondaire, et je me contenterai de
rappeler que, dans la région du sud-ouest (Quercy, Limousin et Périgord),
les érosions avaient déjà fait disparaître complètement une grande proportion
des dépôts permiens, avant le dépôt des premières couches triasiques, formées elles-mêmes, en partie, aux dépens des sédiments permiens restants.

[1] C'est probablement à cette époque qu'il faut rattacher les remplissages filoniens métallifères
de Chabrignac, etc.

CHAPITRE IX.

EXPLOITATIONS ET RECHERCHES.

———

Le bassin de Brive ne comprend que quatre concessions de mines de houille, celles du Lardin, de Cublac, de Saint-Bonnet-la-Rivière et d'Argentat. Divers travaux de recherches ont été exécutés en d'autres points de la région, mais n'ont pas donné de résultats.

Je décrirai successivement chaque concession, avec les recherches qui s'y rattachent, et j'examinerai à part les travaux de recherches qui n'ont pas abouti à une concession.

Je terminerai par l'indication des exploitations autres que celles qui ont pour objet l'extraction de la houille.

Concession du Lardin. — Dès 1769, des fouilles furent pratiquées au Lardin, commune de Beauregard, par le marquis de Rastignac qui, à la date du 11 juin 1770, reçut une autorisation d'exploitation portant sur 1500 toises carrées de terrain.

Une autre autorisation du 22 mai 1788, délivrée au profit du sieur Chapt de Rastignac, avait trait à la suite de cette exploitation et à l'établissement d'une verrerie qui devait utiliser le charbon de la mine.

Les travaux, qui ne consistèrent que dans l'exécution d'un puits peu profond et de quelques fouilles, furent arrêtés par la Révolution. Un sieur Hoche, qui acheta en floréal an XII la propriété de ces travaux à la vicomtesse Defars, héritière des Rastignac, fit, sur le même point, quelques autres recherches, d'ailleurs insignifiantes; malgré les prescriptions de la loi de 1810, il obtint en 1813 et 1814 des autorisations d'exploitation indéfinie.

Les recherches furent reprises en 1816 par la Société *de Royère et Brard;* cette société fit exécuter quelques travaux méthodiques et reconnut l'existence et la puissance de la couche qui, plus tard, fut exploitée. Malgré l'opposition du sieur Hoche, cette Société finit par obtenir la concession dite *des mines du Lardin* (ordonnance du 13 septembre 1820). Quelques années plus tard, le périmètre de la concession fut augmenté et sa surface étendue de 10 kq. 34 à 15 kq. 64 (ordonnance du 19 novembre 1823).

Dans les premiers temps, les travaux n'avaient porté que sur le voisinage de la verrerie, et quelques galeries, situées à une faible profondeur, avaient été exécutées ; leur entrée se trouvait sur la route nationale et elles remontaient vers le nord. Ces exploitations, faites sur les affleurements de la couche, ne donnèrent aucun résultat sérieux.

Plus tard, et dans une autre partie de la concession, on creusa un puits (*puits Jeanne*), situé à 100 mètres environ de la station actuelle de Condat, entre cette station et la Vézère. L'exploitation prit alors plus d'importance, mais la production annuelle ne dépassa jamais quelques centaines de tonnes. Le charbon était utilisé, en grande partie, pour la forge des Eyzies, par M. Festugière, propriétaire de cette forge et de la concession du Lardin ; l'industrie locale : chaufourneries, tuileries, etc., utilisait environ une centaine de tonnes.

Mais le prix de revient trop élevé du charbon extrait, et surtout la fermeture de la forge des Eyzies en 1862, entraînèrent, à la même date, l'abandon des travaux d'exploitation de la mine et, depuis, ils n'ont guère été repris, quoique les installations du puits soient toujours conservées.

Les grès houillers du Lardin ne paraissent contenir qu'une seule couche de houille, car dans la vallée de l'Elle, sur le flanc droit où l'on peut observer à peu près la base de ces grès, on n'a jamais signalé d'affleurement de charbon, et de ce point aux affleurements de la verrerie, on traverse la série entière des grès du Lardin sans trouver d'autres traces de charbon qu'une petite couche de 0 m. 10 ou 0 m. 15 d'épaisseur, qui affleure derrière la verrerie. Néanmoins, aucun puits n'ayant été creusé à une distance suffisante des affleurements de cette couche jusqu'au niveau du substratum, il est impossible d'affirmer avec certitude qu'il n'existe pas d'autres couches inférieures à celle qui a été exploitée.

D'après la coupe du puits Jeanne insérée plus loin, on voit que la couche exploitée occupe la partie supérieure des grès du Lardin, et que par conséquent elle est à peu près au niveau de la petite couche des Piniers, à Cublac ; il n'y a d'ailleurs aucune raison de penser que ces deux affleurements se rapportent à une couche unique, et un affleurement dont je parlerai plus loin, qui apparaît dans le ruisseau de l'Elle, un peu à l'amont du chemin de la Villedieu, paraît être, en tout cas, à un niveau plus bas. Voici la coupe du puits, à l'échelle de 1/2,000 :

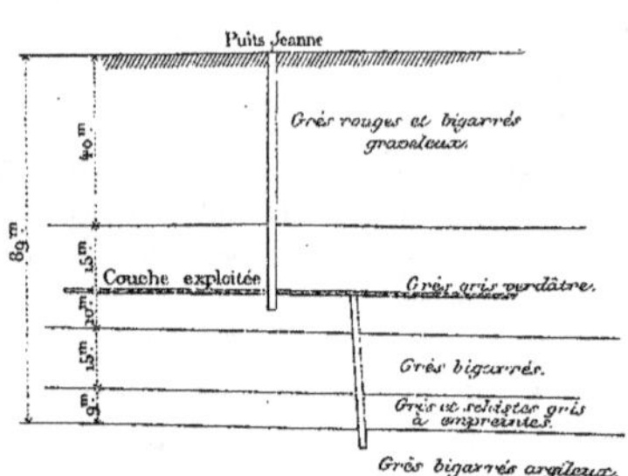

Au Lardin, la couche exploitée plonge de 15 degrés vers l'ouest, et dans le puits Jeanne, elle plonge de 30 degrés vers l'est ; il existe donc, entre ces deux points, un fond de bateau qui a d'ailleurs été reconnu directement par les travaux d'exploitation du puits.

La couche exploitée n'affleure pas seulement au Lardin et à Mazubrier, dans le lit de la Corrèze ; elle affleure aussi dans le lit du Cern, à peu de distance à l'amont du pont de la route de Montignac. Elle affleure encore dans le talus de la route nationale de Lyon à Bordeaux, avant le moulin de Lestieu, et un puits de recherche (*puits Sautet*) a été creusé jadis, dans le voisinage de cet affleurement, par la Société de Royère. Le niveau de la couche rencontrée dans le puits paraît bien être celui de la couche du Lardin, à en juger par sa position relativement aux grès rouges. En ce point, l'épaisseur des grès houillers du Lardin est très faible ; les couches plongent vers l'est, c'est-à-dire dans le sens de l'augmentation d'épaisseur.

Le champ d'exploitation de la concession est limité forcément au sud par la faille de Meyssac ; le rejet de cette faille atteint plusieurs centaines de mètres, car les couches du bathonien affleurent à la même altitude que les grès houillers.

Quelques nouveaux travaux de recherches repris récemment sur les affleurements de la verrerie ont fait reconnaître que la couche s'amincit graduellement vers le nord et passe aux grès rouges ; si l'on remarque que, dans la direction de Saint-Lazare et de Langle, on n'observe aucun affleurement, même sur les hauteurs, on peut en conclure que l'exploitation est limitée au

nord-est par la disparition de la couche. A l'ouest, on a vu que la couche
se prolonge, mais son épaisseur, qui est de o m. 5o au maximum au
centre du bassin, devient encore plus faible et se réduit à o m. 3o ou
o m. 35. Dans cette région, elle est donc très certainement inexploitable. La
région du sud-est n'a pas été explorée; c'est seulement là qu'on peut espérer
une amélioration des conditions d'exploitation, si l'exploitation de la concession était plus tard reprise.

Plusieurs accidents affectent l'allure de la couche, entre autres un rejet
important qui sépare l'exploitation du puits Jeanne de celle du Lardin.

L'épaisseur de la couche est assez variable, mais, en moyenne, elle ne paraît pas dépasser o m. 5o. La houille est très maigre, très friable, schisteuse
et se débite rapidement à l'air; elle est fortement mélangée de lits schisteux
qui alternent avec quelques veines luisantes; elle est de qualité inférieure à
celle de Cublac.

L'exploitation de cette mine serait coûteuse : sa production totale, dans la
période d'exploitation régulière qui a duré une dizaine d'annés, n'a pas dépassé 2,000 tonnes.

Recherches de la Villedieu. — La concession du Lardin n'est pas adjacente
à celle de Cublac. L'espace intermédiaire, limité à l'ouest par le ruisseau de
l'Elle, à l'est par la limite des départements, au nord par le vallon de Lignac
et au sud par la Vézère, a fait l'objet d'une demande en concession présentée
en 1826 et portant sur une surface de 5 kq. 24. Des recherches y ont été entreprises récemment en vue de l'obtention de la concession.

Ces recherches comprennent le fonçage, au sud-est de la Pagégie, d'un
puits actuellement en cours d'exécution.

Le seul affleurement de houille qui ait été signalé dans les environs n'est,
à ma connaissance, que celui du ruisseau de l'Elle. Or, à une centaine de
mètres au nord de ce point, on constate la superposition des grès houillers
aux schistes cristallins. Il est donc vraisemblable que la couche qui affleure,
d'ailleurs fort mince, occupe la base des grès houillers et ne correspond ni à
celle du Lardin, ni à celle de Cublac.

Comme les couches plongent au sud-est, la région exploitable comprise
entre les deux concessions doit s'étendre dans cette direction, au voisinage de
la concession de Cublac. Sa limite, au sud, se trouve d'ailleurs plus reculée
que celle du Lardin, en raison de la direction sud-est de la faille de Meyssac.

Concession de Cublac. — La concession de Cublac, située dans le bassin de Terrasson, s'étend sur tout le bassin versant du ruisseau de Cublac et sur une petite partie de celui de la Géronie. Sa superficie est de 7 à 8 kilomètres carrés. (Voir la figure n° 2 , pl. I.)

La succession des terrains est la suivante :

4. Grès de la Valade.
3. Grès de la Cabane, avec petite couche de houille.
2. Grès bigarrés de Cublac.
1. Grès houillers, avec couche de houille exploitée.

Les couches n° 4 appartiennent au permien. Les couches n°s 2 et 3 représentent le passage du houiller au permien.

Une faille importante sépare la concession en deux parties, d'allures toutes différentes. Cette faille suit à peu près le ruisseau de la Marélie (la Moretie), et elle vient passer au col qui sépare le petit mamelon des Piniers du contrefort de la Cabane. Une faille secondaire, qui se rattache à la première, coupe en long le flanc du coteau sous le village de Loubignac; elle fait apparaître le conglomérat à très gros éléments qui constitue, en ce point, la base des grès houillers.

Au sud-ouest de ces failles, les seuls terrains qui affleurent sont les grès houillers, car les failles correspondent à un affaissement des terrains du nord-est. De ce côté sud-ouest, les couches plongent très fortement au sud.

La région au nord-est de la faille comprend la plus grande partie de la surface de la concession. Le terrain houiller n'y affleure pas; il est environ à une profondeur de 50 mètres sous le niveau de la plaine, d'ailleurs fort resserrée.

Les terrains qui forment le contrefort de la Cabane sont les grès bigarrés, couronnés par les couches de la Cabane.

Le contrefort situé au nord de celui de la Cabane ne présente plus la même succession : les grès bigarrés sont directement surmontés par les grès poudingiformes de la Valade.

Les puits creusés, au nombre de neuf, font connaître suffisamment la succession des terrains.

Le tableau suivant résume les coupes détaillées de ces puits, coupes reproduites à la fin de ce mémoire et aussi figurées sur la planche II.

DÉSIGNATION DES PUITS.	ALTITUDE du sommet.	PRO-FONDEUR totale.	ÉPAISSEUR des grès bigarrés.	PRO-FONDEUR de la couche.	OBSERVATIONS.
	mètres.	mètres.	mètres.	mètres.	
Puits Vieux......................	130?	94	"	"	Abandonné.
Puits Malivert...................	130?	84	"	"	Abandonné.
Puits de l'Espérance.............	134	137	"	"	Rempli d'eau.
Puits Bosredon (la Cabane)......	150?	136	65 [1]	132 [2]	Abandonné.
Puits Festugière.................	?	208	17 [3]	91	Abandonné.
Puits Marcillac (la Valade).......	140?	248	52 [4]	124	Comblé.
Puits Neuf......................	140	145	48	122	Sert à l'extraction.
Puits Renard....................	165?	130	44	111	Abandonné.
Puits Sainte-Barbe..............	179	195	72	145?	Sert à l'aérage.

[1] 33 mètres d'après Marrot. — [2] Ou 134. — [3] 23 mètres d'après Marrot. — [4] 20 mètres d'après Marrot.

Les trois premiers de ces puits sont à l'ouest de la grande faille; les autres sont à l'est et traversent par conséquent les grès bigarrés avant d'atteindre le terrain houiller [1].

D'après Marrot, le puits Vieux, situé sur la rive droite du ruisseau de la Marélie, n'a pas traversé de couches de houille, tandis que le puits Malivert, sur la rive gauche, et que coupe un rejet, aurait rencontré, à 31 mètres de profondeur, une couche de houille de 0 m. 20 à 0 m. 25 d'épaisseur, et à 57 mètres, une seconde couche de 0 m. 95 (??). Ces puits ne traversent que la base des grès houillers.

Le puits de l'Espérance a traversé les couches suivantes :

Schistes houillers....................................	1ᵐ60
Poudingue à galets de quartz.........................	8 00
Schistes à empreintes de cordaites....................	10 20
Conglomérat...	117 80
	137ᵐ60

A cette profondeur de 137 m. 60, une source abondante a interrompu les travaux; il est donc probable que le terrain cristallin devait se trouver à peu de distance, si même il n'a été atteint.

[1] Voir le plan au 1/10,000 (fig. 1, pl. I), et les coupes (fig. 3 à 9, pl. II) destinées à mettre en évidence la limite des grès bigarrés et houillers et à fixer le niveau relatif des couches du puits Sainte-Barbe.

Le puits Bosredon a été descendu jusqu'à la première couche de houille rencontrée et arrêté très peu en contre-bas de cette couche. Le puits Festugière a traversé la même couche, et il a été arrêté à 117 mètres plus bas, sans atteindre le terrain cristallin et sans traverser d'autres couches de houille.

Le puits Marcillac, qui a traversé une couche à 124 mètres de profondeur, a été descendu, sans traverser d'autres couches de houille, jusqu'aux schistes cristallins, rencontrés à une profondeur de 245 mètres et qui ont été entamés sur 3 mètres. L'épaisseur de grès houillers traversés en contre-bas de la couche a donc été de 121 mètres, et l'on n'a pas retrouvé le conglomérat du puits de l'Espérance, pas plus que dans le puits Bosredon [1].

Le puits Neuf, situé entre le puits de Bosredon et le puits Marcillac, a percé une couche de charbon, et il a été descendu 23 mètres plus bas, en raison des nécessités d'exploitation.

Le puits Renard, situé entre le puits Festugière et le puits Marcillac, a traversé une couche de charbon, et il a été arrêté à quelques mètres en contre-bas de la couche.

Enfin le puits Sainte-Barbe, situé sur la grande faille, n'a pas rencontré de couche de charbon, bien qu'il ait été poussé jusqu'à 50 mètres en contre-bas du niveau probable de la couche.

C'est évidemment la même couche qui a été rencontrée dans chaque puits, comme le prouvent la constance de l'épaisseur, qui est de 0 m. 40 à 0 m. 50 seulement, la constance de la profondeur, en contre-bas des grès bigarrés, et surtout la coupe du puits Marcillac, laquelle montre que le terrain houiller, dans cette partie, ne comprend qu'une seule couche de houille.

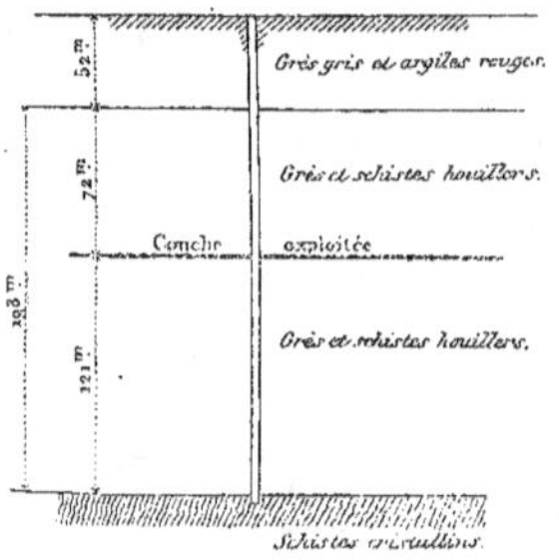

Les coupes des cinq puits situés à l'est de la faille concordent, à quelques mètres près, et peuvent se résumer comme ci-contre (échelle de 1/5,000).

Les grès houillers, d'une épaisseur de 195 mètres environ, se composent d'une alternance de grès gris, blancs, jaunâtres, à grain moyen, quartzeux,

[1] Du moins, les rapports de Marrot n'en font pas mention.

et de schistes gris ou noirs. Ces couches contiennent des lits ferrugineux, ou de rognons de fer carbonatés, et des veinules de houille; des empreintes végétales ont été observées à différents niveaux.

Les couches qui surmontent les grès houillers sont des grès rouges tendres, argileux, alternant avec des assises encore plus tendres, schisteuses, micacées, bigarrées de rouge et de vert. Elles comprennent aussi des bancs de grès gris, à grain fin et schisteux, ou à grains plus gros et semblables aux grès houillers. Les grès houillers contiennent d'ailleurs, dans la zone qui surmonte la couche de houille, quelques couches schisteuses, rouges et bigarrées, et plus haut, de rares bancs de grès rouges. Il n'y a donc pas une différence absolument tranchée entre les deux terrains; les grès bigarrés se distinguent surtout par la finesse du grain, l'abondance du ciment micacé et argileux, et la plus grande proportion des grès colorés.

Les grès houillers de Cublac contiennent une couche de houille d'une épaisseur moyenne de o m. 40 à o m. 50, située à 72 mètres au-dessous des grès bigarrés et à 120 mètres au moins au-dessus des schistes cristallins; c'est la couche exploitée. Les seuls points où l'on pourrait observer les affleurements de cette couche seraient au sud-ouest de la faille de Loubignac, mais il n'existe pas là d'affleurements de charbon qu'on puisse sûrement rapporter à la couche exploitée.

A la partie supérieure des grès houillers, vers la zone de passage de ces grès aux grès bigarrés, on a reconnu, au milieu de grès gris verdâtre, semblables à ceux du Lardin, l'existence d'une mince couche de houille, qui doit être à peu près au niveau de la couche du Lardin; elle affleure à l'éminence des Piniers, du côté sud-ouest de la faille, et elle a été suivie par une galerie de recherche de faible longueur.

C'est peut-être la même couche, dont on retrouverait des affleurements dans une carrière ouverte sous le village de Loubignac.

Enfin on trouverait aussi une mince couche de houille vers la base des grès houillers, au-dessus du conglomérat, couche qui affleure dans le ruisseau de la Marélie, au sud du puits de l'Espérance. Ce serait la couche exploitée dans les travaux de 1778 et de 1817, dont il sera question un peu plus bas.

Les grès de la Cabane contiennent aussi une couche de houille. Elle affleure un peu au nord du Moulin à vent, et là son épaisseur paraît atteindre o m. 40 à o m. 50, y compris un fort banc de schiste intercalé; on l'a retrouvée encore dans les fouilles de fondation des bâtiments annexés à la maison des

Frères, de même que sur la rive gauche du ruisseau de la Valade, à la hauteur du puits Renard. Elle affleurerait aussi dans le ruisseau de Cublac, un peu à l'amont du bourg. Cette couche de la Cabane n'a pas fait l'objet de recherches, à cause de la faible proportion de charbon.

A part la faille de Loubignac, les accidents du bassin ne sont guère observables au jour et ne peuvent être reconnus que par les travaux d'exploitation.

La grande faille paraît avoir déterminé à l'est un certain nombre de cassures transversales, dont trois seraient accusées par les rejets rencontrés dans l'exploitation (voir le plan au 1/10,000, pl. I, fig. 1). Ces trois rejets correspondent à des affaissements des terrains du côté sud.

Le premier rejet passe au nord de la Cabane, entre le puits la Cabane et le puits Neuf; il est de 35 mètres. Le puits Sainte-Barbe est placé à l'intersection de la grande faille et de ce rejet.

Le second rejet passe au nord du Moulin à vent; il sépare le puits Neuf des puits Festugière et la Valade. Près de ce dernier puits, le rejet est de 27 mètres, mais il existe un rejet subordonné, au nord du puits la Valade.

Le rejet n° 3 passe près du puits Renard. La faille (voir la deuxième partie) qui s'observe suivant le ruisseau de la Valade n'est peut-être que le prolongement de ce rejet.

Dans son ensemble, la couche de houille a un plongement de 10 à 12 degrés vers le nord, mais sa direction n'est pas uniforme. Du côté de la faille, elle plonge au nord-ouest, tandis que, du ruisseau du côté de Cublac, elle plonge au nord-est. Cependant, malgré ce plongement nord, le niveau général s'abaisse vers le sud, à cause des rejets.

Les mines de Cublac ont été explorées dès le siècle dernier. Des travaux, entrepris en 1778 par Jean de Bosredon, furent continués jusqu'en 1790; interrompus à cette époque par les événements politiques, ils ne furent repris qu'en 1817, par le sieur Mounier, et abandonnés de nouveau en 1820.

En 1828-1829, la Société *Bosredon, de Marcillac et Festugière* entreprit des recherches sérieuses, qui aboutirent à une demande en concession. La mine fut concédée par ordonnance du 16 juin 1830, et une ordonnance du 11 janvier 1839 étendit le périmètre primitif de la concession.

Les travaux exécutés en 1778 ne comprenaient que l'exécution d'une descenderie sur le flanc du coteau de Loubignac; on y trouva une couche de charbon.

En 1817, les massifs réservés dans cette couche furent enlevés et deux petits puits furent exécutés.

En 1828, les sieurs Huart, Miserai et Dufaurie exécutèrent de ce même côté une galerie de recherches, pendant que la Société Festugière recherchait la couche exploitée autrefois, par une galerie et un puits de 30 mètres de profondeur. Deux autres puits furent aussi creusés dans la vallée du ruisseau de la Marélie, le puits Malivert et le puits Vieux.

Les travaux d'exploitation ne commencèrent sérieusement qu'après l'obtention de la concession, en 1836, et ils portèrent en grande partie sur la région située à l'est de la grande faille, tandis que tous les travaux anciens avaient été entrepris à l'ouest, sur les affleurements du terrain houiller; ce qui explique leur insuccès. Ces nouveaux travaux consistèrent dans l'exécution de quatre puits, savoir : puits Bosredon, puits Festugière, puits Marcillac, puits de l'Espérance, et dans l'approfondissement du puits Malivert et du puits Vieux. Ce dernier travail, exécuté en 1836, n'amena aucun résultat. Le puits de l'Espérance, poussé dans le conglomérat jusqu'à 137 m. 50 de profondeur, fut arrêté en 1839; une source interrompit les travaux qui ne furent pas repris.

Les autres puits furent terminés en 1840; seul, le puits Marcillac fut creusé jusqu'au terrain cristallin, et comme il ne traversa qu'une couche de houille, on se contenta de ne creuser les autres puits que jusqu'à cette couche, et l'on ne songea plus à reprendre le puits de l'Espérance.

A partir de l'année 1840, on commença l'exploitation proprement dite, menée d'une manière assez irrégulière.

On exploita d'abord par le puits Marcillac, qui fut abandonné deux ans après, en 1843, en prévision des difficultés qu'on pensait éprouver pour traverser un cran limitant les travaux. On utilisa alors le puits Festugière et, l'année suivante (1844), on porta en outre l'exploitation sur le puits Bosredon.

Mais l'exploitation n'était guère fructueuse dans ces conditions, et elle fut arrêtée en 1845. La Société fut alors dissoute, et la concession fut vendue en 1847 à la Société Marut, Richard et Cie, qui se proposa d'exploiter la mine pour alimenter la verrerie voisine, établie au Lardin. Les travaux, sous la direction de M. Delas, furent alors menés avec plus de régularité, quoique la faible épaisseur de la couche et ses accidents fréquents s'opposassent à l'emploi des méthodes ordinaires des grandes exploitations.

Les travaux, repris en 1848, portèrent d'abord, comme par le passé, sur le puits Bosredon qu'on appela alors *puits la Cabane* et sur le puits Festugière. En 1852, on reprit en outre le puits Marcillac, sous le nom de *puits la Valade*.

Vers 1855, les champs d'exploitation accessibles par les trois puits commençaient à s'épuiser. D'une part, en effet, la faible hauteur des galeries rendait le roulage très difficile et limitait les distances de roulage; d'autre part, les différents plateaux étaient limités par les rejets qui découpent le terrain. D'ailleurs, les puits étant isolés les uns des autres, l'aérage ne se faisait pas dans de bonnes conditions; aussi on abandonna l'exploitation par les puits Festugière et la Cabane en 1857, et l'on mit en communication le puits Festugière et le puits la Valade, en vue de faciliter l'aérage de ce dernier puits, qui put être encore exploité pendant deux ou trois années.

Dans l'intervalle, on avait exécuté deux nouveaux puits. L'un, le puits Neuf, commencé en 1855 et terminé entièrement en 1857, était destiné à assurer l'exploitation de la concession entre le puits la Cabane et le puits la Valade.

L'autre, le puits Renard, commencé en 1857 et terminé l'année suivante, devait servir à l'exploitation au nord et remplacer les puits Festugière et la Valade, avec lesquels il fut mis en communication; mais le puits Festugière ayant été ensuite envahi par les eaux, l'aérage ne put se faire que par le puits la Valade.

A partir de 1860 (?), l'exploitation ne se fit plus que par le puits Neuf et le puits Renard.

Les chantiers de dépilage du puits Renard se trouvaient au sud; en 1869, ils furent épuisés, et les explorations tentées dans la direction du nord n'ayant pas permis de retrouver les traces de la couche, le puits fut abandonné définitivement.

Les travaux portèrent alors exclusivement sur le puits Neuf, qui est encore le seul puits servant à l'extraction.

En 1865, ce puits avait été approfondi de 25 mètres afin de faciliter l'exécution d'un travers-banc au nord, destiné à étendre le champ d'exploitation dans cette direction; ce travers-banc, terminé l'année suivante, rencontra la couche à 130 mètres de distance du puits.

Il y eut alors deux recettes : l'une, au niveau de 122 mètres, servant à l'exploitation du plateau supérieur, ou niveau sud, et l'autre à 140 mètres, servant à l'exploitation du plateau inférieur, ou niveau nord.

En 1873, on se mit en mesure de creuser un nouveau puits afin de pourvoir à l'aérage de la mine, défectueuse à cet égard, et de faciliter l'exploitation du plateau situé à l'ouest du puits Neuf.

Malheureusement, ce puits (*puits Sainte-Barbe*) fut établi à l'emplacement de la grande faille, et il fut poussé jusqu'à 195 mètres sans rencontrer la couche. Commencés en 1873, les travaux de fonçage ne furent arrêtés qu'en 1879.

Un travers-banc, établi à 147 mètres de profondeur et destiné à assurer la communication avec le puits Neuf, se trouvait d'ailleurs à un niveau trop élevé pour servir à l'exploitation du plateau situé entre les deux puits, de sorte que le puits Sainte-Barbe ne put servir et ne sert actuellement qu'à l'aérage.

Vers la même époque, c'est-à-dire en 1879, les chantiers les plus anciens du puits Neuf se trouvaient épuisés, et l'exploitation n'eut plus lieu que par la recette inférieure, c'est-à-dire sur le plateau nord.

Celui-ci ne tarda pas aussi à s'épuiser, et, en 1884, on songea à transporter les chantiers vers le sud-est, de manière à rejoindre le bassin situé au sud de la faille de la Cabane, avec l'intention d'établir un nouveau puits dans cette direction, au sud de la faille. Une galerie avait été déjà commencée dans ce but en 1882, et l'on avait entrepris l'exploitation au sud de cette galerie.

Mais alors le chômage de la verrerie, débouché à peu près unique de la mine, entraîna le ralentissement, puis l'interruption des travaux en 1885-1886. Ils ne furent repris qu'en 1887, la houille étant alors utilisée par les fours à chaux du Lardin. L'exploitation continue actuellement dans les mêmes conditions.

La galerie actuelle, dite *galerie de l'Est,* est une galerie de demi-pente qui suit la couche et qui a été percée sur 200 mètres de longueur. De cette galerie se détachent deux galeries de niveau, au sud de la galerie principale, galeries qui ont été prolongées jusqu'à la faille de la Cabane; elles sont reliées, le long de la faille, par une descenderie.

L'exploitation actuelle est restreinte, mais elle se fait, sous la direction de l'ingénieur de la mine, M. Jean Delas, dans de meilleures conditions que par le passé.

Le principal massif exploité est situé entre les deux galeries de niveau, et il a 165 mètres de longueur sur 110 mètres de largeur. Il est exploité par tailles montantes, à gradins renversés. Le roulage se fait par la galerie inférieure.

La hauteur d'abatage est de 0 m. 80, dont 0 m. 45 environ de couche et 0 m. 35 de faux toit. Les nouvelles galeries sont percées avec une hauteur de 1 m. 10, ce qui facilite grandement l'exploitation. Les galeries de roulage ont 1 m. 20.

L'exploitation se fait aussi dans un autre chantier au nord, mais qui a beaucoup moins d'importance.

Les épuisements ne sont pas considérables, car les grès bigarrés imperméables constituent une protection très suffisante.

L'exploitation de la mine a occupé et occupe encore de 30 à 40 ouvriers. La production a varié, mais elle n'a jamais dépassé 3,600 tonnes par an; elle a été, en moyenne, de 2,650 tonnes depuis 1863.

Le charbon est utilisé principalement pour les fours à chaux et la verrerie du Lardin. On en emploie aussi quelque peu pour le chauffage.

C'est un charbon maigre, à longue flamme, un peu mélangé de schiste, et qui pèse de 85 à 100 kilogrammes par hectolitre; il présente des fissures remplies de carbonate de chaux. La proportion de cendre est d'environ 25 p. 100.

En résumé, la région limitrophe de la faille est actuellement épuisée depuis le puits la Cabane jusqu'aux puits Renard et la Valade. Les extensions probables sont du côté du sud, où les chantiers se trouvent encore à un kilomètre de la limite de la concession, et du côté sud-est. Dans cette direction, l'épaisseur de la couche se maintient assez constante, et il y a lieu d'espérer qu'un champ assez vaste est encore ouvert à l'exploitation. On doit, d'ailleurs, prévoir des conditions meilleures que celles qui se sont présentées dans les exploitations anciennes, exploitations rendues très coûteuses par le grand nombre des rejets, les irrégularités de la couche et la dureté du charbon.

Recherches à l'est de Cublac. — Des recherches à l'est de la concession de Cublac ont été entreprises à la Rivière-de-Mansac et à Larche.

Entre la station de la Rivière-de-Mansac et la Vézère, on a exécuté un sondage d'une profondeur de 200 mètres, qui aurait atteint les grès houillers; mais ce renseignement m'a été donné sous une forme trop vague pour qu'il y ait lieu d'en tenir un compte sérieux.

Les recherches faites à Larche ont eu plus d'importance. Outre un puits creusé au sud du bourg, travail sur lequel je n'ai aucun renseignement, il a été exécuté un puits de 432 mètres de profondeur (*puits Bernou*), entre la station de Larche et la Vézère.

Les travaux de fonçage de ce puits ont été assez irrégulièrement menés et interrompus à diverses reprises.

On a d'abord foncé un puits à grande section, qui a traversé les couches permiennes, visibles dans une fouille à proximité du puits, et les grès rouges inférieurs. A la profondeur de 187 mètres, on a commencé à rencontrer des grès houillers, puis, à la profondeur de 206 mètres, une couche de houille de 0 m. 15 à 0 m. 20 d'épaisseur. Les travaux de fonçage ont alors été arrêtés, et l'on a exécuté quelques sections de galeries dans diverses directions afin de reconnaître la couche. Ces explorations n'ont pas abouti, et l'on s'est, plus tard, décidé à poursuivre les recherches en profondeur; mais, au lieu de continuer le fonçage du puits, on a exécuté dans l'une des galeries, et à 6 mètres de l'orifice du puits, un second puits qui a été poussé jusqu'à 80 mètres de profondeur. Dans ce puits, on a d'abord traversé des grès houillers, après quoi on est retombé, à la profondeur de 21 mètres, dans des grès rougeâtres et argiles rouges, qui ont persisté jusqu'au fond du puits.

Lorsqu'on a repris, plus tard, les travaux de recherche en profondeur, on a exécuté un troisième puits qu'on a cherché à placer dans la verticale du premier, sans exécuter toutefois la section intermédiaire. Ce puits a traversé les grès rougeâtres et des grès poudingiformes sur 86 mètres; on a ensuite retrouvé des grès houillers, dans lesquels le fonçage a été arrêté à la profondeur de 110 mètres, soit à 397 en contre-bas du sol. Par la suite, on a exécuté dans une galerie, et à 30 mètres environ de distance de l'orifice du dernier puits percé, un petit puits de recherche qui n'a traversé que des grès houillers et qui a été arrêté à la profondeur de 34 mètres, sans qu'on ait atteint le substratum cristallin. C'est là le dernier travail exécuté, et, depuis plusieurs années, les recherches sont suspendues, sinon abandonnées.

En résumé, le puits Bernou se compose de quatre sections, situées dans des verticales différentes, comme l'indique la figure ci-après, page 194. (Voir la coupe détaillée dans l'annexe; voir aussi la planche II, fig. 10.)

Je dois la coupe des terrains à l'obligeance de M. Dessort, qui, dans des renseignements adressés à M. Zeiller à la date du 11 avril 1891, la résume très exactement comme il suit :

3. Étage supérieur, caractérisé par de nombreuses empreintes, par une couche de houille de 0 m. 10, par des calcaires et par des schistes bitumineux. — Épaisseur, 150 mètres.

2. Étage moyen, comprenant une série de bancs de grès fins, diversement colorés, et une couche de houille de 0 m. 20, étage dans lequel on ne trouve plus de calcaires. — Épaisseur, 202 mètres.

1. Étage inférieur, comprenant, à la partie supérieure, une série de bancs moins rouges et formé dans la partie moyenne et à la base, sur 60 mètres d'épaisseur, de grès gris et noirâtres et d'argiles schisteuses de même teinte. — Épaisseur totale, 80 mètres.

En poussant plus loin l'analyse de la coupe détaillée, on peut établir les subdivisions suivantes, reproduites sur la figure ci-après :

9. Grès et schistes gris avec quelques schistes bitumineux (débris de poissons et empreintes végétales)...................... 50 mètres.

8. Calcaires noirâtres distribués en trois séries de bancs, alternant avec des grès et des schistes gris (débris de poissons)....... 17

7. Argiles et grès rouges, avec banc calcaire (débris de poissons).. 20

6. Grès poudingiformes, grès et schistes rouges et bigarrés....... 100

5. Grès et schistes houillers (empreintes)..................... 18

4. Couche de houille de 0 m. 15 à 0 m. 20 d'épaisseur, surmontée de schistes à empreintes (*Callipteris*)...................... 1

3. Grès et schistes houillers.............................. 21

2. Grès gris, rougeâtres ou bigarrés et schistes gris............ 146

1. Grès et schistes houillers (empreintes).................... 59

Total................ 432

Coupe du puits Bernou (échelle 1/5,000).

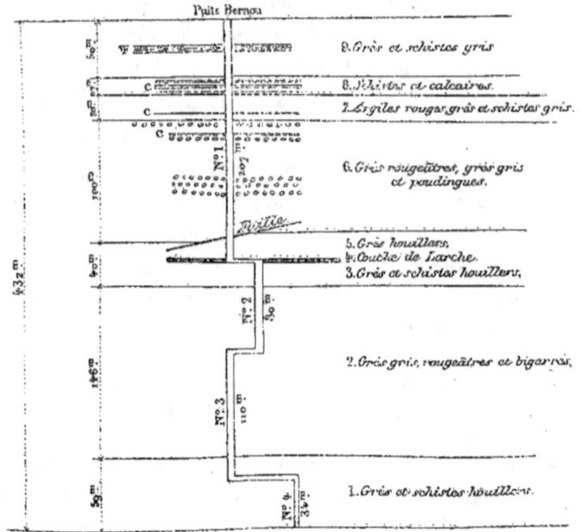

Il est utile de noter que des rejets séparent les couches 5 et 6 et les couches 8 et 9.

J'ai déjà indiqué au chapitre III, p. 67 et 68, à quels niveaux connus par leurs affleurements doivent être assimilées les couches rencontrées au puits de Larche. Ce sont les niveaux suivants :

> 9. Grès à *Walchia*...................................... 50 mètres.
> 8. Calcaires de Saint-Antoine............................. 17
> 7. Argiles rouges du moulin de la Mothe................... 20
> 2 à 6. Grès rouges inférieurs............................ 286
> 1. Grès houillers....................................... 59
>
> Total.................. 432

Il n'existe, dans cet ensemble de couches, que deux niveaux de grès houillers. Le niveau supérieur, d'une épaisseur de 40 mètres, occupe la zone moyenne des grès rouges inférieurs et contient une couche de houille trop mince pour être exploitable. Le niveau inférieur, traversé seulement sur une épaisseur de 59 mètres, ne contient, dans cette épaisseur, aucune couche de houille.

Les résultats fournis par le sondage de Larche sont, jusqu'à présent, négatifs, au point de vue de la présence du charbon. Ce travail paraît cependant avoir été entrepris dans l'espoir de trouver à Larche les couches de Cublac et du Lardin, avec un développement plus considérable que dans la région où ces couches sont exploitées. C'était là un vain espoir. J'ai déjà insisté sur ce point, que les dépôts houillers sont localisés ; il s'ensuit que les dépôts de Cublac et de Larche peuvent être, et sont probablement distincts. Seraient-ils reliés l'un à l'autre par une série continue de terrains houillers, qu'on ne saurait établir un parallélisme exact entre deux points si éloignés d'un même bassin. L'extension des couches de houille est toujours très limitée dans le bassin de Brive ; on a vu que la couche de houille du Lardin s'éteint vers Saint-Lazare, et il est à présumer aussi que la couche de Cublac disparaît avant la Rivière-de-Mansac.

Les couches qui existeraient à Larche ne peuvent donc avoir de rapports directs avec celles de la région de Cublac, ni surtout en être le prolongement.

Pour ce qui est de la couche rencontrée au niveau de 206 mètres, elle contient une flore en partie permienne ; d'autre part, elle est surmontée par une forte épaisseur de grès rouges. Cette double raison me conduit à la placer à un niveau

25.

intermédiaire entre la couche de la Cabane et celle des Piniers ou du Lardin.

Les roches plus ou moins nuancées, situées au-dessous du niveau de 206 mètres, peuvent représenter le niveau du Lardin, c'est-à-dire la partie supérieure du terrain houiller, comme elles peuvent aussi représenter la base des grès bigarrés de Cublac; c'est là un point qui, actuellement, ne peut être résolu, en raison de l'impossibilité de suivre les couches de Cublac à Larche.

Le terrain houiller, traversé à la base du puits de Larche, appartient assurément au même niveau que le terrain houiller de Cublac, et les empreintes de plantes qu'on y recueille sont les mêmes; mais on ne saurait affirmer que ce terrain représente plutôt la zone supérieure que la zone moyenne ou inférieure du houiller de Cublac, et l'on ne peut prévoir ni la profondeur, ni la composition exacte du terrain houiller restant à traverser.

La question de savoir si la houille existe ou n'existe pas à Larche ne pourra être tranchée que le jour où le puits de Larche aura été approfondi jusqu'au substratum cristallin.

Encore doit-on noter que l'emplacement des recherches a été assez mal choisi, puisque le puits de Larche se trouve dans le voisinage d'une faille importante, celle de Saint-Pantaléon, qui suit la vallée de la Corrèze et sépare les grès à *Walchia* de Puymorel des grès rouges permiens de Puy-Jubert (voir chapitre VII, p. 138).

On aurait eu plus de chance de ne laisser échapper aucune couche de terrain en exécutant le puits plus au nord, au pied même des coteaux que longe la voie ferrée.

Concession de Saint-Bonnet-la-Rivière. — Les premières recherches de houille dans les environs de Chabrignac, de date ancienne, sont dues aux propriétaires d'une concession de mine de plomb argentifère, exploitée sur la rive droite du ruisseau.

Sur le chemin qui conduit à cette mine, à la hauteur de la Perche, une petite couche affleure dans le talus. Ce fut sur cet affleurement que les concessionnaires exécutèrent une galerie de faible longueur, laquelle permit de constater que l'épaisseur de la couche, assez variable, n'est que d'environ 0 m. 20.

Les recherches furent reprises plus activement, de 1857 à 1858, par M. Bugeaud de la Piconnerie.

On prolongea la galerie creusée autrefois, et l'on constata que la couche, loin de gagner en épaisseur, s'amincissait rapidement.

Deux puits furent ensuite exécutés. L'un, le *puits Chapgier*, fut creusé près de la route de Saint-Bonnet à Juillac, un peu avant le vallon de la Perche et l'embranchement du chemin de la mine. La profondeur de ce puits est de 3o mètres. On atteignit le terrain cristallin sans traverser autre chose que des grès houillers ne contenant que de minces filets de houille.

L'autre puits est le *puits au Jus*, établi sur le flanc gauche du vallon de Maillerie, non loin et en contre-bas du chemin. La profondeur de ce puits n'est également que de 3o à 4o mètres, et il atteint le terrain cristallin.

La base du terrain houiller est formée par un poudingue ou conglomérat à fragments de schistes. Le puits a traversé, vers la profondeur de 13 mètres, une couche charbonneuse de o m. 8o environ de puissance, plongeant faiblement vers le sud-ouest et composée d'un charbon très impur, avec de nombreuses veines pierreuses, en sorte que plus du tiers du charbon extrait était à rejeter. Le charbon est collant et présente la composition suivante :

```
Cendres ..................................................  37 p. 100
Matières volatiles. .......................................  18
Charbon. .................................................  45
```

Cette couche a été suivie, à l'aide d'une galerie de 5o mètres de longueur, par deux galeries de direction situées environ à 22 mètres de profondeur et ayant à peu près même longueur. L'épaisseur de la couche s'est maintenue sensiblement constante.

A la suite de ces travaux de recherches, M. Bugeaud obtint la concession dite *des mines de houille de Saint-Bonnet-la-Rivière* et portant sur une surface de 816 hectares (décret du 4 juillet 1857).

Les tentatives d'exploitation qui furent faites alors ne donnèrent pas de résultats, et les travaux de recherches furent abandonnés.

En 1877, la concession fut achetée par la Société *Janselme et Sablet* qui reprit les recherches. Quelques travaux superficiels furent exécutés sur le flanc droit, du côté de Maillerie, ainsi qu'une ou deux fouilles sur la rive gauche de la rivière, près du Moulin-Bleu.

L'insuccès de ces recherches fut attribué à la trop grande proximité du bord du bassin, et l'on estima qu'en s'éloignant vers le sud, on aurait chance de trouver la couche du puits au Jus beaucoup plus développée. Dans cet espoir, on exécuta un sondage à 4 ou 5 kilomètres de la mine, au pied du coteau de l'Echalenchie, non loin de la route départementale.

Ce sondage qui devait, d'après les prévisions, traverser la couche vers la profondeur de 150 mètres, se trouvait assez mal placé, puisque l'épaisseur du terrain houiller de Chabrignac finit par se réduire à zéro avant d'atteindre Saint-Bonnet, et qu'au sud du sondage, à Gorbas, on constate encore la superposition des grès rouges aux terrains cristallins.

Il paraît toutefois qu'après avoir traversé les grès rouges sur 137 mètres environ, et une alternance de grès rouges et gris sur 44 mètres, le sondage aurait atteint des grès gris verdâtre et des schistes noirs qu'on a assimilés au terrain houiller. Le sondage a pénétré de 20 mètres dans ces grès, puis il a dû être arrêté, à 200 mètres de profondeur par conséquent, en raison probablement de l'insuffisance du diamètre du forage; aucune couche de houille n'a été rencontrée.

La Société fut dissoute quelque temps après, et les travaux de recherche n'ont pas été repris depuis. Le terrain ne paraît pas riche en charbon, en effet, dans les parties effectivement explorées. C'est du côté de la mine que le terrain houiller présenterait son maximum d'épaisseur, et il ne contient qu'une couche de houille suffisamment épaisse, mais trop impure pour être exploitable, et qui paraît diminuer d'épaisseur à mesure qu'on s'éloigne de Chabrignac.

Recherches sur la bordure Nord. — Des recherches peu importantes ont été entreprises, jadis, en différents points de la région occupant le nord du bassin de Brive, mais sans aboutir à des concessions.

Tout à fait à l'ouest, sous Bellegarde, à la ferme du Roc, on a creusé un puits qui a traversé, sur quelques mètres, des grès houillers avec lits de rognons de fer carbonaté, mais sans rencontrer aucune couche de houille. En ce point, l'épaisseur des grès houillers est d'ailleurs minime.

Dans le bassin de Juillac, sous le village de Triguant, on a creusé également un puits qui traversa une couche de schistes un peu bitumineux, car, dans le cours des travaux, il y eut une inflammation des gaz dégagés par la roche. Ce puits, qui n'avait pas sans doute une profondeur bien considérable, atteignit le terrain cristallin.

Il faut peut-être reporter à la même époque quelques recherches faites près de Montcheyrol, dans le voisinage de Juillac, au milieu de lambeaux de grès à faciès houiller.

Les recherches de Juillac n'ont donc donné aucun résultat encourageant.

Il y avait cependant déjà eu, en 1825, une demande en concession de la part d'un sieur Villain.

D'autres recherches ont été exécutées au milieu des grès rouges, dans les environs d'Objat.

C'est ainsi qu'à la Sauvezie (Chauverie, sur la carte), on a creusé un puits qui, à la profondeur de 10 mètres, traversa une couche de charbon dont les affleurements seraient visibles à 100 mètres environ au nord.

Cette couche se trouvait intercalée dans des grès et des schistes verts et rouges, et, à 40 mètres de profondeur, le puits était encore dans un grès rougeâtre, grossier, à grains quartzeux, qui supportait des schistes quartzeux micacés, avec empreintes. J'ignore quelle a été la profondeur totale atteinte.

La couche de la Sauvezie n'a que 0 m. 20 à 0 m. 30 de puissance, et elle est divisée en deux bancs par une veine de grès. Elle fut reconnue par une petite descenderie et par des galeries de direction.

En 1857, on a exécuté un puits à Madrias, au nord d'Objat. Ce puits, qui a atteint une profondeur de 52 mètres, n'aurait traversé que des grès et schistes rouges, et les travaux ont été abandonnés à la suite d'un accident survenu à un ouvrier.

En résumé, ces recherches, déjà signalées par Dufrénoy, n'ont pas abouti.

Recherches sur la bordure Est. — Les recherches les plus anciennes faites dans la région située à l'est de Brive paraissent remonter à l'année 1814. Elles furent entreprises par les sieurs Lerouge et Lapraderie, aux environs de Lanteuil, près des Peyrières, et ne donnèrent aucun résultat.

Elles furent reprises de 1825 à 1827 par le sieur Villain, qui présenta même une demande en concession.

Les travaux faits comprenaient un puits qui, à la profondeur de 12 mètres, traversa des schistes à empreintes et une couche, dite *de houille*, d'une épaisseur de 0 m. 15, couche de nature pierreuse et de mauvaise qualité. Elle fut suivie par une galerie, à l'extrémité de laquelle on creusa un second puits qui traversa une seconde couche de *houille*.

Si ces recherches ont été effectivement faites à l'emplacement qui nous a été indiqué sur le terrain par des cultivateurs du pays, c'est-à-dire entre Farjou et le col de la route départementale, les puits creusés ont percé uniquement les couches à *Walchia* et n'ont pu atteindre les grès houillers; il faudrait donc croire, dans cette hypothèse, que les couches signalées comme charbonneuses sont des schistes bitumineux[1].

Plus tard, quelques recherches furent faites aux Saulières, au sud de Donzenac, à Saint-Antoine (près Brive) et à la Chapelle-aux-Brots.

Les recherches les plus récentes, dans la région, ne remontent qu'aux années 1884 et 1885. Elles ont été faites aux environs du Parjadis, dans le voisinage de la route de Lanteuil à Sérilhac. Elles comprennent l'exécution de deux puits de faible profondeur, situés de part et d'autre de la route de Lanteuil à Beaulieu, à trois kilomètres au sud-ouest de Lanteuil, sous le village du Parjadis; elles comprennent aussi l'exécution d'une galerie dont la tête d'entrée est au niveau du thalweg du vallon; cette galerie remonte dans la direction du nord-est et a environ 210 mètres de longueur.

Voici quelle est la coupe d'ensemble des terrains traversés[2] :

3. Grès jaunâtres et calcaires sur...................... 9 mètres.
2. Grès rouges, gris ou jaunâtres, avec argiles rouges et bigarrées sur.. 137
1. Grès houillers sur................................ 65

TOTAL................ 211

Les grès houillers comprennent quatre petits lits de houille; la houille s'y trouve aussi en rognons et en filets. Les schistes contiennent beaucoup d'empreintes et principalement des cordaïtes.

Les couches sont inclinées de 80 degrés sur l'horizontale, en sorte que les longueurs représentent, à très peu près, les épaisseurs.

La galerie a été arrêtée avant d'atteindre les schistes cristallins, mais il est peu probable qu'il existe des couches de houille exploitables dans les terrains qui n'ont pas été traversés par la galerie, car ceux-ci ont dû être recoupés par les puits, et ils affleurent d'ailleurs en différents points. Ni dans les puits, ni aux affleurements, on n'a reconnu l'existence du charbon, autrement qu'en lits peu épais.

Les grès houillers du Parjadis sont limités des schistes cristallins par une

---

[1] Si l'emplacement du puits se trouve au nord des Peyrières, près du moulin de Juge, il en serait différemment, parce qu'en ce point les grès rouges inférieurs affleurent et n'ont peut-être que peu d'épaisseur. L'existence du terrain houiller, en ce lieu, n'aurait rien d'improbable.

[2] Cette coupe détaillée est insérée à l'annexe; je la dois à l'obligeance de M. Dessort, auteur des recherches du Parjadis.

faille, d'un rejet très faible, car, au sud, on peut observer, dans le chemin qui monte au Parjadis, la base même des grès houillers. La limite sud-ouest des grès est, au contraire, formée par une faille importante qui ramène les grès rouges de Brive au niveau du fond du vallon.

Du côté sud-ouest de cette faille et au milieu des grès rouges, on a cependant entrepris, près de la Voute, au fond du vallon, un sondage qui, bien que descendu à la profondeur très considérable de plus de 365 mètres, n'a traversé que les grès rouges permiens, sans même parvenir jusqu'aux grès à *Walchia*[1]. Le plongement des grès rouges est très considérable, et il atteint 3o et 4o degrés : c'est ce qui explique l'insuccès du sondage, trop éloigné de la faille. Ce sondage, actuellement abandonné, avait été commencé après l'exécution des travaux du Parjadis.

Concession d'Argentat. — La concession d'Argentat présente encore moins d'importance que celle du Lardin, malgré l'étendue de son périmètre. Elle a pour objet l'exploitation du terrain houiller, qui couronne le faîte du contrefort situé entre la vallée de la Souvigne et celle du Doustre.

Ce terrain se compose surtout de brèches et de conglomérats, et c'est seulement dans la partie centrale du bassin, au nord du puy de Belair, qu'on observe un ensemble un peu régulier de grès jaunâtres et de schistes houillers, dont l'épaisseur ne dépasse peut-être pas 20 mètres. Les bancs sont à peu près horizontaux. Cet ensemble paraît contenir de une à trois petites couches de houille, suivant les points, couches d'une épaisseur moyenne de o m. 25. La qualité du charbon est médiocre.

L'exploitation a toujours été fort peu développée; elle a été disséminée de côté et d'autre et sur une surface restreinte.

Les travaux exécutés comprennent une galerie située sur le versant ouest, près Benet, et quelques puits et galeries à l'est, du côté du Petit-Roc.

La galerie de Benet, ou du Laurent, a été établie un peu au-dessous des affleurements de la couche, laquelle plonge vers l'est avec une faible inclinaison. La galerie, qui est presque de niveau, rencontre la couche à 3oo mètres de son ouverture; elle est prolongée par une descenderie sur 1oo mètres environ. Deux galeries de direction ont été ouvertes sur 11o mètres de longueur,

[1] La présence, dans les couches inférieures, de grès et de schistes gris, répondant sans doute au niveau du Verdier, indique que le fond du sondage n'est pas très éloigné des grès à *Walchia*, et qu'on rencontrerait les grès houillers vers 5oo mètres, s'ils existent en ce point.

du côté sud, et sur 3o mètres du côté nord; elles sont réunies par des descenderies.

En 1883, ces travaux, qui occupaient deux ouvriers seulement, n'ont produit que 200 tonnes. Depuis plusieurs années, l'exploitation, qui n'a jamais été ni régulière ni fructueuse, est abandonnée, et il est peu vraisemblable qu'elle reprenne jamais, en raison de l'absence de tout débouché et des difficultés d'extraction provenant de la faible épaisseur des couches.

Le terrain houiller n'existe, en dehors de la concession, qu'au nord, du côté de Memmeux; il se compose uniquement, dans cette partie, de brèches et de poudingues et ne contient pas trace de charbon.

Au sud de la concession d'Argentat, les lambeaux houillers disséminés de Mercœur, de Planevergne, etc., n'ont jamais été exploités. Ils ont dû faire sans doute l'objet de recherches sur lesquelles je n'ai aucun renseignement. La faible largeur des bassins et le peu d'épaisseur du terrain ne laissent guère l'espoir d'y découvrir des couches exploitables.

Avenir des bassins houillers de Brive. — On a généralement admis que le terrain houiller du bassin de Brive s'étend sur toute la superficie du bassin; c'était l'opinion de Dufrénoy et de Boucheporn. Cependant les faits constatés sur la bordure du bassin, ainsi qu'à Gorbas, montrent qu'il n'en est pas réellement ainsi. Les grès houillers ne forment pas une nappe, une assise continue, mais ils sont disposés par grands amas, résultats de l'accumulation des sédiments de l'époque houillère à l'embouchure des ravins et vallées de la région émergée. La carte au 1/5oo,ooo annexée à ce mémoire (fig. 3, pl. II) fait ressortir cette distribution.

A ce point de vue, le bassin de Brive peut être comparé au bassin de Blanzy; celui-ci aussi est formé par une dépression longitudinale sur les bords de laquelle les sédiments houillers se sont déposés en différents points : par amas très discontinus sur la bordure nord-ouest, par amas continus sur la bordure sud-est.

Dans de tels bassins, c'est sur les bords qu'on peut espérer trouver le plus grand développement des couches houillères; au centre, il y a moins de chances que les grès houillers récents se soient déposés.

Les divers travaux de recherches exécutés dans le bassin de Brive sur la bordure nord-est, de Salagnac au Parjadis, ont démontré que les grès houillers, d'une épaisseur assez faible d'ailleurs, et ne dépassant pas 100

à 150 mètres, ne contiennent pas de couches de houille susceptibles d'être
exploitées.

Il faut cependant faire une réserve pour les affleurements du Parjadis, au
sujet desquels on ne peut rien affirmer encore, attendu que les travaux de
recherches ont été exécutés dans le voisinage des affleurements à une trop
faible distance de la faille et que les couches de houille ont pu être laminées.
Il est possible que dans cette région, et notamment entre la Voute et la
faille, des travaux de recherches puissent avoir un résultat favorable.

Sur la bordure sud-est du bassin, entre la Bachellerie et Lissac, les conditions sont meilleures.

Les dépôts houillers de Terrasson représentent assurément le delta houiller
le plus important du bassin : l'épaisseur des grès houillers y atteint 200 mètres,
et les couches y ont quelque régularité. La couche rencontrée à Cublac dans
la partie moyenne de l'étage, est exploitable à condition d'utiliser les produits, comme on le fait d'ailleurs pour des usines annexes, fours à chaux,
verrerie, poteries, etc. Avec le temps, les procédés de culture du Bas-Limousin s'amélioreront certainement, et la fabrication des chaux grasses avec
les calcaires oolitiques du bajocien affleurant à proximité de Cublac, prendra
une extension qui entraînera le développement de l'exploitation houillère.

Ce bassin de Terrasson n'est pas encore complètement connu. A l'ouest et
au nord-ouest, on sait qu'il est limité, les dépôts houillers s'atténuant graduellement et disparaissant au delà de Peyrignac et de Châtres; mais, dans
toutes les autres directions, l'extension du bassin n'est pas déterminée.

Au nord, des dépôts houillers, isolés ou non, pourraient se trouver à l'emplacement des vallées de l'Elle, près Villac, et de la Logne, vers la Rivière
ou Brignac.

A l'est, le puits de Larche a, il est vrai, traversé une certaine épaisseur de
terrain houiller, sans révéler des couches de houille exploitables; mais, d'une
part, le rejet constaté à une certaine profondeur masque peut-être une partie
des couches supérieures des grès houillers; d'autre part et surtout, le puits
n'a pas encore été descendu à la profondeur du substratum cristallin, et il
peut laisser échapper des couches situées à la base de la série.

La superposition des grès rouges inférieurs aux schistes précambriens, dans
le voisinage de Lissac, indique que les grès houillers ont déjà disparu, vers
le sud-est, à une distance du puits de Larche qui n'est que de 3 à 4 kilomètres.

26.

Les recherches à faire plus à l'est devraient donc être remontées dans la direction du nord, ce qui les ferait placer, en vue de diminuer la profondeur de terrain mort à traverser, soit dans la vallée de la Vézère, près Saint-Pantaléon, soit plutôt au moulin de la Mothe. Si les grès houillers existent en ce point, un sondage les atteindrait à une profondeur qui peut varier de 5o à 1oo ou 15o mètres.

Au point de vue de l'épaisseur des terrains morts, c'est évidemment le lieu le plus favorable. Un autre lieu favorable, quoique à un bien moindre degré, serait aux environs de la Rivière-de-Mansac.

Enfin dans la région du sud-est, du côté de Marcillac et de Tudeils, les chances de trouver de la houille sont à peu près nulles, puisque, du Planchat à Lostanges, le terrain houiller n'existe plus sur la bordure du Plateau central.

Plus au sud, à Maumont et Meyssac, les épaisseurs énormes à traverser, qui atteindraient de 7oo à 1,2oo mètres, s'opposent certainement à toute tentative de recherche.

Matériaux de construction, etc. — Les meilleurs matériaux de construction, comme pierres à bâtir, se trouvent dans les couches de Grammont et dans celles de Meyssac.

Les grès de Grammont sont exploités dans deux carrières voisines du village et établies au sommet du puy. On pourrait, comme cela a été pratiqué pour les travaux du chemin de fer, exploiter les mêmes grès à un niveau moins élevé, en se tenant à l'est de la faille de Chasteaux. Les carrières de Grammont, qui occupent de dix à vingt ouvriers, fournissent toute la bonne pierre de taille utilisée à Brive et aux environs. Le grès est gris, à grain fin; il est résistant et susceptible de recevoir une taille assez fine.

Les grès de Meyssac sont de moindre qualité, à grain moins fin, de teinte rouge; ils ne sont guère utilisés qu'à Meyssac. Les carrières, peu importantes et exploitées d'une manière intermittente, sont principalement situées sur le revers sud du massif permien de Meyssac.

Les grès rouges de Brive ne peuvent pas fournir de matériaux de construction, par suite de la nature argileuse de la roche.

Les grès houillers sont généralement trop grossiers ou trop peu cohérents pour être utilisés. Ils fournissent cependant des moellons, mais les meilleurs moellons sont tirés des grès à *Walchia*. Ceux-ci peuvent aussi fournir des pierres de taille, et à une certaine époque ils ont été assez activement exploités à la Cave, près Larche, principalement pour les travaux du chemin de fer et des ponts sur la Vézère.

Le calcaire, qui existe à différents niveaux dans les grès permiens, est d'une cuisson difficile et ne donnerait qu'une chaux très maigre; il n'est donc pas utilisé dans les chaufourneries. Son emploi est uniquement borné à l'empierrement des chemins vicinaux. On utilise dans ce but, soit les nodules calcaires contenus dans les argiles rouges, soit les bancs calcaires du niveau de Saint-Antoine, suivant les régions où l'on se trouve. Mais en raison de l'abondance des galets de quartz, qui constituent un meilleur empierrement, les exploitations de calcaire sont toujours fort peu développées et accidentelles.

Outre les grès et les calcaires, les argiles permiennes sont aussi utilisées; elles sont approvisionnées pour les poteries, tuileries et briqueteries, notamment dans la région de Tudeils.

D'une manière générale, les produits d'extraction et de fabrication qu'on peut tirer des terrains houillers et permiens sont utilisés uniquement par la consommation locale.

DEUXIÈME PARTIE.

DESCRIPTIONS LOCALES.

Les descriptions locales, qui font l'objet de la deuxième partie du présent mémoire, sont la justification des faits généraux développés dans la première partie.

Les subdivisions géographiques que j'adopterai sont les suivantes :

1° Le bassin houiller d'Argentat, sur le Plateau central;

2° La région, située au sud de la Vézère et de la Corrèze, qui s'étend sur les versants gauches des bassins de ces cours d'eau et sur le versant droit de la Dordogne;

3° La région limitrophe du Plateau central, depuis la Corrèze jusqu'à Sanas, c'est-à-dire jusqu'à la ligne de faîte qui sépare les bassins de la Vézère de l'Auvézère. Cette région est délimitée au sud-ouest par les cours du Rozeix, de la Loyre et de la Vézère, jusqu'à son confluent avec la Corrèze. Elle comprend les versants gauches de ces cours d'eau;

4° La région formée par les versants droits des cours d'eau indiqués ci-dessus et le versant gauche de la Logne, petite rivière qui passe à Brignac;

5° La région comprise entre la Logne et le ruisseau de l'Elle, qui passe à Villac;

6° La région comprise entre l'Elle et le Taravellou, ruisseau qui passe à l'ouest de Châtres, y compris le versant droit du bassin de ce ruisseau;

7° Et enfin la région qui se trouve dans le bassin de l'Auvézère.

Cette subdivision en régions n'a pas pour but de répondre à des faits géologiques, mais simplement de délimiter commodément et exactement le champ de chaque description locale.

CHAPITRE X.

BASSIN D'ARGENTAT.

Le bassin houiller d'Argentat est indépendant du bassin permo-houiller de Brive; cependant j'y ai rattaché sa description, afin de rassembler dans un même mémoire la description de tous les affleurements permiens et houillers des feuilles de Brive et de Tulle.

Description minéralogique. — En prenant, au nord d'Argentat, le chemin encaissé qui monte directement sur le faîte du contrefort entre la vallée de la Souvigne (qui passe à Forgès) et celle du ruisseau qui aboutit à Longour, on observe d'abord les leptynites d'Argentat, puis vers le haut, avant le col du puy coté (302), des schistes cristallins rubéfiés et surmontés par un petit dépôt de grès houillers, lequel est situé entièrement sur la feuille d'Aurillac.

Au col, on observe les micaschistes, mais on ne tarde pas à rencontrer, vers Boisgrand, un autre dépôt houiller formant un affleurement plus étendu, dirigé du nord au sud, à cheval sur la limite des deux feuilles de Brive et d'Aurillac, et d'une longueur de 600 à 700 mètres. Ce dépôt comprend une alternance de poudingues à galets roulés et de grès schisteux avec schistes charbonneux. Les galets des poudingues sont empruntés principalement aux leptynites d'Argentat. Il faut remarquer que le lambeau houiller en question est à la séparation des leptynites et des micaschistes. On observe dans le talus, un peu avant le chemin de Boisgrand, une petite couche de houille. L'épaisseur de ce lambeau n'est que de quelques mètres.

Au delà, on rencontre les micaschistes qui forment le puy (à peine indiqué sur la carte) situé à l'ouest de Belair. C'est avec ce puy allongé vers le nord que débute le véritable faîte, et les couches que je viens de signaler occupent, en réalité, le revers sud de la pointe du contrefort.

Le lambeau de Boisgrand se trouve à 10 ou 15 mètres au-dessus du niveau du petit lambeau situé au sud.

Le chemin qui se tient à l'ouest, au pied du puy, passe à peu près à la naissance des contreforts transversaux secondaires qui se détachent vers la vallée de la Souvigne. Ce chemin traverse tantôt les micaschistes, tantôt les terrains houillers qui forment des placages peu épais sur le revers très raide du coteau.

Ces amas houillers se voient en trois points : au Glandier, et de part et d'autre de la naissance du petit contrefort de l'Échaunie. Il est difficile de reconnaître si ces affleurements sont continus ou discontinus. Ils moulent, en tout cas, la hauteur.

Le second de ces amas montre la succession suivante de haut en bas :

3. Brèches de fragments de schistes.
2. Grès schisteux.
1. Poudingue.

Ainsi, on voit que, même après des dépôts assez réguliers comme ceux des grès, il y a eu des ravinements et une formation d'éboulis, que représente la brèche. Des terrains primitivement recouverts par les eaux ont été mis à sec pendant la période même des dépôts. Il est bien évident là qu'il ne s'agit pas de mouvements du sol, mais de variations dans le niveau des eaux, tenant très probablement à des changements dans le tracé des torrents houillers, changements qui résultent de la rapidité relative du remplissage et de l'irrégularité du relief du sol.

Plus loin, les micaschistes fortement rubéfiés mettent en évidence l'intensité des actions hydrothermales qui ont précédé et accompagné le dépôt des grès houillers et qui attestent l'existence de communications par eau entre les divers lieux de dépôts, et par conséquent l'horizontalité de leur ensemble, dans le voisinage des points d'émission des venues hydrothermales.

A l'est du puy, vers Belair, le micaschiste forme le flanc du coteau ; il occupe aussi le puy coté (302), mais, au nord de ce puy, le faîte s'abaisse, et, au pied de la pente, on observe de nouveau des dépôts houillers. Ceux-ci se composent de couches assez épaisses et régulières de grès jaunâtres et de schistes houillers, avec quelques couches de houille de mince épaisseur.

C'est dans cette région que le terrain a été exploité pour le charbon.

Au delà du petit Roc, les grès disparaissent, même sur le faîte, et l'on n'aperçoit plus que des poudingues et des brèches composées de fragments de micaschistes souvent fort gros. Ces brèches se sont, pour ainsi dire, formées sur place, et elles diffèrent à peine des micaschistes en roche.

C'est seulement la présence de rares galets ou de petits amas sableux ou gréseux qui permet de différencier ces deux sortes de terrains, mais les sols végétaux qui les couvrent sont identiques. Aussi est-il possible que les micaschistes non remaniés affleurent en certains points de la crête, et qu'ainsi les brèches et les poudingues, au lieu de former toute l'épaisseur du terrain, ne soient que des placages sur les deux flancs du coteau. Il en résulte que l'épaisseur du terrain houiller peut être assez faible, et, en fait, de Boucheporn et Dufrénoy n'ont pas évalué l'épaisseur totale à plus de 12 mètres.

Le fond du vallon, depuis Memmeux jusqu' au Lorent, est occupé par les leptynites d'Argentat, que recouvre la brèche houillère.

A l'est, le col près Rioubazès, est occupé par les schistes cristallins, mais le fond du vallon qui descend de Saint-Bonnet-Elvert est creusé, sur 1,500 mètres de longueur, dans le terrain houiller qui couvre aussi les deux flancs du vallon et s'étend jusqu'au Bourlioux. Il y a peut-être quelques lambeaux isolés de terrain houiller vers le Poujol, Chassagnol, etc.

Allure des couches. — Sous le Bourlioux, on peut bien observer l'allure du terrain, et l'on remarque à flanc de coteau, au sud-sud-ouest du village, un banc épais d'un poudingue houiller très dur, dont l'inclinaison est égale à la déclivité du sol.

Des plongements si considérables et de directions variées sur d'aussi faibles étendues ne peuvent s'expliquer par des mouvements du sol. Ils correspondent évidemment à l'allure primitive des dépôts, et le vallon qui descend de Saint-Bonnet-Elvert occupe encore, tout au moins en partie, l'emplacement d'une ancienne dépression de l'époque houillère.

L'affleurement de l'ensemble est limité par une ligne presque droite passant par Memmeux et le Branchadel. Mais on observe encore, à la pointe sud du petit contrefort de la Grèze, un petit lambeau houiller visible dans le talus, au détour du chemin. Il est sous forme d'un poudingue à gros éléments.

Mais l'existence ancienne de dépôts houillers dans la partie amont du vallon en question s'accuse encore par d'autres traces. En certains points, sur le versant gauche, le seul formé par les micaschistes, on observe que les schistes sont violacés, par exemple sous la Grèze; en ce point, la roche cristalline, peu

schisteuse, presque compacte, se décompose facilement : il y a donc eu une
altération plus profonde que celle qui se manifeste simplement par la teinte.
Au pied même du contrefort de la Grèze, la modification est encore plus accentuée et l'on observe des roches dures, grenues, verdâtres, représentant
probablement les micaschistes fortement modifiés.

Résumé. — En résumé, le terrain houiller affleure d'une manière continue
depuis le Fraysse au sud jusqu'au col de Memmeux au nord, occupant le
faîte entre le vallon du Lorent et celui du Branchadel et s'étendant, sur le
versant droit de ce dernier vallon, jusqu'au faîte, au Bourlioux. Les petits affleurements de la Grèze, de Boisgrand, etc., et les traces d'altération des
schistes indiquent que l'extension des grès a été plus grande, et l'on peut la
tracer depuis la Grèze jusque près d'Argentat.

Quant à la forme du sol, au moment où le terrain s'est déposé, elle
devait être accidentée. Les dépôts ont rempli une première dépression correspondant à peu près au vallon actuel du Branchadel, mais ayant une direction plus voisine du méridien. Dans cette dépression, les dépôts sont sous
forme de poudingues et aussi d'éboulis faits au-dessus de la surface permanente de l'eau.

Les dépôts ont également rempli une seconde dépression à peu près parallèle à la première. Là, ils se sont faits sous forme d'éboulis, sur le flanc
est, et sous forme de couches sableuses et argileuses à peu près horizontales,
dans le chenal central. Les traces qui restent de ce second dépôt se voient
sur le versant gauche du Lorent et aux environs de Benet, la Borie, Fraysse.
Les deux dépôts sont séparés au point (431) par la crête de Memmeux,
recouverte, au moins en partie, par les dépôts.

Enfin d'autres dépôts ont contourné le puy de Belair, coté (405), qui a
formé une sorte d'île ou de haut fond au milieu du petit bassin houiller. Ces
dépôts se prolongent au sud vers Argentat.

Le terrain houiller d'Argentat, connu encore sous le nom de Saint-Chamans, a fait l'objet d'une concession.

J'ai pu recueillir, grâce aux travaux anciens, un certain nombre d'impressions végétales qui ont été énumérées dans la première partie du présent
travail, p. 17.

CHAPITRE XI.

RÉGION AU SUD DE LA VÉZÈRE ET DE LA CORRÈZE.

La région des affleurements permiens situés au sud de la Vézère et de la Corrèze affecte une forme triangulaire, limitée au nord par la Vézère et la Corrèze, depuis Terrasson jusqu'au confluent de la Couze de Mallemort, au nord-est par le Plateau central, depuis la Corrèze jusqu'à Tudeils, et au sud-ouest par la faille qui sépare les affleurements permiens des affleurements des terrains secondaires. Au sud de Brive, les terrains permiens sont recouverts par un vaste manteau de grès triasiques et liasiques.

Dans la description qui suit, j'examinerai d'abord les affleurements des couches permiennes les plus inférieures, sur la bordure du Plateau central, depuis Tudeils jusqu'au col du Planchat et de ce col jusqu'à Lanteuil, puis de Lanteuil jusqu'à Mallemort.

Je décrirai ensuite le massif formé par les grès supérieurs, depuis Marcillac jusqu'à Brive, et je terminerai par la description des affleurements permiens à l'ouest de Brive, c'est-à-dire ceux de Grammont et de Larche.

DE TUDEILS AU PLANCHAT [1].

Dans les environs de Lostanges, on remarque, entre les hauteurs de la Gleygeolle et de la Bitarelle et les hauteurs qui forment le bord du Plateau central, une région basse de forme triangulaire, dont la pointe nord se trouve vers le col du Planchat et dont la base est limitée par les hauteurs du Verdier, près Tudeils, et par celles qui s'étendent de Puy-d'Arnac à Soleillot.

Ces hauteurs, ainsi que la dépression triangulaire, sont occupées par les

[1] Le Planchard, sur la carte.

grès inférieurs du terrain permien et houiller, dont les couches ont un plongement marqué vers le sud-ouest et disparaissent à l'ouest sous les couches des grès supérieurs du massif de la Gleygeolle. Elles sont séparées par une faille du massif des schistes cristallins.

Ce sont ces couches que nous allons étudier en premier lieu, et pour cela nous suivrons d'abord la route de Meyssac à Beaulieu, entre Marcillac et l'Emprunt, route qui présente la coupe suivante :

Fig. 1. — Coupe suivant la route de Marcillac à l'Emprunt [1] (1/80,000).

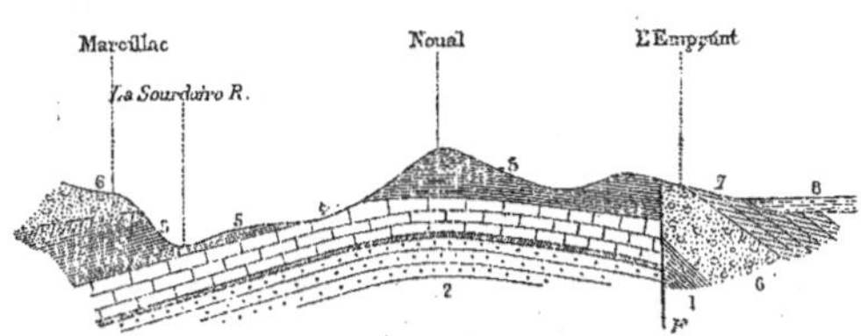

8. Alluvions.
7. Lias.
6. Grès du trias.

5. Grès et schistes rouges.
4. Grès et schistes gris.
3. Bancs calcaires.

2. Grès rougeâtres grossiers.
1. Schistes cristallins.

Le bourg de Marcillac-la-Croze est bâti sur les bancs épais et massifs des grès du trias, et les maisons les plus hautes qui se trouvent sur la route sont assises aussi sur ce terrain. Mais en descendant vers Montmaur, on ne tarde pas à voir affleurer un terrain tout différent. Ce sont, sur le flanc droit du vallon que suit la route, des bancs de grès gris assez fins, argileux, micacés, très schisteux; à gauche, ce sont également des grès, mais plus argileux et de teinte rouge.

Si, de l'église de Marcillac, nous descendons au sud-est, dans la vallée, vers le Moulin-Bas, par un petit chemin encaissé, nous traverserons des couches de grès gris argilo-schisteux, et contenant des empreintes assez fréquentes de *Walchia*.

En nous dirigeant au contraire du côté du Pescher, nous trouverons des bancs de grès schisteux rouges, qui forment les talus du chemin vicinal, sur la gauche.

[1] Sauf indications contraires, les échelles des hauteurs de toutes les coupes du mémoire sont huit fois plus grandes que celles des longueurs.

Nous retrouverons ces mêmes grès en pénétrant dans le vallon compris entre le Soulier et Ventausal. Plus à l'amont, dans ce vallon, sous le Soulier, ces grès sont surmontés par d'autres grès gris schisteux que l'on retrouve aussi à Ventausal. Ces grès gris schisteux sont très analogues à ceux qui affleurent à droite de la route départementale, ainsi qu'au sud-ouest de Marcillac, à un niveau géologique beaucoup plus bas.

Si maintenant nous continuons à suivre la route départementale, à partir du pont de Montmaur, dans la direction de Tudeils, nous ne rencontrerons plus que des grès rouges ou rougeâtres, alternant avec des bancs très schisteux, d'une teinte violacée, et avec quelques bancs de grès gris que l'on voit notamment dans le petit vallon, au nord-ouest du Roussel.

C'est un terrain analogue qui forme les hauteurs au sud de la route, ainsi que le petit contrefort de la Mauginie. Ce sont des grès schisteux rouges ou gris verdâtre, alternant avec des bancs d'argiles schisteuses rouges, des grès gris quartzeux, etc., mais les grès verdâtres et jaunâtres dominent.

Le contrefort de Soleillot est formé par les mêmes grès, mais si, de Soleillot, on descend au Moulin-Haut, on voit, un peu avant d'arriver au vallon, ces grès reposer sur des grès et schistes gris, avec nombreuses empreintes de *Walchia*.

Au sud de ce contrefort, on ne trouve plus que les grès et schistes gris inférieurs. A Montpiézot (ou Montviézo), ces grès contiennent une petite couche calcaire de o m. 20 que l'on voit sur le chemin du faîte et qui est accompagnée de schistes gris. Non loin, se trouve une ancienne carrière dans des grès gris verdâtre. Ces grès se relèvent de plus en plus, et la pointe du contrefort de Lacarou montre, à sa base, les couches inférieures aux grès gris schisteux. Ce sont de gros bancs de grès rougeâtres, solides, peu argileux, formant des escarpements.

Ces couches, qui plongent beaucoup vers l'ouest, sont surmontées par une série de bancs de calcaire noir, alternant avec des schistes gris et surmontés par les grès et schistes gris.

Les grès rougeâtres inférieurs forment aussi le revers nord du contrefort de la Peyrusse, mais, plus au sud, ces grès cessent brusquement d'affleurer, pour faire place aux grès du trias; il y a, en effet, une faille qui résulte d'un affaissement des terrains au sud. Au sud de cette faille, les grès du trias reposent directement sur les schistes cristallins; le permien a donc été enlevé complètement par les érosions avant le dépôt du trias. Le vallon au sud de Lacarou forme, par suite, la pointe la plus méridionale des dépôts permiens, dans leur extension actuelle.

Reprenons maintenant la route départementale, depuis le col de Noual, coté 270 mètres, jusqu'à l'Emprunt. Les talus de cette route montrent un terrain très argileux, de teinte rouge et rougeâtre. C'est le même terrain que l'on voit dans le vallon de Tudeils; on y exploite des argiles pour les tuileries. La route du col de Noual au col de Bardy (ou de Louvadour), sur la route de Tulle à Beaulieu, montre aussi les mêmes couches; on a ouvert, sur le bord de cette route, des carrières pour l'exploitation des bancs de grès. Dans ces carrières s'observent des grès schisteux rougeâtres ou gris, alternant avec des argiles rouges; cependant les grès de teinte verdâtre forment la plus grande partie du terrain.

Mais, peu avant d'arriver au col de Bardy, les couches inférieures commencent à affleurer : ce sont les grès et schistes gris d'abord, puis les bancs calcaires déjà observés près de Lacarou, et enfin les grès rougeâtres en gros bancs massifs, inférieurs à ces couches calcaires.

Ces grès forment le flanc droit du vallon de Tudeils, tandis que le flanc gauche du vallon et le village de Tudeils sont dans les grès gris; mais on retrouve au sud de Tudeils, notamment à Maisonneuve, les grès rougeâtres et argiles rouges. Il y a évidemment une petite faille à la naissance du vallon de Tudeils.

En résumé nous pouvons distinguer les étages suivants, de haut en bas :

4bis Grès gris, visibles à Ventausal (*grès du Verdier*).

4. Grès rougeâtres ou grès et argiles rouges, etc., visibles entre Montmaur et l'Emprunt (*grès de Tudeils*).

3. Grès gris ou jaunâtres et schistes gris, visibles sous Campestran (ou Champestran), à Marcillac, Tudeils, etc. (*grès à Walchia*).

2. Bancs calcaires et schistes gris, visibles à Lacarou et à Bardy (*calcaire de Saint-Antoine*).

1. Grès rougeâtres en bancs épais, massifs, visibles à Lacarou et Bardy (*grès rouges inférieurs*).

Le vallon à l'est de Lauselou et de Lalé est occupé sur les deux flancs par les grès gris inférieurs, étage n° 3.

Près de la ferme du Marbourg, au sud de Lauselou, sur le flanc droit du vallon, on a creusé un puits de recherche dans ces grès gris, et l'on en a sorti des schistes noirs bitumineux. Le chemin qui passe à cette ferme fournit une bonne coupe du terrain (fig. 2), que l'on voit bien encore dans une vigne entre Combressole (ou Chabaniol) et Vignole. Au-dessus des affleurements du flanc gauche, apparaissent les schistes cristallins, qui en sont séparés par la faille déjà signalée.

Fig. 2. — Coupe suivant le chemin de Marbourg (1/2,000).

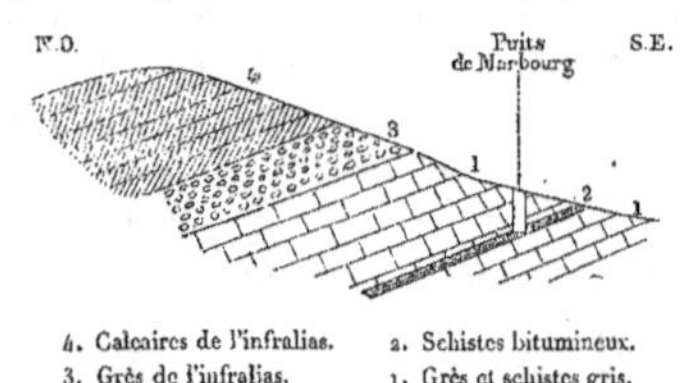

4. Calcaires de l'infralias.   2. Schistes bitumineux.
3. Grès de l'infralias.   1. Grès et schistes gris.

Tout à fait au sud du vallon, on voit des traces des bancs calcaires, puis l'on passe brusquement aux grès du trias. On traverse, en effet, la faille qui limite les dépôts permiens et que j'ai déjà signalée dans la vallée de la Sourdoire. Cette faille traverse aussi la route départementale à sa jonction avec la route nationale. Elle se suit assez facilement sur le flanc sud du contrefort de la Mauginie, mais elle ne peut plus se tracer sur la hauteur, complètement couverte par les grès du trias.

Le contrefort de Laval et du Verdier est, en majeure partie, formé par les grès avec argiles rouges, étage n° 4. Le lit du ruisseau, sous Lacoste et sous Sorlages (ou Soulages), est occupé par des schistes verdâtres durs. Dans ce vallon, que suit la route départementale, des carrières ont été ouvertes sur l'un et l'autre flanc; on y exploite des grès gris surmontant ces couches schisteuses. Le petit contrefort de Noual est couronné par des grès sablo-argileux, à grain fin, jaunâtres, avec quelques couches d'argiles rouges. Ce sont évidemment les couches de passage du niveau n° 4 au niveau n° 4bis.

Le contrefort de Laval est constitué par des terrains de même nature. Le mamelon occupé par le village de la Chèze laisse voir des argiles rouges. Mais, au delà, le terrain s'élève rapidement pour former la hauteur du Verdier, occupée par les grès et schistes gris, ainsi que le contrefort du Queyrol. En descendant par le chemin au sud-est de la Chèze, on peut constater que les grès rouges et les grès gris sont séparés par une faille dirigée, en ce point, N. N. E.-S. S. O.

La coupe ci-dessous, entre le col de Bardy et Lacarou, résume la description qui précède :

Fig. 3. — Coupe par Bardy et Lacarou (1/80,000).

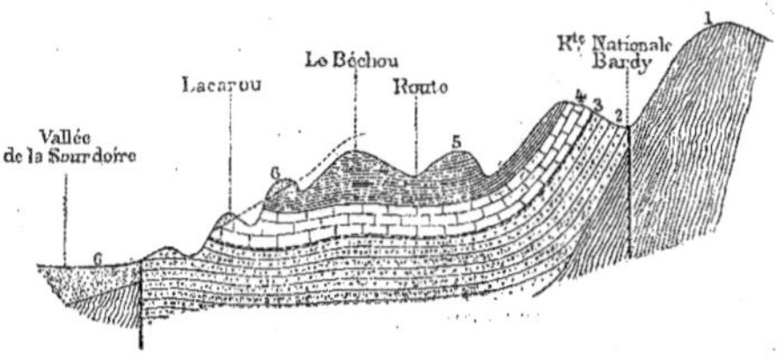

6. Grès du trias.   4. Grès et schistes gris à empreintes.   2. Grès rouges inférieurs.
5. Grès rouges et schistes violacés.   3. Bancs calcaires.   1. Schistes cristallins.

Les couches n° 4 se voient encore sur les deux flancs du vallon de Laval,
depuis Montmaur jusque sous Laval. A partir de ce dernier point, le relèvement des couches fait apparaître les grès et schistes gris n° 3.

Au Soulier, les bancs calcaires affleurent sur le flanc gauche très escarpé
et boisé du vallon du ruisseau du Verdier, qui descend de Louvadour. Cet
affleurement se suit jusqu'au col de Bardy. Au-dessous, apparaissent les grès
inférieurs, en gros bancs saillants. Ils occupent aussi le fond du vallon et
en forment le revers droit; mais, à la pointe du contrefort du Soulier, les calcaires affleurent sur une petite étendue. Les couches ont d'ailleurs un plongement considérable vers le sud-ouest. Plus haut, et toujours sur le flanc
droit, apparaissent les schistes cristallins, par suite de ce plongement des
couches.

Les hauteurs sont toutes occupées par ce même terrain. Mais il existe un
affleurement de grès au milieu des schistes. Cet affleurement forme une
étroite bande, dont l'extrémité nord-ouest est au Jaladis et qui, vers le sud-
est, se relie aux grès de Bardy. Ce sont des grès en gros bancs, peu colorés,
qui, au Chassaing, à Vaux et à Lagaye, sont surmontés par les bancs calcaires; à Lagaye même, les bancs calcaires sont surmontés par les grès et
schistes gris. On voit donc qu'il faut admettre l'existence d'une faille secondaire parallèle à la faille principale et qui s'y rattache au Jaladis et à Bardy.

C'est ce que figure la coupe ci-après (fig. 4) :

Fig. 4. — Coupe sud-ouest par la Chapoulie (1/25,000).

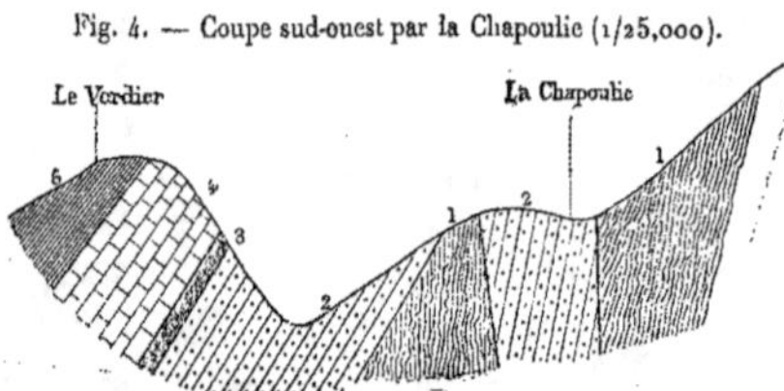

5. Grès et argiles rouges.   4. Grès gris.   3. Bancs calcaires.   2. Grès grossiers rougeâtres.   1. Schistes cristallins.

On peut remarquer que les couches du permien, très redressées contre la faille principale, le sont encore plus contre la faille secondaire, comme on le voit encore mieux sur la coupe suivante :

Fig. 5. — Coupe sud-ouest par le Soulier (1/12,500).

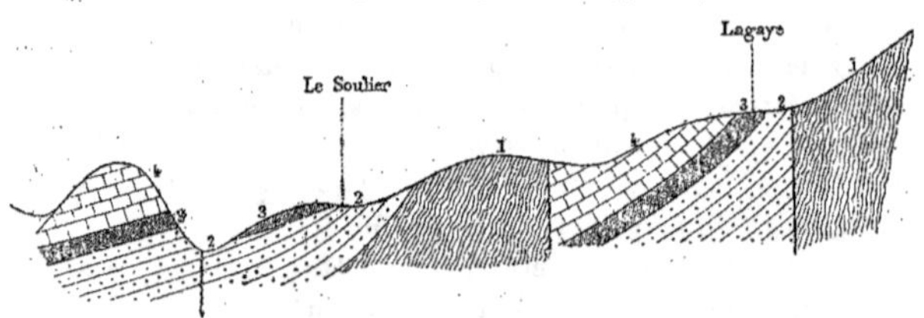

4. Grès et schistes gris.   3. Bancs calcaires.   2. Grès grossiers.   1. Schistes cristallins.

Le contrefort de Lostanges présente aussi la succession de toutes les couches (fig. 6).

En suivant la route qui mène du pont de Montmaur à Lostanges, nous constatons que le pied du contrefort est formé, au sud, par les grès rouges schisteux n° 4. Plus loin, le talus de la route montre, superposée à ces grès rouges, une série épaisse de grès et schistes gris qui forment la butte cotée 210 mètres près de la Plantade. Puis sur le faîte et au delà du col qui isole cette butte, les grès n° 4 réapparaissent, en vertu du relèvement des couches. La hauteur cotée 256 mètres, notamment, est formée par des grès avec argiles rouges. Ces couches n° 4 contiennent aussi plusieurs bancs de grès gris ou verdâtres. La partie nord du village de Lostanges est dans les grès et schistes gris n° 3.

Plus au nord, on trouve les bancs calcaires, puis les grès rouges inférieurs, et enfin l'on franchit la faille peu après la maison d'école; alors les schistes cristallins apparaissent, formant le massif au nord-est. Toutes les couches de grès, surtout vers Lostanges, plongent fortement au nord-ouest.

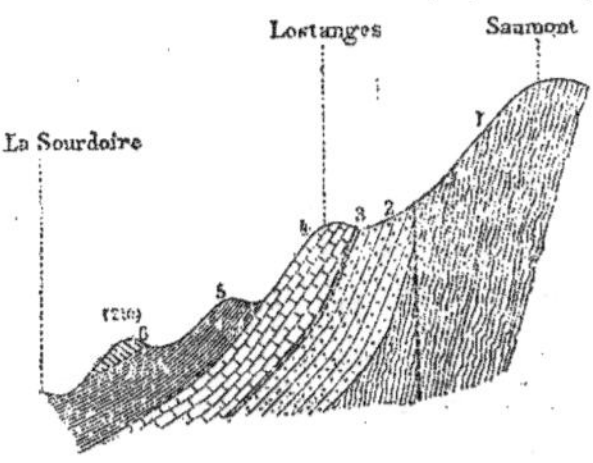

Fig. 6. — Coupe en long du contrefort de Lostanges (1/80,000).

6. Grès gris et jaunâtres. 4. Grès et schistes gris. 2. Grès grossiers rougeâtres.
5. Grès et argiles rouges. 3. Bancs calcaires. 1. Schistes cristallins.

Les grès inférieurs occupent le fond du vallon de Langlade. Ils affleurent encore au sud du village de Blavignac et disparaissent sous les bancs calcaires près du village de la Brue. La pointe du contrefort, à la Chapelle, est formée par les grès rouges et gris n° 4, au village même de la Chapelle.

Suivons maintenant le faîte du contrefort du Verdier en partant du Moulin-Neuf :

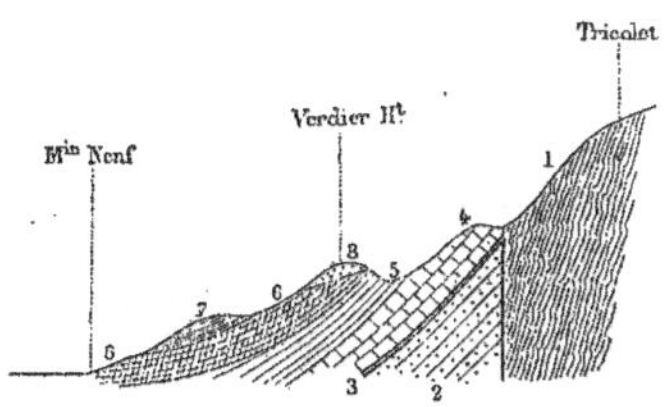

Fig. 7. — Coupe en long du contrefort du Verdier (1/80,000).

8. Sables tertiaires. 5. Grès et argiles rouges. 2. Grès grossiers inférieurs.
7. Grès et argiles rouges. 4. Grès et schistes gris. 1. Schistes cristallins.
6. Grès jaunâtres. 3. Bancs calcaires.

Le pied du contrefort est formé par des bancs de grès gris qui sont le prolongement de ceux observés déjà près de la Plantade. Mais, au-dessus de ces grès et jusqu'à Reyraud-Haut, on trouve des grès rouges avec argiles rouges, assez différents des grès n° 4. Dans le voisinage du Verdier, le relèvement des couches fait réapparaître les grès gris n° 4bis. La hauteur près du Verdier-Haut est occupée par un terrain sablonneux avec beaucoup de galets de quartz : c'est le terrain des sables sidérolithiques. Ce terrain couvre en grande partie les grès n° 4. Le reste du contrefort est occupé par les grès rouges n° 4, peu visibles, et par les grès et schistes gris n° 3, jusqu'à la faille près du village de la Poujade.

Au nord-ouest de ce contrefort, on n'observe plus de grès gris au-dessus des grès n° 4, et tout le terrain est formé par des grès rouges. Il est possible qu'un retour, vers le nord, de la faille de Meyssac masque en ce point les couches n° 4bis, mais les grès gris schisteux du niveau n° 3 forment toujours la bordure de la faille; près du Pescher, on observe, à la partie supérieure de ces grès, un banc calcaire.

La pointe des différents petits contreforts jusque vers Sérilhac est occupée par un terrain de grès et d'argiles rouges, en prolongement de celui du niveau n° 4. La figure ci-dessous donne la coupe suivant l'un de ces contreforts, celui du Pescher :

Fig. 8. — Coupe en long du contrefort du Pescher (1/40,000).

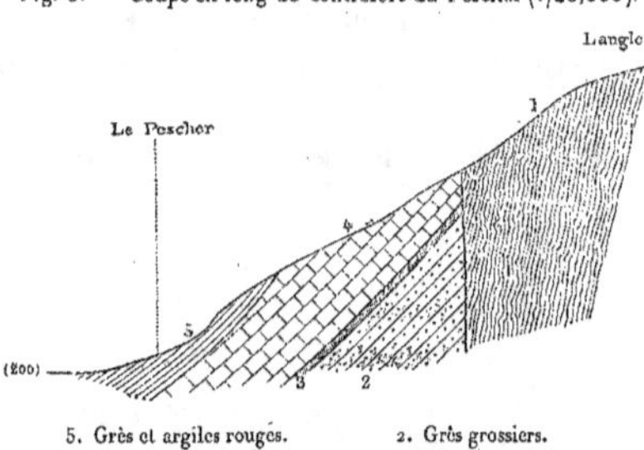

5. Grès et argiles rouges.   2. Grès grossiers.
4. Grès et schistes gris.   1. Schistes cristallins.
3. Bancs calcaires.

A Sérilhac, le plongement des couches est très grand et se rapproche de la verticalité (fig. 9). Les grès et schistes gris forment entièrement le contrefort de Sérilhac. Dans le raidillon qui descend à l'ouest du village, on trouve les schistes gris avec empreintes de *Walchia*, et, au pied de ce raidillon, il y a des traces des bancs calcaires qui doivent affleurer dans le fond du petit vallon situé au nord. Le flanc droit de ce vallon, ainsi que le pied des contreforts en face du village de Bré (ou Breyt), est d'ailleurs formé par des grès jaunâtres ou rougeâtres avec argiles rouges, et des grès grossiers sableux, ensemble qui représente les grès n° 1.

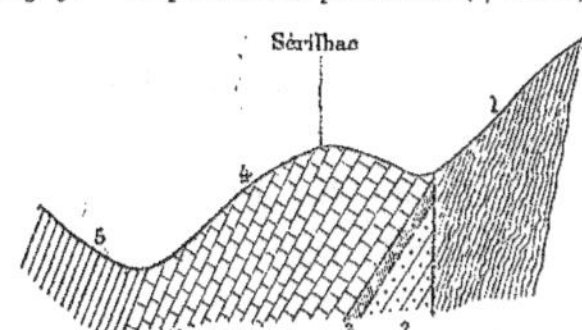

Fig. 9. — Coupe sud-ouest par Sérilhac (1/15,000).

5. Grès et argiles rouges.
4. Grès et schistes gris.
3. Bancs calcaires.
2. Grès grossiers.
1. Schistes cristallins.

Dans le vallon qui sépare la Vergne de Pauliat, ces couches sont verticales, quoique les grès paraissent horizontaux. Cette apparence de stratification horizontale est simplement due aux actions atmosphériques, et la stratification réelle est accusée par les couches schisteuses.

La route, qui monte d'abord sur le revers est du contrefort de Pauliat, puis qui le contourne, fournit une bonne coupe des grès inférieurs.

Voici la succession des couches de haut en bas :

13. Bancs calcaires, visibles sur 4 à 5 mètres .... p. m.
12. Argiles rouges................................. 1
11. Grès sableux verdâtres......................... 2
10. Argiles bigarrées.............................. 3
 9. Grès jaunâtres sableux......................... 20
 8. Argiles violacées.............................. 3
 7. Grès jaunâtres................................. 8
 6. Schistes gris.................................. 1
 5. Grès jaunâtres................................. 5
 4. Argiles rouges................................. 2
 3. Grès jaunâtres avec lits schisteux................. 12
 2. Argiles rouges et bigarrées...................... 2
 1. Grès jaunâtres, visibles sur.................... 25

         TOTAL (non compris les bancs calcaires)....... 84 mètres.

Au delà du tournant, la route traverse les grès et schistes gris n° 3. Puis, brusquement, le talus montre des grès jaunâtres grossiers avec quelques lits schisteux, mais sans argiles et qui représentent les grès inférieurs; il y a donc un rejet, dirigé à peu près de l'est à l'ouest. Ces grès s'étendent jusqu'au col du Planchat. Leur faciès est celui des grès houillers.

Au col même, ce sont des couches de grès schisteux que l'on voit sur la route et sur le chemin vicinal de la Grafouillère, et qui appartiennent au niveau n° 3. Ces couches ont toujours un plongement vertical.

Étudions maintenant le flanc gauche de la Sourdoire, en partant du col du Planchat. Nous constaterons d'une manière générale que, jusque vers Sérilhac, le plongement des couches, très considérable au pied des contreforts, diminue rapidement quand on se dirige vers l'ouest. Les petits contreforts au sud du col offrent le type de coupe suivant :

Fig. 10. — Coupe schématique sud-ouest vers la cabane du Guay (1/5,000).

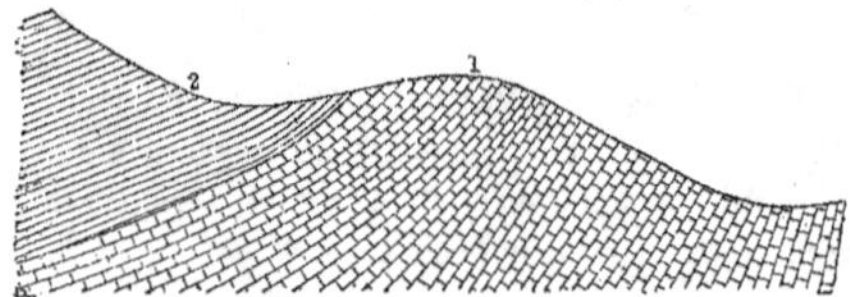

2. Grès et argiles rouges.   1. Grès et schistes gris.

Les deux premiers de ces petits contreforts, en face la cabane du Gay, sont formés principalement par des grès et argiles rouges, c'est-à-dire le niveau n° 4. On y observe toutefois, au sommet du premier, des couches schisteuses, non argileuses, jaunâtres. Au pied et dans le thalweg, ce sont des grès et schistes gris du niveau n° 3. On voit bien ceux-ci dans le vallon secondaire au sud du contrefort, mais les bancs calcaires n'apparaissent pas. Ils n'apparaissent donc pas du tout entre le col du Planchat et le petit col au sud de Pauliat. Il est possible, à la rigueur, que le rejet signalé par ce col se prolonge suivant le thalweg principal jusqu'au col du Planchat, mais il est plus probable que les couches du niveau n° 2, et peut-être une partie des couches inférieures et supérieures qui les comprennent, ont disparu par suite du laminage et du glissement des couches les unes sur les autres.

Le petit contrefort qui suit, présente la même succession de couches que le précédent, mais on remarque, au col qui rattache ce contrefort au massif, un banc de grès dur en saillie au milieu des bancs de grès et d'argile rouge n° 4.

Dans le vallon secondaire suivant, il y a des affleurements de schistes du niveau n° 3, avec traces d'empreintes; ces schistes reposent sur des argiles schisteuses rouges, et ils sont surmontés par des argiles rouges, contenant un banc de grès grossier de teinte claire, comme on peut le voir sur le contrefort à l'est de Fouillouse.

La butte qui porte le village de Bré se trouve dans des grès et schistes gris, et les bancs calcaires occupent le pied du contrefort, près du ruisseau au nord-est. C'est ce que montre la coupe en travers que voici, faite par Bré, dans la direction du sud-ouest :

Fig. 11. — Coupe sud-ouest par Bré (1/15,000).

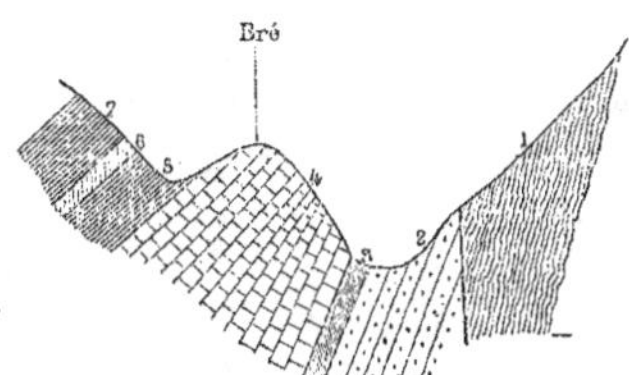

6. Grès grossiers poudingiformes
de teinte claire.
5. Grès et argiles rouges.
4. Grès et schistes gris.

3. Bancs calcaires.
2. Grès grossiers jaunâtres.
1. Schistes cristallins.

A l'ouest du col, ce sont les argiles rouges avec le banc de grès grossier poudingiforme de teinte claire. Ce banc, que nous avons déjà observé plus au nord, se retrouve aussi sur le flanc gauche de la vallée, en face Sérilhac. Il surmonte là environ 30 mètres de grès et d'argiles rouges qui reposent sur les grès gris.

Plus au sud et jusqu'à Saint-Bazile, le revers et le pied des coteaux ne sont plus occupés que par les grès et argiles rouges, c'est-à-dire les couches supérieures.

En résumé, entre le Planchat et Sérilhac, les grès gris, en couches très inclinées, forment une bande étroite. Une partie de ces grès, sinon la totalité, doit être classée dans l'étage n° 3, puisque les bancs calcaires apparaissent en dessous.

Ces grès sont surmontés par les grès rouges, et je n'ai pas observé dans ces couches le niveau n° 4bis des grès gris jaunâtre des environs de Marcillac et du Verdier. Mais on remarque, à la cabane du Gay, des bancs de grès gris jaunâtre d'un facies un peu différent et d'une faible épaisseur.

Les grès inférieurs, c'est-à-dire ceux du niveau n° 1, affleurent en face le village de Bré, avec le même facies qu'au sud. Sous Pauliat, au contraire, on observe des grès situés au même niveau et présentant le facies des grès houillers, c'est-à-dire n'ayant aucune coloration rouge, mais une teinte jaunâtre ou ferrugineuse et contenant des couches schisteuses et argileuses.

Bien qu'on ne puisse établir une différence de niveau entre ces grès à facies houiller, qui, en d'autres points, contiennent une flore houillère, et la base des grès rougeâtres inférieurs, j'aurai toujours soin de distinguer ces deux types, en réservant le nom de grès houillers aux premiers, et désignant les autres sous le nom de grès rouges inférieurs (niveau n° 1).

L'allure générale des couches de la région que je viens de décrire est assez uniforme. Ces couches ont un plongement très considérable vers le sud-ouest, normalement à la faille qui les sépare des schistes cristallins. Le plongement devient vertical, là où la bande se resserre, vers le col du Planchat; il diminue rapidement au fur et à mesure qu'on s'éloigne de la faille, mais cependant il est encore marqué dans la vallée de la Sourdoire.

Dans le voisinage de la faille de Puy-d'Arnac, les couches permiennes plongent du côté opposé à la faille. De plus, les grès du trias reposent d'un côté de la faille sur les grès permiens, de l'autre côté sur les schistes cristallins; la faille limite donc les grès permiens, et elle résulte d'un mouvement antétriasique. La coupe suivante met ces faits en évidence :

Fig. 12. — Coupe sud-est par Lacarou (1/10,000).

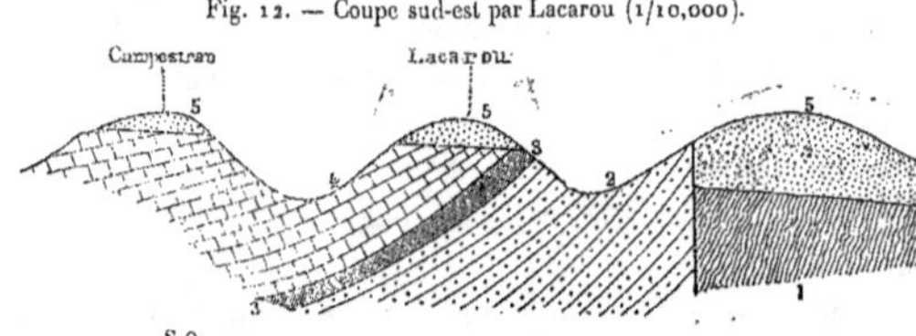

5. Grès du trias. 4. Grès et schistes gris. 3. Bancs calcaires. 2. Grès grossiers rougeâtres. 1. Schistes cristallins.

La topographie peut se déduire, en partie, de l'allure et de la nature des couches. L'emplacement du col du Planchat a été déterminé évidemment par le redressement des couches. Au fur et à mesure que le plongement devient moins fort, la vallée s'élargit, et au Pescher, là où elle est ouverte dans un terrain argileux peu résistant, la vallée est très étendue. Elle se resserre au sud, parce qu'elle entre dans les grès de Marcillac, terrain moins argileux et moins altérable.

Aussi les vallons secondaires, creusés dans les grès du niveau n° 3, sont-ils profonds et escarpés.

DU PLANCHAT À DAMNIAT.

Du col du Planchat au Sapinier, près Damniat, dans la vallée de la Rouanne, les étages inférieurs, c'est-à-dire les niveaux n°ˢ 1, 2 et 3, en couches très redressées et séparées par faille du massif cristallin, n'affleurent que sur une faible largeur, à peine 300 mètres.

Au col du Planchat, comme je l'ai dit, on voit affleurer les grès et schistes gris n° 3, visibles sur la route, comme aussi, et encore mieux, au début du chemin de Beynat. Si l'on se dirige vers Bouix, on constate que les couches de grès gris, très inclinées, sont recouvertes par les grès et argiles rouges du niveau n° 4, dont les couches ont un plongement toujours considérable.

Les grès et schistes gris en couches verticales apparaissent par leur tranche à la pointe nord du petit contrefort de Barrat; le versant ouest est formé par des grès rouges reposant sur ces grès gris. Près de la pointe, sur la rive gauche du ravin, on observe que ces grès rouges contiennent quelques lits de schistes bitumineux feuilletés, avec banc calcaire. Direction des couches : 130 degrés est. C'est là la partie supérieure du niveau n° 3. Continuant à se diriger vers le nord, on constate que le pied du contrefort du Suc est occupé à l'ouest par les grès rouges du niveau n° 4; mais, en prenant l'un ou l'autre des deux chemins qui rejoignent la route, autour du contrefort, on rencontre brusquement des grès gris ou jaunâtres en bancs plongeant vers le sud-est. Plus haut, ces grès bien assisés font place à des grès sableux peu cohérents, mal stratifiés. Ainsi les grès n° 3, que l'on voit affleurer au col du Planchat et à la pointe de Barrat, disparaissent plus à l'ouest, et les grès rouges n° 4 sont en contact avec des grès à facies intermédiaire entre celui des grès inférieurs n° 1 de Sérilhac et celui des grès houillers.

29

En suivant la route, on observe, accolés aux terrains cristallins, des conglomérats à fragment de micaschistes et des grès houillers qui, surmontés par
les grès n° 1, forment le flanc droit du ravin en contre-bas de la route, sous
le Parjadis. Aucune couche calcaire ne sépare ces grès houillers des grès gris
schisteux de Barrat.

Il est donc clair qu'il existe, parallèlement à la faille principale, une faille
secondaire qui se détache de celle-ci au col du Planchat, limite les grès
houillers du Parjadis des grès n° 3 vers Barrat, et des grès rouges sous le
Suc.

L'affleurement du Parjadis a été signalé avec doute par de Boucheporn [1].
Des travaux de recherches ont été exécutés; on y a recueilli des empreintes
du houiller supérieur (voir page 54).

La coupe suivante fait voir, en ce point, l'allure des couches :

Fig. 13. — Coupe nord-est par Barrat (1/10,000).

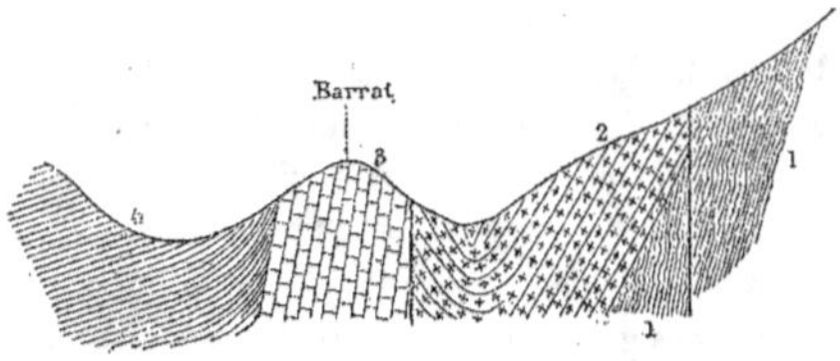

4. Grès et argiles rouges.　　2. Grès houillers.
3. Grès et schistes gris.　　1. Schistes cristallins.

Le petit contrefort au nord-ouest de celui du Suc présente la même coupe ;
la pointe en est formée par les grès rouges. Les deux chemins qui montent de
chaque côté de ce contrefort mettent bien en évidence la faille secondaire.

Sous Chanat, le pied des coteaux est constitué par des grès gris ou jaunâtres ; quelques petites carrières y sont ouvertes. Ce sont bien des grès
houillers, et on aperçoit des schistes sur le sentier, au-dessus des carrières.
Plus haut, ce sont les grès rouges ; la faille secondaire coupe donc le flanc
gauche du vallon, sous Vianne et Chanat.

Je dois noter que le rejet de la faille principale ne paraît pas très grand,

[1] Op. cit., p. 79.

car il existe à l'est de cette faille, en face le Suc, un petit lambeau de grès houiller, recouvrant directement les gneiss micacés, comme le montre la figure ci-dessous :

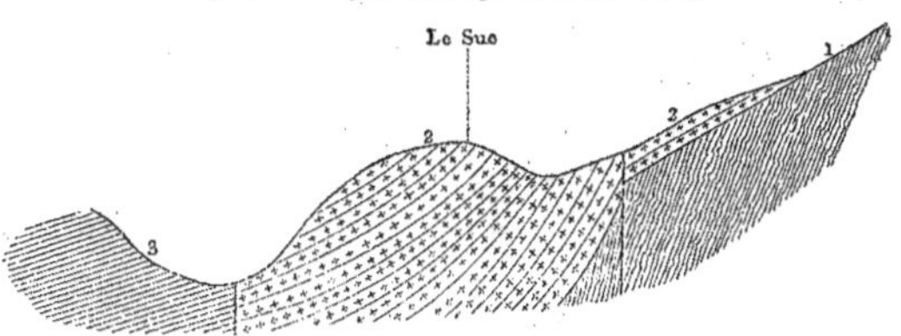

Fig. 14. — Coupe sud-ouest par le Suc (1/10,000).

3. Grès et argiles rouges.   2. Grès houillers.   1. Schistes cristallins.

Ce grès contient des schistes et des traces de charbon, et le talus de la route montre des conglomérats grossiers, avec galets de gneiss ou de micaschistes, et qui forment évidemment la base du houiller. La grandeur de l'angle d'inclinaison des couches prouve d'ailleurs qu'il y a eu un mouvement, et que le plongement ne peut-être attribué en totalité au mode de dépôt.

À Groschamp, on observe encore, dans le talus de la route, les conglomérats houillers. La coupe ci-après, normale à la faille comme les autres, indique le plongement des couches :

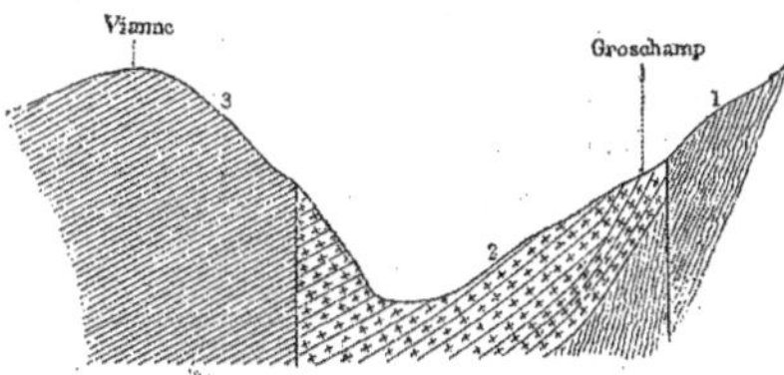

Fig. 15. — Coupe sud-ouest par Groschamp et Vianne (1/10,000).

3. Grès et argiles rouges.   2. Grès houillers.   1. Schistes cristallins.

Environ 500 mètres après le village, la route de Lanteuil contourne un contrefort qui est composé d'un terrain différent des grès houillers. Au pied

de la pointe sud, on voit en effet des bancs calcaires, et ceux-ci se retrouvent à la pointe nord-ouest. Ces couches sont recouvertes par des grès
et schistes gris qui appartiennent évidemment au niveau n° 3. La faille principale passe vers le col qui rattache ce petit contrefort au massif cristallin. Il
y a donc un rejet transverse, résultat d'un affaissement des couches du côté
de Lanteuil, rejet accusé d'ailleurs, sur la route, par de nombreuses faces
de friction dans les grès.

A partir du contrefort de Lachaux, le pied des coteaux du flanc gauche
est formé par les grès n° 3. Les bancs calcaires apparaissent dans le thalweg
du petit vallon de Lachaux, à son confluent, c'est-à-dire à l'est de Mi-
ramont.

Le flanc droit est occupé par des grès grossiers, peu visibles, inférieurs aux
bancs calcaires.

A Lanteuil, dans le lit du ruisseau, près de la grange Auzelou, on voit
affleurer le niveau calcaire. Il y a quatre bancs calcaires, séparés par des bancs
de grès et de schistes. L'épaisseur de l'ensemble est de 4 à 5 mètres. Au sud,
le lit du ruisseau montre les grès gris qui recouvrent cette couche.

Cet affleurement calcaire a été signalé par de Boucheporn[1].

Quant au massif au nord-est de Lanteuil, il est entièrement formé par les
schistes cristallins, et si l'on suit la route de Lanteuil, on observe toujours
le même terrain, sauf vers le moulin du Sapinier, comme on le verra plus
loin.

Les chemins qui, de Lanteuil, se dirigent sur la Tournerie ou sur Viers,
montrent les grès et schistes gris n° 3, en couches très inclinées (à peu près
de 30 degrés), et recouverts par les grès rouges. Au-dessus de la grange Auzelou, ces grès gris contiennent des écailles de poisson.

Sur le chemin de Viers, on peut observer encore un banc calcaire de
0 m. 10 à 0 m. 20 d'épaisseur, plongeant de 60 degrés vers le sud-ouest.
Plus loin, vers l'ouest, les grès rouges conservent encore un plongement de
45 degrés.

Ces grès n° 3 forment toujours le pied du coteau sur la rive gauche, jusqu'au delà du moulin de Béral.

Entre Lanteuil et le moulin de Béral, le lit du ruisseau est creusé dans les
grès.

[1] *Op. cit.,* p. 63.

Le chemin qui conduit de la route départementale à la ferme Morel, qui occupe la pointe sud-est du massif de Germane, se trouve dans des grès et schistes gris n° 3. J'y ai recueilli, à peu près à mi-chemin, de nombreuses empreintes de *Walchia* (voir page 83).

Il existe, au nord-est de cette ferme, un petit ravin qui fournit une bonne coupe des grès et schistes gris, avec schistes bitumineux. M. Bergeron y a trouvé des valves d'*Estheria minuta* et des épines de *Palæoniscus*.

Les bancs calcaires apparaissent sur le revers gauche de ce ravin, au niveau de la plaine, et s'élèvent rapidement pour gagner la hauteur. Ces bancs reposent sur des grès poudingiformes, à grains feldspathiques, en bancs épais et massifs, alternant avec quelques lits d'argiles rouges. Ce sont là les grès inférieurs, c'est-à-dire le niveau n° 1. L'ensemble des calcaires et des grès inférieurs fait place brusquement, plus au nord, à des grès et argiles rouges du niveau n° 4.

Mais ces couches se relèvent aussi vers le nord, et l'on ne tarde pas, en suivant le pied du coteau, à voir apparaître de nouveau les bancs calcaires qui, de là, gagnent le faîte, en passant à l'est de la hauteur cotée (263). Ils sont surmontés des grès et schistes gris, et ils reposent sur les grès grossiers déjà observés. Le chemin qui, du col, descend au moulin du Sapinier, montre bien ces couches n°s 2 et 3.

Au delà du petit ravin qui descend à l'est du col, le massif qui porte le village de Damniat s'élargit et s'élève; il est exclusivement formé par des amphibolites et des micaschistes. L'inclinaison des couches de grès n'est pas suffisante pour qu'on puisse attribuer leur disparition à l'érosion, et il est évident qu'une faille sépare le massif cristallin des terrains de grès.

Sur la rive droite de la Rouanne, cette faille est jalonnée par un lambeau de grès houillers que l'on aperçoit dans les fossés du chemin vicinal et qui s'étend jusqu'au delà de Sand-Bas.

Depuis Lanteuil jusqu'au Sapinier, et au delà, le flanc droit de la vallée de la Rouanne, très escarpé, est formé par les roches cristallines, gneiss micacés et micaschistes. Le terrain houiller de Sand-Bas remplit simplement une dépression du massif cristallin.

Je donne, ci-après (fig. 16), une coupe en travers de cette partie de la vallée de la Rouanne, un peu au sud du moulin de Juge.

Il résulte de cette coupe, qu'il existe une faille suivant la vallée de la Rouanne, faille qui, au sud, passe entre le bourg de Lanteuil et le massif cristallin, et qui est sans doute le prolongement de la faille secondaire de Chanat, se substituant à la faille de Groschamp. Celle-ci vient s'éteindre au petit castel de Mirande (ou la Miraudie). Je n'ai pas trouvé trace des grès inférieurs entre Mirande et Lanteuil, sur la rive droite.

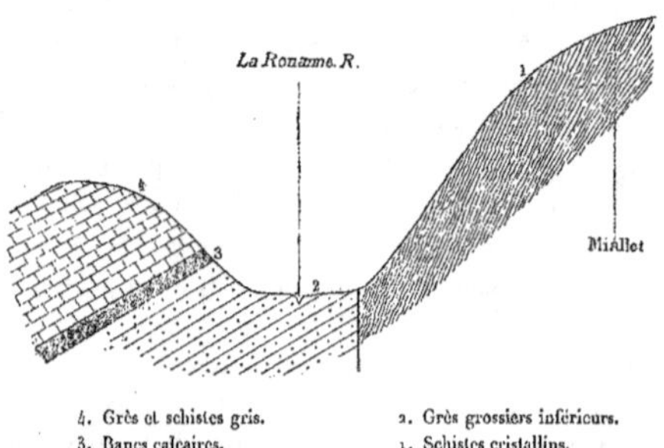

Fig. 16. — Coupe sud-ouest par Miället (1/20,000).

4. Grès et schistes gris.
3. Bancs calcaires.
2. Grès grossiers inférieurs.
1. Schistes cristallins.

La faille de la Rouanne, au nord, se raccorde à celle de Damniat, où peut-être se perd dans le massif cristallin.

En résumé, dans la région que je viens de décrire et qui occupe le vallon depuis le Planchat jusqu'au Sapinier, au pied du massif cristallin, les couches ont un fort plongement. Les couches les plus inférieures affleurent sur le flanc droit et au pied du flanc gauche, lequel se trouve en majeure partie dans les grès et argiles rouges n° 4.

DE LA ROUANNE À LA CORRÈZE.

J'ai à décrire maintenant le contrefort qui sépare la vallée de la Rouanne de celle de la Loyre (ou Louaire), ruisseau qui descend de Puy-la-Ramière, mais en me bornant aux affleurements des couches inférieures. On peut les répartir en trois régions : le contrefort de Germane, celui de la Chapelle-aux-Brots et le versant droit de la Loyre, depuis Chaumeil jusqu'à la Corrèze.

Si, à partir du moulin de Béral, on suit la route départementale qui conduit à Brive, on remarque, au-dessus des grès et schistes gris qui occupent le pied de la montée, des grès rouges alternant avec des argiles de même teinte. Vers le col, aucun indice ne marque le prolongement de la faille que j'ai déjà signalée vers le moulin de Juge. C'est en ce point, au lieu dit *les Peyrières*, et probablement à l'est de ce prolongement, qu'on a jadis creusé un puits de recherche pour la houille. Ce puits a dû traverser les grès et schistes bitumineux du niveau n° 3 [1].

Les grès rouges se continuent sur 2 kilomètres environ; ils disparaissent un peu après l'embranchement du chemin de Puy-Chartier; ils sont alors sous la forme de grès gris ou verdâtres très schisteux, et ils font place à des grès et schistes gris appartenant au niveau n° 3. Sous ces grès, en effet, affleurent des couches calcaires, peu apparentes en ce point et reposant sur des bancs épais de grès gris, durs, avec galets de quartz, qui forment le talus de la route jusqu'au petit pont.

En remontant maintenant le vallon à l'est du Soleillé, on aperçoit les bancs poudingiformes recouverts, sur le flanc gauche, par les bancs calcaires qui se relèvent d'abord vers l'amont, puis finissent par plonger dans cette même direction et disparaître au droit du petit vallon, non marqué sur la carte, compris entre Germane et Soleillé. Il est probable que l'on traverse un ou deux rejets importants.

En montant de ce point sur le faîte, au sud du point coté (263), on observe une carrière qui fournit de très belles dalles d'un grès gris ou rougeâtre, appartenant sans doute à la base du niveau n° 4.

Le faîte est dans les grès et schistes gris n° 3, plongeant au sud et surmontés par les grès rouges.

Mais à la croisée des chemins, au sud du point (263), apparaissent des grès grossiers, jaunâtres, qui se prolongent jusqu'au massif cristallin. Ces grès appartiennent au niveau des grès n° 1.

A l'est du faîte, et sur le revers du coteau dont la base a été décrite au paragraphe précédent, on observe les grès et schistes gris n° 3, plongeant assez fortement vers le sud.

Il y a donc certainement une faille dirigée à peu près suivant le faîte et séparant les grès gris à l'est, des grès grossiers et poudingiformes à l'ouest.

[1] J'ai peut-être été mal renseigné sur l'emplacement des recherches, lesquelles ont pu être faites sur la rive gauche de la Rouanne, près du moulin de Juge, en un lieu dit la Perrière-Haute, où affleurent les grès inférieurs, et où, par conséquent, on peut espérer rencontrer des grès houillers. (*Note ajoutée pendant l'impression.*)

Si l'on suit le chemin qui, du faîte, conduit au pont de la Sudrie, en passant par Germane et Soleillé, on constate que les grès et argiles rouges s'étendent jusqu'un peu au delà de Germane, puis l'on trouve les grès et schistes gris du niveau n° 3, sur lesquels est assis le village de Soleillé. Ces grès sont à une altitude bien plus élevée que les grès rouges que l'on observe sur la route; la faille que l'on vient de reconnaître se prolonge donc en changeant de direction et coupe le contrefort entre Soleillé et Germane, de même que, sur la route, elle sépare les grès gris des grès rouges, et que, dans le ravin entre Soleillé et Germane, elle limite les bancs calcaires à l'est.

Le contrefort de Damniat, qui se rattache au massif de Meyssac par le petit contrefort de Germane que je viens de décrire, est limité à l'est par la Rouanne, au sud par la Loyre et au nord par la Corrèze. Orienté de l'est à l'ouest, il vient mourir en face Mallemort.

Au nord d'une ligne passant par le moulin du Sapinier et par le Buisson, il est constitué par les micaschistes et les amphibolites massives de Damniat. Au sud, il est constitué par des grès argileux de nature variée, mais qui appartiennent incontestablement au terrain permo-houiller ou houiller. Le plongement de ces couches est considérable et dirigé en moyenne vers le sud-ouest.

Pour bien comprendre la constitution du contrefort, il faut d'abord suivre le chemin du faîte, du col jusqu'à Arjassou, puis faire des coupes perpendiculaires au nord et au sud du faîte.

J'ai déjà fait remarquer qu'au col, au sud de la Coste et de Coignac, une faille importante limite nécessairement le terrain permien des micaschistes.

En se dirigeant de là sur Damniat, on traverse les amphibolites et les schistes micacés.

Lorsqu'on quitte Damniat pour se diriger sur Brive, par le chemin vicinal, on suit d'abord, sur quelques centaines de mètres, les arènes amphiboliques, puis, vers Lafarge, on observe des grès grossiers, poudingiformes, de teinte grise. Plus loin, vers la croisée des chemins, point (244), ces grès font place à des argiles rouges abondantes, qui s'observent aussi de place en place sur le chemin du faîte; ces argiles représentent la partie supérieure des grès houillers; leur présence indique que l'on a traversé la faille de Chaumeil, ainsi qu'il résulte de la coupe ci-après (fig. 17).

Les grès houillers se prolongent très au nord, dans la dépression qui des-

cend sur la vallée de la Corrèze, et la teinte violacée des schistes indique
bien que la limite des grès et des schistes ne résulte pas d'une faille, mais de
la superposition des grès aux schistes. Ces grès sont toujours poudingiformes
et, avant Merchadour (ou Merchadoux), on observe au-dessus du lavoir une
brèche à fragments de micaschistes.

Fig. 17. — Coupe sud-ouest par Damniat (1/20,000).

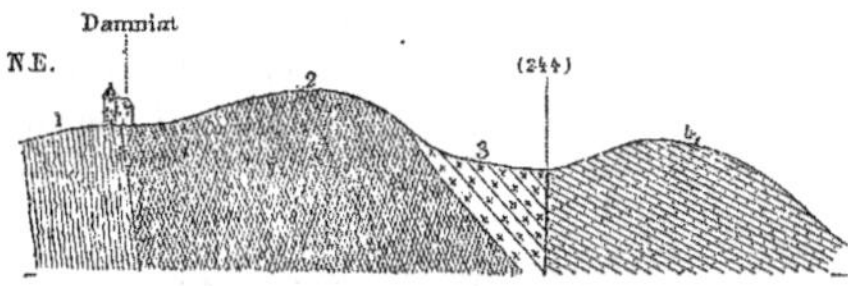

4. Grès et argiles rouges.   2. Amphibolites massives.
3. Grès houillers.   1. Schistes micacés.

Le faîte est donc occupé par la base des grès houillers, la faille de Chaumeil s'atténuant et disparaissant avant Merchadour. La hauteur de Merchadour est constituée par les schistes cristallins, et la coupe ci-dessous indique
bien l'existence d'un ravin houiller qui, descendant du nord, venait débou-
cher entre Merchadour et Damniat :

Fig. 18. — Coupe par Merchadour et le puy de Damniat (1/20,000).

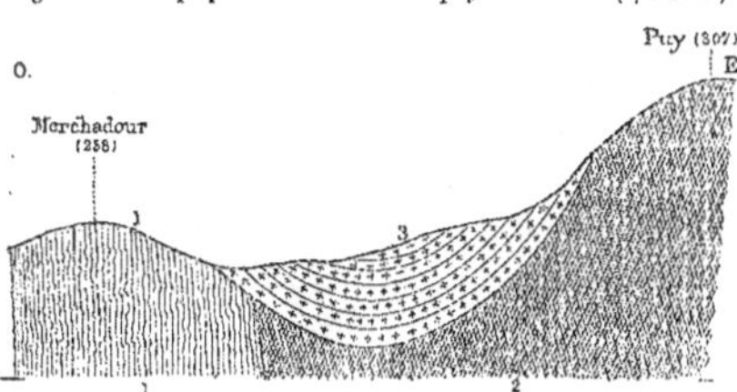

3. Grès houillers.   2. Amphibolites massives.   1. Schistes micacés.

Plus loin, au chemin de Taurissou, on retrouve des grès gris schisteux et
des schistes gris présentant bien le facies des grès houillers.

Abandonnant alors le chemin vicinal qui descend dans la vallée et continuant à suivre le faîte, en se dirigeant vers la Fontgrande, on observe toujours

des grès analogues; cependant le terrain devient plus argileux. Avant Monchal, on aperçoit des grès arkoses avec galets, grès dont le plongement vers le sud-ouest est considérable.

Il existe, dans le petit bois de sapins qui précède le château de Mme Eyrolle, quelques blocs épars de calcaire permien, mais il n'est pas possible de s'assurer si ces blocs sont en place. Plus loin, dans le chemin creux qui passe au nord, on peut observer des grès quartzeux jaunâtres.

Mais si l'on se dirige sur la ferme, au sud-ouest, après avoir traversé une terre argileuse jaune, semblable à celle qui résulterait de la décomposition des couches n° 3, on rencontre les grès et argiles rouges du niveau n° 4, bien caractérisés.

Sur le chemin du faîte, au nord de Monchal, on constate des traces de grès rouges jusque près des Escures. Le plongement de ces couches, dirigé vers le sud ou sud-ouest, est extrêmement prononcé.

Au delà, on ne trouve plus que des éboulis et les alluvions de la Corrèze.

Ainsi, le chemin du faîte nous a montré des grès à facies houiller auxquels succèdent des grès analogues, mais plus résistants, et enfin les grès rouges. Le niveau des calcaires n'a pas été rencontré d'une manière certaine.

Au nord du chemin qui vient d'être suivi, les grès n'affleurent qu'à l'ouest du Buisson.

De la Fontgrande au Buisson, s'étendent des grès sableux et schisteux analogues à ceux de Monchal.

En descendant à l'ouest du Buisson, les micaschistes font place à des grès et schistes gris à facies houiller; sur le versant à l'ouest du Buisson, le terrain est formé de grès poudingiformes et de poudingues jusqu'au fond du vallon.

La Barboulie se trouve sur des grès rougeâtres ou jaunâtres, poudingiformes, comme au Buisson, et si, de la Barboulie, on remonte à Monchal, on traverse toujours des grès grossiers analogues à ceux du faîte. Les éléments de ces poudingues sont des galets de quartz.

Suivons maintenant la ligne du chemin de fer de Brive à Tulle, en nous dirigeant vers Tulle. Sous Arjassou, la tranchée montre les grès rouges. Plus loin, sous le Pic, une tranchée est ouverte dans des bancs calcaires épais, reposant sur des argiles rouges, qui surmontent elles-mêmes des grès jaunâtres sableux. Ces couches ont un fort plongement vers le sud-ouest.

Au delà, des grès grossiers peu apparents affleurent jusqu'à la pointe du contrefort du Buisson. La déclivité du sol devient alors très forte, et la ligne du chemin de fer s'engage dans les micaschistes.

Avant de quitter cette région, je dois noter une petite carrière inexploitée actuellement et située un peu à l'ouest de la Barboulie, sur le versant droit du vallon; elle est ouverte dans des grès jaunâtres quartzeux, recouverts par une petite couche d'argiles bigarrées.

Je passe maintenant à la description du versant sud; elle me permettra de faire pressentir, dans les grès inférieurs aux bancs calcaires, deux facies que l'on ne pouvait distinguer nettement en suivant le chemin du faîte.

Le petit contrefort à l'ouest du point (263), près du col, se compose de grès grossiers jaunâtres quartzeux et poudingiformes, contenant fréquemment des bancs d'argiles rouges. Ces grès se voient bien dans une grande carrière de meules ouverte à la pointe du contrefort.

Remontons alors le contrefort au sud de Chaumeil. Au pied, une carrière nous montre des bancs de grès durs, reposant sur des grès fins verdâtres avec lits d'argiles rouges. Un chemin qui monte à l'est permet d'étudier les couches supérieures. Ce sont des grès jaunâtres, grossiers, très poudingiformes, qui apparaissent aussi au petit col, mais le petit puy au sud de ce col est occupé par des argiles rouges assez épaisses. Toutes ces couches plongent d'ailleurs notablement vers le sud-ouest.

A l'ouest du Petit-Cayre, les contreforts sont à un niveau plus élevé, et le terrain est composé de grès analogues à ceux de Chaumeil, mais moins cohérents et ne contenant guère d'argiles rouges; il y a là un changement de facies bien marqué, et l'on se trouve dans un terrain qui est celui rencontré vers Damniat et Merchadour, le terrain des grès à facies houiller, surmontés au point coté (244) par des grès semblables à ceux de Chaumeil.

Les grès houillers se voient bien dans le ravin profond qui descend du Mas. Ils sont toujours grossiers et poudingiformes, et contiennent de rares couches d'argiles bigarrées. On observe même, en suivant la rive droite de la Rouanne, des schistes gris, suivis de grès grossiers très poudingiformes, jusqu'en face du point coté (155) de la route départementale.

Toutes ces couches ont un plongement vers le sud-ouest qui reste considérable. Elles constituent à elles seules les hauteurs comprises entre Bosvieil et le Petit-Cayre.

Remontons ensuite le flanc gauche du petit vallon de Bosvieil. Au début, près de la plaine, ce sont des argiles rouges avec quelques lits minces de calcaires; plus haut, on ne trouve que des grès gris avec schistes gris micacés. Par suite du grand plongement des couches, ces grès sont inférieurs aux argiles rouges de la base. Quelques petites carrières sont ouvertes dans les grès gris.

Au delà, apparaissent des grès un peu différents, plus grossiers et nuancés avec quelques couches d'argiles rouges.

On remarque là une surface rocheuse dénudée, avec faces de friction, dirigée vers le nord-ouest, rectiligne, et qui indique une faille ou un rejet. Cette saillie rocheuse est formée par des grès jaunâtres.

Contournant alors le vallon, nous verrons, vers la croisée des chemins, des argiles schisteuses, micacées, verdâtres, accompagnant des grès sableux jaunes, avec quelques argiles d'un rouge vineux. Un peu plus bas, dans une vigne, au-dessus de Bosvieil, on remarque des argiles schisteuses grises.

De là, en descendant le chemin vers la Loyre, on recoupe la saillie rocheuse indiquant un rejet et suivie d'argiles rouges. Il en est de même sur le faîte du contrefort, et l'on observe toujours des faces de friction.

Plus bas, on traverse les grès et schistes gris, surmontés par les argiles rouges du niveau n° 4. Mais, pas plus que sur le contrefort à l'est, on n'aperçoit trace des bancs calcaires.

Ainsi donc, les deux contreforts qui forment le vallon de Bosvieil nous présentent les traces de deux failles : l'une bien marquée au nord, l'autre séparant les grès et argiles bigarrés des grès et schistes gris. C'est ce qu'indique la coupe ci-dessous, faite suivant le contrefort à l'ouest :

Fig. 19. — Coupe sud-ouest vers Bosvieil (1/40,000).

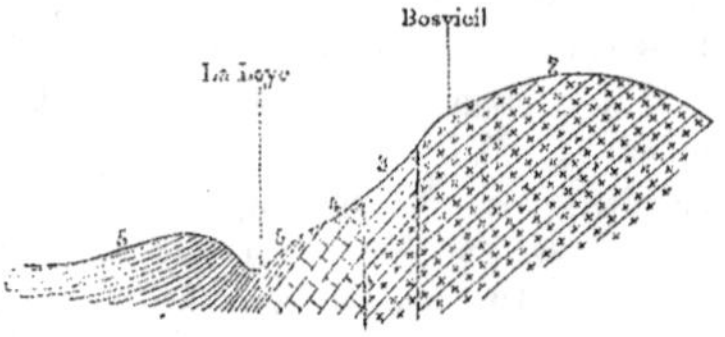

5. Grès et argiles rouges.
4. Grès et schistes gris.
3. Grès grossiers rougeâtres.
2. Grès houillers.
1. Schistes cristallins.

Il faut noter que les deux saillies rocheuses, marquant la première de ces failles, ne sont pas en prolongement l'une de l'autre et ont une direction un peu différente. Il y a un déplacement latéral de la faille.

Passons maintenant au contrefort de Taurissou et prenons le chemin qui en suit à peu près le faîte (fig. 20) :

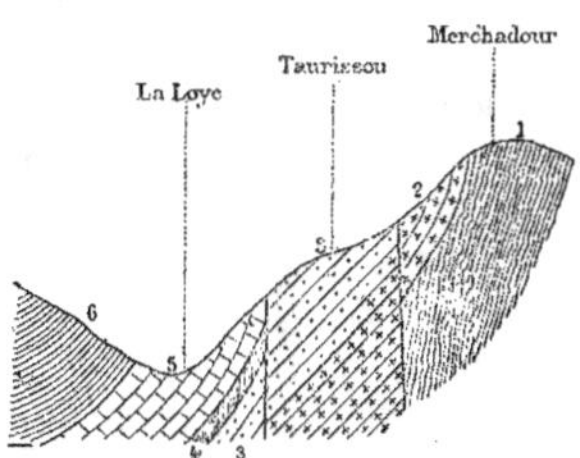

Fig. 20. — Coupe sud-ouest par Taurissou (1/40,000).

6. Grès et argiles rouges.   4. Bancs calcaires.   2. Grès houillers.
5. Grès et schistes gris.   3. Grès bigarrés.   1. Schistes cristallins.

A partir du chemin de Damniat à Brive, nous observerons d'abord des grès jaunâtres peu cohérents, c'est-à-dire les grès à facies houiller. Après ces grès apparaissent, sans transition, des argiles d'un rouge vineux et des grès jaunâtres d'un facies un peu différent, et ce changement se manifeste en prolongement de la saillie rocheuse déjà constatée près de Bosvieil. Le village de Taurissou est assis sur ce terrain.

Plus bas, tout près du ruisseau, à ces grès succèdent brusquement les grès gris schisteux, qui se poursuivent jusqu'au ruisseau, et si l'on descend dans le vallon à l'est, on voit ces grès gris reposer sur des bancs calcaires. Ceux-ci se retrouvent aussi dans le taillis de l'autre côté du vallon, juxtaposés aux grès rouges qui forment la pointe du contrefort de Bosvieil.

En remontant le vallon, on constate qu'après les bancs calcaires, se présentent les grès avec argiles bigarrées, sauf sur le flanc gauche qui montre des grès et schistes gris. Puis on rencontre les grès houillers accolés aux grès avec argiles bigarrées, et présentant des faces de friction. Ces grès sont exploités; ils contiennent quelques bancs poudingiformes.

Le chemin qui monte à Taurissou par le flanc ouest du contrefort fournit une coupe identique à celle du chemin du sud: Nous trouvons d'abord les grès et schistes gris, puis brusquement apparaissent des grès grossiers jaunâtres alternant avec quelques argiles rouges, et quelques schistes verdâtres;

ce terrain se poursuit jusqu'à Taurissou, où nous rejoignons le chemin déjà suivi.

Ainsi, l'étude du contrefort de Taurissou confirme les conclusions précédentes sur l'allure des couches, et, de plus, nous constatons que les grès et schistes gris reposent sur les bancs calcaires et appartiennent avec certitude au niveau n° 3. La faille qui limite ces grès au nord n'est pas en prolongement de celle au sud de Bosvieil; de plus, il y a un rejet dans le vallon entre Bosvieil et Taurissou, rejet dirigé à peu près vers le sud-ouest.

Le plongement des couches est toujours dirigé vers le sud-ouest.

Le contrefort qui suit celui de Taurissou est le contrefort de la Borie; le chemin creux qui monte à ce village, comme aussi le chemin vicinal de Brive à Damniat, mettent les couches en évidence.

En montant par le chemin vicinal, on traverse des couches d'argiles rouges et de grès peu colorés, qui paraissent former un niveau intermédiaire entre les niveaux n° 3 et n° 4; puis, au delà, le terrain est formé de grès grossiers avec argiles bigarrées, sur lesquelles est assis le village de la Borie.

On ne voit d'ailleurs pas les bancs calcaires.

Le chemin creux traverse les grès et schistes gris dont il montre bien la nature, et un peu avant d'arriver au village, par suite du plongement considérable des couches vers le sud-ouest, il recoupe le niveau calcaire.

Mais le contrefort de la Borie-Basse, situé plus à l'est, après celui que je viens de décrire, paraît être entièrement constitué par les grès et schistes gris, sauf vers le nord, où affleurent des grès arkoses avec galets, semblables à ceux du Monchal et plongeant au sud-ouest.

Le niveau calcaire observé dans le chemin creux n'apparaît pas, et la disparition de ce niveau indique qu'il existe un rejet parallèle à celui déjà constaté entre Bosvieil et Taurissou.

A la pointe sud du contrefort, on observe cependant un banc calcaire, situé à quelques mètres au-dessus de la plaine. Ce banc, qui plonge fortement vers le sud-ouest, est surmonté par des grès gris; mais il n'est pas prouvé, son épaisseur étant faible, que ce soit bien là le niveau n° 2.

Pour préciser cette description, je tracerai la coupe suivante des grès gris parallèlement à leur direction (fig. 21).

Transportons-nous maintenant un peu plus à l'ouest, et prenons, en quittant la route départementale, le chemin qui monte à Monchal. Sous le pont même, le lit du ruisseau est dans les grès rouges, que l'on suit quelque temps sur le chemin. A mi-côte, et en se dirigeant sur la Fontgrande, on observe des grès sableux jaunes, en bancs compacts. A la ferme de Monchal, nous avons déjà noté qu'on se trouvait sur les grès rouges.

Si l'on suit la rive droite du ruisseau, on constate que les grès rouges affleurent jusqu'au chemin d'Arjassou; plus à l'ouest, ils sont masqués par les alluvions:

Fig. 21. — Coupe par la Borie et Taurissou (1/40,000).

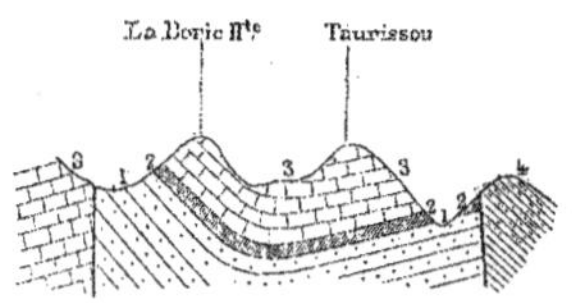

4. Grès et argiles rouges.   2. Bancs calcaires.
3. Grès et schistes gris.   1. Grès bigarrés.

Résumant les descriptions qui précèdent et les conséquences stratigraphiques que j'en ai tirées, on peut dire que les grès à faciès houiller forment une bande étroite, plus développée vers Chaumeil que vers le Buisson et limitée au sud-ouest par une faille.

Ces grès reposent sur les schistes cristallins, comme on peut le constater tout le long de leur limite nord, du Buisson à Damniat.

Les grès grossiers avec argiles bigarrées, plus solides que les grès précédents, constituent les contreforts du côté de Chaumeil, et sont limités à l'est et à l'ouest par deux failles transverses à la faille principale. Ils forment aussi une bande étroite, délimitée par deux failles parallèles, de Bosvieil jusqu'à la Corrèze. On ne peut affirmer que la faille qui les sépare des grès inférieurs se prolonge jusque-là, bien que le peu de largeur de la bande de grès grossiers rende son existence probable; mais l'absence des bancs calcaires, sauf dans la vallée de la Corrèze, prouve que la faille qui forme la limite au sud se prolonge jusqu'à cette rivière.

Au sud-ouest de cette faille, les seules couches qui apparaissent d'une manière continue, sont les grès et schistes gris de l'étage n° 3, recouverts en quelques points par les grès rouges. En deux points, du côté de Taurissou, on constate des affleurements des bancs calcaires du niveau n° 2. Deux rejets transversaux découpent ce terrain, et l'examen de la rive gauche de la Loyre révélera l'existence d'un troisième rejet.

Voici, dès maintenant, la coupe suivant la rive droite :

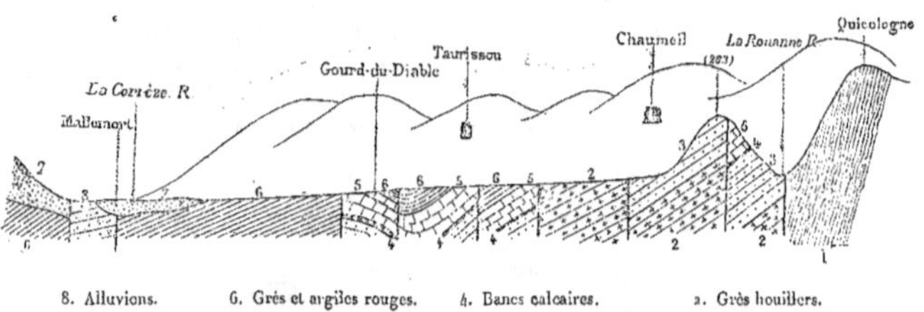

Fig. 22. — Coupe le long de la rive droite de la Loyre, entre Mallemort et Quicologne (1/80,000).

8. Alluvions.   6. Grès et argiles rouges.   4. Bancs calcaires.   2. Grès houillers.
7. Grès du trias.   5. Grès et schistes gris.   3. Grès bigarrés grossiers.   1. Schistes cristallins.

Le village de la Chapelle-aux-Brots est assis sur un contrefort que je vais décrire en même temps que le vallon qui le limite au sud et que la rive gauche de la Loyre.

La succession que l'on observe en suivant la route départementale de Brive à Lanteuil, est figurée ci-dessous :

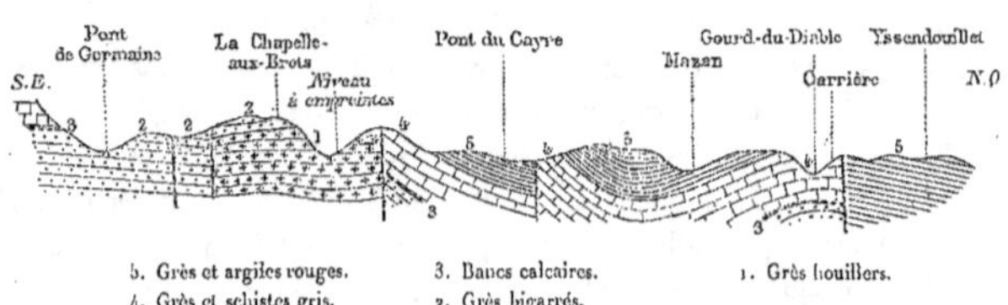

Fig. 23. — Coupe suivant la route départementale entre Yssendouillet et le pont de Chaumeil (1/80,000).

5. Grès et argiles rouges.   3. Bancs calcaires.   1. Grès houillers.
4. Grès et schistes gris.   2. Grès bigarrés.

A partir de Brive, cette route est en plaine jusque vers Yssendouillet et ne traverse que des alluvions de la Corrèze de différents âges.

Sous Yssendouillet, les grès rouges apparaissent sur 100 mètres environ de longueur. Ce sont des grès argileux schisteux, rouges ou rougeâtres, alternant avec des argiles micacées d'un rouge violacé. Les couches plongent vers le sud-ouest.

Ces grès rouges se retrouvent encore plus loin, et, à la borne $4^k\,200$, on y observe un banc calcaire.

Une dizaine de mètres avant d'arriver à l'embranchement du chemin de Saule et du vallon dit le *Gourd-du-Diable*, on voit affleurer des grès micacés d'un gris jaunâtre à grains assez fins. Ces grès s'observent bien dans deux anciennes carrières situées de chaque côté du vallon et adjacentes à la route; on y remarque quelques lits d'argiles schisteuses, surtout à la partie supérieure des bancs.

La carrière située à l'ouest m'a fourni un grand nombre d'empreintes végétales (voir p. 83). Les grès contiennent quelques troncs de *Calamites gigas* couchés ou debout, et l'un des bancs d'argiles schisteuses de la partie supérieure renferme une multitude d'impressions de fougères, avec quelques *Cordaites*, *Walchia* et *Sphenophyllum*. Cette carrière appartient à Mlle Crauffon, à Yssendouillet.

Dans la carrière de l'est, s'observent des schistes noirs feuilletés bitumineux, que l'on retrouve aussi plus loin, au-dessus du talus de la route.

En continuant à suivre la route au delà de la carrière, on constate que les grès gris avec lit de schiste bitumineux se prolongent presque jusqu'au vallon de Mazan.

L'apparition brusque, au Gourd-du-Diable, des grès et schistes gris, sans qu'un relèvement graduel des couches de grès rouge la fasse prévoir, prouve l'existence d'un rejet transversal parallèle à ceux déjà observés sur la rive droite. Au reste, tout le contrefort de la Fontgrande est dans les grès gris qui se prolongent sans interruption jusqu'à la carrière, tandis que, sur le contrefort de Monchal, les grès rouges déjà vus sur la route se prolongent assez haut, ce qui indique que le rejet se continue sur le versant droit.

Reprenant la route, nous voyons, par suite du plongement vers le sud-est, les grès rouges apparaître, à partir du vallon de Mazan, en couches plongeant fortement vers le sud.

Ces grès se suivent jusqu'au delà du pont du Cayre; leur plongement considérable explique pourquoi les grès gris, qui surmontent le niveau calcaire sur la rive droite, n'apparaissent pas le long de la route.

Vers la borne 7^k 300, la déclivité du sol devient forte et le terrain se relève brusquement. Des grès gris jaunâtre en bancs épais et des schistes gris forment le talus de la route; une carrière a été ouverte dans les grès. Ces couches ont toujours un plongement considérable vers le sud, et elles paraissent être le prolongement des grès gris du niveau n° 3, observés au sud-ouest de Bosvieil.

31

IMPRIMERIE NATIONALE.

Au delà, on remarque, à 100 mètres de ce point, des grès qui paraissent identiques aux premiers et qui sont visibles à la borne $7^k 410$; entre ces deux points, on observe seulement des schistes argileux gris. Rien n'indique qu'il y ait un changement dans la nature du terrain; cependant, plus loin, à la borne $7^k 500$, dans le prolongement évident de ces grès de la borne $7^k 410$, des schistes noirâtres, que contiennent ces grès, renferment des empreintes (voir p. 53) qui appartiendraient soit au houiller, soit à la base du permien. De plus, ces couches prennent le facies des grès houillers, et elles sont surmontées de bancs épais de grès grossiers qu'on ne peut attribuer qu'à l'étage n° 1. Ainsi donc, la faille déjà observée sur la rive droite vient couper la route, probablement entre les bornes $7^k 350$ et $7^k 380$, à 80 mètres environ à l'ouest du point coté (155); et si l'on ne constate pas de différence entre les couches à l'est et à l'ouest, c'est que les talus couverts par la végétation ne laissent pas apercevoir les caractères distinctifs des grès de l'étage n° 3 et des grès à facies houiller, chargés en ce point de schistes argileux comme ceux de l'étage n° 3.

Le point (155) de la carte est à la borne $7^k 560$. Plus loin, on observe que les bancs de schistes sont surmontés par un banc de grès grossiers jaunâtres, qui ont bien l'apparence des grès rouges inférieurs. A la borne $7^k 600$, j'ai recueilli, dans des grès et des schistes gréseux, un grand nombre d'empreintes (voir p. 53). Ces couches reposent sur des grès jaunâtres avec quelques argiles bigarrées. Au delà, on n'observe plus que des grès grossiers jaunâtres, peu cohérents, à facies houiller, et dont les éléments sont, en grande partie, empruntés aux amphibolites de Damniat.

Au tournant suivant de la route, on constate la présence de couches assez épaisses d'argiles bigarrées, intercalées au milieu des grès, et suivies, après le tournant, d'argiles noirâtres schisteuses, à facies houiller.

A ces bancs succèdent brusquement, en face du Petit-Cayre, des grès gris un peu rougeâtres, massifs, durs, poudingiformes, reposant sur des grès plus fins, jaunâtres ou verdâtres. C'est un changement analogue à celui observé sur la rive droite, et ces grès correspondent à ceux dans lesquels des carrières ont été ouvertes. Il est visible que l'on a traversé la faille de Chaumeil, et du reste, en montant le flanc du coteau vers la Chapelle-aux-Brots, on constate que ces bancs sont recouverts par les couches calcaires. Il existe, de plus, un rejet qui dénivelle ces couches, ce qui prouve que la faille de Chaumeil s'est dédoublée.

Les bancs poudingiformes, on l'a déjà vu, s'observent encore après le pont,
et l'on constate, sur la route même, qu'ils sont recouverts par le niveau calcaire. C'est en ce point que nous rejoignons le chemin déjà décrit, en prenant
Lanteuil comme point de départ.

Nous allons suivre maintenant le chemin du faîte du contrefort de la Chapelle-aux-Brots, en partant du pont du Cayre. Ce chemin fournit la coupe
ci-dessous :

Fig. 24. — Coupe en long du contrefort de la Chapelle-aux-Brots (1/40,000).

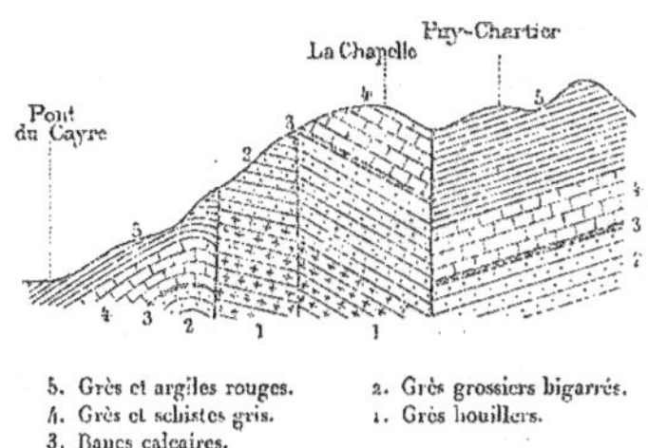

5. Grès et argiles rouges.
4. Grès et schistes gris.
3. Bancs calcaires.
2. Grès grossiers bigarrés.
1. Grès houillers.

On trouve d'abord, au pied de la rampe, les grès rouges observés sur la
route, en couches plongeant fortement vers l'ouest, puis devenant à peu près
horizontales dans le sens du chemin. Ces couches se suivent jusqu'au point
où l'ancien chemin se détache du chemin vicinal. En suivant alors l'ancien
chemin, qui est direct, on constate que le plongement se fait au sud-sud-ouest,
et qu'il est considérable. Ces couches comprennent, en ce point, des grès schisteux verdâtres, avec argiles rouges et vertes contenant des rognons calcaires ;
c'est la base des couches du niveau n° 4. Plus loin, on traverse des grès jaunâtres, verdâtres, schisteux, alternant avec des argiles semblables ; c'est un
niveau un peu inférieur ; le plongement est dirigé alors vers le sud-est. On
rejoint en ce point le nouveau chemin qui se trouve ouvert dans des argiles
rouges, promptement suivies par des couches toutes différentes, formées de
grès grossiers jaunâtres avec couches d'argiles bigarrées, c'est-à-dire des grès
de la base ; j'y ai trouvé quelques tiges de *Calamites* (*non C. gigas*).

Si, au lieu de suivre l'ancien chemin, on avait suivi sa déviation, on aurait
vu, dans la tranchée du début, des grès jaunâtres alternant avec des argiles
rouges et vertes, des grès gris ou jaunâtres peu cohérents, et des schistes

31.

argileux gris. De nombreuses faces de friction s'observent dans les grès. On constate donc bien sur les deux chemins la direction oblique de la faille.

Continuant à monter après la jonction des chemins, on voit affleurer dans le talus de gauche, un peu après une maison isolée sur la droite, un banc calcaire, puis ensuite des grès schisteux gris jaunâtre, c'est-à-dire le niveau n° 3.

Le banc calcaire ne se relie pas, d'ailleurs, à ceux déjà observés sur le flanc nord du contrefort, et, sur le faîte, on passe brusquement des grès n° 1 aux grès n° 3; c'est le prolongement du premier rejet observé sur la route.

Un peu avant d'arriver au village, on observe des argiles schisteuses grises, surmontées de grès jaunâtres très schisteux. Le village est assis sur ces couches qui forment aussi les deux sommités situées au nord. La sommité à l'ouest est couronnée par un banc poudingiforme que l'on remarque fréquemment à la partie supérieure des couches n° 3.

Si, de ces hauteurs, on descend vers la Soudrie (ou Sudrie), divers chemins fournissent une bonne coupe des couches n° 3, qui sont très schisteuses et argileuses. La couche calcaire, très haute à l'ouest de la Soudrie, plonge vers l'est sous ce hameau, où elle a été traversée par un puits. A l'est, cette couche est à un niveau bien inférieur, et elle plonge vers le nord; c'est entre la Soudrie et ce point qu'on observe le prolongement de la faille de Chaumeil.

Cette faille traverse aussi le chemin du faîte, car, en sortant du village, les grès gris font subitement place aux grès rouges, sans que l'allure des couches permette d'expliquer ce fait par une superposition.

Les couches de grès rouges ont, en effet, un plongement vers le nord-ouest, comme le niveau calcaire à l'est de la Soudrie.

En approchant du col, à 300 mètres au sud-est de Puy-Chartier, on constate que les grès rouges contiennent quelques bancs de grès jaunâtres, plongeant vers le sud, et, un peu au nord du col, que ces bancs sont surmontés par un banc solide de grès gris durs, schisteux, à lits bosselés. Ce banc est semblable aux couches déjà observées au sud du col du Planchat et occupe le même niveau.

Si, en sortant du village de la Chapelle, au lieu de suivre le faîte, on descend sur la route de Lanteuil par le chemin qui passe au nord de Puy-Chartier, on n'observe que des grès rouges, qui forment aussi le flanc gauche du petit vallon que suit le chemin, tandis que le plateau est dans les grès gris. De plus, on constate dans le bas, dans l'angle ouest, entre le chemin et la route, la présence des grès et schistes gris recouvrant des bancs calcaires qui prolongent ceux déjà observés sur la route. Ces bancs sont à un niveau inférieur à celui des bancs situés plus à l'ouest : il y a donc un rejet dirigé sensiblement vers le nord-est.

Le niveau calcaire, d'une épaisseur de 4 à 5 mètres, repose sur des grès jaunâtres qui contiennent un banc de grès poudingiforme, prolongement de celui déjà observé sur la route.

Le revers sud du contrefort est aussi disloqué que le revers nord, mais comme les couches plongent fortement vers le sud ou le sud-ouest, les dislocations ne sont pas faciles à observer.

En suivant le chemin qui, de l'est de la Chapelle, descend vers la métairie de Chez-Ombinat, on traverse les grès et schistes gris, et ceux-ci, d'ailleurs, descendent jusqu'au thalweg; mais la métairie elle-même est située sur des grès rouges, de même que le Grand-Cayre; le prolongement de la grande faille passe donc probablement un peu à l'est de Chez-Ombinat.

Entre les deux villages et à mi-hauteur, les grès et schistes gris reparaissent, mais ils n'atteignent pas le chemin de la Chapelle-aux-Brots au pont du Cayre : ils sont évidemment limités par la faille. Le plongement considérable des couches explique pourquoi, malgré les déclivités du coteau, ces grès sont recouverts par les grès rouges à la partie inférieure du coteau.

Si, au lieu de descendre du côté de la métairie de Chez-Ombinat, on descend sur Rocabro, le raidillon que l'on suit ne se trouve que sur les grès rouges, séparés des grès gris, à l'ouest, par la faille de Chaumeil.

Le flanc gauche du vallon, c'est-à-dire le versant de Rocabro, présente aussi un accident. En remontant la rive gauche du ruisseau et un peu avant Rocabro, on retrouve brusquement les bancs calcaires surmontés des grès et schistes gris, ce qui indique que l'on a traversé le plongement de la grande faille. Les couches, visibles sur 15 mètres de longueur environ, plongent très fortement vers le sud-sud-est; mais, à Rocabro, sous la maison, c'est le grès rouge n° 4 qui affleure. Par suite, la faille transversale de Chaumeil se prolonge jusque-là, et il y a rejet suivant le thalweg; c'est ce que montre la figure ci-après (fig. 25).

Ces grès rouges de Rocabro contiennent le banc de grès gris schisteux, solide, à lits bosselés, déjà observé près du col. Le petit contrefort à l'est de Rocabro montre aussi des grès jaunâtres analogues aux grès de Grammont, et ces bancs sont encore plus développés dans le ravin qui précède le col. Les couches ont un plongement considérable vers le sud :

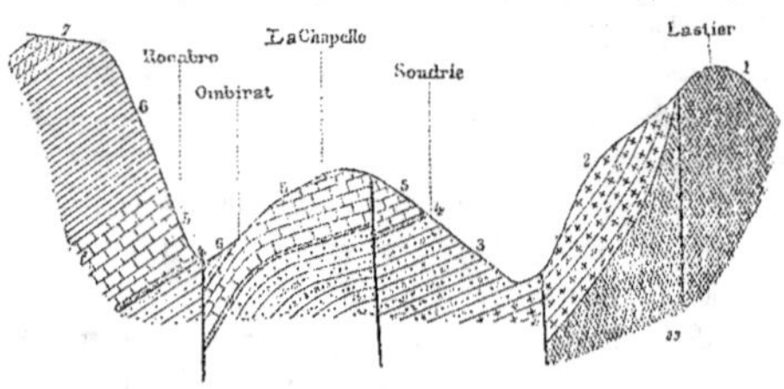

Fig. 25. — Coupe en travers par la Soudrie et Chez-Ombinat (1/40,000).

7. Grès de Grammont.   4. Bancs calcaires.   2. Grès houillers.
6. Grès et argiles rouges.   3. Grès grossiers bigarrés.   1. Amphibolites massives.
5. Grès et schistes gris.

En résumé, la région que je viens de décrire, de la Rouanne à la Corrèze, présente une succession de couches identique à celle déjà observée entre Tudeils et Lanteuil. Mais les grès de l'étage n° 1 y sont beaucoup plus développés, et l'on observe à la base, reposant sur les schistes cristallins, des grès à facies houiller. L'allure générale des couches, dans le sens transversal, est celle qu'indique la coupe suivante, coupe dirigée du sud-ouest au nord-est :

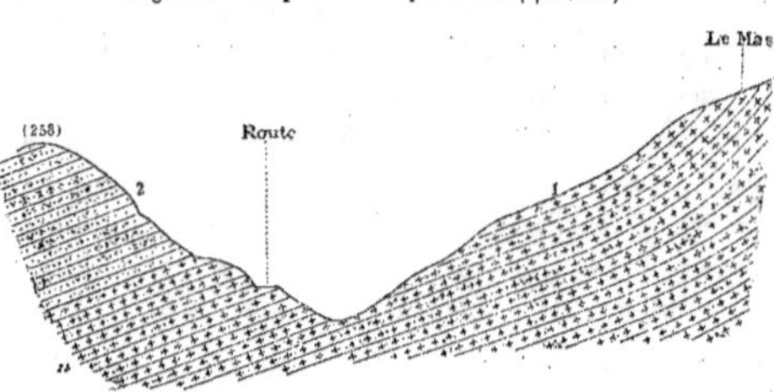

Fig. 26. — Coupe sud-ouest par le Mas (1/15,000).

2. Grès grossiers bigarrés et argiles rouges.   1. Grès à facies houiller.

Les couches immédiatement inférieures au niveau calcaire sont poudingiformes. Elles reposent sur des grès grossiers, faiblement bigarrés ou jaunâtres, avec couches d'argiles. Ceux-ci surmontent, sous le village et au nord de la Chapelle, des grès à facies houiller, et les mêmes grès occupent, en face de ce point, tout le versant au sud de Merchadour. On y remarque des conglomérats empruntés à l'amphibolite voisine, près de Lanteuil; la base, reposant sur les micaschistes, est aussi formée par des conglomérats. Ainsi, les grès inférieurs qui ont un facies houiller à la base, passent supérieurement à des grès à facies permien avec argiles bigarrées. Il est possible et même probable qu'il y a, de plus, un passage latéral entre les deux roches.

MASSIF DE LA BITARELLE, AU NORD DE MEYSSAC.

Le massif de la Bitarelle ou de Meyssac, situé au nord du chef-lieu de canton de ce nom, est formé de hauteurs qui, au puy la Ramière, atteignent l'altitude 502 mètres. C'est un nœud montagneux, séparant le bassin de la Dordogne de celui de la Corrèze et se rattachant au Plateau central par le col du Planchat.

Ce massif, entièrement permien, occupe un espace triangulaire. Au sud, il est limité par une faille qui forme la limite nord des affleurements jurassiques. Au nord-est, il est limité par le Plateau central, dont il est séparé par le vallon de Groschamp et par la vallée haute de la Sourdoire; à l'ouest, son niveau s'abaisse, et il est recouvert par les grès du trias et les couches du lias. Les derniers affleurements permiens viennent mourir sous le village de Laborie, à 2 kilomètres à l'ouest de Brive.

Le contrefort de la Chapelle-aux-Brots, dont j'ai déjà donné la description, se rattache à ce massif.

Route de Lanteuil à Meyssac. — La coupe la plus complète est fournie par la route de Lanteuil à Meyssac, par la Bitarelle.

En quittant Lanteuil, après avoir franchi le ruisseau, on rencontre, on l'a déjà noté, les couches de grès et schistes gris du niveau n° 3, surmontées par les grès rouges dont les couches plongent de 30 degrés vers le sud. Peu à peu, ce plongement diminue; il est néanmoins toujours très marqué jusqu'au col. On remarque le même plongement sur le flanc droit du vallon. A partir du col, le terrain se compose d'argiles rouges alternant avec des grès et schistes gris verdâtre, qui font prévoir un changement de niveau.

Ces couches sont surmontées, au delà de la dernière maison, par un banc épais de grès gris jaunâtre, à grain très fin, micacé, et dans lequel on a ouvert jadis une carrière.

Au-dessus, on trouve des grès analogues, en lits bien réguliers, alternant avec de rares couches d'argiles rouges. Ces roches ont un facies bien différent de celui des grès et argiles rouges. Les grès dominent, et ils sont à grain plus fin et de teinte gris jaunâtre; les argiles sont peu fréquentes et ont peu d'épaisseur. Ces roches constituent donc une nouvelle série, supérieure à celle des grès rouges, série à laquelle j'affecterai le n° 5. On retrouve ces mêmes grès exploités au puy de Grammont, et pour cette raison je les appellerai *grès de Grammont*. Sur la route de Meyssac, ils sont surmontés, un peu en contre-bas du faîte, par des grès schisteux et des schistes verdâtres avec quelques lits schisteux d'argile rouge. Je rattacherai encore ces couches schisteuses à l'étage n° 5.

Supérieurement à l'étage n° 5 et couronnant le faîte, on remarque des couches d'une nature différente. Elles débutent par des argiles rouges alternant avec des grès rouges ou rougeâtres, à grain fin, et elles se composent de bancs de grès d'un rouge uniforme, tendre, en plaquettes, comprenant des bancs schisteux alternant avec des bancs moins schisteux. Ces couches ne contiennent pas d'argiles; elles doivent former un nouvel étage, l'étage n° 6 (*grès de Meyssac*). Leur plongement se fait à l'ouest ou sud-ouest.

Au nord-nord-est du puy de Ban, couronné par un vieux château en ruine, le plongement devient extrêmement considérable.

En suivant le chemin du faîte jusqu'à la Boucheyrie, on aurait retrouvé la même succession de couches que celle observée sur la route, et plus particulièrement les schistes supérieurs de l'étage n° 5.

A la Boucheyrie, le plongement n'est plus que de 15 degrés environ.

Ces grès rouges n° 6 se continuent au sud; ils sont bien visibles à la Bitarelle.

Avant d'arriver à Stolan, sur la hauteur au nord de ce lieu, les couches de grès sont exploitées pour tuiles. Elles sont recouvertes, sur une très faible épaisseur, par un grès grossier formé, en grande partie, de menu gravier quartzeux.

Le mamelon coté (493), ainsi que les hauteurs au sud, sont couronnés par le même grès. Ce grès n'est plus d'un rouge uniforme comme le grès de la Bitarelle : il est bigarré de teintes claires. Il est plus tendre, parfois sableux, et il contient quelques couches d'argiles rouges, argiles qui sont surtout développées sur la petite butte au sud, où elles ont 5 à 6 mètres d'épaisseur. Elles sont d'un rouge vif avec veines et rognons de teinte verte, et elles sont couronnées par un grès grossier rougeâtre, à graviers quartzeux, analogue aux grès rouges n° 1.

Les grès graveleux et argiles de Stolan, qui constituent un niveau supérieur aux grès n° 6 de la Bitarelle et qui présentent des caractères assez différents, doivent en être détachés pour former le niveau le plus supérieur, n° 7 (*grès de la Ramière*).

Coupe des contreforts de Lanteuil à Saint-Bazile. — Le contrefort de Neix, au sud-est de celui de la Tournerie, fournit une coupe analogue à la précédente, comme on le voit ci-dessous :

Fig. 27. — Coupe en long du contrefort de Neix (1/10,000).

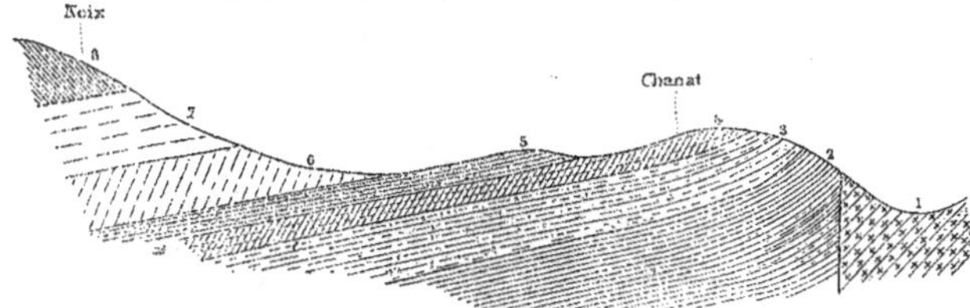

8. Grès et schistes jaunâtres.	4. Grès dalliformes rougeâtres.
7. Grès verdâtres avec argiles.	3. Grès et argiles rouges bien stratifiés.
6. Argiles et grès schisteux.	2. Grès et argiles rouges.
5. Argiles rouges et grès feuilletés verdâtres.	1. Grès houillers.

Les grès houillers sont accolés contre les grès rouges et argiles rouges. Ces grès et argiles, qui ont le même faciès qu'à la Tournerie, sont recouverts par des grès en grandes dalles, avec empreintes vagues de tiges, bien visibles à Chanat. L'éminence plus au sud est formée par des argiles rouges et des grès feuilletés verdâtres.

Au-dessus, et formant la base de la colline de Neix, apparaissent des couches analogues, moins feuilletées. Enfin ces couches sont surmontées par des bancs de grès et schistes jaunâtres qui appartiennent incontestablement à l'étage n° 5 et qui couronnent le contrefort depuis Neix jusque près de la Bitarelle. Toutefois, avant d'arriver à ce village, on constate que le terrain se relève plus rapidement et qu'il est formé par des couches différentes, qui sont les grès rouges de la Bitarelle. Ceux-ci débutent par des alternances de grès rouges schisteux et d'argiles rouges, rappelant le facies des couches n° 4, quoique la teinte ne soit pas exactement la même. Peu à peu, les lits argileux passent à des schistes et à des grès, et, finalement, on ne voit plus que les grès de la Bitarelle, sans alternances d'argile.

Ainsi, le contrefort de Neix montre une modification des couches supérieures de l'étage n° 4 ; celles-ci deviennent moins argileuses et se rapprochent des couches n° 5.

Le contrefort de *Pouch* fournirait une succession analogue, mais la différence entre les étages 4 et 5 s'atténue encore, et l'étage n° 5 devient lui-même plus argileux.

Néanmoins, sur le contrefort de *Laubas*, le facies des grès n° 5 est encore très net ; voici la coupe de ce contrefort, le figuré de la carte étant inexact :

Fig. 28. — Coupe en long du contrefort de Laubas (1/12,000).

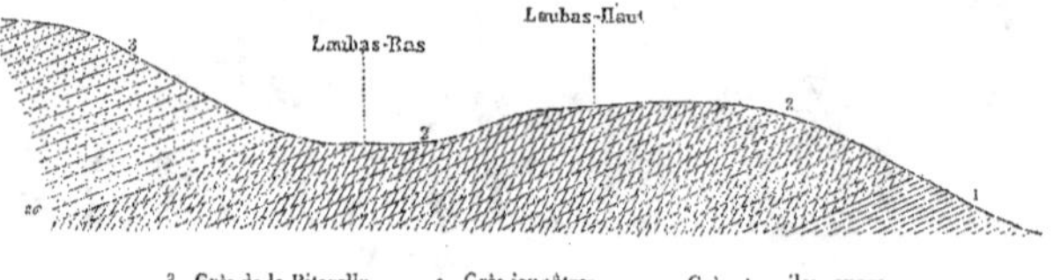

3. Grès de la Bitarelle.   2. Grès jaunâtres.   1. Grès et argiles rouges.

Route du Planchat à Meyssac. — La route du Planchat à Meyssac fournit une coupe parallèle à celle déjà décrite de Lantouil à Meyssac.

Au col, on sait que les couches sont presques verticales ; mais quand on s'éloigne du col, leur plongement diminue peu à peu, tout en restant prononcé. Les grès et argiles rouges ne sont visibles que sur une faible longueur et sont surmontés par des grès et schistes verdâtres avec argiles rougeâtres de l'étage n° 5. Un peu avant le point coté (394), les grès prennent une teinte rouge de plus en plus marquée, et, à la Gleygeolle, on n'observe plus que des grès rouges alternant avec des argiles. Ces couches sont l'équivalent des grès de la Bitarelle ; mais on voit qu'au contrefort de *Bouix* la distinction entre les étages n°s 4, 5 et 6 devient encore moins nette qu'à Pouch et à Neix, et que les grès de la Bitarelle perdent eux-mêmes leur facies caractéristique.

Au delà de la Gleygeolle, ces grès reprennent toutefois le même facies qu'à la Bitarelle et se poursuivent ainsi jusqu'à Stolan.

Au sud de la Gleygeolle, en continuant à suivre la route de Meyssac, on atteint, vers Jugeal, un peu avant Chessiol, les couches inférieures de l'étage n° 6. Ces couches ressemblent encore à celles de l'étage n° 4 ; néanmoins la teinte est moins violacée, plus uniforme, et jamais verdâtre ; les bancs sont moins schisteux, et de plus, il y a quelques bancs qui présentent bien nettement la structure des grès de la Bitarelle, ce qui n'a jamais lieu dans l'étage n° 4.

Tout à fait à la base, l'étage n° 6 contient des argiles schisteuses d'un rouge brun, assez épaisses, avec quelques bancs de grès rouges. Remarquons qu'ici, le plongement des couches a complètement changé : ce plongement est dirigé vers le nord, et il s'accentue à mesure qu'on se rapproche de la faille.

Au-dessous des grès n° 6, apparaissent des grès schisteux alternant avec des schistes gréseux, le tout d'une teinte gris violacé, parfois verdâtre. Le terrain est un peu argileux et d'un brun violacé foncé. A la base, la teinte devient plutôt rouge.

Dans le voisinage de la faille, les couches sont presque verticales. C'est sous Pierre-Taillade qu'apparaissent les couches calcaires du lias, qui marquent le passage de la faille.

Au sud-est de la Gleygeolle, les grès n° 6 se prolongent jusqu'au-dessus de Saint-Bazile, et les grès n° 5 s'en distinguent difficilement, de même qu'ils se rapprochent beaucoup, à la base, des grès et argiles rouges.

Aussi, au delà de Saint-Bazile, le passage de la faille n'est guère marqué que par la forme extérieure du terrain. Masquée ensuite par les alluvions dans la vallée du Pescher, la faille n'apparaît pas sur le contrefort du Verdier. Il est possible, comme je l'ai indiqué déjà (p. 220), qu'elle se dirige alors vers le nord, en passant par le Breuil, ce qui expliquerait en partie la disparition des grès du Verdier, au nord du Pescher.

Partie occidentale du massif de Meyssac. — Reprenons maintenant les coupes au nord-ouest de Lanteuil et suivons la route de *Lanteuil à Puy-la-Mouche*. Nous verrons alors exactement les mêmes couches que sur la route de Meyssac, et nous remarquerons aussi un plongement brusque des couches à la Maison-Neuve, correspondant à celui du puy de Ban.

32.

A *Farjou*, le puy (273) paraît formé par les couches les plus supérieures du niveau n° 4. En montant à Rigal, on atteint les grès jaunâtres, et le village de Puy-la-Mouche se trouve assis sur les grès de la Bitarelle avec leur facies caractéristique.

Le contrefort plus à l'ouest est celui de *César*. Ici, les grès jaunâtres descendent assez bas, mais la limite avec les grès rouges n'est pas facile à arrêter d'une manière précise. La Favède se trouve sur des grès gris, et, à Emprugne, à un niveau beaucoup plus bas, on trouve certainement des bancs de grès jaunâtres; nous ne devons pas oublier toutefois que des bancs analogues se présentent à Rocabro, à la base des grès rouges. D'Emprugne à la Grange, ce sont des grès rougeâtres schisteux rappelant ceux de la Bitarelle. C'est seulement sur la hauteur, au sud de la Grange, que se trouvent les bancs de grès jaune verdâtre, présentant le facies caractéristique de l'étage supérieur n° 5.

Le plongement des couches est d'ailleurs très considérable vers le sud, surtout à la Favède et à Emprugne; c'est probablement la suite et fin du pli observé à l'est de Puy-la-Mouche. A l'ouest de la Grange, le plongement est dirigé vers le sud et égal à la déclivité transversale du terrain.

Si, de là, on remonte le vallon de la Loyre, on constate que les flancs en sont taillés dans des bancs énormes de grès rouges ou rougeâtres, souvent schisteux, et formant de grands escarpements. Il paraît difficile de distinguer différents étages dans ces couches rocheuses en apparence si semblables.

La hauteur à l'ouest du château de *la Boudie* est couronnée par des grès graveleux du niveau n° 7. Sous Chauffingeal, ces mêmes bancs descendent assez bas; ils ont un plongement de 30 degrés, plongement dirigé vers le nord. Or, on observe à la Grange un plongement inverse, et par suite il existe un synclinal dans le vallon compris entre Ussac et la Boudie. Les couches sont peu inclinées entre ce vallon et le vallon compris entre la Borde et Vialard, mais, au nord de ce dernier vallon, elles se relèvent très brusquement.

Le puy *la Ramière* est couronné par les grès graveleux rougeâtres, semblables à ceux de Stolan. Ils ont là une épaisseur de 70 à 80 mètres. Ils s'étendent à l'est presque jusqu'à Stolan, et sont bien visibles sur le chemin au sud du puy. Dans cette direction, ces grès sont limités au col de la Combalou et reposent sur des couches de grès rouges à grain fin, semblables à ceux de la Bitarelle.

Outre que les couches ont un plongement au nord, elles ont aussi un plon-

gement à l'ouest, et elles se prolongent dans cette direction jusque vers la
Gardelle où elles sont recouvertes par les grès du trias et du lias. Sur le contrefort de Salinas, elles sont peu graveleuses.

Route de Brive à Meyssac. — Si, de la Gardelle, on suit la route départementale en se dirigeant vers Meyssac, on longe les grès graveleux sur
1,500 mètres de longueur environ, et les talus fournissent une bonne coupe
de cet étage. Au-dessous, on aperçoit les grès rouges de la Bitarelle, puis,
après la Rougeyrie (nom tiré évidemment de la teinte caractéristique des grès
n° 6), apparaissent des grès d'un facies un peu différent. Ces grès, qui contiennent des bancs gris jaunâtre, appartiennent à l'étage n° 5; ils se suivent
jusqu'après le ravin du Chastanet. Aux deux cols de Druille, la route coupe
la faille et l'on rencontre les calcaires du lias adossé aux grès d'une manière qui
ne permet pas de douter de l'existence d'une faille.

Le contrefort de Gondres permet de constater le même fait; voici la coupe
nord-sud, le long de ce contrefort :

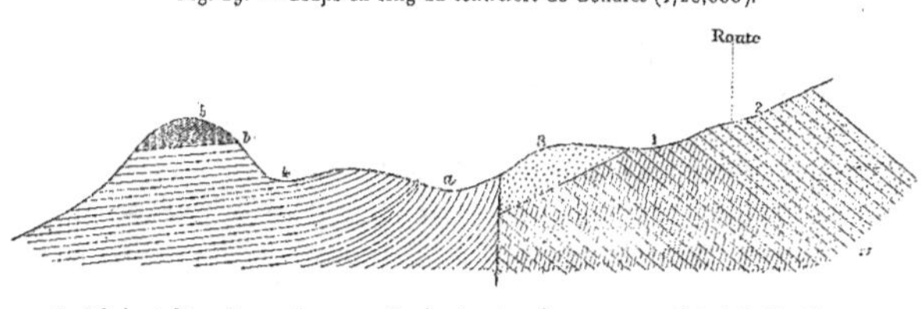

Fig. 29. — Coupe en long du contrefort de Gondres (1/20,000).

5. Calcaires à *Ostrea Beaumonti*.   *a.* Couches à gastropodes.   2. Grès de la Bitarelle.
b. Bancs à Ammonites.   3. Grès du trias.   1. Grès rouges (niveau n° 5).
4. Argiles à *Ammonites bifrons*.

Le contrefort de la Vigère fournit une coupe analogue (fig. 30).

On remarque un rejet de 20 à 30 mètres dans la partie moyenne du contrefort. Ce rejet se constate aussi dans le fond du vallon à l'ouest.

Sur la route départementale, les grès permiens disparaissent définitivement
après le vallon du Chastanet (vallon du ruisseau de Noailhac), car on traverse
la faille, et ce sont alors les calcaires du lias inférieur qui apparaissent.

Les couches du permien sont toujours très inclinées et plongent vers le
nord. En remontant le *ravin du Chastanet*, on peut constater qu'à mesure que

l'on s'éloigne de la faille, le plongement diminue. Les couches inférieures sont des grès jaunâtres ou peu colorés, en bancs peu épais, schisteux; elles sont surmontées par les grès rouges, en bancs plus épais et plus compacts, de l'étage n° 6.

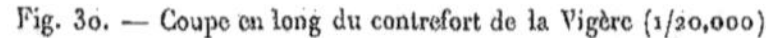

Fig. 30. — Coupe en long du contrefort de la Vigère (1/20,000).

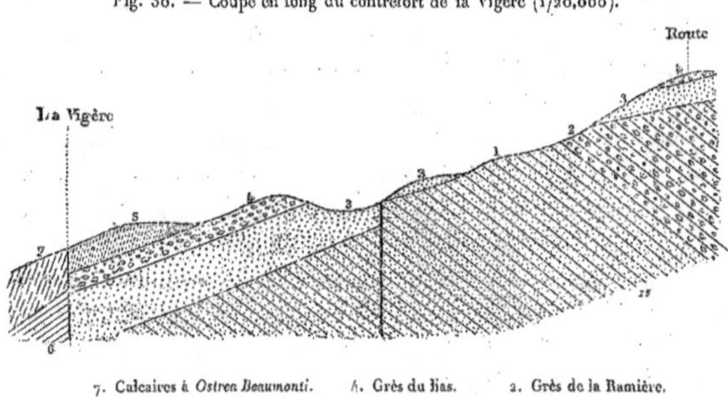

7. Calcaires à *Ostrea Beaumonti.*   4. Grès du lias.   2. Grès de la Ramière.
6. Argiles à *Ammonites bifrons.*   3. Grès du trias.   1. Grès de la Bitarelle.
5. Bancs à argiles vertes.

Flanc gauche de la Loyre. — Revenons maintenant à la Gardelle et, de ce point, dirigeons-nous sur le Batud en suivant le chemin du faîte; nous constaterons d'abord que les grès du trias et du lias forment le plateau jusque vers le Bleygeat, mais que leur épaisseur est relativement faible. A l'est de Malepeyre, ces grès reposent sur un grès fin rougeâtre, en bancs épais, sans couches d'argile; une carrière y est ouverte au point coté (331). Près des Roches, on observe des grès graveleux rougeâtres qui, sans doute, représentent l'étage n° 7; mais, plus au nord, on retrouve les grès fins rougeâtres. Les couches sont sensiblement horizontales, ou plongent à l'ouest. Le massif (306) paraît être plutôt dans les grès n° 5. Au Bleygeat, les couches plongent faiblement vers le sud ou sud-ouest. Les grès du trias reparaissent autour du Batud, mais le village de Mazan, en contre-bas, est assis sur les grès et argiles rouges de l'étage n° 4.

En définitive, le revers oriental du contrefort suivi, comme aussi la vallée de la Loyre, présente des couches d'un facies assez uniforme, et la distinction des étages n°⁵ 5 et 6 demeure difficile à faire. Tout ce que l'on peut dire, c'est que l'étage n° 5 paraît composé de grès et schistes rouges, et qu'il forme un terrain moins argileux que l'étage n° 4 où la coloration rouge n'est pas aussi uniforme ni aussi accentuée.

Le lambeau de trias s'étend jusqu'à la pointe du contrefort à Jarrige, et son niveau s'abaisse au nord. Les couches ont donc subi un affaissement vers le nord, postérieurement au dépôt du trias, mais beaucoup moins marqué que les mouvements survenus entre le trias et le permien.

Ruisseau de Pieux et d'Inval. — La vallée du ruisseau de Pieux (ou Pian) nous fournit, à l'ouest, la dernière coupe du massif de Meyssac.

En prenant, au pont du chemin de fer, le chemin vicinal qui se dirige sur Cosnac, on suit d'abord les argiles rouges jusqu'au petit contrefort de Cosnac; le chemin qui monte à Cosnac traverse des grès argileux rouges ou gris. Le chemin situé plus au sud, comme aussi celui qui remonte le petit vallon entre Cosnac et le Chassan, sont établis sur des grès rougeâtres ou gris verdâtre, souvent schisteux.

Plus à l'amont de ce vallon, on retrouve, par place, les grès de l'étage n° 5 avec leur facies typique.

En continuant à remonter le vallon principal, on aperçoit, au droit de Champagnac, des bancs épais de grès gris, alternant avec des schistes ou des grès schisteux rougeâtres; ces couches ont un faible plongement vers le sud; elles doivent plutôt être classées dans l'étage n° 5 que dans l'étage n° 4.

Au point où l'on traverse le chemin de Champagnac au Chassan, il y a, sur le flanc droit du vallon, de petites carrières ouvertes dans des grès gris dont le facies rappelle celui des grès n° 3 et qui sont cependant à un niveau bien supérieur. Ces couches ont un plongement accentué vers l'est-sud-est.

Plus à l'amont et toujours sur le flanc droit, entre la propriété du président Rivet (Regnaguet) et le Chassan, on voit des grès gris ou rougeâtres en bancs épais, alternant avec des bancs schisteux et qui appartiennent certainement à l'étage n° 5. On observe encore là le même plongement vers l'est-sud-est.

Sous le village de Malepeyre, le fond du vallon est occupé par des grès rouges, qui doivent être classés dans l'étage n° 6. Ces couches plongent très faiblement vers le nord, et par conséquent le fond de bateau passerait entre Fressinges et Malepeyre.

Les mêmes couches apparaissent beaucoup plus nettes dans le vallon d'*Inval* (ou Enval), à l'entrée du souterrain de Montplaisir. Ce sont des grès rouges en bancs épais, alternant avec quelques bancs schisteux. Ils sont séparés par faille des grès du trias, comme on le voit par la coupe ci-dessous :

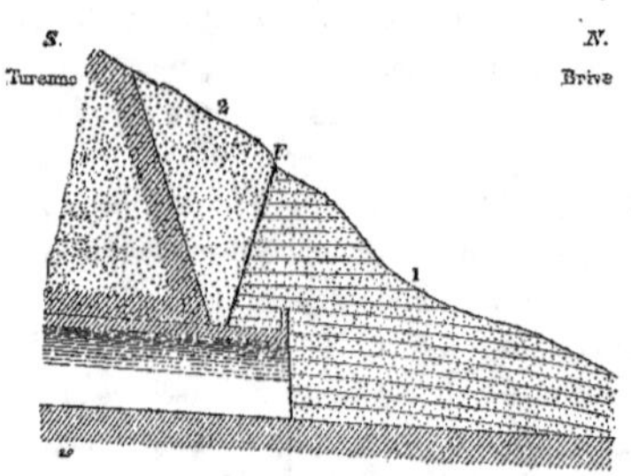

Fig. 31. — Profil en long de la tranchée nord du souterrain de Montplaisir (1/500).

Les couches sont sensiblement horizontales.

Plus à l'aval, au delà de la tranchée, les grès permiens disparaissent sous les grès du trias. Ils ne reparaissent qu'après le chemin de Brive à Valette.

Environs sud de Brive. — Au sud de Brive, les grès permiens n'affleurent plus qu'au pied des coteaux. Au Mas-de-la-Croix (ou Malecroix), ils sont presque immédiatement masqués par les grès du trias qui descendent très bas. Mais comme ces grès se relèvent vers le sud, à la gare de Brive, les grès permiens atteignent là l'altitude de 175 mètres. Ce sont des grès rouges avec argiles rouges, contenant des bancs de grès gris. A la gare même, on a recueilli le *Tylodendron speciosum,* Weiss. Les mêmes grès, qui représentent probablement les couches inférieures de l'étage n° 4, affleurent aussi sur les avenues qui conduisent à la gare.

Conclusions. — En résumé, l'étude du massif de Meyssac permet de reconnaître que les grès et argiles rouges sont surmontés par des grès d'un facies un peu différent et dans lesquels on peut établir trois divisions, qui sont les suivantes, de haut en bas :

Étage n° 7. — Grès rougeâtres grossiers, contenant des graviers quartzeux et quelques couches d'argiles rouges (*Grès de la Ramière*).

Étage n° 6. — Grès d'un rouge uniforme, en bancs épais, parfois dalliformes, contenant souvent des couches schisteuses ou argileuses (*Grès de Meyssac*).

Étage n° 5. — Grès en bancs moins épais, plus schisteux, contenant moins de bancs argileux, d'une teinte moins prononcée et souvent grise ou gris jaunâtre (*Grès de Grammont*).

Dans leur ensemble, ces couches forment un terrain beaucoup plus rocheux que les grès rouges n° 4, et c'est à leur compacité que le massif de Meyssac doit sa conservation, et les vallons resserrés et très profonds qui le découpent.

Les grès et argiles rouges forment, au contraire, sur la bordure nord-est du massif, depuis Marcillac jusqu'à Brive, des collines basses, arrondies, couvertes d'une terre argileuse rouge, généralement cultivée, parfois plantée en taillis de chêne. Ces collines et les vallons qui les séparent correspondent probablement aux ondulations des couches perpendiculairement à leur direction.

Au-dessus des lignes de faîte de ces collines, on remarque un premier talus d'une hauteur de 100 à 150 mètres, qui est formé par les grès n° 5 plus résistants que les grès et argiles rouges.

Puis règne une partie horizontale à l'extrémité de laquelle s'élève un second talus, haut de 50 mètres environ et correspondant aux grès de la Bitarelle. Ceux-ci couronnent d'ailleurs tout le plateau; les grès graveleux supérieurs forment seulement le puy de la Ramière et les petits mamelons voisins de Stolan. Le puy du Genestal, situé au sud de la Ramière, est entièrement constitué par les grès de la Bitarelle.

Toutes ces couches rocheuses forment un terrain peu fertile, recouvert de châtaigneraies, surtout sur les pentes généralement très raides.

La coupe schématique ci-dessous figure cette disposition topographique :

Fig. 32. — Coupe schématique des contreforts entre Lanteuil et le Plauchat (1/40,000).

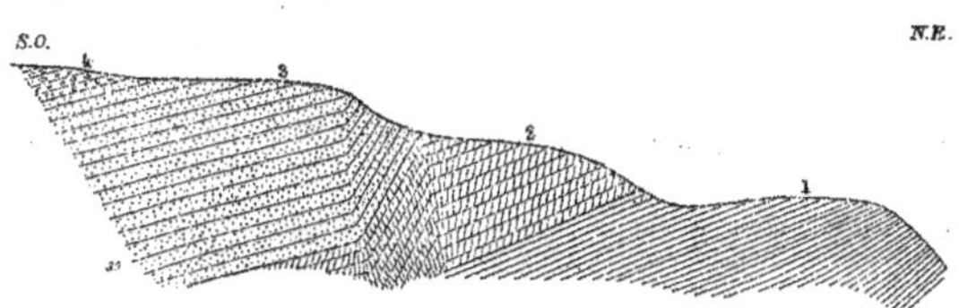

4. Grès graveleux de la Ramière. 2. Grès gris jaunâtre (*Grès de Grammont*).
3. Grès rouges de la Bitarelle. 1. Grès et argiles rouges.

L'allure générale des couches indique un plongement considérable vers le sud, tout le long de la bordure, de Brive à Marcillac.

Au fur et à mesure qu'on s'éloigne vers le sud-ouest, ce plongement diminue.

Il faut noter un pli très brusque, dirigé à peu près du nord-ouest au sud-est, c'est-à-dire parallèlement à la direction des couches et passant par César, Maisonneuve et le Pouch-Sud. A partir de ce pli, le plongement devient plus faible, puis les couches finissent par se relever vers le sud, et, le long de la faille, l'inclinaison des couches vers le nord ou nord-est atteint 30 à 40 degrés. L'axe du synclinal ainsi déterminé passerait entre Fressinges et Malepeyre, Ussac et la Boudie, et par Charlat, à l'ouest. Ce synclinal n'apparaît pas bien marqué tout au moins sur le flanc est de la vallée de la Sourdoire.

Voici une coupe, de Lanteuil à Puy-la-Ramière, qui figure l'allure transversale des couches :

Fig. 33. — Coupe par Puy-la-Ramière et la Tournerie (1/80,000).

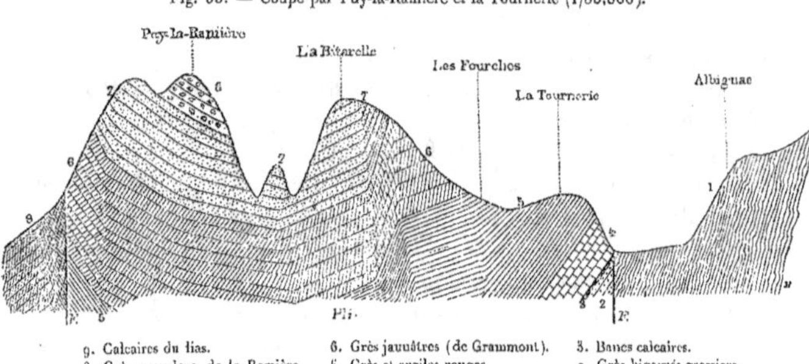

9. Calcaires du lias.   6. Grès jaunâtres (de Grammont).   3. Bancs calcaires.
8. Grès graveleux de la Ramière.   5. Grès et argiles rouges.   2. Grès bigarrés grossiers.
7. Grès rouges de Bitarelle.   4. Grès et schistes gris.   1. Schistes cristallins.

La coupe suivante, entre Puy-la-Ramière et la Gleygeolle, est faite parallèlement à la faille (fig. 34).

Au point de vue de la topographie, il me reste à faire remarquer que la région que je viens de décrire constitue un massif élevé, creusé de vallons profonds, aux parois escarpées, couvertes seulement de châtaigneraies ou de bois taillis.

L'altitude la plus élevée est celle de Puy-la-Ramière (502). Le reste du plateau est environ à la cote (450).

Fig. 34. — Coupe par Puy-la-Ramière et la Gleygeolle (1/80,000).

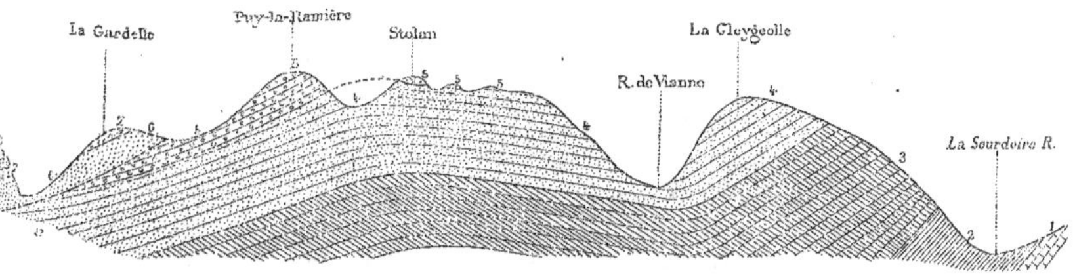

8. Bancs à argiles vertes de l'infralias.   5. Grès de la Ramière.   2. Grès et argiles rouges.
7. Grès de l'infralias.   4. Grès rouges de la Bitarelle-Meyssac.   1. Grès et schistes gris.
6. Grès du trias.   3. Grès jaunâtres de Grammont.

VERSANT GAUCHE DE LA VÉZÈRE ENTRE BRIVE ET TERRASSON.

Les grès permiens forment la plus grande partie du massif élevé et accidenté sur le sommet duquel est assis le village de Grammont. Ces grès
affleurent aussi sur la rive gauche de la Couze, formant le contrefort de la
Feuillade, et se poursuivent à l'ouest jusqu'au ruisseau de Guillebonde. Ils
reparaissent à Terrasson.

Le massif de Grammont, qui atteint l'altitude (333) au puy de Grammont,
s'élève à l'ouest de la vallée de la Courolle, petit ruisseau qui prend sa source
à Noailles, au sud de Brive, et se jette dans la Corrèze, à 3 kilomètres de
son confluent avec la Vézère.

Ce massif est compris entre la vallée de la Courolle et celle de la Couze,
affluent de la Vézère qui se jette à Larche. Il est limité, au nord, par la
Corrèze et la Vézère; au sud, par le prolongement de la même faille qui
limite le massif de Meyssac.

A la description de ce massif, je rattacherai celle des affleurements permiens
qui, à l'ouest de la Couze, sur la rive droite de la Vézère, s'étendent jusqu'au
delà de Pazayac, occupant le pied des coteaux, formés, dans leur partie
moyenne et supérieure, par les couches du lias.

La vallée de la Courolle est presque entièrement creusée dans les grès du
trias. Les grès permiens n'affleurent qu'en deux points, sous le Bouquet à
l'entrée de la vallée de Planchetorte, et plus à l'amont entre Puybaret et Puy-
jarrige.

33.

Le premier de ces affleurements n'est visible que sur peu de longueur, dans le talus de la route, à 50 mètres avant le pont. Il montre les grès avec argiles rouges de l'étage n° 4, plongeant au nord et surmontés par les grès du trias.

Le flanc gauche du vallon est recouvert par les grès du trias, dont les couches sont dirigées nord-sud. Cependant l'ensemble des petits vallons compris entre Puybaret et le puy de Moriolles se trouve dans des grès permiens dont le chemin qui monte au château de Moriolles fournit une bonne coupe.

Au début, ce chemin se trouve dans les grès du trias, mais, après avoir dépassé un petit contrefort, on rencontre des grès dalliformes peu colorés, semblables à ceux situés au nord de Meyssac. Ces couches sont dirigées à 120 degrés est et plongent vers le nord-est.

Le chemin voisin, qui conduit au Soulier, se trouve constamment sur les grès du trias. Ce dernier terrain, par conséquent, doit plonger à peu près parallèlement à la pente des chemins.

D'ailleurs, sous Puybaret, on voit nettement les couches du trias reposer sur les grès permiens, en plongeant vers l'est.

Fig. 35. — Coupe ouest-est par Siaurat (1/40,000).

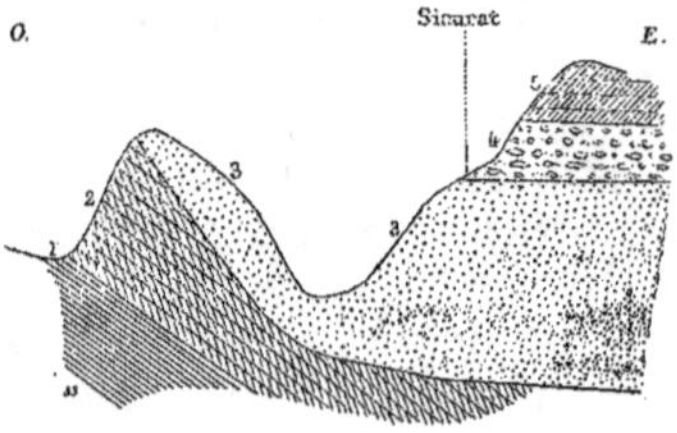

O.
Siaurat
E.

5. Calcaires de l'infralias.
4. Grès de l'infralias.
3. Grès du trias.
2. Grès de Grammont.
1. Grès et argiles rouges.

Enfin le chemin qui suit le faîte du contrefort de Puybaret traverse à son origine, près de Lacombe, les grès du trias qui affleurent au niveau de la plaine. En continuant à monter, on se trouve toujours sur les mêmes grès, et cependant, sur le versant ouest, très peu en contre-bas du chemin, on retrouve les grès permiens. Les couches du trias n'ont donc qu'une faible épaisseur sur le faîte et les flancs, comme le montre la coupe ci-dessus.

Après avoir passé le premier mamelon, et en arrivant au col qui précède le chemin de Puybaret, on trouve même des blocs épars de grès permiens, ce qui prouve qu'en ce point du faîte, le trias n'existe plus. Mais la sommité au sud est recouverte par le trias, qui disparaît encore un peu plus au sud pour reparaître à 200 mètres avant la bifurcation des chemins. Depuis ce point jusqu'au château de Moriolles, le chemin est constamment sur les grès du trias.

Le vallon de Meyrignac est creusé d'abord, sur 5o mètres environ, dans le prolongement des grès du trias déjà signalés au nord de Lacombe, grès qui s'étendent jusqu'à la route nationale. Puis, plus à l'amont, le lit du ruisseau entame des bancs de grès d'un jaune verdâtre, recouvrant, un peu plus au sud, des argiles rouges qui se prolongent jusque vers Meyrignac. En continuant à remonter le vallon, et notamment en montant à Puymège, on observe que le terrain est formé par des grès jaunâtres, peu argileux.

Le contrefort de Langlade est entièrement formé par ces mêmes grès. On peut les étudier dans quelques carrières qui ont été ouvertes sur le revers oriental et sur le faîte, ainsi que dans une grande carrière ouverte pour les travaux du chemin de fer de Brive à Souillac, sur le flanc ouest. On peut aussi les observer en suivant le chemin de Lissac, à partir de Fourneaud, près du Mazeaud. Le début de ce chemin est dans des grès du trias, auxquels succèdent presque immédiatement des couches argileuses ou rougeâtres du terrain permien. Après avoir dépassé Langlade, les talus de la route montrent alors un grès gris jaunâtre, bien assisé, en bancs assez épais, alternant avec quelques rares couches d'argiles rouges peu épaisses. Le terrain est assez disloqué.

En arrivant au col, près des Quatre-Vents, on observe des grès schisteux jaunâtres, avec des couches argileuses bigarrées et des argiles rouges.

Si, de ce point, on revenait vers l'est, dans la direction du château de M. de Lépinay, on marcherait constamment sur les grès du trias; mais ces grès n'ont qu'une faible épaisseur, et, à Puymège-Haut, on les voit reposer sur les grès permiens.

Entre les Quatre-Vents et Moriolles, il existe un vallon profond creusé dans les mêmes grès que ceux déjà vus sous Puymège et identiques d'ailleurs à ceux de Langlade. Ces grès forment des bancs à arêtes anguleuses et contiennent quelques couches d'argiles grises et rouges.

En descendant le chemin au sud de Moriolles, on constate leur recouvrement par les grès du trias qui forment des bancs en corniche, creusés de grottes, plongeant au sud avec la même inclinaison que le sol et finissant par atteindre le fond du vallon un peu avant Lesparre. Ces grès du trias occupent aussi le vallon qui remonte au nord-est, et, si l'on monte au Chauzanel, on voit qu'ils sont recouverts par les couches du lias qui accusent encore mieux le plongement excessif des couches.

Le confluent des deux vallons qui comprennent Moriolles se trouve probablement dans les grès permiens, mais, à l'aval, on rencontre encore quelques bancs de grès du trias formant un petit monticule isolé, et auxquels succèdent brusquement, un peu avant Lesparre, les calcaires jurassiques (calcaire oolitique du bajocien); c'est par ce point que passe la faille déjà observée à Meyssac.

Sur le chemin de Lissac, cette faille passe un peu au nord de Lacombe; le puy de Lissac est, en effet, constitué par les calcaires jurassiques, tandis que, si du fond du vallon on monte au Bancharel, on n'abandonne pas les grès du trias, lesquels sont d'ailleurs surmontés par les grès, les argiles schisteuses et les calcaires marneux, parfois cargneuliformes, de l'infralias, comme le montre la coupe ci-dessous :

Fig. 36. — Coupe normale à la faille, par le Bancharel (1/20,000).

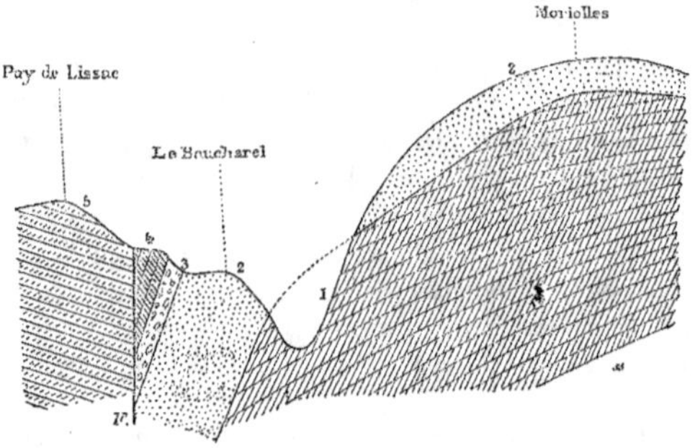

5. Oolite.   3. Grès de l'infralias.
4. Calcaire de l'infralias.   1. Grès de Grammont.

Un peu à l'est du Bancharel-Haut, les grès du trias font place aux grès permiens.

Les couches du trias et du lias ont un très fort plongement vers la faille. (Fig. 36.)

Elles plongent aussi vers l'est-sud-est, comme le montre la coupe parallèle à la faille :

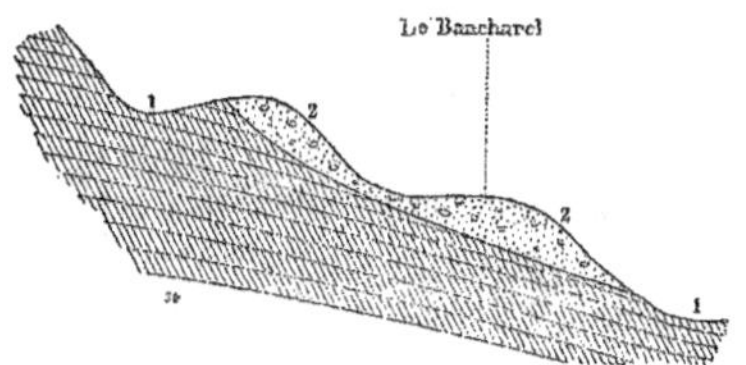

Fig. 37. — Coupe parallèle à la faille, par le Bancharel (1/20,000).

2. Grès de l'infralias et du trias.   1. Grès de Grammont.

La coupe transversale suivante, prise à l'ouest du vallon, fait aussi ressortir le plongement vers la faille :

Fig. 38. — Coupe par Moriolles, le Chauzanel et le puy de Crochet (1/40,000).

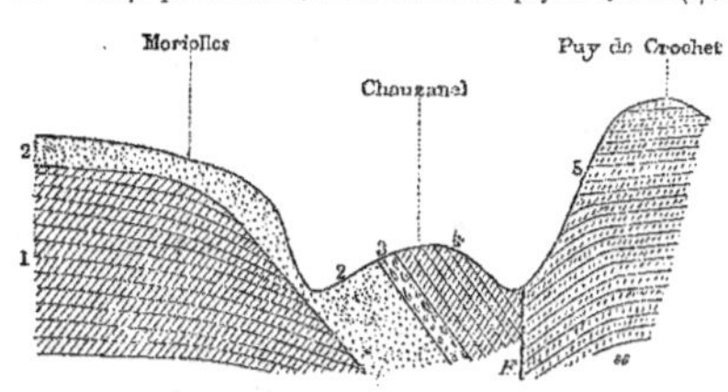

5. Oolite.   2. Grès du trias.
4. Calcaires de l'infralias et du lias.   1. Grès de Grammont.
3. Grès de l'infralias.

Le petit contrefort situé au nord de celui du Bancharel s'élève à une plus grande altitude et se trouve couronné par les grès du trias qui sont là à un niveau beaucoup plus élevé que celui qu'ils occupent au Bancharel.

Le puy de Grammont, qui s'élève à l'ouest de la région que je viens de décrire et qui la domine de plus de 50 mètres, est formé par des couches d'un grès gris jaunâtre à grain fin, peu argileux, en bancs réguliers, parfois dalliforme, alternant avec quelques rares couches d'argiles schisteuses rouges ou verdâtres.

Ces bancs sont exploités, très peu en contre-bas du faîte, dans plusieurs carrières qui fournissent toute la pierre de taille employée à Brive et dans la région. Les carrières présentent la succession suivante, de haut en bas :

3. Grès gris, dalliformes, en bancs de o m. 20 à o m. 30, avec marnes schisteuses. . . . . 1 mètre.

2. Argiles schisteuses alternativement d'un rouge vineux et d'un gris verdâtre. 4

1. Grès gris, à grain fin, devenant un peu rougeâtre à l'air, divisé en trois bancs par des couches d'argiles schisteuses gris verdâtre, de o m. 20 d'épaisseur (ce sont les bancs exploités). 10

TOTAL. 15

Ces couches plongent faiblement à l'est. Elles s'étendent assez loin au nord, à 600 ou 800 mètres de Grammont-Bas, et elles recouvrent des grès et argiles rouges bien visibles dans l'importante tranchée du chemin de fer de Périgueux à Brive.

Ces grès et argiles rouges appartiennent incontestablement à l'étage n° 4. Les grès de Grammont, qui sont moins argileux et dont la teinte est gris jaunâtre, offrent un facies bien différent, très analogue à celui des grès de Viers, près de Lanteuil. On doit les classer au même niveau; ils représentent donc l'étage n° 5, et je les prendrai d'ailleurs pour type de cet étage.

La limite entre ces grès jaunâtres et les grès rouges ne peut être tracée avec précision, car les grès rouges passent supérieurement aux grès de Grammont. Notamment l'attribution des couches qui couronnent le contrefort de Puy-Jubert demeure incertaine. Ce sont des couches où les grès dominent; on n'y remarque pas de couches d'argiles rouges.

Le village de la Bétaudie (ou Rétaudic) est sur les grès rouges. Les grès de Grammont ne s'étendent pas plus à l'ouest du massif de ce nom.

Avant d'aller plus loin, je ferai observer que tous les grès qui affleurent à l'est de Grammont, notamment sur le chemin de Lissac, et sous Puybaret et Moriolles, sont identiques aux grès exploités à Grammont et appartiennent au même étage. Les bancs exploités sur le revers ouest du contrefort de Langlade sont évidemment le prolongement de ceux exploités à Grammont, à une altitude beaucoup plus grande.

Un autre fait à signaler, c'est l'absence des grès du trias à l'est du vallon du Rieux (ou Riou-Tord), et la différence brusque d'altitude entre les grès de Grammont, à l'ouest, et les grès du trias à Gigeac, au Baucharel, etc.

C'est ce que montre la coupe ci-dessous :

Fig. 37 *bis.* — Coupe par la Bétaudie et Gigeac (1/40,000).

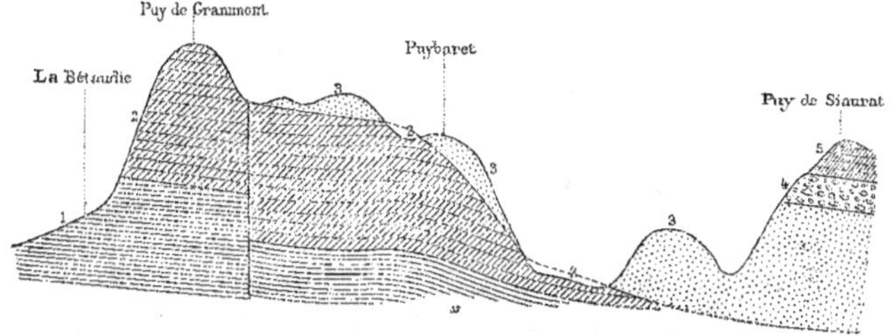

5. Calcaires et argiles de l'infralias.
4. Grès de l'infralias.
3. Grès du trias.

2. Grès de Grammont.
1. Grès et argiles rouges.

Il est évident qu'il existe une faille à l'est du puy de Grammont, faille qui résulte d'un mouvement postérieur à l'époque jurassique. Cette faille est le prolongement d'une faille très nette, qui traverse, au sud, les affleurements jurassiques depuis Gignac, dans le département du Lot.

Si maintenant on longe le pied des coteaux au nord, on voit les grès rouges affleurer sur la route nationale depuis le ruisseau de Rieux jusqu'au pont de Saint-Pantaléon, ainsi que du côté de Laumeil, au nord de Lestrade. Les couches, dans la déviation de la route nationale sous Puy-Faure, sont particulièrement tourmentées.

Sur la rive droite du ruisseau de Rieux, près de la route, les grès sont peu visibles, et il est difficile de juger de l'étage auquel ils appartiennent.

Quant au plateau de Lestrade, il est recouvert par une couche épaisse d'alluvions, sous laquelle on voit percer, près du Roc, un petit affleurement des grès du trias, à l'altitude (130) environ.

Le pied des coteaux, sous Langlade, est également recouvert par les alluvions, mais les grès du trias affleurent sur une petite étendue à l'est de la Chassagne; c'est évidemment le prolongement de l'affleurement plus étendu du Mazeaud. L'altitude de ces affleurements doit être peu différente de (120) à (125); ils sont donc à peu près au même niveau que celui du Roc, et il est probable, par conséquent, que la faille que je viens de signaler n'a plus, en ce point, qu'un faible rejet, et qu'elle meurt avant d'atteindre la Vézère.

Au point de vue stratigraphique, il y a lieu de noter le plongement marqué vers le nord des couches du trias, tant à l'ouest qu'à l'est de la faille, comme le montre la coupe ci-dessous :

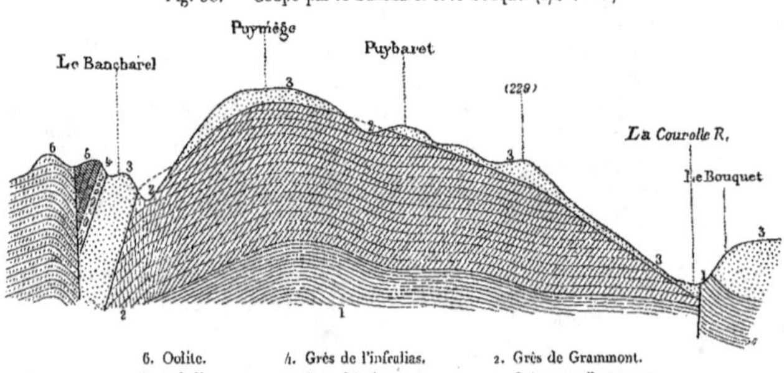

Fig. 38. — Coupe par le Bancharel et le Bouquet (1/40,000).

| 6. Oolite. | 4. Grès de l'infralias. | 2. Grès de Grammont. |
| 5. Infralias. | 3. Grès du trias. | 1. Grès et argiles rouges. |

Ainsi l'allure des couches du trias à Grammont se rapproche de leur allure vers Noailhac, c'est-à-dire qu'il existe un pli anticlinal parallèle à peu près à la grande faille; mais, à Grammont, ce pli est beaucoup plus prononcé.

J'ai omis de relever les directions et plongements des grès permiens d'une manière suffisamment complète pour permettre de décrire l'allure des couches, et les coupes qui précèdent figurent cette allure d'une manière un peu arbitraire. Je ne saurais dire ce qu'elle était antérieurement à l'époque jurassique, et si le pli synclinal antéjurassique du massif de Meyssac se poursuit jusqu'à Grammont. Considérées dans leur ensemble, les couches plongent vers le nord-est.

Je passe à l'étude de la partie orientale du massif de Grammont.

Sur le chemin de Lissac à Larche, au col de Clausel, on aperçoit dans le talus de la route, à côté de la maison, des schistes micacés, argileux, gris, semblables à ceux qui se trouvent dans l'étage n° 3, et contenant des empreintes (*Cordaites? Aulacopteris?*).

Plus loin, le chemin de Lacombe à Grammont est creusé dans des grès d'un gris jaunâtre ou rougeâtre, grossiers, feldspathiques, parfois poudingiformes, en bancs épais, et contenant quelques couches d'argiles rouges; ces grès mal stratifiés n'ont pas le facies des grès houillers, et ils sont identiques aux grès rouges inférieurs.

Plus loin encore, sur 400 mètres de longueur, aux environs de la Veyssière, on observe des schistes cristallins argileux de teinte verte avec veines de quartz; ce sont là des phyllades semblables à ceux de la Bachellerie, et qui représentent le Précambrien. C'est donc bien dans les couches inférieures n° 1 qu'il faut ranger les grès précédents.

A gauche de la route et à très peu de distance, apparaissent les calcaires de l'oolite et les argiles du lias supérieur, et il en résulte que la faille longe la route et limite les grès grossiers au sud; au nord, on ne tarde pas à voir apparaître les grès et argiles rouges. Les grès inférieurs et les phyllades sont donc pincés entre deux failles; la seconde de ces failles se détache de la première à 100 mètres ou 150 mètres à l'est de Froidefond, et se prolonge jusqu'à la faille transverse de Grammont qui paraît limiter, à l'est, les grès en question. Les couches comprises entre ces deux failles ont des plongements considérables vers le sud-est et paraissent disloquées. Il est possible que ce soit à cette cause que l'on doive attribuer la disparition, au Clausel, du niveau calcaire permien.

Si l'on continue à suivre le chemin de Larche, on ne trouve plus, après les phyllades, que des grès et argiles rouges jusqu'à Larche.

Toutefois, avant la ferme de Chez-Gaudeilles, on observe des bancs calcaires, avec grès verdâtre, représentant sans doute un niveau que l'on verra mieux développé sur la rive droite de la Vézère. Ces couches sont dirigées N. 40° E. et plongent de 35 degrés vers le sud-est.

A Larche même, le terrain est masqué par les constructions.

Si, au lieu de se diriger sur Larche, on prend le chemin de Regnac, on constate que les villages de Froidefond et Peyrefumade sont assis sur les argiles du lias supérieur, recouvertes par les éboulis des calcaires oolithiques; le village de Regnac est, au contraire, sur les grès rouges, et le passage de la faille est ainsi précisé.

Quant au chemin de la vallée de la Couze, entre Larche et Saint-Cernin, il ne fournit aucune coupe.

Les couches de grès rouges s'étendent au nord, jusqu'à la route nationale de Brive à Terrasson. Leur plongement paraît dirigé vers le nord-est, mais, dans le voisinage de la faille de Meyssac, il est dirigé vers le sud-est et atteint 35 degrés. Ce plongement diminue quand on s'approche du puy de Grammont et se dévie vers l'est; il est encore bien visible au contrefort de la Bétaudie; au col, il n'est plus que 10 degrés et dirigé vers l'est.

Les talus de la route nationale, depuis le pont de Saint-Pantaléon jusqu'à Larche, ne montrent que des grès et argiles rouges, bien visibles aussi sur le chemin de la Tuilerie à Puy-Jubert. Dans le bourg, les grès rouges se voient encore au delà de la gendarmerie, dans une grange en partie excavée dans le rocher.

Ces couches sont dirigées suivant la route et plongent au sud-ouest. Puis elles font place, au centre du bourg, à des grès d'un gris jaunâtre, en bancs épais, séparés par des schistes gris; ces bancs ont à peu près la même direction que les couches de grès rouges, mais leur plongement est plus considérable et leur allure indiquerait qu'ils sont séparés par faille des grès rouges. Les grès gris forment un promontoire saillant, élevé d'environ 10 mètres audessus de la plaine, et qui vient mourir exactement au confluent de la Couze. Le bourg est assis sur ce promontoire, dérasé en grande partie par les constructions. Les couches peuvent se voir depuis le pont sur la Vézère jusqu'au moulin à l'aval, comme aussi dans le lit de la Couze, aux abords du pont de la route nationale. Les grès ont été exploités à côté du pont, derrière l'hôtel Bertrand; ce sont des grès gris et jaunâtres, à grain fin, micacés, schisteux, mais contenant beaucoup de galets de quartz et de schistes anciens. Les bancs de grès, épais, sont séparés par des schistes gris ou noirâtres, contenant quelques lits minces de schistes bitumineux; on a recueilli dans les schistes beaucoup d'empreintes végétales, aujourd'hui perdues.

La direction est N. 130° E., et le plongement est de 20 degrés vers le sud-ouest.

Sur la rive gauche de la Couze, à l'origine de la route de Chavagnac, à 100 mètres environ de la route nationale, j'ai observé un affleurement de schistes bitumineux dans les fossés de la route.

Les grès gris, d'ailleurs, occupent le pied du coteau, sur le bord de la route nationale, depuis la Bonneterie jusqu'au ruisseau qui descend de la Treille.

Des carrières ont été ouvertes dans ces couches, non loin de la route, près de Champ-d'Allou, sous Pichague, à 5 ou 6 mètres au-dessus du niveau de la route.

La carrière du centre est traversée par un rejet parallèle à la route. La carrière de l'ouest présente la coupe suivante :

Schistes argileux gris et grès schisteux à la base, avec un lit
    de schistes bitumineux. . . . .   1^m,50
Grès compacte, schisteux à la partie supérieure, jaunâtre . .   2 ,5o
Schistes argileux micacés, gris, jaunâtres ou noirâtres, avec
    couches de grès schisteux, micacé, jaunâtre, de o^m 20 . .   2 ,00
Grès micacé compact, à grain moyen, jaunâtre. . . . .   1 ,00
Schistes solides micacés, verdâtres, noirâtres, visibles sur . .   3 ,00

                               TOTAL. . . . . 10 ,00

J'y ai recueilli quelques empreintes (*Walchia* et fougères).

Les couches qui surmontent les carrières sont masquées par la végétation.

On observe cependant quelques grès grossiers, à ciment dur, ferrugineux,
au-dessus de la Bonneterie. Ces grès, qui contiennent une couche silicifiée,
appartiennent probablement au tertiaire. Leur extension n'est que de 5o mètres environ.

Les grès gris permiens se voient aussi dans le vallon à l'est, du côté de la
Bonneterie.

Dans la petite dépression à l'ouest de Pichague, affleurent des schistes argileux gris et roses, qui forment probablement le toit des carrières déjà décrites.

Le chemin de Larche à Chazal (ou Chazac) montre, après les grès gris qui
viennent mourir vers Goine, des couches de grès et d'argiles rouges, qui ont
absolument le même facies que les grès rouges de Brive. Ces couches plongent
vers le sud-ouest avec une inclinaison de 1o à 15 degrés.

Un sondage pour la recherche de la houille a été fait jadis, non loin de ce
chemin.

Le village de Chazal est sur les grès du lias ou du trias, qui ont un plongement vers le nord-est. Au delà de cet affleurement de terrain secondaire,
on retrouve le grès rouge sur peu de longueur, puis le terrain se relève
brusquement; il est alors formé par les calcaires jurassiques. La grande faille
qui sépare les grès des calcaires passe donc par le vallon au sud-est de Chazal.

Tout le vallon des Buges est dans les grès rouges, surmontés par les grès
du trias ou de l'infralias. Ceux-ci, surmontés par les calcaires jurassiques,
n'ont qu'une faible épaisseur, qui ne dépasse pas 25 à 3o mètres.

A l'ouest des Buges, à 7 ou 8 mètres au-dessus du vallon, on observe des bancs épais, à peu près horizontaux, de grès rougeâtres, qui doivent appartenir aux couches inférieures de l'étage n° 4.

Le chemin de Goine à la Feuillade est ouvert dans des grès bigarrés et des grès jaunâtres, à la hauteur des Anglards; on y observe aussi un grès très grossier. Ce sont probablement les couches de passage des grès gris aux grès rouges. Ces couches ne contiennent pas d'argiles, mais, plus haut, on observe des argiles et grès rouges ou violacés. Le plongement est dirigé vers le sud-ouest.

La route départementale de Larche à Chavagnac permet d'observer complètement la succession des couches :

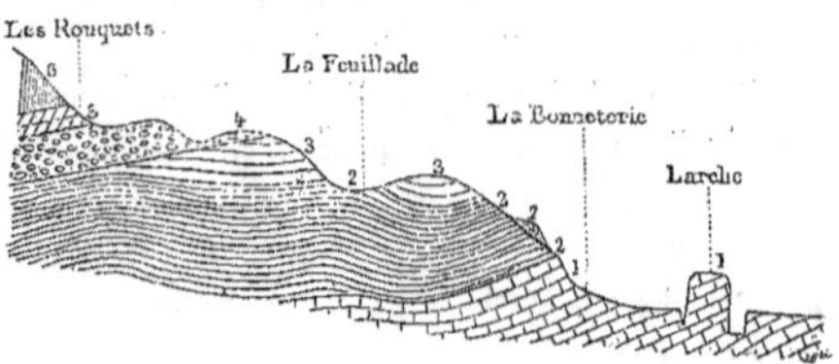

Fig. 38 *bis*. — Coupe en long par Larche et les Rouquets (1/40.000).

7. Sables tertiaires ?
6. Infralias.
5. Grès blanchâtres et sables de l'infralias.

4. Grès bigarrés du trias.
3. Grès jaunâtres.
2. Grès rouges et bigarrés.
1. Grès et schistes gris.

Jusqu'au col de la Feuillade, la route est tracée sur des grès bigarrés analogues à ceux de la Feuillade. Mais, peu après, on observe des grès jaunâtres et verdâtres, schisteux, dirigés N. 70° E. et plongeant vers le sud-ouest. Ces grès comprennent quelques couches argileuses et schisteuses, noirâtres, et passent, en quelques points, à des grès bigarrés.

C'est là un niveau analogue à celui déjà observé aux environs de Marcillac et Tudeils, et que l'on retrouve plus développé sur la rive droite de la Vézère.

Avant d'arriver au second col, les couches se relèvent et laissent voir les grès rouges qu'elles surmontent; mais elles se retrouvent plus loin, plongeant de nouveau vers le sud-ouest. Elles sont couronnées par des grès très colorés, qu'on pourrait confondre avec des grès permiens, si la présence de quelques grès quartzeux jaunâtres et l'abondance des galets de quartz bien roulés n'indiquaient qu'ils forment la base des grès de l'infralias.

Toutefois, à l'embranchement du chemin de la Treille, on remarque encore quelques argiles rouges permiennes.

Mais, sur le faîte, les grès du trias se prolongent jusqu'au Bouquet (ou les Rouquets). En ce point, on observe les couches sableuses blanchâtres de l'infralias, recouvertes par les bancs de grès jaunâtres de la partie supérieure de ce niveau.

Il faut remarquer que les îlots de trias de Chazal et la Grange sont à un niveau inférieur d'environ 3o à 4o mètres à celui du trias du Bouquet, et que l'allure des couches ne peut expliquer cette différence de niveau. Par conséquent, il existe une faille dirigée à peu près suivant le vallon des Buges, faille qui se prolonge au delà vers le nord-est et vient couper la pointe du contrefort située entre la Couze et la Vézère, séparant là les grès rouges des grès gris.

A l'est du contrefort de la Feuillade, les grès rouges s'étendent au pied des coteaux et sont surmontés par les grès de l'infralias dont le niveau s'abaisse de plus en plus.

Vers Mancyrol et le Fraysse, les grès permiens sont masqués par les éboulis, et l'on n'en retrouve plus les affleurements qu'à Terrasson. Je décrirai les affleurements de Terrasson en faisant connaître les terrains de Cublac.

En résumé, au point de vue de la succession des couches, la description de la région comprise entre Brive et Terrasson prouve que, comme à l'est, les couches des grès et argiles rouges, qui conservent le même facies qu'aux environs de Brive, sont surmontées par des couches de grès, en bancs bien assisés, épais, massifs; ces grès sont à grain fin et un peu schisteux; souvent leurs bancs ont une forme tabulaire. Leur teinte est le g ri jaunâtre ou le gris verdâtre. Ils sont beaucoup plus résistants et moins altérables que les grès rouges. Les couches d'argiles sont rares; ces argiles sont rouges, rougeâtres ou quelquefois vertes.

L'allure des couches est différente suivant la région considérée. A l'est de la faille de Grammont, les couches jurassiques forment un pli anticlinal. Entre cette faille et la Couze, les couches du permien ont un faible plongement vers le nord-est. A l'ouest de la Couze, elles ont le plongement normal vers le sud-ouest.

Quant aux grès gris de Larche, ils représentent évidemment le niveau n⁰ 3 à sa partie supérieure. On observe que les grès rouges n⁰ 4, qui les surmontent, contiennent un niveau de grès jaunâtres avec argiles schisteuses grises.

CHAPITRE XII.

CONTREFORTS ENTRE LA CORRÈZE ET ROZIERS.

Les vallées du Rozeix, de la Loyre, depuis le Rozeix jusqu'à la Vézère, et de la Vézère, depuis la Loyre jusqu'à la Corrèze, peuvent être considérées topographiquement comme formant une seule et même vallée, dont le tracé très régulier est faiblement convexe vers le nord-est et parallèle à la direction générale des couches.

Le présent chapitre sera consacré à la description de la région comprise entre cette vallée, la vallée de la Corrèze et le Plateau central. On remarquera que tous les cours d'eau qui arrosent cette région, descendent du nord au sud, et qu'ils sont séparés par autant de contreforts dont la description fera l'objet de chacun des paragraphes suivants. Ces cours d'eau sont :

Le Maumont avec son affluent le Clan;

La Vézère;

La Loyre;

Le ruisseau du Mayne avec son affluent, le ruisseau de Vignols;

La Tourmente, qui passe sous Juillac.

ENTRE LA COUZE ET LE MAUMONT.

Dans le présent paragraphe, je décrirai les couches de la région située au nord de la Corrèze et à l'ouest du Maumont, affluent de la Corrèze, qui passe à Donzenac.

Outre les eaux du Maumont, la Corrèze reçoit celles de la Couze-de-Mallemort[1], ruisseau qui prend sa source à Sainte-Féréole, et celles du ruisseau des Saulières qui descend de Sainte-Féréole et passe à Mallemort.

[1] Ainsi nommée pour la distinguer de la Couze, affluent gauche de la Corrèze qui passe à Larche.

Je décrirai d'abord le petit contrefort de Mallemort, puis le versant gauche du ruisseau des Saulières et ensuite la partie haute de ce ruisseau avec le contrefort de Champagnac. Je passerai alors à la description du versant droit, depuis Mallemort jusqu'aux Saulières, puis à celle des contreforts de Grand-Roche et d'Ussac, et je terminerai par le contrefort de la Pigeonie qui a ses versants sur le Maumont et la Corrèze.

En raison de la multiplicité des coupes qui seront décrites, je donne ci-dessous une carte qui en fait connaître les directions précises :

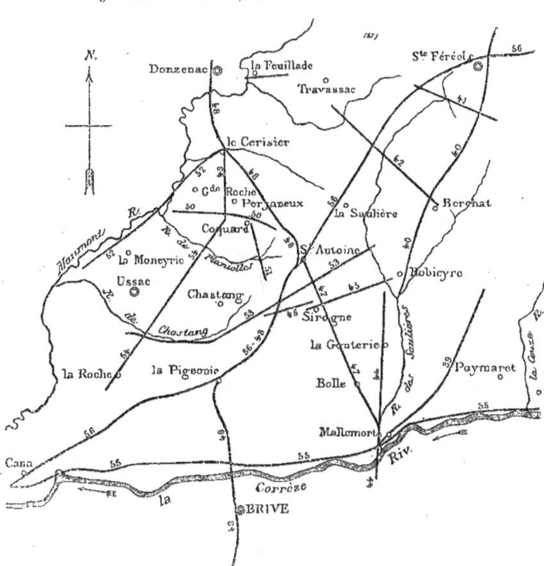

Fig. 38 ter. — Carte au 1/80,000, entre la Corrèze et le Maumont.

A l'est de la Couze, le terrain se compose de micaschistes séricitoux avec quartzites micacés. Cependant le village de Roumégou est assis sur des couches à faciès houiller, qui comprennent des grès quartzeux d'un gris jaunâtre foncé

35

et des conglomérats formés de poudingues à galets de quartz et de mica-schistes, ou d'une brèche violacée, à éléments de micaschistes. Le micaschiste sous-jacent est rubéfié.

Ces grès, qui contiennent aussi des couches schisteuses et des veinules de houille, ne forment qu'un placage peu épais sur les flancs du massif cris-tallin, mais ils s'élèvent assez haut.

Sur la rive gauche de la Couze, le petit contrefort que couronne le domaine de Puymaret, est constitué par des grès jaunâtres, sableux, à facies houiller. Au pied de ce contrefort, à l'ouest de Puymaret, les grès houillers reposent sur les micaschistes, qui, plus au nord, atteignent une grande altitude, formant le massif d'Argau.

Le long du chemin qui, de Puymaret, conduit à la route nationale de Brive à Tulle, on observe, dans le bois de sapin, des grès jaunâtres un peu bigarrés, mais semblables cependant à des grès houillers. Plus loin, avant d'arriver à la route, ces roches font place à des grès rougeâtres, massifs, en bancs épais, contenant quelques petits galets de quartz. En montant à flanc de coteau, dans la direction du nord-ouest, on remarque, à un niveau plus élevé, des grès schisteux jaunâtres ou verdâtres avec quelques lits de schistes bitumi-neux feuilletés et d'argiles rouges.

C'est donc encore la même succession qu'au sud de la Corrèze; à la base, des grès houillers ou à facies houiller, reposant sur les schistes cristallins par l'intermédiaire d'un conglomérat, et à la partie supérieure, des grès rougeâtres ou bigarrés, en bancs épais, plus ou moins poudingiformes.

Ces grès se retrouvent sous le village de Mallemort, qui est assis sur des bancs épais de grès rougeâtres poudingiformes, très durs; les galets de quartz y sont fort gros. Ces bancs qui affleurent au niveau de la plaine, au sud-ouest du village, se relèvent vers le nord-est en formant des escarpements qui cou-ronnent le coteau. Sous les grès, les éboulis masquent plus ou moins la suc-cession des couches, mais on voit par place des grès schisteux jaunâtres et verdâtres, et des grès plus compactes, en bancs épais et réguliers, semblables à ceux de Mallemort, quoique moins poudingiformes. C'est dans ces couches que se trouvent les grès rougeâtres observés sur le chemin de Puymaret.

Si l'on suit le chemin qui, un peu au nord de Mallemort, se détache de la route de Sainte-Féréole pour atteindre le faîte du coteau, on observe que des argiles rouges, en couches plongeant vers le sud-ouest, visibles dans le talus de la route, sont recouvertes par les grès poudingiformes.

Sur le faîte, le terrain est composé de grès micacés, schisteux, bigarrés, peu cohérents, assez semblables à ceux du trias; ces grès qui, à la base, passent aux bancs poudingiformes, contiennent de rares empreintes de calamites.

Ces couches, qui représentent la partie supérieure de l'étage n° 1, formant le substratum des bancs calcaires, se continuent jusqu'au point le plus élevé, coté (224). Mais, au delà, affleurent des grès différents, gris, plus fins, schisteux, reposant sur des bancs calcaires, bien visibles autour du mamelon, et surtout dans une petite carrière d'empierrement située près du chemin qui ramène sur la route de Sainte-Féréole. Ces couches plongent très fortement vers le sud-ouest, et cependant on ne les observe pas sous les bancs poudingiformes. Ce sont donc bien les couches des étages n°ˢ 2 et 3 qui apparaissent par suite d'une faille, abaissant les terrains au nord-est.

La coupe ci-dessous, suivant le chemin du faîte, de Mallemort au col coté (141), met en évidence la succession des couches, qu'on peut observer aussi sur la route de Sainte-Féréole :

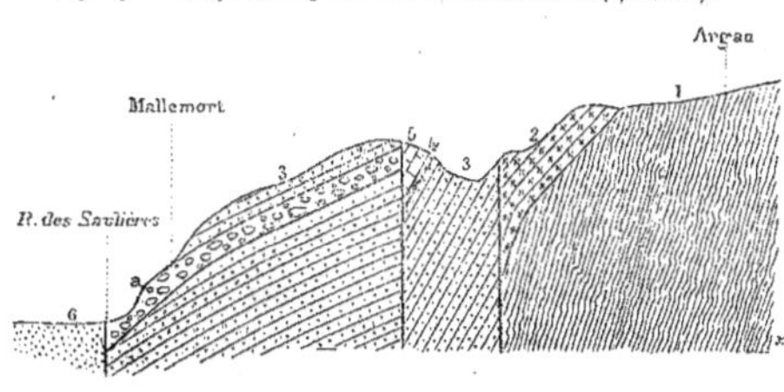

Fig. 39. — Coupe en long du contrefort de Mallemort (1/40,000).

6. Grès du trias.
5. Grès et schistes gris.
4. Bancs calcaires.
3. Grès bigarrés avec *calamites*.

a. Bancs de grès poudingiformes.
2. Grès houillers.
1. Schistes cristallins.

Cette route, à partir de Mallemort, montre d'abord les grès en bancs épais, avec argiles rouges.

Vers le col coté (191), apparaissent des grès bigarrés, jaunâtres ou verdâtres, avec argiles rouges; ce sont donc toujours les mêmes couches inférieures, surmontées d'ailleurs par les bancs calcaires. Toutefois on ne remarque pas le passage de la faille signalée plus haut.

Après le premier mamelon qui suit le col, on observe, par suite d'une faille, un changement dans la nature des couches. Le second mamelon est, en effet, formé de grès très quartzeux, à gros grains, durs, de teinte claire, un peu bigarrés, contenant des bancs d'argillites gréseuses, très dures, de teinte violacée. Ces grès sont poudingiformes; ils contiennent aussi des couches sableuses, et l'on y observe des galets de quartz peu roulés.

Un peu au nord du chemin d'Argau, les grès font place aux schistes cristallins.

Le contrefort de Meyrat présente aussi, au nord du village, un passage brusque des argiles rouges aux grès, c'est-à-dire des couches n° 1 aux grès à facies houiller; ceux-ci se prolongent presque jusqu'à la route de Sainte-Féréole, interrompus en un point par les schistes, un peu au nord du puy coté (223). Ils forment un lambeau de recouvrement peu épais.

. A Robieyre (la Rebière), le chemin fournit une bonne coupe des grès à facies houiller. Ce sont des grès jaunâtres, en bancs épais, poudingiformes, contenant des couches schisteuses et de petits lits de houille.

Si l'on monte vers Berchat, on suit toujours les mêmes grès, mais avant d'arriver au village, on les voit reposer sur les schistes cristallins; ces grès sont alors très poudingiformes.

Fig. 40. — Coupe par la Rebière et Sainte-Féréole (1/40,000).

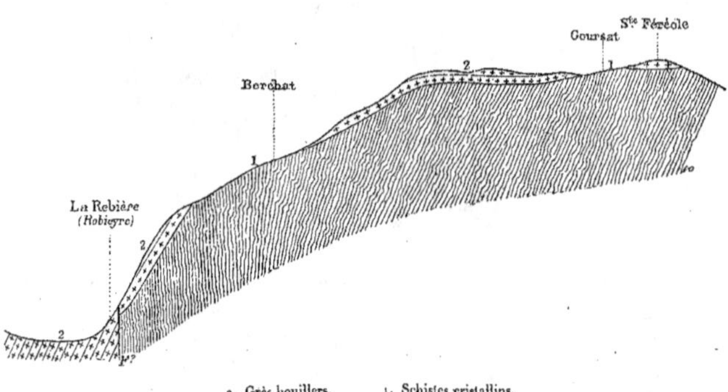

2. Grès houillers.   1. Schistes cristallins.

Dans le ravin profond au sud-ouest du village, on observe sur le flanc droit la même superposition des grès poudingiformes aux schistes. Ces grès plongent avec une inclinaison égale à la déclivité du sol.

Au nord de Berchat, les grès reparaissent et se continuent jusqu'à Goursat. De Goursat jusqu'à Sainte-Féréole, on traverse encore les schistes, mais le bourg de Sainte-Féréole est assis sur les grès houillers.

En suivant le thalweg du ruisseau de Sainte-Féréole, on ne verrait que des grès houillers, sans que les schistes apparaissent.

Au delà du bourg, sur la route de Tulle, les grès houillers reposent sur les micaschistes très modifiés, poreux; puis apparaissent des amphibolites massives.

Sur le flanc droit, les grès occupent le faîte jusqu'après la bifurcation du chemin vicinal de Travassac et du chemin de Laubeyrie, mais la sommité cotée (404) est occupée par les micaschistes. Toutefois les grès occupent le versant, jusqu'au-dessus de la ferme de la Colomberie.

Le faîte entre la Besse et la Colomberie est couvert par des couches horizontales de grès faiblement bigarrés, reposant sur les micaschistes, mais les micaschistes reparaissent encore au sud, sur 200 ou 300 mètres. Au delà du col, ils disparaissent sous des grès sablonneux, rougeâtres, à faciès houiller, grès qui se poursuivent sans changement jusqu'aux Saulières. Les flancs du vallon, depuis la Colomberie, sont d'ailleurs toujours occupés par les grès.

Fig. 41. — Coupe par la Colomberie et Goursat (1/40,000).

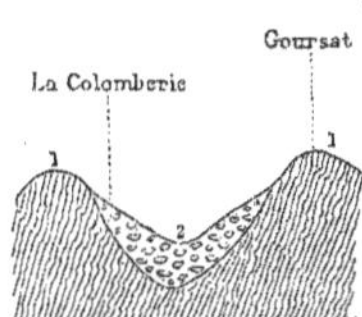

2. Grès houillers.   1. Schistes cristallins.

De ce que les flancs et le thalweg du vallon sont occupés par les grès, tandis que les faîtes sont quelquefois occupés par les micaschistes, il résulte que les grès remplissent une dépression ancienne du Plateau central, dépression qui correspond à peu près à la vallée actuelle dans sa partie haute; c'est ce que montre la coupe ci-dessus (fig. 41).

Mais le thalweg de l'époque houillère devait passer par les Saulières, comme le montre la coupe entre Travassac et Berchat (fig. 42).

Fig. 42. — Coupe par Travassac et Berchat (1/40,000).

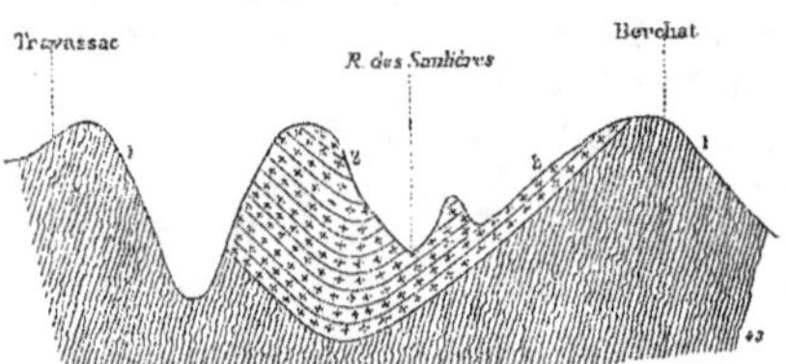

2. Grès houillers.   1. Schistes cristallins.

Le contrefort de Champagnac est constitué par des grès jaunâtres, sableux, avec couches schisteuses et charbonneuses, dont on voit bien la nature sur le chemin vicinal de Travassac à Donzenac. Ces grès reposent sur les schistes cristallins (peut-être existe-t-il un rejet), sur le flanc droit du contrefort, au sud-ouest de Travassac, et ils s'étendent aussi sur l'autre rive, vers la Feuillade.

On observe, en effet, sur le chemin direct de Donzenac à Travassac, un conglomérat peu épais, à galets et fragments de phyllades, de schistes granulitiques, etc., reposant sur les schistes cristallins dont la tranche est recourbée au voisinage des dépôts houillers. C'est ce que montre la coupe suivant le chemin (fig. 43).

Fig. 43. — Coupe suivant le chemin de la Feuillade à Travassac (1/10,000).

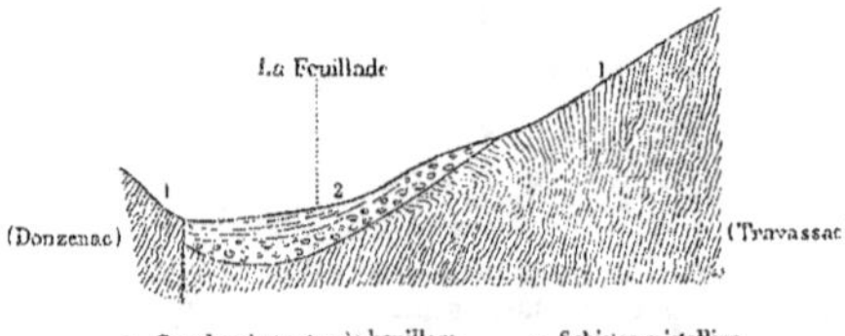

2. Conglomérats et grès houillers.   1. Schistes cristallins.

Les grès cessent sur le chemin de Champagnac à la route nationale de Paris à Toulouse, à 300 mètres environ de cette route, et la pointe du contrefort est formée par des schistes graphiteux qui sont un facies des phyllades.

Au sud-ouest, sur la route nationale, les grès houillers affleurent au niveau de la plaine, et ils occupent le flanc sud du contrefort.

Il existe, dans ce terrain, près des Saulières, deux sources d'eau ferrugineuse faiblement minéralisée.

Étudions maintenant le flanc gauche du ruisseau des Saulières, depuis Sainte-Féréole jusqu'aux Saulières.

Autour de la brasserie de Mallemort, les grès du trias couvrent les revers des coteaux et affleurent jusqu'au niveau de la plaine.

Au gué du chemin de Fadas, à l'amont, le lit du ruisseau est creusé dans des argiles rouges et vertes, avec lits de calcaires verdâtres; c'est la partie supérieure du niveau n° 2.

Sur le chemin de Bolle qui remonte d'abord le flanc droit du vallon de Sirogne, on voit, en premier lieu, des grès jaunâtres sableux et des schistes gris et verdâtres appartenant au niveau n° 3. En face de Bolle, ces couches sont surmontées par une faible épaisseur de grès rouges presque immédiatement recouverts par les grès du trias. En ce point, le chemin franchit le vallon et se dirige sur Bolle.

Si, de Bolle, on suit le nouveau chemin qui va rejoindre la route de Sainte-Féréole, on observe la succession suivante :

5. Grès grossiers à gros galets de quartz (trias).
4. Psammites sableuses micacées et violacées, épaisses de quelques mètres seulement.
3. Grès et schistes d'un gris verdâtre.
2. Bancs calcaires.
1. Schistes gris au niveau de la plaine.

Les couches 1 à 4 appartiennent au permien. Les couches 3 et 4 représentent l'étage n° 3. On y trouve de nombreuses empreintes de *Walchia hypnoides,* sur l'ancien chemin, au tournant. Les couches 1 et 2 représentent le niveau n° 2 ; elles plongent au sud. Les bancs calcaires qui affleurent sur le chemin avant d'atteindre le pont, à une petite hauteur au-dessus du ruisseau, se retrouvent dans son lit, plus à l'aval, avant le confluent du ruisseau de Sirogne.

J'ai recueilli, dans cet affleurement, des calcaires avec traces d'empreintes ou d'os.

Il convient de remarquer que les bancs calcaires reposent ici, non sur les grès grossiers du niveau n° 1, mais sur des grès ayant le même facies que les grès qui surmontent les calcaires. Néanmoins ceux-ci ont exactement l'épaisseur et la composition si constante des calcaires au sud de la Corrèze, et il faut admettre qu'ils en sont exactement le prolongement et qu'ils sont du même âge.

Les grès et schistes gris inférieurs seraient donc un facies latéral des grès poudingiformes de la route de Lanteuil, si tant est qu'on puisse établir des parallélismes entre les couches d'un terrain dont la sédimentation est si variable.

Si, du pont, on rejoint la route de Sainte-Féréole, il semble que l'on recoupe le niveau calcaire, un peu avant la route.

En remontant le versant gauche du ruisseau des Saulières, au delà du pont, on constate que les couches se relèvent fortement et l'on voit apparaître les bancs épais des grès rougeâtres de l'étage n° 1.

Cependant, si l'on remonte le ravin du vallon de la Gouterie (la Gautheyric), on ne voit plus que des grès et schistes gris du niveau n° 3, en couches plongeant fortement vers le sud. Il y a donc certainement une faille dont la direction n'est pas observable.

Vers l'amont, comme aussi à la Gouterie, on ne trouve que les grès du trias.

Au sud-est de la Gouterie, une grande carrière ouverte vers le pied du coteau montre les grès gris, qui, un peu plus au nord, reposent sur les bancs calcaires bien visibles sur le chemin de la Gouterie à Robieyre. Ces couches plongent très fortement au sud-ouest.

Au delà, on ne voit que des grès bigarrés avec argiles rouges. Ces mêmes couches s'observent dans le lit du ruisseau de Sainte-Féréole, en face le vallon qui descend vers Robieyre.

Le versant droit de la vallée est ensuite occupé par deux petits contreforts terminés chacun par un puy.

Le premier de ce spuys, au droit de Robieyre, est formé par un grès blanc très dur, silicifié. Mais si de ce puy on se dirige vers le sud, on ne tarde pas à traverser, après le col, des grès avec argiles rouges, surmontés par les bancs calcaires. C'est là le passage de la faille déjà reconnue sur la route de Sainte-Féréole et à Meyrat.

Une coupe (fig. 44), transverse à cette faille et dirigée à peu près nord-sud, passant à 400 mètres du thalweg, reproduit l'allure des couches du flanc droit, depuis Mallemort jusqu'à la faille.

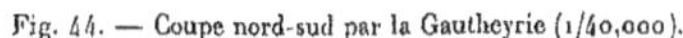

Fig. 44. — Coupe nord-sud par la Gautheyrie (1/40,000).

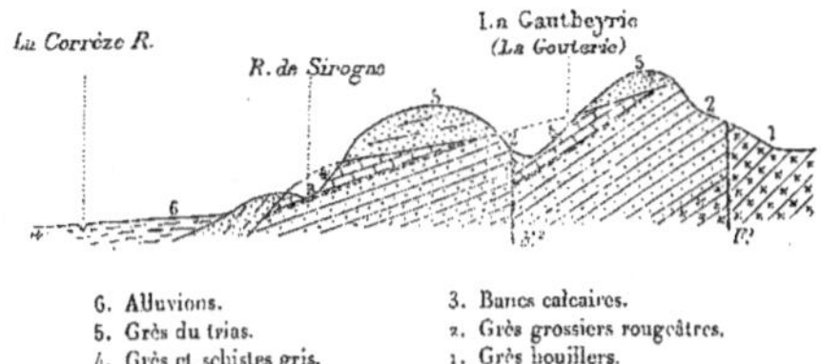

Le second contrefort fournit une coupe analogue au premier, mais les grès silicifiés font place à des grès peu cohérents, jaunâtres, à faciès houiller. On peut suivre les bancs calcaires jusqu'au chemin qui descend à l'est de Saint-Antoine.

Dans le chemin au nord-nord-est de Sirogne, on recoupe les bancs calcaires qui surmontent des grès sableux, tendres, rouges, bigarrés de vert, par l'intermédiaire de 6 à 7 mètres de bancs de schistes et grès gris, alternant avec des bancs plus schisteux et des schistes noirs feuilletés.

La zone des bancs calcaires, d'une épaisseur totale de 5 à 6 mètres, débute par un banc d'argile verte de 0 m. 60, et elle se compose de bancs calcaires alternant avec des bancs argilo-schisteux. Elle est surmontée par des grès à grain fin, d'un gris jaunâtre, contenant un banc de grès grossier, poudingiforme.

Ces grès forment le niveau n° 3; on peut bien les observer dans le chemin encaissé qui descend à l'est de Saint-Antoine; on y remarque des empreintes de tiges.

Un rejet, après le chemin, ramène les bancs calcaires à 30 mètres environ plus haut, et les grès gris forment le mamelon sur lequel est assis le village de Saint-Antoine, et s'étendent jusqu'à la route nationale.

Sur le chemin qui se détache de la route nationale entre Saille-Boste et Saint-Antoine et se dirige vers les Saulières, les grès et schistes gris font brusquement place, à peu de distance, à des grès rougeâtres ou bigarrés du niveau n° 1, alternant avec quelques couches d'argiles rouges. C'est qu'en effet ce chemin recoupe la faille.

Les grès bigarrés inférieurs contiennent un banc de grès quartzeux et poudingiforme. A la partie inférieure, les grès sont sablonneux, faiblement bigarrés, ou d'une teinte jaunâtre, et ils prennent graduellement le facies des grès houillers.

Si l'on suit le faîte de Saint-Antoine à la Gouterie, à la sortie même du bourg, les grès et schistes gris n° 3 sont remplacés brusquement par des grès et argiles rouges, qui se suivent sur 1 kilomètre environ et qui disparaissent plus loin sous les grès du trias; ceux-ci se poursuivent jusqu'à la Gouterie.

Ces grès et argiles rouges appartiennent au niveau n° 4, car ils reposent sur les grès et schistes gris qui occupent le flanc du versant nord-est. C'est ce que l'on peut voir dans le chemin qui descend à l'est de Saint-Antoine.

Le fond du petit vallon au sud-ouest est également occupé dans sa partie haute par les grès et argiles rouges, ce qui tient au fort plongement des couches vers le sud-ouest; plus à l'aval, les grès du trias couvrent le terrain. La coupe suivante précise ce qui vient d'être indiqué :

Fig. 45. — Coupe par Sirogne et la Rebière (1/40,000).

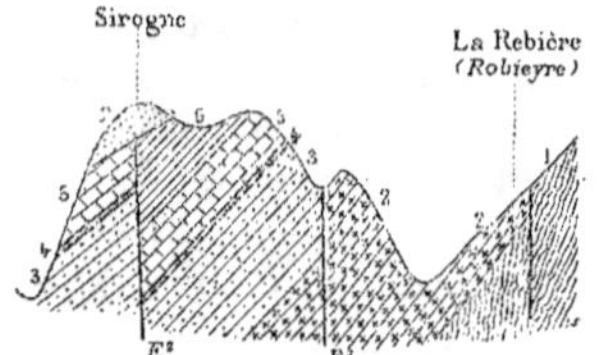

7. Grès du trias.
6. Grès et argiles rouges.
5. Grès et schistes gris.
4. Bancs calcaires.
3. Grès rougeâtres grossiers.
2. Grès houillers.
1. Schistes cristallins.

De Saint-Antoine à Sirogne, on observe les grès et argiles rouges, mais la hauteur qui précède le village est couverte par les grès du trias. Le chemin de Sirogne à la Gouterie montre, sous ces grès blancs, les grès et argiles rouges.

Le chemin de Sirogne à Bolle, qui suit le faîte, est, au contraire, constamment établi sur les grès du trias, grès sur lesquels le village de Bolle est assis. Il en est de même du chemin de Sirogne à Mallemort.

Le versant gauche du vallon de Sirogne montre combien les couches sont disloquées.

Au sud de Saint-Antoine, ce versant, comme le fond du vallon, est occupé par les grès et schistes gris; mais, à très peu de distance du village, les grès rouges apparaissent sans transition : il y a donc un rejet, prolongement de celui déjà observé à l'est de Saint-Antoine, sur le versant des Saulières.

Les grès rouges occupent le flanc du vallon, jusque sous Sirogne, sur une longueur d'environ 400 mètres; puis un second rejet ramène au jour les grès inférieurs et le niveau calcaire, plongeant vers l'aval. Un troisième rejet relève encore ces couches, au sud de Sirogne; mais, avant que celles-ci, plongeant au sud, affleurent au fond du vallon, les grès du trias apparaissent et occupent le flanc et le fond du vallon.

Un chemin à l'ouest de Sirogne fournit une coupe des bancs calcaires et des grès et schistes gris. Ceux-ci contiennent quelques empreintes de fougères. Les bancs calcaires ne reposent pas directement sur les grès massifs inférieurs; entre ceux-ci et les calcaires, on observe des argiles rouges, surmontées par 4 mètres de grès à grain fin, schisteux, un peu bigarrés.

Le flanc droit du vallon de Sirogne fournit une coupe un peu moins nette que le flanc gauche. Toutefois les grès et schistes gris y sont bien visibles au sud du village de Saint-Antoine, en contre-bas de la route nationale. Les bancs plongent vers le sud.

Le rejet de Saint-Antoine fait alors apparaître les grès rouges. Ceux-ci se voient bien dans un chemin creux qui descend de la route jusqu'au fond du vallon, en face de Sirogne. Ces grès rouges s'étendent sur 300 ou 400 mètres. Ils sont suivis, au sud, par des grès et schistes gris, visibles sur quelques mètres, puis par les grès rougeâtres bigarrés. Ces grès sont surmontés par les bancs calcaires, qui plongent fortement vers le sud, en formant un escarpement continu. Ils sont à un niveau beaucoup plus haut que sur le flanc gauche, ce qui indiquerait un fort plongement vers le sud-est, ou un rejet suivant le vallon.

Les bancs calcaires sont surmontés par les grès et schistes gris, recouverts eux-mêmes par les grès du trias. Ceux-ci apparaissent au fond du vallon qui aboutit au sud du point coté (186), interrompant les affleurements des couches permiennes. C'est le passage du troisième rejet observé sur le flanc gauche. Au delà, les grès du trias occupent le flanc droit et le versant du vallon, ainsi que les hauteurs de Fadas.

La coupe ci-après rend compte, dans une certaine mesure, de l'allure des couches que je viens de décrire.

36.

Fig. 46. — Coupe en travers du vallon de Sirogne (1/20,000).

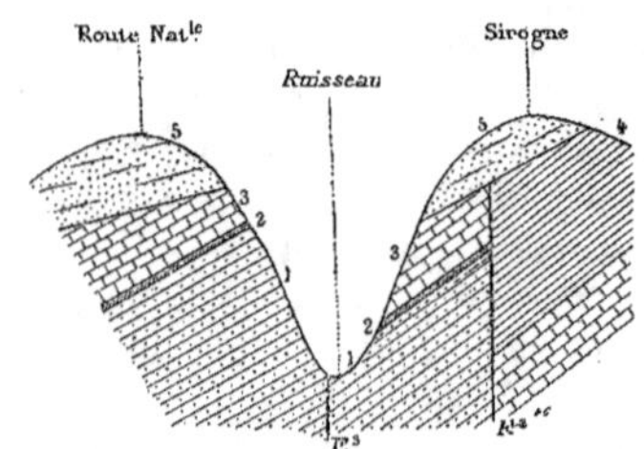

5. Grès du trias.
4. Grès et argiles rouges.
3. Grès et schistes gris.
2. Bancs calcaires.
1. Grès grossiers rougeâtres.

Une coupe en long du contrefort de Sirogne achèvera d'éclaircir l'allure des couches :

Fig. 47. — Coupe en long du contrefort de Sirogne (1/40,000).

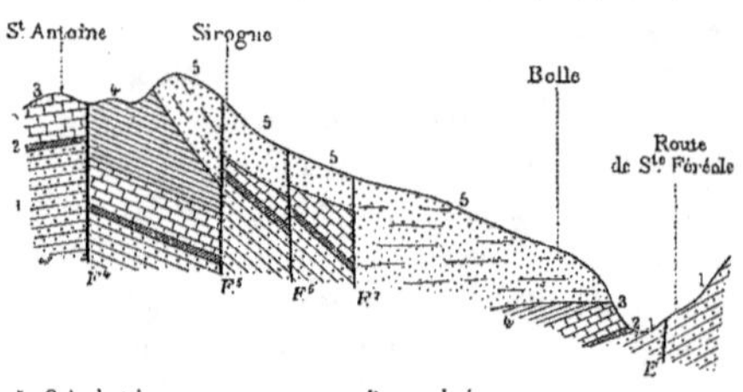

5. Grès du trias.
4. Grès et argiles rouges.
3. Grès et schistes gris.
2. Bancs calcaires.
1. Grès grossiers rouges ou rougeâtres.

Avant de passer à la description du versant du Maumont, j'indiquerai la succession des couches suivant la route nationale de Brive à Donzenac (fig. 48).

A la Pigeonie, la route est tracée sur une sorte de plateau occupé par les grès du trias en couches horizontales. Ces grès se poursuivent au nord sur 1,500 mètres de longueur, mais les grès rouges apparaissent au chemin creux que j'ai déjà mentionné, à la hauteur de Sirogne.

Toutefois le mamelon coté (283) est couronné par les grès du trias, qui se prolongent vers l'est, à un niveau assez bas, tandis qu'ils s'étendent peu à l'ouest du sommet.

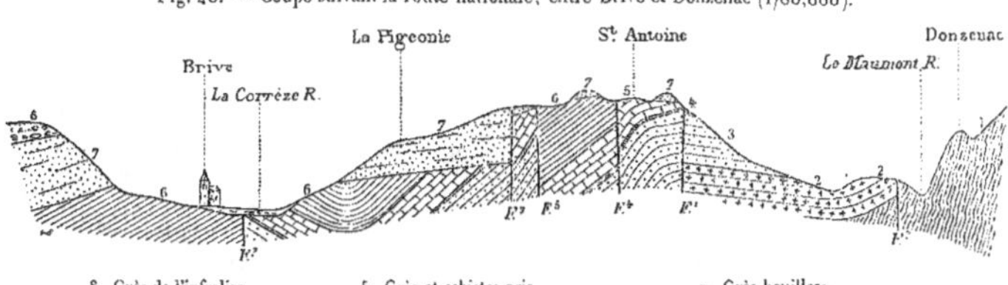

Fig. 48. — Coupe suivant la route nationale, entre Brive et Donzenac (1/80,000).

8. Grès de l'infralias.   5. Grès et schistes gris.   2. Grès houillers.
7. Grès du trias.   4. Bancs calcaires.   1. Schistes cristallins.
6. Grès et argiles rouges.   3. Grès grossiers rouges et rougeâtres.

Les grès rouges reparaissent peu après le mamelon, mais sur 5o mètres de longueur seulement, et font place ensuite aux grès et schistes gris qui forment le mamelon de Saint-Antoine. Ceux-ci règnent sur 5oo mètres de longueur, puis sont recouverts par les grès du trias qui couronnent l'éminence de Saille-Boste. La route recoupe alors la faille et passe dans les grès inférieurs rougeâtres ou bigarrés et contenant des couches d'argiles rouges. Au Cerisier, les couches inférieures sont des grès jaunâtres à faciès houiller.

Fig. 49. — Coupe en long du contrefort de Perjaneux (1/40,000).

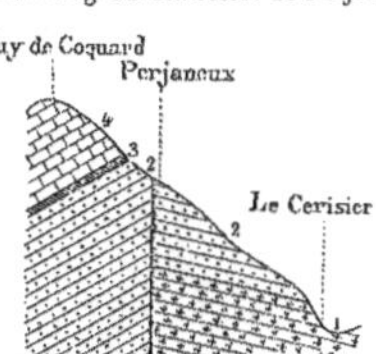

4. Grès et schistes gris.   2. Grès grossiers rouges et rougeâtres.
3. Bancs calcaires.   1. Grès houillers.

Ces grès forment aussi l'extrémité nord du contrefort qui descend de Perjaneux. Ils sont surmontés par des grès bigarrés peu cohérents, passant supérieurement à des psammites sablonneuses. Au-dessus de celles-ci apparaissent des bancs épais, massifs, de grès bigarrés ; ces bancs se sont éboulés et sont divisés en gros blocs épars à flanc de coteau; on y remarque des faces de friction. Ces bancs sont couronnés par des argiles rouges, surmontées elles-mêmes, près du sommet, par les bancs calcaires.

La faille de Saint-Antoine passerait donc par Perjaneux, ce qu'indique la figure ci-dessus (fig. 49).

Les grès bigarrés solides représentent évidemment les couches inférieures au niveau calcaire. Les couches ont un plongement faible vers le nord-est, au nord de la faille; au sud, elles ont un plongement accentué vers le sud-ouest. La faille est anticlinale en ce point.

Sur le chemin de Saint-Antoine à Grand-Roche, par le faîte, voici ce qu'on observe, représenté par la coupe ci-dessous :

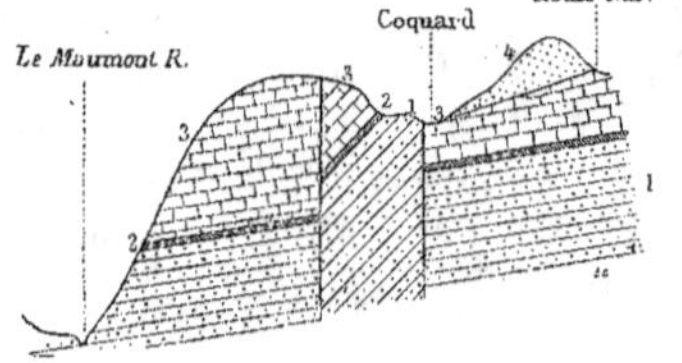

Fig. 50. — Coupe en loug du contrefort de Coquard (1/40,000).

4. Grès du trias. 2. Bancs calcaires.
3. Grès et schistes gris. 1. Grès grossiers rouges et rougeâtres.

Le début du chemin est dans les grès bigarrés du trias, reposant plus loin sur des grès jaunâtres, auxquels succèdent brusquement, à Coquard, des couches d'argiles grises ou bigarrées, plongeant à l'ouest. Ces couches, qui s'observent dans la partie en déblai du chemin, sont surmontées par les bancs calcaires, peu visibles, il est vrai. En montant au sommet, on observe des grès gris jaunâtre, avec des bancs poudingiformes.

Le sommet même, coté (255), est formé par des grès bigarrés, avec argiles rouges, schistes feuilletés verdâtres, et quelques bancs minces calcaires de même teinte; c'est évidemment la partie supérieure des couches n° 3.

En descendant de là sur Grand-Roche, les talus fournissent une bonne coupe des grès n° 3; une carrière y est ouverte. Ce sont des grès gris poudingi-formes, avec schistes argileux gris. Les bancs calcaires, qui plongent au nord, à peu près avec la même pente que la surface du sol, affleurent sur une surface étendue et se prolongent presque jusqu'au village de Grand-Roche.

Ces bancs, à Grand-Roche, surmontent, mais non directement, des grès rougeâtres, massifs, en bancs épais, solides, qui forment des escarpements, creusés de grottes sur le versant du Maumont, jusqu'au ruisseau de Planiolles.

Au nord-est de Grand-Roche, les grès massifs, qui représentent évidemment les bancs analogues de Perjaneux, font place à des psammites sableuses micacées, de teinte rouge, contenant des blocs arrondis d'un grès plus dur, emprunté à des couches permo-houillères. La faille se prolonge donc au nord, car ces psammites représentent des couches plus basses du niveau n° 1.

Le petit contrefort coté (252), entre Coquard et Saille-Boste, est couronné, sur une assez forte épaisseur, par les grès et schistes gris n° 3, reposant sur les bancs calcaires qui contournent le contrefort, depuis Saille-Boste jusqu'à Coquard. Une grande carrière, maintenant inexploitée, a été ouverte dans ces bancs, sur le chemin de Saille-Boste au Bos. C'est probablement la carrière désignée sous le nom de carrière de Saint-Antoine par d'Archiac (*in* Dufrénoy.) A Coquard, les bancs calcaires sont interrompus par les grès bigarrés inférieurs, ce qui indique un rejet, déjà constaté sur le chemin du col, et que l'on suit jusqu'à la faille principale, car on observe le niveau calcaire dans une vigne, au nord-est de Coquard, en contre-bas du faîte; cet affleurement, très peu étendu, est à l'intersection du rejet et de la grande faille.

Le massif coté (255) est entouré sur tout son pourtour par le niveau calcaire, surmonté de grès et schistes gris jaunâtre.

Vers Planiolles, les bancs calcaires reposent sur des bancs épais de grès quartzeux rougeâtres, au-dessous desquels affleure un grès rouge argileux.

Il faut remarquer que le niveau calcaire est à une altitude beaucoup plus élevée à l'est qu'à l'ouest du Redoulet. Il y a donc un rejet, dont on retrouve la trace au-dessus de Perjaneux.

Je passe à l'examen du contrefort d'Ussac.

Le chemin de Saint-Antoine à Ussac est tracé d'abord dans les grès rouges, surmontés à gauche par les grès du trias. Environ 500 mètres après la route, les grès du trias affleurent sur le chemin et couronnent le contrefort en s'étendant au nord, jusqu'au Bos et jusqu'au delà du point coté (210). Le bourg d'Ussac est assis sur les bancs massifs de cet étage. Toutefois, sous le cimetière, des argiles rouges apparaissent, surmontant des grès et argiles bigarrés. Plus loin, et jusqu'au chemin vicinal de la vallée du Maumont, les éboulis masquent le terrain.

Le flanc nord du contrefort présente, à la base, des bancs épais de grès massifs, quartzeux, rougeâtres, contenant des galets de quartz et de schistes cristallins. Ces grès sont surmontés par le niveau calcaire, épais de 4 mètres. Au-dessus, sont les grès et schistes gris, surmontés, à l'origine du chemin d'Ussac, par les grès rouges.

Le sentier qui, au début de ce chemin, descend vers le thalweg, pour conduire à Saille-Boste, montre la succession de ces couches. Les grès du niveau n° 3 qui affleurent sur ce sentier présentent quelques empreintes. Voici, au reste, la coupe en travers du vallon par le point coté (252):

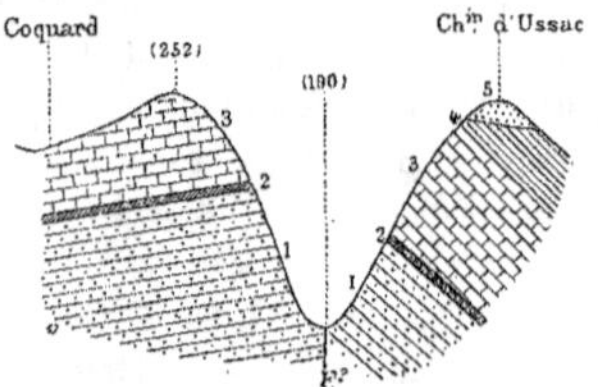

Fig. 51. — Coupe en travers du vallon de Saille-Boste (1/20,000).

5. Grès du trias.
4. Grès et argiles rouges.
3. Grès et schistes gris.
2. Bancs calcaires.
1. Grès grossiers rouges et rougeâtres.

Le chemin direct d'Ussac à Donzenac fournit aussi une bonne coupe, notamment des bancs calcaires (fig. 52) :

Fig. 52. — Vue des collines entre Grand-Roche et la Moneyrie (1/40,000).

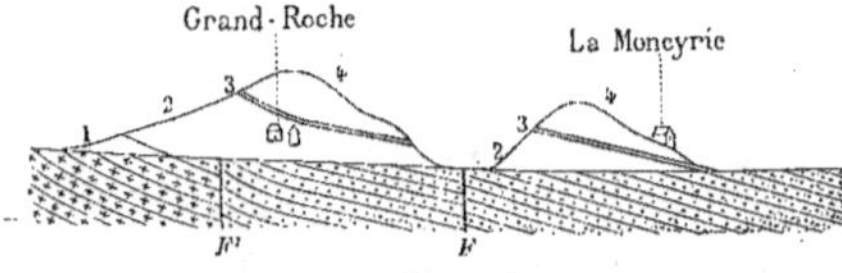

4. Grès et schistes gris.
3. Bancs calcaires.
2. Grès grossiers rouges et rougeâtres.
1. Grès houillers.

Ces bancs se suivent sur le flanc de la vallée du Maumont et viennent affleurer au niveau de la plaine, à l'aval du Vergi. Ils sont bien visibles sur le chemin de la Moneyrie, mais leur épaisseur est réduite. Plus à l'aval, la nature du terrain ne peut s'observer.

Les grès du trias, formant un pli synclinal, couvrent les deux versants du vallon, large et peu profond, qui sépare le contrefort d'Ussac de celui de la Pigeonie; mais le fond du vallon est occupé, sur une faible largeur, par les grès permiens.

C'est ce que l'on peut constater sur le chemin de la Pigeonie au Chastang. Le pont sur le ruisseau est fondé sur les grès et schistes gris du niveau n° 3, avec empreintes de tiges.

A l'amont, on y observe un lit de schistes bitumineux; à 100 mètres du pont, ces couches sont recouvertes par les grès du trias. A l'aval du pont, les couches de grès et schistes gris, plongeant toujours vers l'aval, se poursuivent jusque vers la Goutte et disparaissent, là, sous les grès rouges qui les recouvrent et qui forment le pied du flanc du vallon, sous la Prugne et Ussac.

Sur la rive gauche, le village de la Chassagne est sur les grès rouges.

Voici, en résumé, quelle est la coupe suivant le thalweg du vallon, coupe prolongée jusqu'au ruisseau des Saulières :

Fig. 53. — Coupe par le vallon de Chastang (1/40,000).

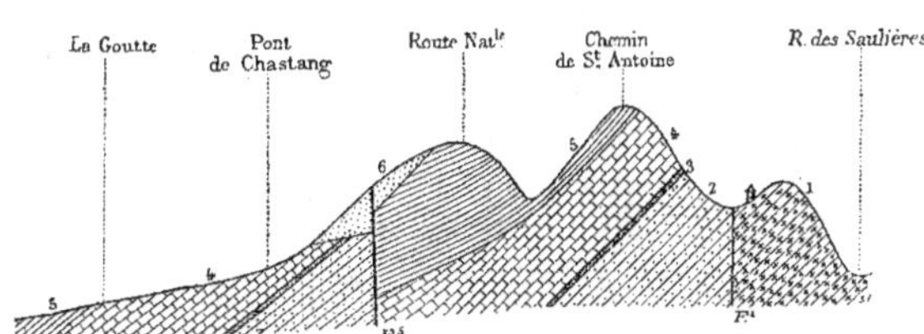

6. Grès du trias.
5. Grès et argiles rouges.
4. Grès et schistes gris.
3. Bancs calcaires.
2. Grès grossiers rouges.
1. Grès houillers.

Une coupe en travers par Perjaneux et la Roche met en évidence le synclinal du trias dans les grès rouges (fig. 54). Le faîte, seulement, est couronné par une faible épaisseur de grès du trias. Les grès rouges plongent de 20 à

25 degrés vers le nord-nord-ouest, comme on peut l'observer à Sauvajoux, ainsi que sur le chemin du pont Cardinal [1] à Ussac, chemin qui fournit une coupe assez étendue.

Fig. 54. — Coupe par la Roche et Perjaneux (1/40,000).

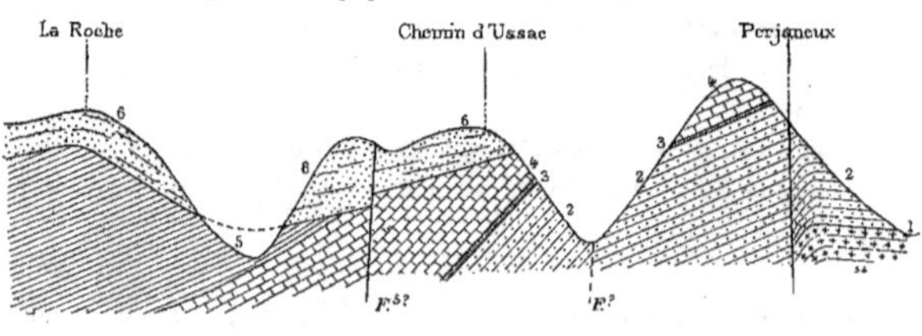

6. Grès du trias.

5. Grès et argiles rouges.

4. Grès et schistes gris.

3. Bancs calcaires.

2. Grès grossiers rouges et rougeâtres.

1. Grès houillers.

Le versant des collines, sur la rive gauche du Maumont, depuis la Chassagne jusqu'à son confluent avec la Corrèze, est occupé par les grès et argiles rouges. Le chemin qui monte à Bouynat et à la Roche en fournit une belle coupe. Au niveau de la route, on observe des grès rougeâtres, massifs, surmontés par des argiles rouges et vertes; on remarque un banc de grès jaunâtre. Plus haut, apparaissent des grès rouges avec argiles rouges. Au-dessus de Bouynat, le terrain est mieux stratifié, les alternances de grès et d'argiles sont plus régulières et plus tranchées et la teinte est d'un rouge plus vif. Le facies de ces couches est caractéristique; nous le reverrons à la côte de la Pigeonie, sur la route de Brive à Donzenac.

Les couches argileuses de Bouynat se continuent jusqu'à Cana. Mais les couches qui, jusqu'à Bouynat, plongeaient vers le sud, plus loin plongent vers le nord. Il y a donc un synclinal dans les grès permiens, synclinal qui passe vers Poret.

De Cana à la route nationale de Paris à Toulouse, le flanc du coteau, sur toute sa hauteur, est dans les grès et argiles rouges.

Sur la route nationale, les grès rouges affleurent sur moins de longueur, en raison de l'abaissement des grès du trias vers l'est, comme on peut le voir sur la figure 55 ci-après.

---

[1] Pont sur la Corrèze, à Brive, pour le passage de la route nationale de Paris à Toulouse.

Fig. 55. — Vu des collines de la rive droite de la Corrèze, entre Cana et Puymaret (1/80,000).

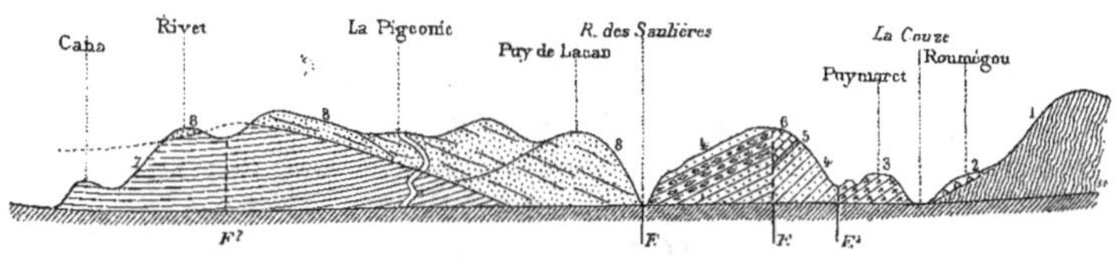

| 8. Grès du trias. | 6. Grès et schistes gris. | 4. Grès grossiers rouges et rougeâtres. | 2. Conglomérats. |
| 7. Grès et argiles rouges. | 5. Bancs calcaires. | 3. Grès houillers. | 1. Schistes cristallins. |

Les couches permiennes de la route nationale, semblables à celles de la Roche, se composent de grès rouges, micacés, argileux, un peu schisteux, solides, en bancs plus ou moins épais, alternant avec des couches d'argiles rouges, schisteuses, micacées, quelquefois verdâtres. Les bancs de grès ne forment que de vastes lentilles, sur les bords desquelles, quand on peut les observer, les épaisseurs se réduisent graduellement au profit des couches argileuses. La teinte est d'un rouge uniforme foncé. Les lits et joints sont quelquefois verdâtres. On observe parfois sur les lits des empreintes vermiculaires de nature problématique.

Cet affleurement de la route nationale a été signalé par de Boucheporn[1], qui, à juste raison, a classé les grès et argiles au niveau des *grès rouges*.

A 1,500 mètres du pont Cardinal, les couches de grès rouges sont recouvertes par les grès blancs du trias en couches horizontales. Ces grès se poursuivent jusqu'au faîte, à la Pigeonie, où ils sont encore horizontaux. Leur différence de niveau en ces deux points ne peut s'expliquer que par une faille (voir la figure 48).

D'après d'Archiac[2], le lit de la Corrèze, aux abords du pont Cardinal, est creusé dans un calcaire gris foncé ou gris bleuâtre, schistoïde, reposant sur des grès à faciès houiller. C'est sans doute là le niveau calcaire, qui apparaîtrait par suite d'une faille dirigée suivant le cours de la Corrèze.

Au delà du pont Cardinal, le long de la route de Tulle, les grès du trias s'abaissent rapidement et viennent affleurer, sous Lacan, au niveau de la plaine.

[1] *Op. cit.*, p. 79 et 89.
[2] *Histoire des progrès de la géologie*, VIII, p. 174.

Je résume maintenant la description qui précède.

Les premières couches qui reposent, ou plutôt s'appuient sur des micaschistes, sont des grès à faciès houiller, presque toujours conglomératiques au contact du substratum. Les grès contiennent des couches schisteuses, des bancs poudingiformes et des veinules ou petits lits de houille.

Les grès houillers s'appuient sur les pentes du micaschiste, entre Roumégou et Robieyre. Ils remplissent une dépression profonde au sud-ouest de Sainte-Féréole, s'appuyant, à droite et à gauche, sur les flancs de cette dépression : à gauche sur les hauteurs de Berchat, à droite sur celles de Travassac et Donzenac.

La forme de la limite des schistes cristallins et des grès, l'inclinaison des bancs de grès, leur stratification irrégulière, la régularité de la direction et du plongement des couches cristallines, tout prouve que l'allure des bancs de grès n'est pas due à des dislocations et des plissements postérieurs à leur dépôt. A l'époque houillère, les rivages avaient donc sensiblement la forme générale accusée par la surface de séparation actuelle des schistes cristallins et des grès.

Les grès houillers passent supérieurement à des grès analogues, mais faiblement bigarrés ou rougeâtres, contenant quelques couches d'argiles rouges et des psammites sableuses bigarrées ou rougeâtres. La partie supérieure est formée par des bancs épais de grès massifs, grossiers, poudingiformes, surtout vers Mallemort. Au-dessus, on trouve encore des psammites ou des argiles rouges. C'est cet ensemble que j'ai classé sous le n° 1, comme grès inférieurs, ou étage permo-houiller.

Les grès houillers et permo-houillers occupent dans toute son étendue la région considérée, depuis Sainte-Féréole jusqu'à Saint-Antoine et Grand-Roche. Ils forment encore le contrefort entre le ruisseau des Saulières et la Couze-de-Mallemort, et ils occupent la rive droite du ruisseau des Saulières, de Mallemort à la Gouterie, la rive gauche du Maumont, de Grand-Roche au Vergi (la Vergis), et le fond du vallon de Planiolles (Plagnolas).

Le niveau calcaire, dont l'épaisseur est de 5 mètres, présente la même composition et les mêmes caractères qu'au sud de la Corrèze. Il forme un horizon sur le flanc droit du vallon des Saulières, et sur les deux flancs d'une partie du vallon de Saint-Antoine et du vallon de Planiolles. On le retrouverait dans le lit de la Corrèze, au pont Cardinal.

Les bancs calcaires reposent, depuis Mallemort jusqu'à Saint-Antoine, sur des grès schisteux gris jaunâtre. Au delà, ce substratum passe latéralement à des grès faiblement bigarrés.

Les grès et schistes gris du niveau n° 3 couronnent les deux sommités du contrefort de Coquard et celle de Saint-Antoine. Ils apparaissent aussi au-dessus du niveau calcaire dans les autres points, et, de plus, ils forment le fond du vallon d'Ussac entre la Goutte et le Chastang. Il existe quelques petits bancs calcaires au sommet de cet étage.

Les grès et argiles rouges du niveau n° 4 sont bien développés et bien caractérisés, surtout dans leur zone supérieure. Ils peuvent servir de type pour définir les caractères des roches de cet étage. Ils occupent le revers sud-ouest du contrefort entre la Corrèze et le Maumont; leurs affleurements sont limités, au nord-est, à une ligne passant par Ussac, Saint-Antoine et Malle-mort. Il faut cependant observer que les grès rouges n'apparaissent à Saint-Antoine que par suite d'un affaissement très circonscrit.

Les couches inférieures de l'étage n° 4 sont bien visibles à Bouynat, sur la rive gauche du Maumont. Comparées aux couches supérieures, elles ont une teinte rouge moins prononcée et contiennent quelques bancs jaunâtres; les alternances de grès et d'argiles sont moins tranchées.

En résumé, on observe au nord de Brive, comme au sud, la succession suivante :

    4. Grès et argiles rouges.
    3. Grès et schistes gris. Épaisseur, 30 à 40 mètres (*grès à Walchia*).
    2. Bancs calcaires (5 mètres) et grès gris et bigarrés (*calcaire de Saint-Antoine*).
    1. Grès grossiers bigarrés (*grès rouges inférieurs*).
    1'. Grès houillers.

De même qu'à la Chapelle-aux-Brots, les couches sont fort disloquées par des failles dont la constatation est facile, grâce à la netteté, à la constance et au peu d'épaisseur du niveau calcaire.

La limite des grès houillers et des schistes cristallins ne correspond pas à des failles; on peut observer la superposition des grès aux schistes en un grand nombre de points, notamment à Roumégou, à Puymaret, au nord de Meyrat, autour de Berchat, entre Berchat et Sainte-Féréole, à Sainte-Féréole, entre la Colomberie et la Besse, et à la Feuillade.

Peut-être existe-t-il cependant une faille rectiligne entre la Feuillade et Puymaret, faille qui serait jalonnée par les deux sources minérales des Saulières et qui formerait la limite des grès au nord-est de Champagnac, vers Robieyre.

L'accident général le plus net de la région est la faille (F¹ des coupes) qui limite, au sud-ouest, les grès du niveau n° 1. Cette faille résulte d'un affaissement de terrains situés au sud. Son passage est indiqué vers Perjaneux par des faces de friction dans les grès, à Saint-Antoine par la juxtaposition des grès et schistes gris et des grès bigarrés inférieurs, plus au sud-est par la forme en presqu'île des contreforts, à Meyrat et sur la route de Sainte-Féréole par la juxtaposition des grès bigarrés aux grès houillers.

A cette faille, dont le rejet varie de 50 à 80 mètres (voir les figures précédentes), se rattachent des failles secondaires transversales de 20 à 30 mètres d'amplitude, celles du Redoulet, de Coquard, de Saint-Antoine, de Sirogne et de la Gouterie. Il existe certainement d'autres failles; ainsi, la différence d'altitude des couches, sur les deux flancs du vallon de Planiolles, ne peut s'expliquer que par un rejet (fig. 51 et 52).

L'affaissement qui a ramené les grès rouges à un bas niveau au sud de Saint-Antoine, a entraîné des brisures dont je n'ai pu déterminer nettement la direction à cause des recouvrements par le trias, mais qui se constatent bien nettement dans le vallon de Sirogne. C'est la faille F⁵ des coupes; c'est à elle ainsi qu'à la faille F¹ que sont dus les accidents principaux.

A Mallemort, il existe aussi une petite faille parallèle au vallon des Saulières et à peu de distance à l'est du ruisseau (fig. 39 et 55).

Malgré toutes ces dislocations, il est facile de saisir que l'allure générale des couches correspond à un plongement vers le sud-ouest. C'est ce que montre la coupe générale suivante, entre Cana et Sainte-Féréole :

Fig. 56. — Coupe de Cana à Sainte-Féréole (1/160,000).

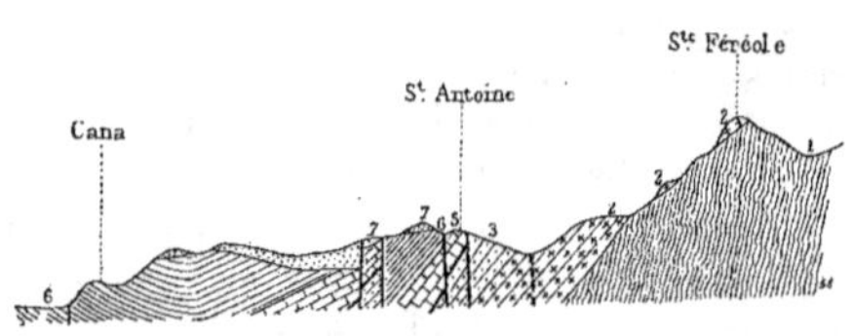

7. Grès du trias.	4. Bancs calcaires.	2. Grès houillers.
6. Grès et argiles rouges.	3. Grès rouges inférieurs.	1. Schistes cristallins.
5. Grès et schistes gris.		

La succession des couches serait même à peu près régulière, si une bande
de terrain ne s'était affaissée aux abords de Saint-Antoine.

CONTREFORT DE DONZENAC.

Ce contrefort est traversé, au nord, par la route de Donzenac à Allassac.
Le bourg de Donzenac est assis sur les phyllades, qui se poursuivent jusque
près du col coté (355). Toutefois, près du tournant convexe vers le sud qui
précède le col, apparaissent des grès poudingiformes gris jaunâtre, qui, par
leur facies, appartiennent aux grès houillers.

Au col, près de la croisée du chemin vicinal qui suit le faîte, ce sont des
grès bigarrés exploités. Ces grès se voient aussi dans la descente sur le Pau-
chet (le Gaucher); on recoupe tantôt les grès, tantôt les phyllades, car la
route suit, à peu près, le tracé de la faille qui, en ce point, sépare les grès
permo-houillers du Plateau central.

Comme les couches plongent au sud-ouest, le chemin qui suit le faîte du
contrefort jusqu'à Chaumont, pour de là descendre au Vergi, fournira une
coupe complète de la succession des couches (fig. 58).

Fig. 58. — Coupe en long du contrefort de Donzenac (1/80,000).

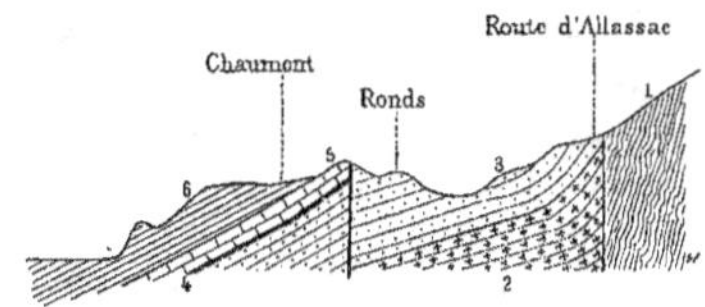

6. Grès et argiles rouges.   4. Bancs calcaires.   2. Grès houillers.
5. Grès et schistes gris.   3. Grès rouges inférieurs.   1. Schistes cristallins.

Au sud de la route et jusqu'au point coté (174), ce sont des grès quartzeux jaunâtres, faiblement bigarrés, peu cohérents, sableux, sans couches
d'argiles, parfois colorés en rouge, surtout au nord.

Au sud du point coté (174), ces mêmes grès contiennent quelques couches
d'argiles rouges ou rougeâtres. Le plongement est considérable et dirigé
plutôt vers l'ouest-sud-ouest.

Après avoir passé le chemin de Ronds, les grès deviennent plus solides, moins sableux, plus colorés, et comprennent des couches d'argiles; cependant ils sont encore semblables, dans l'ensemble, aux grès situés plus au nord. Le chemin encaissé, qui descend au sud de Meynac-Bas, se trouve dans les grès de Ronds, avec couches d'argile développées.

Au sud du chemin de Ronds, les grès sont plus ou moins argileux, rougeâtres ou bigarrés. Mais si l'on tourne autour du petit puy coté (174), avant d'atteindre Chaumont, on constate l'existence d'un niveau calcaire assez réduit. Ce niveau se retrouve dans le chemin qui descend au nord-est de la Miquelaudie, et il est séparé des grès rouges et bigarrés qui le surmontent par des grès et schistes gris.

Or, on a vu qu'au nord de la Miquelaudie, les grès bigarrés jaunâtres se succèdent sans interruption jusque vers Meynac-Bas (Magnac-Bas). On observe, à 100 mètres au sud de cette ferme, une petite carrière ouverte dans un grès blanc qui appartient au même niveau.

Aussi, on ne saurait douter que les grès faiblement bigarrés représentent les grès inférieurs permo-houillers (étage n° 1). Ces grès, d'ailleurs, reposent, à l'est, sur les grès houillers qui constituent les deux contreforts au sud-ouest de Donzenac[1], tandis que les grès rouges et bigarrés de Chaumont représentent la base des grès rouges (étage n° 4), reposant, à l'est et en contre-bas de la Miquelaudie, sur les grès n° 3 et les bancs calcaires de l'étage n° 2.

Au reste, en continuant à suivre le chemin du Vergi, on ne tarde pas à rencontrer, au sud de la Miquelaudie, la série des grès et schistes gris n° 3. Un léger rejet, très visible dans le talus du chemin, sépare ces grès gris des grès rouges, de sorte que l'on ne peut observer, en ce point, la zone supérieure des grès n° 3.

Voici la succession observée depuis le rejet jusqu'au Vergi :

> 12. Sables jaunes avec galets de quartz et de schistes cristallins et quelques couches argileuses, micacées, rouges, visibles sur une assez grande longueur.............................. 3 mètres.
> 11. Argiles schisteuses, micacées, rougeâtres.................. 1
> 10. Schistes bitumineux feuilletés, passant à des schistes gris, jaunes ou roses..................................... 3
> 9. Schistes argilo-gréseux, feuilletés à la partie supérieure....... 2

---

[1] Ces grès houillers ont déjà été reconnus par de Boucheporn : *Explication de la carte géologique de la Corrèze*, p. 78. — Voir aussi Dufrénoy : *Explication de la carte géologique de France*, p. 620.

8. Mêmes schistes, verdâtres, alternant avec quelques bancs de grès gris. . . . . 1 mètre.
7. Grès fins jaunâtres, alternant avec ou passant à des argiles schisteuses. 8
6. Argiles rouges, micacées, avec quelques petits bancs de grès, parfois argiles gris foncé. 3
5. Banc calcaire de 0 m. 40, avec argiles grises, schisteuses 2
4. Argiles rouges, schisteuses, passant inférieurement au grès 3
3. Grès gris rougeâtre. 1
2. Argiles rouges et grises. 2
1. Grès jaunâtre reposant sur une couche argileuse 1

TOTAL. 30

On observe donc ici la base des couches de l'étage n° 2, et probablement la partie supérieure des grès n° 1, sur lesquels serait assis le village du Vergi. Mais les bancs calcaires, si développés à Saint-Antoine, paraissent bien réduits, soit au Vergi, soit à la Miquelaudie, soit à Chaumont. Les grès gris contiennent des traces d'empreintes. Ces couches de grès gris, sauf la couche n° 12, ont, suivant la direction du chemin, un plongement moindre que la pente du chemin, et c'est ainsi que le pied du coteau se trouve dans les grès inférieurs.

Dans le petit vallon, entre la Boulie et le Vergi, on observe que le passage des grès gris n° 3 aux grès rouges n° 4 se fait par des alternances de grès gris ou jaunâtres et de grès rougeâtres ou bigarrés.

Entre la Boulie et le chemin de fer, les grès rougeâtres de la base des couches n° 4 affleurent au pied du coteau et forment deux bancs épais, saillants. A 10 mètres au-dessus, un autre banc rocheux, constitué par un grès bigarré, est aussi en évidence. Enfin un troisième banc, formant corniche, affleure encore plus haut; ce banc se retrouve dans la tranchée du chemin de fer, à 3 ou 4 mètres au-dessus de la plate-forme.

C'est un grès grossier feldspathique, à gravier de quartz, non micacé, de teinte rose verdâtre, claire. Il repose sur des grès rouges bien caractérisés, du niveau n° 4. Les couches ont un plongement de 20 à 30 degrés vers le sud-ouest.

En suivant le chemin de fer, dans la direction de la gare de Donzenac, on arrive à la grande tranchée de la Rodde, ouverte dans les bancs calcaires, reposant sur des argiles rouges schisteuses avec schistes et nodules calcaires. Ces bancs calcaires sont surmontés de grès et schistes gris, et, plus haut, ces grès gris passent à des grès rougeâtres. La tranchée suivante, plus longue, se compose de deux parties : la première partie est dans un grès gris bigarré, et la seconde partie dans les argiles rouges avec nodules calcaires déjà vues dans la tranchée précédente. Ces argiles rouges, qui se sont un peu éboulées, reposent sur le grès bigarré.

La figure suivante présente la coupe de ces tranchées :

Fig. 59. — Profil en long de la voie ferrée, à la Rodde.

6. Grès jaunâtres et rougeâtres.
5. Banc calcaire, visible sur la déviation du chemin de Chaumont.
4. Grès à grain fin, jaunâtres et verdâtres, avec rares galets de quartz.
3. Bancs bien assisés de calcaires noirs, séparés par des couches schisteuses et se terminant supérieurement par un lit d'argiles vertes et rouges.
2. Argiles rouges, calcaires schisteux et nodules calcaires, se terminant supérieurement par une couche d'argile rouge.
2'. Même couche, un peu éboulée.
1. Grès grossiers bigarrés.

La petite faille, marquée en A, est nettement accusée par un abrupt rocheux que le talus de la tranchée met en évidence. Sa direction est N. 70° E.

Les calcaires n° 3 sont parfois bréchiformes, et ces calcaires bréchiformes peuvent être disposés par bancs, par lits, ou par amas.

La couche d'argiles rouges à nodules calcaires se suit, à flanc de coteau, sur 50 à 100 mètres en montant vers Chaumont, mais elle disparaît avant d'atteindre ce village, et, au village, même on n'observe que des grès rougeâtres. Le chemin, qui descend au nord de Chaumont, dans la direction l'ouest, est partout assis sur les grès bigarrés n° 1.

Il y a donc là une faille, beaucoup plus importante que la faille A de la figure 59.

C'est ce que montre la figure ci-après (fig. 60), représentant la vue du flanc ouest de la colline, sous Chaumont.

J'ai déjà signalé les nombreux rejets parallèles qui découpent le terrain du côté de Coquard. Il n'y a rien d'étonnant à ce qu'il existe aussi des rejets à Chaumont, mais on doit alors en conclure que la faille de Grand-Roche, à laquelle ces rejets doivent être subordonnés, se prolonge jusqu'à Chaumont. L'existence de cette faille ne peut se constater directement, puisqu'elle traverse, en ce point, un seul et même étage ; il faut toutefois remarquer qu'au

nord de son emplacement probable, les grès ont un facies un peu différent
de celui des grès au sud : ceux-ci sont plus argileux, plus colorés et paraissent
représenter un niveau plus élevé. Il convient, de plus, de noter le plongement
considérable des couches au sud de Ronds.

Fig. 60. — Vue du coteau, sous Chaumont.

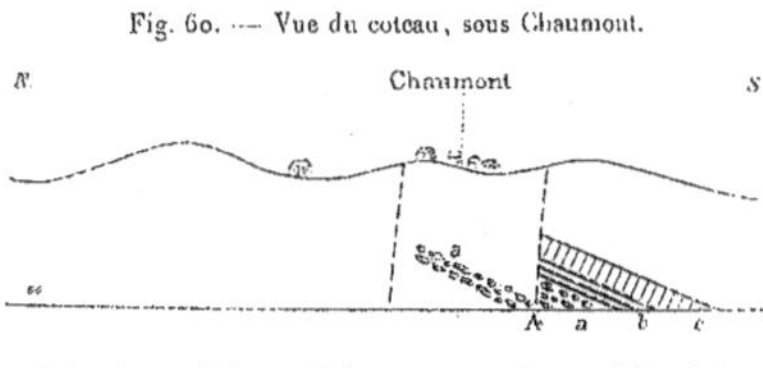

c. Grès gris.   b. Bancs calcaires.   a. Argiles et nodules calcaires.

Au delà de la Rodde, les tranchées du chemin de fer, et notamment celles
de la station, sont ouvertes dans les grès faiblement bigarrés, parfois argileux, du niveau n° 1. Ces couches forment un terrain très ébouleux, en raison
de leur hétérogénéité.

En résumé, le contrefort de Donzenac, séparé par faille du massif des
phyllades, se compose, pour sa plus grande partie, des grès inférieurs n° 1,
plongeant assez fortement vers l'ouest-sud-ouest. Dans le voisinage de Donzenac, les grès houillers affleurent sous les grès bigarrés. Ceux-ci, au sud de
Chaumont, sont recouverts par le niveau calcaire, les grès et schistes gris du
Gourd-du-Diable, et la base des grès rouges n° 4.

CONTREFORT D'ALLASSAC.

De même que le contrefort de Donzenac, le contrefort d'Allassac forme un
massif bas et allongé, qui se détache, au nord, du Plateau central. Il est entièrement constitué par les grès permo-houillers et permiens.

Tandis que la rive gauche du ruisseau de Perpezac-le-Noir, à la sortie du
Plateau central, est occupée par les phyllades, la rive droite présente, au niveau même de la vallée, des grès houillers qui ne font place aux phyllades
que vers le Verdier. Il est possible qu'une faille existe suivant la vallée, résultant alors d'un affaissement des terrains situés à l'ouest; il est possible aussi
que l'absence des grès sur le versant gauche soit simplement le résultat de
la dénudation.

38.

Les grès houillers forment le petit contrefort au sud du Verdier; ce sont des grès jaunâtres, qui, vers le Verdier, deviennent poudingiformes. Les couches sont horizontales, dans le sens du chemin, ou n'ont qu'un faible plongement vers le sud. Par contre, au Verdier, le massif cristallin se relève rapidement. De plus, l'épaisseur des dépôts houillers est considérable, puisque ces dépôts affleurent au fond de la vallée du ruisseau de Perpezac. Il est donc probable que les grès et les phyllades sont séparés par une faille.

La route du Gaucher à Allassac se trouve dans des grès bigarrés; mais, en quittant la route, à un kilomètre avant Allassac, et prenant le chemin qui se dirige au nord, vers la Meyrande, ces grès font place à des couches graveleuses très violacées, d'un facies particulier, et que je n'ai encore signalées jusqu'à présent qu'à Roumégou.

Ces couches, d'une faible épaisseur, reposent directement sur les phyllades. Elles sont donc situées au nord de la faille. Le puy coté (237) est dans les phyllades. Le bourg d'Allassac est assis aussi sur les phyllades, exploités pour ardoises au sud du bourg.

En continuant à suivre la route au lieu de se diriger vers le nord, on ne tarderait pas à rencontrer les phyllades, puis, avant d'atteindre Allassac, on traverserait encore des grès, sur 100 mètres environ.

Le terrain au nord-ouest d'Allassac forme un bas plateau en contre-bas des flancs très raides du massif cristallin. Ce plateau est occupé par les phyllades; mais il existe, au pied même des pentes schisteuses, une sorte de dépression remplie par des couches argileuses violacées, formant un ensemble très hétérogène.

La tranchée de la gare d'Allassac est ouverte dans ces couches, d'ailleurs peu épaisses, car le fond de la tranchée a atteint, en beaucoup de points, le rocher schisteux cristallin.

Les tranchées du chemin de fer au delà de la gare, dans la direction d'Uzerche, sont toutes ouvertes dans les couches argileuses violacées, assez épaisses au nord de la route de Voutezac. Ces couches, généralement schisteuses, alternent avec quelques bancs de grès bigarrés et avec des bancs graveleux et conglomératiques, partie poudingiformes, partie bréchiformes, dont les éléments, empruntés aux phyllades, sont peu roulés, ou anguleux, et paraissent avoir été déposés à sec sous forme d'éboulis ou de cônes de déjection.

Les éléments de ces poudingues, sur le versant de la Vézère, comprennent, outre des galets de quartz et de schistes phyllades, de nombreux galets des schistes granulitisés du Saut-du-Saumon, schistes que traverse la vallée au nord-ouest du village de la Roche.

La route de Voutezac, à la traversée du contrefort du Bouchalioux (ou Bouchaillou), montre nettement la superposition de ces couches aux phyllades. Le chemin creux qui se détache, en ce point, de la route pour se diriger vers le sud-ouest, traverse aussi des couches poudingiformes.

Au Bouchalioux, les travaux du chemin de fer ont mis la faille en évidence. Les phyllades sont le plus souvent contournés, mais parfois ils sont aussi en couches horizontales; les grès et argiles sont en masses disloquées.

Les couches qui occupent le fond de vallon, au sud-ouest du bourg d'Allassac, appartiennent à la même formation.

En résumé, les affleurements de cette formation forment une bande étroite depuis le sud-est du puy coté (237) jusqu'au delà du Bouchalioux, et peut-être jusqu'à la Jugie, c'est-à-dire jusqu'à la plaine de la Vézère. C'est un terrain dont l'existence a été déjà signalée par de Boucheporn[1] et Dufrénoy[2].

La figure suivante est une coupe normale à la faille, prise dans le voisinage et au nord-est d'Allassac :

Fig. 61. — Coupe S.O.-N.E. par la gare d'Allassac (1/5,000).

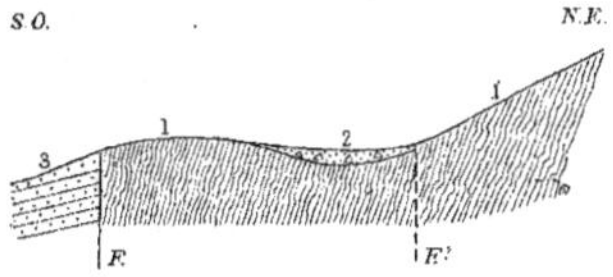

3. Grès rouges inférieurs.   2. Conglomérat et argiles violacées.   1. Schistes cristallins.

Au sud du plateau que je viens de décrire, les grès bigarrés succèdent aux phyllades dont ils sont probablement séparés par une faille, à en juger par la régularité de la limite, qui paraît indépendante de la forme topographique du sol. Ces grès bigarrés, peu cohérents, sableux, de teinte claire, contenant quelques couches d'argiles rouges, sont mal stratifiés, en bancs irréguliers et épais. Il y a, en certains points, des bancs peu colorés, jaunâtres (Bos-del-Py et contrefort entre le Bos et Montoral).

[1] *Explication de la carte géologique de la Corrèze*, p. 78.
[2] *Explication de la carte géologique de France*, I, p. 620; II, p. 135.

Vers la Gratade, on observe des couches sablonneuses, de teinte claire, avec nombreux galets de quartz, à rapprocher des grès de Montoral, ou qui, peut-être, représentent le trias.

Les grès bigarrés, bien visibles dans les tranchées du chemin de fer entre le Gaucher et Allassac, forment toute la masse du contrefort entre Allassac et Mounac. Les couches n'ont que de faibles plongements.

Les deux petits puys près de Mounac sont couronnés par un banc calcaire.

En suivant le faîte au sud de Mounac, on constate que la petite éminence de Jarcassas est formée par des grès quartzeux, sableux, un peu bigarrés, qui doivent appartenir au niveau n° 3, bien que je n'aie pu apercevoir à la base de l'éminence les affleurements du niveau calcaire. En montant au puy qui est au sud du col coté (173), on peut observer que ces grès bigarrés, avec schistes gris, sont recouverts par des grès et schistes gris qui ont bien les caractères des grès du Gourd-du-Diable. J'ai trouvé, dans les schistes, des empreintes végétales indéterminables, mais des recherches poursuivies plus longuement permettraient probablement d'obtenir des échantillons mieux conservés.

Au sud du sommet, et sur une assez grande longueur, les grès un peu bigarrés reparaissent; mais, au col, affleurent les bancs calcaires, qui, se relevant vers le sud, s'observent sur le chemin du faîte, sur une centaine de mètres de longueur. Ils sont surmontés par les grès bigarrés avec schistes gris, qui constituent la hauteur cotée (185). Puis au col, au sud de cette hauteur, ce sont les grès et schistes gris assez développés qui apparaissent, surmontés par des grès rougeâtres, argileux, formant le passage au niveau n° 4, et promptement recouverts par les grès du trias.

En définitive, la coupe longitudinale du contrefort, dans cette partie comprise entre Mounac et le trias, est la suivante :

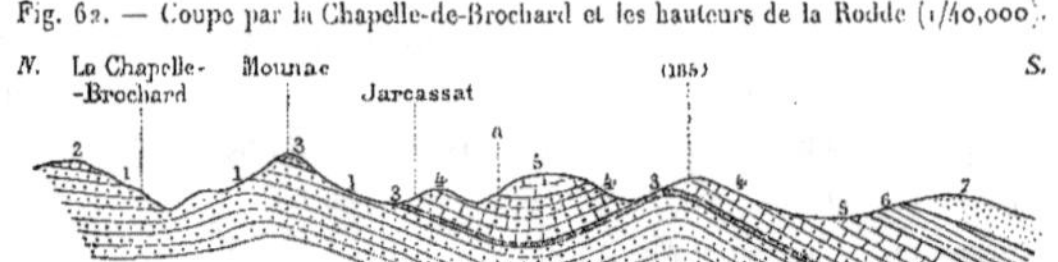

Fig. 62. — Coupe par la Chapelle-de-Brochard et les hauteurs de la Rodde (1/40,000).

7. Grès du trias. 5. Grès et schistes gris. 4. Grès bigarrés. 2. Grès gris jaunâtre.
6. Grès et argiles rouges. a. Empreintes. 3. Banc calcaire. 1. Grès rouges inférieurs.

Le niveau calcaire, surtout vers Mounac, est sous forme d'argiles rouges, avec lits de rognons calcaires, comme dans la tranchée du chemin de fer, au nord de la tranchée de la Rodde. On se trouve probablement vers la limite nord des dépôts calcaires, et effectivement à la Chapelle-de-Brochard (ou Brochas), près de l'église, de même qu'à la sortie nord-est du village, on observe des bancs de grès gris et jaunâtres, présentant bien le facies des grès n° 3 et reposant directement sur les grès bigarrés n° 1, sans l'intermédiaire de couches argileuses ni de calcaires. Ce sont peut-être ces grès que Dufrénoy a décrits comme grès houillers[1].

Les grès et schistes gris n° 3, qui affleurent sur le faîte au sud du point coté (173), s'observent aussi sur le flanc oriental du contrefort, à la Rodde. Ce sont des grès gris ou jaunâtres exploités, et l'on y remarque quelques couches argilo-schisteuses avec traces d'empreintes.

On peut suivre ces grès jusque vers l'Artige; mais, à la montée qui précède le village, on constate qu'ils subissent un relèvement brusque vers l'ouest, dernière trace probablement de la faille de Saint-Antoine et de Grand-Roche, ou plutôt d'un rejet subordonné à cette faille.

Ce relèvement fait apparaître le banc calcaire, fortement relevé vers le nord.

Le village de l'Artige est assis sur les grès bigarrés inférieurs. Puis, au-dessus, ou en suivant le chemin du Poirier, on observe de nouveau le niveau calcaire, toujours sous forme d'argiles rouges avec calcaires plus ou moins noduleux. Dans le chemin, cette couche, qui plonge vers l'est, se suit sur une assez grande longueur, jusqu'au col.

Le chemin qui descend directement du faîte coté (185) vers la Rodde, montre bien les couches plongeant vers l'est (fig. 63) :

Fig. 63. — Coupe en travers par la Rodde (1/10,000).

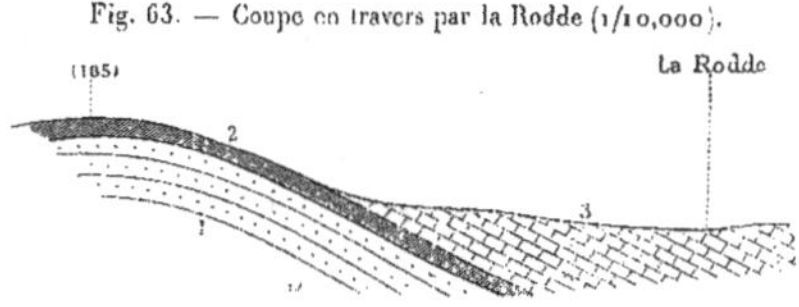

3. Grès bigarrés et grès gris schisteux.   2. Banc calcaire.   1. Grès rouges inférieurs.

Cette allure assez compliquée des couches s'expliquerait par les pendages

[1] *Explication de la carte géologique de France*, I, p. 620.

variés et par le rejet qui fait affleurer le calcaire en contre-bas de l'Artige, rejet qui vient mourir vers le point coté (185).

Le niveau calcaire se suit aisément sur le versant ouest, depuis le col jusqu'au village d'Auger, au niveau de la plaine, ce qui correspond bien au plongement général dirigé vers le sud ou sud-sud-ouest. Le petit contrefort qui s'étend au nord-est d'Auger est formé par les grès et schistes gris bien développés, avec traces d'empreintes.

Au sud de la partie que je viens de décrire, le trias couvre le flanc ouest du contrefort, en raison du plongement vers l'ouest des couches triasiques. Cependant à l'ouest du village du Rieux, sur le chemin de Varetz, on aperçoit, sous les grès du trias, des traces de grès rouges; ceux-ci, vers la Grange, au sud, réapparaissent et s'étendent jusqu'à l'extrémité du contrefort.

Sur le faîte, les grès du trias n'ont plus, vers Lanel, qu'une faible épaisseur; pourtant, en descendant à la Grange, le chemin est établi constamment sur ces grès dont les couches ont un plongement égal à la déclivité du sol.

Sur le versant oriental, le trias n'occupe que la partie supérieure, et le flanc du coteau est formé par les grès permiens.

Au sud de Lanel, le trias recouvre seulement le faîte et ne forme plus qu'une mince couche, qui disparaît même avant d'atteindre le puy coté (189). Ce puy est toutefois couronné par une calotte triasique peu épaisse, qui se prolonge jusqu'au delà de Lintillac.

Le revers sud du contrefort montre bien les bancs épais de grès rouges plongeant vers le nord-est et exploités à la base, sur le bord de la route. Ces bancs, qui appartiennent au niveau n° 4 et correspondent aux couches affleurant sous la Roche, contiennent un petit banc calcaire, que l'on peut observer dans le chemin qui descend de Lintillac sur la vallée du Maumont.

Tandis que le contrefort de Donzenac présente une forme symétrique, la topographie du contrefort d'Allassac est toute différente: le revers oriental possède une déclivité accentuée, et la pente du revers occidental est adoucie, en sorte que ce revers occidental est beaucoup plus développé. Aussi, le pied du coteau sur la rive gauche de la Vézère est-il couvert d'éboulis sablonneux qui se confondent avec les alluvions, et qui proviennent de la désagrégation des grès bigarrés inférieurs, et peut-être aussi de celle de grès triasiques qui ont maintenant disparu sur cette partie du contrefort.

Évidemment, la particularité topographique que je signale est due à un plongement des couches vers l'ouest, plongement de même sens et de même direction que celui déjà noté sur le contrefort de Donzenac; mais ce contrefort présente trop peu de largeur pour que la dissymétrie ait pu s'accuser par l'érosion des vallées.

CONTREFORT DE VOUTEZAC.

Le contrefort de Voutezac sépare la vallée de la Vézère de son affluent, la Loyre, et s'étend de Voutezac à Varetz; il est limité au nord par une faille, ou plutôt par deux failles parallèles qui le séparent du massif cristallin.

La faille la plus accentuée, située au nord, passe par Ceyrat et se prolonge probablement entre Lacotte et Vertougit; elle vient mourir à la vallée de la Vézère. L'autre faille, qui se détache de la première à Ceyrat, passe au nord du Saillant; elle est en prolongement de la faille d'Allassac.

Entre ces deux failles, les phyllades sont recouverts, en certains points, par les couches conglomératiques violacées, déjà observées à Allassac. Ce recouvrement n'apparaît qu'à Voutezac, le long de la route d'Objat; les schistes cristallins forment encore le fond du vallon, au nord de la route et du ravin de Laleu. Sur la rive droite de ce ravin, on observe des schistes violacés, plissés, graphiteux, c'est-à-dire présentant les phénomènes d'altération qui sont peut-être dus aux dépôts permo-houillers.

De Mondigoux (ou Mondigours) à Ceyrat, la bande étroite (50 mètres de largeur) comprise entre les deux failles n'est plus occupée que par le conglomérat violacé, qui, notamment sur le chemin de Mondigoux, forme parfois une roche compacte, dure, solide.

Au sud-ouest de cette bande, ce sont les grès bigarrés inférieurs qui constituent la masse du terrain. Toutefois les villages du Saillant et de la Baudélie sont assis sur les schistes. A la sortie de la Baudélie, sur la route de Voutezac, on voit reposer, sur la tranche des phyllades verticaux, un poudingue très grossier, base des grès inférieurs et représentant le niveau des conglomérats violacés d'Allassac et de Voutezac.

Les phyllades sont altérés, graphiteux au Vieux-Saillant, sur la rive gauche de la Vézère, comme au cimetière du Saillant, sur le chemin de Lacotte.

Au village de la Chauverie (la Sauvezie), il existe des grès jaunâtres à faciès houiller, contenant une petite couche de houille (0 m. 40). Deux puits de recherches y ont été creusés jadis.

Ces grès, qui affleurent dans une vigne voisine, ont déjà été signalés par

39

M. de Boucheporn comme grès houiller, de même que les grès poudingiformes de Donzenac[1]. Ils forment la base des grès bigarrés inférieurs n° 1.

A part ces quelques affleurements des couches inférieures et le couronnement de certaines sommités, le contrefort est entièrement composé de grès mal stratifiés, grossiers ou graveleux, rougeâtres ou bigarrés, plutôt quartzeux, mais quelquefois argileux, et comprenant des couches d'argiles rouges.

Vers le sud du contrefort, à partir des Teyrics (les Teyreix), les grès deviennent moins argileux, moins colorés, même dans les couches supérieures, et prennent un peu le facies des grès inférieurs de Damniat. Ils représentent d'ailleurs le même niveau, celui des grès inférieurs de Grand-Roche et des grès de Ronds. Ils sont quelquefois exploités : je citerai les carrières sur le bord de la route de Brive à Objat, près des Escures, et la carrière de Saint-Martin, à la pointe du contrefort. Mais les carrières les plus importantes sont celles de Puyfage (ou Puyfaye), près Objat, à la partie supérieure des grès n° 1. Elles sont ouvertes dans des bancs bien assisés de grès gris ou verdâtres, à grain relativement fin, micacés, assez solides.

Ces carrières ont été exploitées pour les travaux du chemin de fer; elles servent aussi pour les constructions privées.

Le niveau calcaire, et les grès et schistes gris qui le surmontent, couronnent le faîte du contrefort, avec quelques interruptions correspondant aux cols, depuis Murat jusqu'à la pointe sud, à Saint-Martin. Ces couches ont un plongement très prononcé vers l'ouest, surtout dans la partie nord, vers Objat.

Le niveau calcaire se compose, comme sur le contrefort d'Allassac, d'argiles rouges, avec intercalations de bancs calcaires.

Les premiers affleurements de ce niveau, quand on suit le faîte, du nord au sud, se présentent près de Murat. Le puy au sud de ce hameau est formé par des argiles à la partie supérieure desquelles existent des traces de calcaire. Des couches analogues s'observent à mi-côte, près de la Picotie. Enfin, au pied même du contrefort, à Chaussagot (ou moulin de Murat), il y a un petit monticule formé par les bancs calcaires, assez nets.

Naturellement, la séparation entre les argiles rouges et les grès bigarrés inférieurs n'est pas tranchée, et il n'est pas possible de décider si l'affleurement de ces couches n° 2, de Murat à Chaussagot, est continu ou discontinu.

[1] *Explication de la carte géologique de la Corrèze*, nouv. édit., p. 77. — *Explication de la carte géologique de France*, 1, p. 620.

Peut-être même ce niveau s'étend-il jusqu'à la Bonnélie, le village de Fages étant assis sur les grès inférieurs.

En tout cas, ces mêmes couches affleurent au nord du bois de pins de Chauzenoux qui occupe le faîte, et se suivent d'une manière continue le long du chemin vicinal qui descend vers Objat; elles viennent affleurer au niveau de la plaine, sur le bord de la route de Voutezac à Objat.

Le chemin du faîte qui conduit au bois de pins fournit la coupe suivante, qui a plusieurs mètres d'épaisseur :

> 4. Couches de calcaires en rognons, alternant avec des couches plus épaisses d'argiles rouges.
> 3. Argiles gréseuses verdâtres, passant inférieurement à la couche n° 2.
> 2. Grès verdâtres ou rougeâtres alternant avec des couches argileuses peu colorées.
> 1. Argiles rouges avec traces de lentilles calcaires, sur une épaisseur assez grande.

Depuis le bois de pins jusqu'au Poulverel, le faîte est occupé par les grès et schistes gris du niveau n° 3.

Au bois de pins, ce niveau est sous forme de grès graveleux. Plus au sud, on observe des grès schisteux, argileux, verdâtres. Au droit de Constantinie, les couches qui affleurent sont des grès à galets de quartz et de phyllades.

Au Poulverel, les grès gris qui recouvrent le niveau calcaire sont recouverts par des grès rougeâtres ou bigarrés. Les grès gris du Poulverel présentent des géodes de calcite. Ils contiennent des galets calcaires, ce qui indique, tout au moins, le peu de profondeur de l'eau où se faisaient les dépôts et l'irrégularité de leur régime; on observe, sur les lits rocheux, des empreintes vagues de tiges.

D'une manière générale, les grès du niveau n° 3, qui contiennent des couches graveleuses et des grès bigarrés, ressemblent, dans cette partie, aux grès bigarrés inférieurs; mais ils s'en distinguent par les intercalations des grès gris, schisteux, micacés.

Le chemin qui, du faîte, conduit à la Ponterie, fournit une assez bonne coupe du niveau calcaire. On remarque que le plongement vers l'ouest, si prononcé à Chauzenoux, diminue progressivement en descendant vers le sud, et se trouve déjà beaucoup moins marqué à la Ponterie.

Le puy qui s'étend entre Sainte-Marguerite et la Faurie est constitué par le niveau calcaire sous forme d'argiles rouges épaisses, avec couches noduleuses calcaires.

39.

Les couches, dans cette partie, ont un plongement encore sensible vers l'ouest. Ainsi, le niveau calcaire qui affleure à l'altitude (227) près Sainte-Marguerite n'est plus qu'à l'altitude (187) au puy de Lapradic (Laprade), dont il forme le sommet.

Le village de Gorsa (ou Gorsas) est assis sur des grès rougeâtres et bigarrés, immédiatement supérieurs aux bancs calcaires.

Le puy voisin du hameau du Pic est formé par des grès jaunâtres à grain fin, supérieurs aux grès bigarrés en question.

Les couches n° 2 forment un affleurement continu, sauf une faible interruption au nord de Léchamel, sur le faîte, depuis le col de la route jusqu'aux Teyreix. Les couches n° 3 occupent quatre des puys de cette chaîne de hauteurs, savoir : le puy au sud de la route, le puy coté (188), celui au sud de Léchamel et le puy coté (195).

Lorsqu'on arrive à Léchamel par le chemin du faîte, on constate que les bâtiments sont fondés sur un banc schisteux calcaire bien développé, mais, en descendant par le chemin de la station du Burg, on observe, à un niveau inférieur à celui du village, les grès n° 3 qui se suivent jusque vers la Chassagne. Les bâtiments au sud de Léchamel sont assis sur ces grès, exploités en carrière à l'embranchement du chemin de Saint-Viance.

Mais, en continuant à suivre, vers le sud, le chemin du faîte, on retrouve, au village assis sur la hauteur, un niveau d'argiles rouges et de calcaires.

La coupe, suivant le faîte, est donc probablement la suivante :

Fig. 64. — Coupe nord-sud par Léchamel (1/10,000).

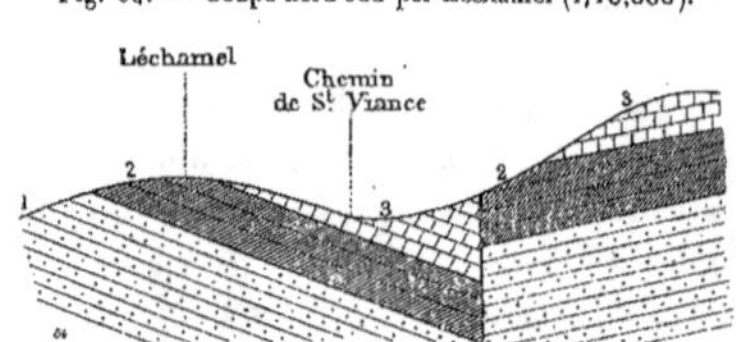

3. Grès rouges inférieurs.   2. Bancs calcaires.   1. Grès et schistes gris.

En tout cas, les couches ont un plongement marqué vers la Chassagne.

Les grès et schistes gris, peu épais à Gorsa, contiennent encore des bancs de grès bigarrés vers la base, bancs sur lesquels est assis le village, et qui sont surmontés, au puy coté (213), par des grès à grain fin, jaunâtres; mais, à

Merliac, les grès du niveau n° 3 se rapprochent davantage, par leur facies, des grès de Lanteuil et de Saint-Antoine, et contiennent des couches de grès argileux verdâtre, avec empreintes de tiges.

Au puy coté (195), ce facies méridional du niveau n° 3 est encore mieux marqué. Le chemin, qui descend vers la Monpanserie, montre une succession ininterrompue de schistes argileux verdâtres, avec schistes noirs feuilletés, bitumineux. Les schistes bitumineux ne s'étendent guère au nord : on en remarque seulement de minces traces près de Saint-Viance au Poirier.

Les derniers affleurements calcaires occupent le puy de Roche-Bacon (ou Roche-Bacou) et celui de Prach, au nord de Saint-Martin. Les couches ont un plongement marqué vers le sud.

Quelques-uns des affleurements calcaires du contrefort de Voutezac sont indiqués sur la carte géologique du département de la Corrèze par de Boucheporn qui, insuffisamment renseigné, les a classés dans le lias [1].

La coupe ci-dessous, dirigée d'Objat au Saillant, met en évidence l'allure des couches du côté d'Objat :

Fig. 65. — Coupe par Objat et le Saillant (1/40,000).

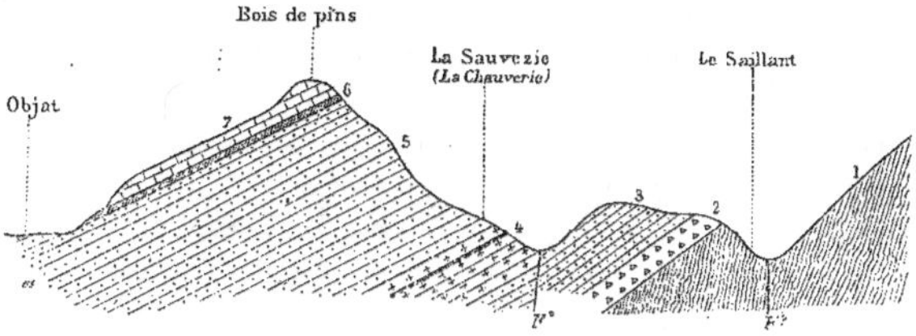

Bois de pins

La Sauvezie
(La Chauverie)

Le Saillant

Objat

7. Grès gris et bigarrés.
6. Argiles rouges et calcaires.
5. Grès rouges inférieurs.
4. Grès gris jaunâtre et couche de houille.
3. Grès rougeâtres et bigarrés.
2. Conglomérat.
1. Schistes cristallins.

La coupe en travers, vers la pointe sud du contrefort, montrerait qu'il doit exister une faille dans la vallée de la Vézère ; au-dessus de Roche-Bacon, les bancs calcaires atteignent l'altitude 150 à 160 mètres, tandis que, sur la rive droite, ces mêmes bancs, qui plongent vers l'ouest, affleurent au niveau de la plaine.

[1] Voir aussi *Explication de la carte de la Corrèze*, p. 111.

D'autre part, on m'a signalé un affleurement de la série calcaire dans le lit de la rivière entre Varetz et Saint-Viance. Si cet affleurement existe réellement, la faille passerait très près du contrefort de Voutezac, sinon au pied même de ce contrefort, vers Saint-Viance.

Il est intéressant de reproduire la coupe en long depuis Voutezac jusqu'à Varetz, afin de mettre en évidence, dans les limites d'exactitude de la carte d'état-major, l'allure générale des couches.

Fig. 66. — Coupe par Voutezac et Varetz, suivant le faîte (1/80,000).

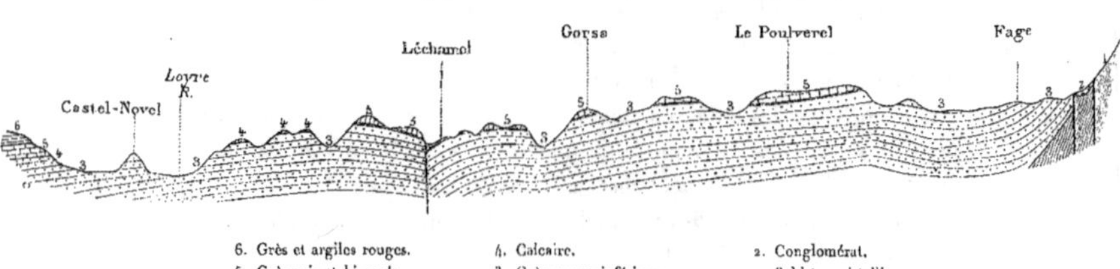

Cette coupe permet de constater les ondulations des couches, probablement même plus multipliées dans la réalité que ne l'indique la figure.

On doit remarquer le profil accidenté de la ligne de faîte, qui présente une succession de nombreux cols et puys très saillants. Ce caractère de la topographie tient à l'existence des couches de grès n° 3 et des couches calcaires, qui forment des bancs assez résistants. Là où ces bancs ont été coupés, l'érosion et la désagrégation de la roche ont été plus rapides, et les cols se sont accentués.

Au point de vue topographique, le contrefort de Donzenac comprend deux parties : la partie nord plus élargie, et la partie sud resserrée entre les deux rivières, la Vézère et la Loyre, qui ont rongé le pied des coteaux. Les revers du contrefort, dans cette seconde partie, sont abrupts.

On peut constater en outre qu'à dater d'une certaine époque, les érosions dues à la Vézère ont été plus actives que celles dues à la Loyre, de sorte que le revers ouest s'est déplacé peu à peu vers l'est, dépassant la ligne de faîte. C'est ce que montre le diagramme suivant (fig. 67), qui est une coupe en travers théorique de cette partie du contrefort.

On comprend que ce phénomène dissymétrique ait eu pour conséquence

de contribuer singulièrement à accidenter le profil de la ligne de faîte. La
profondeur des cols a augmenté de la quantité $A\,a$.

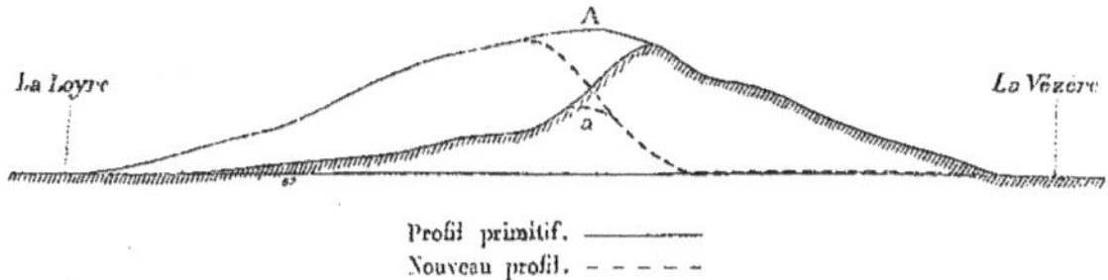

Fig. 67. — Coupe schématique du contrefort vers Saint-Viance.

A titre de vérification, on peut observer que le revers sur la vallée de la
Vézère est beaucoup plus raide que le revers ouest.

CONTREFORT DE VIGNOLS, SAINT-SOLVE, OBJAT.

La faille de Donzenac, qui passe entre Ceyrat et le massif cristallin, se prolonge sous Malleval (ou Malaval). Elle traverse le faîte un peu au sud des
maisons du Verdier, puis franchit en biais le village de Vignols, assis en grande
partie sur les grès, pour se diriger de là sur les moulins de Vignols.

Le petit contrefort de la Peyrolie-Vignols se compose de grès peu colorés,
rougeâtres, qui plongent vers le sud, à peu près avec la même inclinaison
que le revers du coteau. Une carrière a été ouverte, près de la Peyrolie, pour
les travaux du chemin de fer; les bancs exploités sont des grès assez fins et
bien assisés, gris verdâtre, analogues à ceux des carrières de Puy-Fage, près
Objat.

En remontant vers le nord, on remarque que les couches se composent de
grès plus durs, massifs, ocreux, mais on observe aussi des grès grossiers, rougeâtres ou bigarrés, mal stratifiés, avec couches argileuses. C'est dans ce terrain
peu stable qu'a été ouverte la tranchée à l'est de Vignols.

En montant de Vignols au Monteil, par le chemin à l'est, on observe,
derrière le village, des grès jaunâtres avec argiles schisteuses, qui reposent
sur une brèche graveleuse, violacée, s'appuyant contre les schistes.

En descendant du passage à niveau de Vignols aux moulins, on constate
que les phyllades satinés sont très froissés, et ont une teinte violacée. Les
grès sont rouges, rougeâtres, bigarrés de vert; on observe aussi des grès poudingiformes à galets de quartz.

En prenant le chemin de Vignols à Saint-Solve, on voit affleurer, au fond du vallon du Sarget, un poudingue à galets de quartz et galets de schistes cristallins contenus dans une pâte micacée, poudingue surmonté de grès jaunâtres contenant encore des galets. Ce sont, évidemment, les dépôts les plus inférieurs des grès.

Le mamelon, sous la station, se compose des grès rougeâtres, durs, compacts, à vive arête.

La tranchée de la gare est dans ces grès, en bancs irréguliers, gris verdâtre, blancs ou violacés, d'un faciès différent du faciès ordinaire des grès inférieurs de Grand-Roche. Ces grès contiennent des empreintes de tiges indéterminables.

Les couches ont un plongement considérable vers le sud-ouest.

Les mêmes couches s'observent aussi sur le chemin qui monte de la route au Verdier. Près de la route, ce sont des grès schisteux verdâtres, sur lesquels reposent des argiles rouges très schisteuses, avec quelques bancs bien réglés de grès fin, à vive arête, et de grès ferrugineux d'un brun foncé. Plus loin, ce sont des roches de teinte blanchâtre, presque entièrement composées de graviers. On y remarque aussi quelques grès bigarrés. Toutes ces couches ont un plongement considérable à l'aval.

Sous Malleval, les grès, qui forment un empattement à la base du massif cristallin, passent aux grès graveleux et bigarrés ordinaires.

Ainsi, à l'est de la ligne de faîte du contrefort, les couches en contact avec les phyllades ont le faciès normal des grès bigarrés inférieurs. A l'ouest, au contraire, et à partir de la station, ce sont des couches d'un faciès assez différent. Elles reposent sur le poudingue à pâte violacé et sur les brèches, déjà observés à Allassac, Voutezac, etc., formant la base des grès permo-houillers ou houillers.

Tout le reste du contrefort de Saint-Solve, sauf le faîte, est occupé par les grès bigarrés inférieurs, avec argiles rouges, semblables à ceux des contreforts déjà décrits. Ils contiennent aussi quelques bancs de grès grossiers peu colorés, et quelques lits de nodules calcaires à différents niveaux.

Près du village de Madrias (dans la propriété du sieur Pascarel, de la Chapelle-Salamard), on a fait jadis des recherches pour la houille. C'est à ces recherches, sans doute, que correspond le lambeau houiller indiqué en ce point sur la carte géologique de Dufrénoy et Élie de Beaumont.

Dans le chemin qui descend de la Chapelle-Salamard à la Roche, on observe, au milieu des grès rouges, une petite couche d'argile schisteuse, verdâtre ou noirâtre.

La route départementale, entre la Roche et Charriéras, fournit une bonne coupe des grès inférieurs.

La masse du terrain est composée de grès quartzeux massifs, faiblement colorés et bigarrés, semblables aux grès déjà décrits à l'est; ces grès comprennent quelques couches d'argile, et, à mi-côte, on remarque des argiles verdâtres avec nodules calcaires.

Les grès bigarrés s'observent aussi dans les tranchées du chemin de fer près de la Chapelle-Salamard.

J'y ai vu des empreintes (*calamites* ou *cordaites*).

Le village de la Rouchonie est assis sur des bancs épais de grès peu colorés, avec quelques lits graveleux et un lit de nodules calcaires, visible sur le chemin qui descend au Moulin-Neuf. En ce point, une carrière a été ouverte dans les grès et a fourni des matériaux analogues à ceux de la carrière de Puy-Fage.

La voie ferrée a été aussi ouverte au milieu des grès bigarrés inférieurs, sauf vers Saint-Solve. Les grès sont donc bien visibles dans toutes les tranchées, peu profondes, il est vrai, à part celles de la Chapelle-Salamard et du Moulin-Neuf.

Le contrefort de Saint-Solve-Objat est couronné par trois lambeaux de grès moyens (grès n° 3), reposant sur le niveau calcaire. Ces lambeaux sont ceux de Saint-Solve, de Madrias et d'Objat.

En suivant la route qui, de la station de Saint-Solve, conduit à Objat, on constate que les grès verdâtres et schisteux de la station sont surmontés par des grès bigarrés ou rouges. Puis, la tranchée de la route, au sud de Saint-Solve, montre des alternances de grès et d'argiles rouges, présentant absolument l'apparence des grès rouges de Brive (niveau n° 4), mais contenant plusieurs bancs calcaires. Ces couches, qui s'observent aussi dans la tranchée sud du souterrain, se prolongent jusqu'à la maison d'école; elles se relèvent vers le nord, suivant un angle d'environ 30 degrés. Elles représentent évidemment le niveau calcaire de Saint-Antoine; le village de Saint-Solve qui occupe la sommité au-dessus du souterrain est fondé, en effet, sur un grès graveleux et à gros galets, de teinte grise, dont les couches sont très inclinées, et qui appartient certainement au niveau n° 3. En suivant le chemin qui conduit à Saint-Bonnet, on observe que ces couches plongent au nord-ouest de 45 degrés environ, puis que ce plongement cesse brusquement. Le niveau calcaire n'est plus apparent, masqué par un rejet ou par des éboulis.

Le lambeau de Madrias est formé par le puy de la Roche et par celui situé au nord de Charriéras. Le niveau calcaire y est fort net sur le chemin qui, de la Chapelle-Salamard, monte au puy de la Roche. Chacun des deux puys est couronné par des grès graveleux; mais, sur le puy de la Roche, on observe des couches argileuses ou gréseuses, jaunâtres et verdâtres, qui rappellent bien, par leur facies, les grès de Saint-Antoine.

Au sud de ces puys, le niveau calcaire paraît se prolonger jusqu'aux premières maisons de Charriéras sous forme d'argiles rouges.

Le lambeau d'Objat est le plus important.

Le niveau calcaire se suit, sur une assez grande longueur, sur la route de Saint-Bonnet à Objat et sur le chemin du faîte; c'est en ce dernier point qu'il est le plus apparent.

A l'embranchement du chemin de Saint-Cyr-la-Roche, notamment, on observe des argiles et grès rouges, contenant deux bancs d'un calcaire verdâtre ou rosé, en nodules. Les couches plongent de 15 degrés vers Objat.

Le chemin du faîte est sur des grès quartzeux, grossiers, graveleux, ou même poudingiformes à galets de quartz. Ces grès, peu colorés, sont faiblement bigarrés ou gris. En quelques points, on voit des traces de calcaire, ce qui semble indiquer que les couches n° 3, en ces points, n'ont qu'une faible épaisseur.

Le puy au nord de la Rouchonie, et qui n'est pas figuré sur la carte, est formé par des grès grossiers, rougeâtres.

En descendant de la ferme des Fourches (située sur le faîte entre Verdouze et Chez-Pauly) sur la station, on observe, vers le bas, que les grès graveleux reposent sur des grès gris, micacés, schisteux, à grain fin, bien semblables aux grès de Lanteuil et de Saint-Antoine. Ces grès ont été exploités pour la construction de l'habitation située un peu en contre-bas, dans une carrière où j'ai recueilli un assez grand nombre d'impressions végétales (voir page 83).

Cette petite carrière, aujourd'hui comblée, se trouvait à 100 mètres du chemin latéral à la gare, et à quelques mètres seulement au nord du chemin des Fourches.

Au-dessous, le niveau calcaire est masqué sans doute par les éboulis, car la tranchée de la station paraît ouverte dans des couches sablonneuses du niveau n° 1.

Le chemin des Fourches à Verdouze, par contre, montre des traces du niveau calcaire près de Verdouze. Il en est de même du petit sentier encaissé qui descend à la Rouchonie.

De Chez-Pauly au cimetière, on ne voit guère le terrain; mais, un peu avant le cimetière, on peut constater des traces assez nettes du niveau calcaire.

En résumé, le contrefort de Saint-Solve-Objat présente, dans le voisinage de la faille de Donzenac, des conglomérats formant, comme à Allassac, la base des couches permo-houillères, puis des grès schisteux, verdâtres, ayant un peu le facies des grès houillers (bien visibles à la station de Saint-Solve), surmontés par les grès grossiers bigarrés ordinaires du niveau n° 1 et passant peut-être latéralement à des grès analogues.

Le niveau de Saint-Antoine est sous forme d'argiles rouges avec lits noduleux calcaires. Les grès n° 3 sont graveleux ou poudingiformes, faiblement colorés ou bigarrés, mais ils contiennent quelques couches schisteuses de teinte grise, avec empreintes végétales, et notamment : *Calamites gigas*, *Walchia* diverses, etc.

Dufrénoy a donné une coupe en long simplifiée du contrefort de Saint-Solve [1]. L'allure des couches avec leur relèvement local vers le sud, près de Saint-Solve, et leur plongement général au sud est bien indiquée.

Voici, au reste, la coupe en long exacte du contrefort :

Fig. 68. — Coupe suivant le faîte par Saint-Solve et Objat (1/80,000).

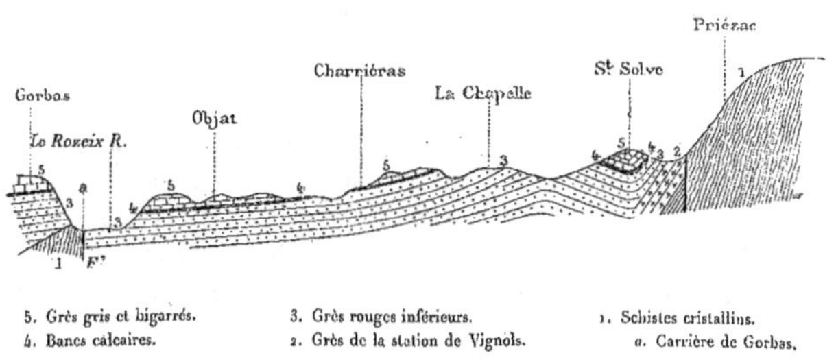

5. Grès gris et bigarrés.
4. Bancs calcaires.
3. Grès rouges inférieurs.
2. Grès de la station de Vignols.
1. Schistes cristallins.
a. Carrière de Gorbas.

Les grès graveleux et conglomératiques du niveau n° 3 sont assimilés aux

[1] *Explication de la carte géologique de France*, 1, p. 620.

grès du trias par Dufrénoy, et, en effet, ces grès ressemblent, en ce point, aux grès triasiques du sud de Brive, mais ils ne sont pas en discordance avec les grès inférieurs, comme l'indique la coupe donnée par Dufrénoy.

Le niveau calcaire a été décrit exactement par cet auteur comme *schistes rouges et verts très épais* (n° 6 de la coupe), et sa position est bien figurée, mais la présence du calcaire n'est pas signalée.

Les couches à la base, près du Verdier, sont aussi décrites comme *poudingues schisteux* (c'est-à-dire poudingues de galets de schistes), et poudingues *quartzeux*.

Si, vers Saint-Solve, il y a un plongement vers l'ouest, à Objat, au contraire, le plongement est dirigé vers l'est. C'est ce que montre la coupe en travers ci-dessous :

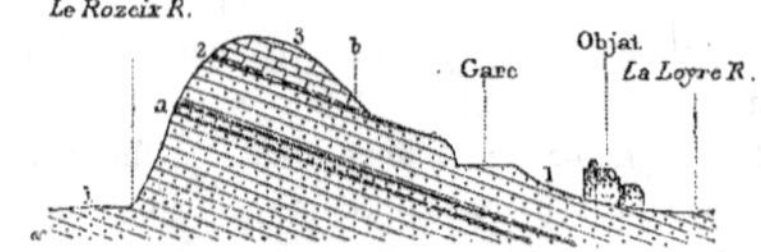

Fig. 69. — Coupe en travers par Objat (1/20,000).

3. Grès gris et bigarrés.   2. Bancs calcaires.   a. Bancs calcaires.
b. Ancienne carrière.   1. Grès rouges inférieurs.

Or, les couches de la rive gauche plongent vers l'ouest ; par conséquent, la vallée de la Loyre, à Objat, occupe le fond d'un synclinal bien marqué.

CONTREFORT DE LASCAUX.

Le contrefort de Lascaux se subdivise en deux contreforts assez plats, celui du Buisson et celui de la Forêt. Il est presque entièrement constitué par les grès bigarrés inférieurs, ou grès permo-houillers, sous leur facies argileux ordinaire.

Entre les Bousquets (ou les Bouquets) et le Buisson, le terrain se compose de couches sablonneuses d'un jaune clair avec nombreux galets de quartz, analogues aux couches de Montoral et de la Gratade, au sud d'Allassac.

Les grès bigarrés avec argiles rouges forment le reste du contrefort et reposent sur des grès houillers qui affleurent au nord, vers Lascaux, par suite du relèvement des couches, et qui affleurent aussi dans le vallon du ruisseau de Saint-Bonnet.

Sur le faîte de chaque contrefort, on passe brusquement d'un niveau à l'autre; c'est qu'en effet, la séparation est formée par le prolongement de la faille de Vignols, faille qui vient se perdre dans les phyllades du côté du Maync.

Cette faille se constate nettement sur le chemin de Lascaux à Saint-Bonnet, et encore plus nettement aux Brandes (au sud-ouest de Lascaux).

Affleurements houillers de Chabrignac. — Les grès houillers présentent peu d'épaisseur au nord de la faille et ne sont pas recouverts par les grès bigarrés. Les différents chemins qui, de Lascaux, descendent au sud, fournissent des coupes de ce terrain.

Les grès houillers s'étendent aussi depuis les Brandes jusqu'aux moulins de Vignols, le long de la faille, mais sur une largeur de 10 à 20 mètres seulement; le plongement des couches est égal à la déclivité du terrain naturel, déclivité qui est très forte.

Près des moulins, on a fait autrefois quelques recherches de houille.

A l'ouest, les couches plongent vers l'ouest, mais elles se maintiennent assez haut néanmoins.

Le terrain houiller de Lascaux se compose de poudingues à galets et amas graveleux de quartz, de grès jaunâtres et de schistes gréseux ou argileux. Les couches sont mal stratifiées. A la base, on observe souvent un poudingue ou une brèche à éléments empruntés aux schistes cristallins.

Le nouveau chemin qui, de la maison d'école, se dirige vers le sud et passe à l'ouest de la butte, montre le contact des micaschistes et du houiller; il y a, en ce point, plutôt rejet ou affaissement contemporain du dépôt, que superposition des grès aux schistes cristallins.

Les couches deviennent quelquefois très sablonneuses, et l'on y a ouvert des sablières près de Bellevue.

Quelques couches schisteuses contiennent des empreintes. Je citerai les couches situées tout à fait à la base, sur le chemin, à 100 ou 200 mètres au sud de la maison des Pères (Bellevue); le talus à droite sur le chemin des Brandes à Lascaux, à 20 ou 40 mètres au nord de la faille (voir page 50); une vigne située à l'ouest (appartenant au sieur Sangrélé, de Marcillac), etc.

Au sud de la faille, les grès houillers n'affleurent plus qu'au fond du vallon de la mine et sont recouverts par les grès rouges permo-houillers, sauf à la pointe du contrefort de Bellevue.

Dans cette partie, le contrefort est couronné, sur son revers sud-est, par des bancs massifs de grès houillers, d'une assez forte épaisseur.

Voici la coupe du terrain suivant le faîte, transverse à la faille par conséquent :

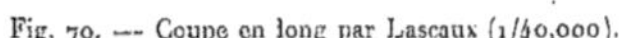

Fig. 70. — Coupe en long par Lascaux (1/40,000).

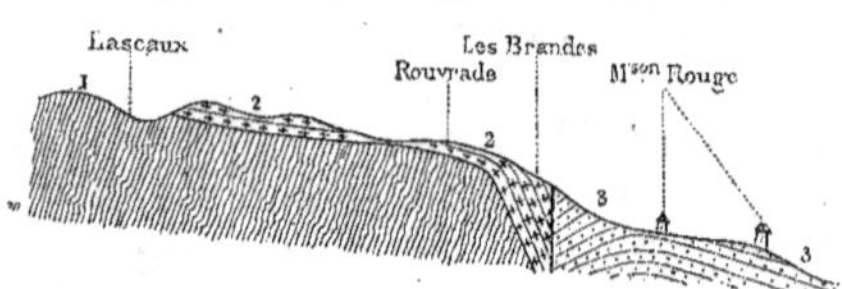

3. Grès rouges inférieurs.   2. Grès houillers.   1. Schistes cristallins.

Des fouilles ont été faites au pied du coteau pour la recherche de la houille, et l'on y a recueilli quelques empreintes.

En remontant le vallon de Bellevue, les grès font place brusquement aux schistes cristallins, et le vallon devient plus étroit et plus accidenté. On se trouve alors au nord de la faille.

Sur le faîte du contrefort, les schistes ne paraissent pas affleurer, mais on remarque, à mi-hauteur, un poudingue ou brèche à fragments de schistes anciens, qui représente les couches inférieures des grès de Lascaux.

Dans le fond du vallon de la mine, le nouveau chemin, qui conduit du Mayne à Chassaing, fournit une très bonne coupe des grès houillers et des grès rouges et bigarrés qui les recouvrent.

A la ferme du Mayne, le houiller, sous forme de couches schisteuses, est bien visible dans le chemin qui monte à Lascaux. Les schistes cristallins, même dans le fond du vallon, n'apparaissent pas.

Mais, en descendant la rive gauche du ruisseau, les phyllades commencent à affleurer à la pointe sud du contrefort du Mayne, et s'élèvent jusqu'à 10 ou 15 mètres au-dessus du thalweg.

On retrouve les grès houillers de l'autre côté du vallon de Bellevue, à l'embranchement de la route et du chemin qui monte à Maillerie. C'est sur la gauche, et un peu en contre-bas de ce chemin, que l'on a percé, il y a quelques années, un puits pour la recherche de la houille, dit *puits au Jus*. Dans le remblai à côté du puits, j'ai recueilli un assez grand nombre d'empreintes (voir page 49).

Au début du chemin de Maillerie, près de la route, on constate très nettement la superposition du houiller aux phyllades. On voit les couches gréseuses reposer sur la tranche des schistes formant une surface ondulée et usée.

Ces couches elles-mêmes sont froissées ou recourbées, et l'on observe, sur 4 à 5 mètres de longueur, un paquet de phyllades, en couches horizontales, reposant, par suite de la flexion qu'elles ont éprouvée, sur les couches non recourbées. L'épaisseur de ce paquet est de 1 m. 50 environ. C'est ce que figurent l'élévation et la coupe ci-dessous du talus :

Fig. 71. — Vue et coupe d'un talus près du puits au Jus (1/2,000).

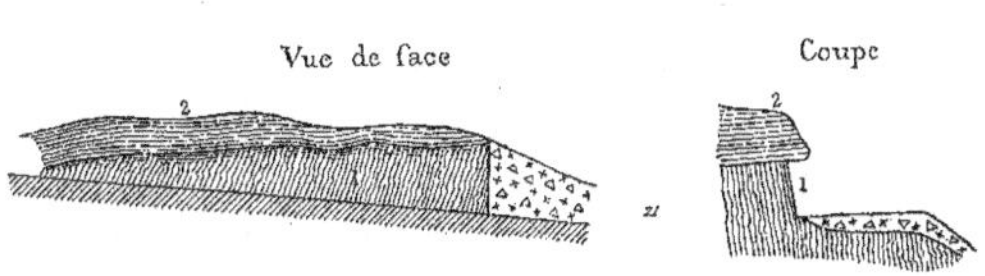

3. Conglomérat houiller.   2. Couches cristallines repliées.   1. Couches cristallines non déformées.

Les couches houillères débutent, en ce point, par une brèche à fragments de quartz et de quartzites ou de phyllades, ne contenant pas de fragments roulés.

Plus loin, après le puits au Jus, dans la rampe qui conduit à Maillerie, on voit la superposition des grès inférieurs bigarrés aux grès houillers. Les couches de passage se composent d'argiles rouges alternant avec des bancs de grès gris.

En continuant à suivre la route dans la direction de Chassaing, on constate que l'épaisseur du terrain houiller diminue graduellement et se réduit à 20 ou 25 mètres au plus. Le terrain se compose de grès gris et de schistes jaunâtres.

On ne voit pas, sur la route, les couches de passage des grès houillers aux grès du niveau n° 1, mais la base de ces dernières couches est formée, comme sous Maillerie, d'argiles rouges et vertes, avec des bancs de grès rouges et des bancs de grès jaunâtres, semblables aux grès houillers.

Il ne paraît donc pas qu'il y ait un changement brusque de sédimentation dans le sens vertical.

Arrivé à la pointe sud du contrefort de Maillerie, on observe qu'une petite butte surmontée par un bâtiment est entièrement formée par les schistes cristallins, tandis que le col et la route sont dans les grès houillers surmontés presque immédiatement par les grès rouges. Il y a donc là une faille, comme le figure la coupe suivante N. N. O. - S. S. O. :

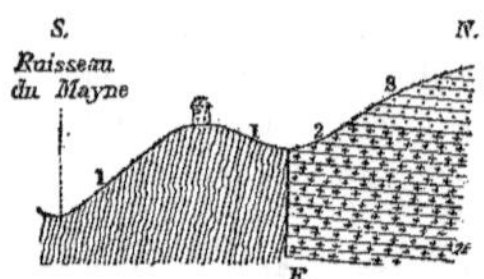

Fig. 72. — Coupe nord-sud par le Bordial (1/2,500).

3. Grès rouges inférieurs.   2. Grès houillers.   1. Schistes cristallins.

Le houiller n'est visible en ce point que sur 8 mètres d'épaisseur.

La faille se voit plus nettement à la pointe nord du contrefort de Chassaing qui forme également un puy. En voici la coupe faite à peu près dans la même direction :

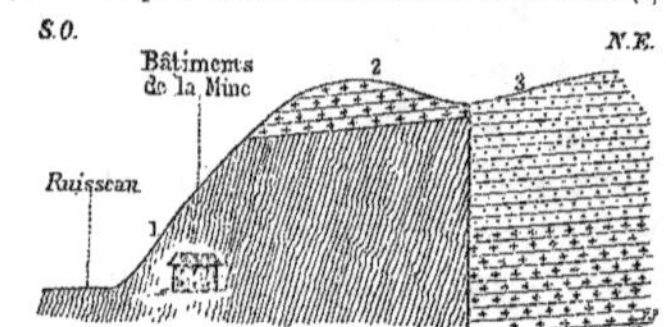

Fig. 73. — Coupe S. O.-N. E. entre la Mine et le Bordial (1/2,500).

3. Grès rouges inférieurs.   2. Grès houillers.   1. Schistes cristallins.

C'est au sud de cette pointe que se trouvent les bâtiments de la mine de plomb de Chabrignac.

La faille passe non loin du réservoir et de la cheminée d'aspiration, laissant à l'est une étroite bande de houiller qui est le prolongement, vers le sud, du lambeau couronnant le puy près Chassaing (voir fig. 74).

Plus au sud, la faille se perd dans les couches permiennes.

Sa direction est celle de la faille de Vignols, et, prolongée, elle passerait au sud de Saint-Solve, au point où les couches sont assez brusquement relevées. Entre cette ligne et le massif cristallin, les couches ont donc subi un affaissement.

Fig. 74. — Coupe S. O.–N. E. par Chassaing (1/2,500).

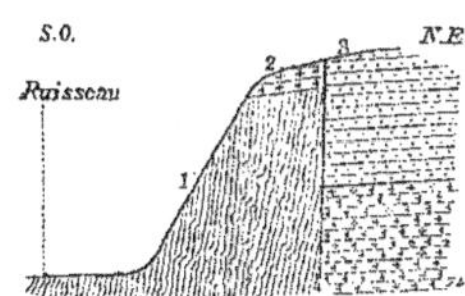

3. Grès rouges inférieurs.   2. Grès houillers.   1. Schistes cristallins.

Au sud de cette faille, les couches plongent vers le sud, et la zone supérieure des grès houillers vient affleurer au niveau de la plaine, un peu à l'aval du moulin de Pradou. On a fait quelques recherches de houille en ce point, et le remblai fournit des empreintes.

Au Moulin-Bleu, par suite d'une irrégularité de la surface des phyllades, ou peut-être d'un rejet, le terrain cristallin reparaît et forme un petit contrefort, couronné par des grès houillers.

Si l'on suit la crête de ce contrefort, on ne tarde pas à atteindre les grès rouges et bigarrés, dans lesquels une carrière a été ouverte au nord de la Forêt. On en sort une pierre semblable à celle de la Chapelle-Salamard.

Au sud de cet affleurement schisteux, le chemin qui monte à la Forêt fournit une bonne coupe des grès houillers.

Plus à l'aval, les schistes reparaissent à 500 ou 600 mètres de Saint-Bonnet et sont bien visibles sur le chemin qui se dirige sur la Forêt. Ils sont feldspathisés et glanduleux.

Au-dessus de ces schistes, on ne voit pas de grès houillers, et les grès rouges ou bigarrés reposent directement sur les schistes cristallins.

Les grès houillers, sur cette rive, ne paraissent pas s'étendre plus au sud; mais, dans le vallon qui sépare les deux contreforts de Lascaux, les schistes feldspathisés affleurent sur peu de longueur dans le lit du ruisseau, à la hauteur de la Forêt. Ils sont surmontés, seulement au nord, par des couches de grès houiller fort peu épaisses, mais qui, présentant la même inclinaison que la pente du vallon, affleurent sur une longueur de 200 ou 250 mètres. Au sud, ces schistes seraient recouverts directement par les grès et argiles rouges.

Le village de Saint-Bonnet est assis sur les couches inférieures de l'étage n° 1.

En se dirigeant de Saint-Bonnet sur la mine, par la route départementale, les talus montrent les mêmes couches.

On retrouve, à gauche de la route, sur le bord du ruisseau, les schistes feldspathisés signalés plus haut, au sud-ouest de la Forêt; une grande carrière d'empierrement y est ouverte. Ces schistes, là encore, sont surmontés directement par les grès avec argiles rouges. Du moins, si le houiller existe, son épaisseur serait très faible, o m. 5o à 2 mètres au plus.

Voici la coupe en travers du ruisseau en ce point :

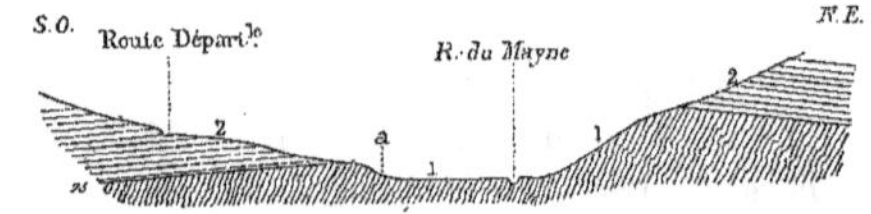

Fig. 75. — Coupe en travers du vallon, entre la Forêt et Saint-Bonnet (1/2,5oo).

2. Grès rouges schisteux et grès verdâtres.   1. Schistes feldspathisés.   a. Carrière.

En continuant à suivre la route, légèrement en rampe, les talus montrent les couches schisteuses, bien assisées, qui forment, comme à la gare de Saint-Solve, tout à fait la base des grès rouges et bigarrés. Aussi le talus très raide, en contre-bas de la route et surplombant le ruisseau, est-il très probablement formé par les grès houillers. Ceux-ci, au reste, apparaissent dans le petit sentier qui, de l'embranchement du chemin de la mine, descend sur le ruisseau.

On observe là la superposition des premières couches colorées aux grès jaunâtres, par l'intermédiaire d'une couche à galets de schistes et de quartz, épaisse de o m. 5o.

Les grès houillers contiennent, en ce point, une mince couche de houille qui affleure à 2 ou 3 mètres au-dessus du ruisseau. Une galerie de recherche a été autrefois percée pour explorer cette couche.

Le houiller ne s'étend pas dans le vallon de la Perche, car les schistes apparaissent immédiatement et sont recouverts directement par les grès avec argiles colorées. On ne retrouve le terrain houiller que sur la rive gauche de ce vallon, et il affleure sur le chemin de la mine, jusque près des bâtiments; son épaisseur est faible. L'affleurement schisteux du Moulin-Bleu s'étend aussi sur la rive gauche.

Les grès houillers forment une zone peu épaisse sur le revers du contrefort de Puyssageat et plongent fortement vers l'aval, à peu près comme la surface du sol. Ils sont recouverts par des argiles rouges avec gros galets, visibles à l'origine du chemin de Chabrignac, et qui se rattachent plutôt, par leur facies, aux grès rouges et bigarrés.

L'autre lambeau houiller, celui de Merly, n'a aussi qu'une faible épaisseur et présente un plongement considérable. Il se compose d'un poudingue à galets de quartz et de schistes cristallins; évidemment, le plongement tient à la forte déclivité du sol au moment où les dépôts se sont effectués.

Tandis que les couches de Puyssageat se composent de grès houillers bien caractérisés, notamment au nord-ouest sur le chemin de Chabrignac, on observe que le petit puy de l'autre côté de la dépression, à 200 mètres à l'ouest de Puyssageat, est couronné par des couches graveleuses et des conglomérats violacés, c'est-à-dire par des couches présentant le facies des conglomérats d'Allassac, Voutezac, etc. Les phyllades ont aussi pris cette même teinte violacée. A la pointe sud, le conglomérat passe à des grès jaunâtres graveleux.

L'épaisseur de ces couches est faible. On ne peut admettre d'ailleurs qu'elles soient d'un âge différent des grès houillers voisins, situés exactement au même niveau, et il faut les considérer comme représentant un facies particulier des grès houillers.

Les dépôts houillers de Merly ont la même composition, les mêmes éléments, se sont déposés de la même manière. Ils n'en diffèrent que par la teinte du ciment argileux.

La coupe ci-dessous, faite par Lascaux et Saint-Bonnet, représente l'allure générale des couches houillères de Chabrignac et leur relation avec les couches colorées, à facies permien, qui les surmontent :

Fig. 76. — Coupe par Lascaux et Puy-Failly (1/80,000).

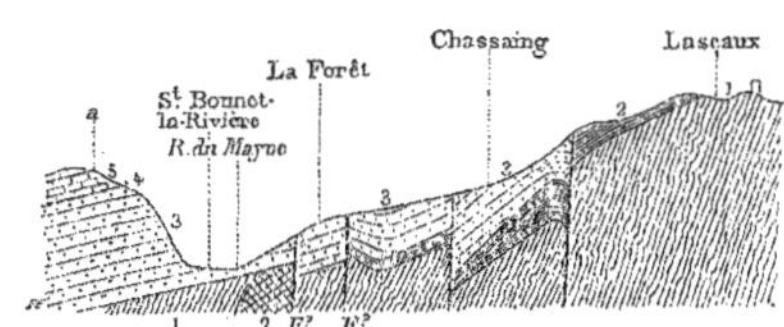

5. Grès gris et bigarrés.   4. Bancs calcaires.   2. Grès houillers.
a. Banc calcaire.   3. Grès rouges inférieurs. 1. Schistes cristallins.

AFFLEUREMENTS HOUILLERS DE JUILLAC.

J'ai fait remarquer que la faille de Vignols vient se perdre dans les schistes cristallins vers le moulin du Mayne, dans le ravin du Bazat. C'est qu'en effet, l'affaissement des terrains, dans la région de Juillac, ne s'est pas étendu au delà du col de la Perche; le massif cristallin formait donc, à l'époque houillère, une sorte de cap au sud de Juillac, entre les ruisseaux de Saint-Bonnet et de Juillac.

Les dépôts houillers paraissent avoir recouvert complètement ce cap, en sorte que les affleurements de Lascaux-Chabrignac et ceux de Juillac doivent être considérés comme le prolongement les uns des autres.

Plusieurs lambeaux isolés de grès témoignent encore de cette extension du houiller.

J'ai déjà décrit, dans le paragraphe précédent, les affleurements qui s'étendent au pied du versant oriental du massif de Juillac-Chabrignac.

Ces affleurements se relient aux affleurements du bourg de Juillac par trois petits lambeaux : l'un déjà décrit à l'ouest de Puyssagcat; un autre situé à l'est de celui-ci, près de la route, formé d'un poudingue violacé peu épais, et un troisième au-dessus de Chabrignac, à l'ouest. Ce dernier affleurement est formé par des grès jaunâtres, en petits bancs.

Au nord de cette traînée, entre la Palepourchie et la Divinie, et vers Lachaize (ou les Chaises), les phyllades sont rubéfiés, ce qui indique que les dépôts houillers se sont avancés jusqu'en ces points.

La traînée de grès réapparaît à Juillac, dans la dépression ou col allongé qui sépare le puy de Juillac du massif situé au nord du bourg. Les couches sont composées de grès gris ou violacés, très durs, avec argiles violacées; elles sont horizontales. Le talus de la route met le terrain en évidence dans le bourg même.

En sortant de Juillac par la route de Génis, la descente fournit une belle coupe des grès; on y observe, reposant sur les schistes cristallins, des poudingues violacés, surmontés de schistes feuilletés, noirs ou verdâtres, avec rognons de fer carbonaté; ces schistes sont séparés du poudingue par des argiles rouges, quelquefois vertes.

Le chemin qui, du bas de la route, monte au nord, fournit une autre coupe. Il traverse d'abord le poudingue violacé, puis, plus haut, des grès gris jaunâtre dalliformes, en couches presque horizontales; ces grès gris reposent sur des couches argilo-gréseuses gris noirâtre. Ensuite ces couches font brusquement place à des schistes cristallins non rubéfiés, et il est probable que la séparation résulte d'un rejet.

Quant au chemin qui monte à Juillac, dans la direction du nord-est, il donne une coupe analogue à celle de la route.

Plus loin, sur la route, la pointe sud du contrefort est constituée par le poudingue dont on voit la superposition aux schistes, à l'embranchement du chemin du Grand-Bayot.

Ainsi donc, la traînée de Chabrignac se prolonge jusqu'au fond du vallon de Lescure.

Le plateau qui s'étend au sud-ouest de Gerveix est aussi couronné par les couches à peu près horizontales du même terrain.

Ainsi, en prenant le chemin de Gerveix (au nord de Juillac), on trouve d'abord les schistes rubéfiés, surmontés, à 200 ou 300 mètres du bourg, par le poudingue violacé, avec galets de quartz et galets et fragments de phyllades.

Plus loin, après Gerveix, on revoit les schistes non rubéfiés; d'où il faut conclure à un rejet probable.

Sur la route de Pompadour, on trouve la même coupe; dans une petite carrière, on observe en outre des grès très schisteux violacés.

Il est à présumer que les grès affleurent au col plat au nord du champ de foire, point coté (317), en sorte que l'affleurement de Juillac et celui de Gerveix sont reliés l'un à l'autre.

En résumé, les couches qui affleurent autour de Juillac comprennent : à la base, un poudingue violacé de 4 à 5 mètres d'épaisseur, surmonté par des grès et des couches argileuses généralement rouges, puis par des schistes et argiles noirâtres ou grises qui ont le caractère des dépôts houillers. Ces dernières couches n'apparaissent que sur les deux routes qui descendent à l'ouest du bourg.

Le contrefort étroit et allongé, peu élevé, qui s'étend de la Vialle à la Serre, au pied du massif de Juillac, entre le ruisseau de Juillac et la Tourmente, est recouvert en grande partie par les dépôts à faciès houiller.

Le dépôt situé le plus au nord couvre le sommet de Lescure, entre Montcheyrol et la Vialle. Il se compose de grès jaunâtres, de peu d'épaisseur. Dans la partie est, il y a des traces du poudingue violacé.

Un autre dépôt, celui de Cabinet, s'étend au sud de la Vialle. Le chemin de la Vialle à Juillac montre les couches à la base, formant un mince placage sur le versant du coteau. Ce sont d'abord des grès et conglomérats gris jaunâtre, à facies houiller; puis, vers le bas du coteau, on voit apparaître une brèche formée uniquement de débris de schistes et ayant absolument la même apparence qu'un éboulis moderne sur les pentes. Toutefois l'existence de quelques poches sableuses, ou de quelques amas gréseux, et surtout la solidité relative du dépôt montrent que cette brèche est bien un éboulis de l'époque houillère ou permienne.

Cette coupe est très instructive et met en évidence l'un des modes de dépôt les plus communs des terrains de la région.

La route de Juillac à Génis fournit aussi une bonne coupe du même affleurement. Au pied de la montée, on observe les schistes cristallins de Juillac, massifs, peu schisteux, rubéfiés, et pouvant presque se confondre, au premier examen, avec des dépôts houillers.

Un peu plus loin, affleurent des schistes noirs feuilletés, avec rognons de fer carbonaté; le poudingue n'apparaît pas, soit qu'il manque, soit qu'il y ait un rejet.

Ces schistes sont le prolongement, très probablement, des couches analogues déjà observées dans la descente de Juillac. Ils sont recouverts, jusqu'au delà du faîte, par des schistes violacés et verdâtres avec grès graveleux.

Vers la fin de l'affleurement, sur la route, on observe des grès jaunâtres poudingiformes, puis apparaissent des phyllades non rubéfiés.

Le chemin de Nadaile (ou Nadalie) fournit une petite coupe des couches les plus basses de l'affleurement de Cabinet. Elles occupent le faîte; ce sont des grès gris jaunâtre, à facies houiller.

Ainsi cet affleurement est caractérisé par la réduction et la disparition du poudingue violacé, et par la prédominance des couches gréseuses à facies houiller.

A 200 ou 250 mètres au sud de cet affleurement, sur le même contrefort, on retrouve un conglomérat violacé peu épais, visible sur la route de Juillac au Grand-Bayot et surmonté par des grès sableux, graveleux, jaunâtres. Les couches plongent fortement vers l'ouest et viennent affleurer au fond de la vallée, sous la forme de grès jaunâtres, plus ou moins poudingiformes. Le chemin qui descend à la Tournerie fournit une bonne coupe de ce poudingue.

Enfin, dans la partie sud du contrefort, avant d'arriver au Grand-Bayot, on observe que les schistes sont surmontés par des grès jaunâtres graveleux, à facies houiller, sur lesquels reposent des grès rouges à facies permien.

La route passe au sud de la ferme, puis se retourne au nord-ouest dans la descente, et recoupe, sous la ferme, de sgrès gris et schistes micacés, analogues aux couches charbonneuses de Juillac et reposant, au pied du coteau, sur des grès jaunâtres graveleux. Les couches ont donc toujours un plongement vers le sud-ouest.

L'affleurement où le terrain houiller présente le plus d'épaisseur, dans cette région, est celui qui s'étend des Bichets au hameau des Gouttes. Il se prolonge même sur le versant ouest du contrefort de la Vialle jusqu'à Nadalle, et l'on doit y rattacher l'affleurement de la Tournerie qui vient d'être décrit. Au Grand-Bayot, les grès houillers disparaissent sous les grès rouges.

Au sud des Bichets, les grès houillers occupent le faîte et affleurent, par conséquent, sur une surface assez étendue, malgré leur peu d'épaisseur.

Les couches de grès couvrent le versant droit du vallon qui descend de la Bachellerie; toutefois les phyllades occupent le thalweg dans la partie nord et dans la partie sud.

Les grès forment aussi la majeure partie du contrefort de la Roche, au sud du village, mais le versant oriental du contrefort est constitué par les schistes, presque jusque sur le faîte. Ce faîte, très irrégulier, est formé par une série de petits puys occupés par les grès.

Les grès se présentent avec les mêmes caractères qu'à Sainte-Féréole. Ce sont des grès jaunâtres, grossiers, quartzeux, graveleux, peu solides, plus ou moins sableux. Ils contiennent quelques couches schisteuses à empreintes, comme on peut l'observer sur la route, un peu au nord du village de la Roche. On voit là des schistes verdâtres ou jaunâtres, parfois noirâtres, avec rognons de fer carbonaté. Une grande sablière, ouverte sur le bord de la route au sud des Bichets, fournit aussi, dans ses poches argileuses, quelques empreintes (*Pecopteris,* etc.). Ces empreintes, assez rares, sont d'ailleurs indéterminables.

La route des Bichets aux Piquets et les chemins sous Cherveix offrent de bonnes coupes de l'affleurement des Bichets.

La disposition des couches de grès indique bien que les grès à facies houiller se sont déposés dans une dépression profonde, aux flancs abruptes. C'est ce que font ressortir les coupes en travers ci-après.

La coupe (fig. 77) est celle du lambeau des Bichets et d'un petit lambeau sous la Roche.

Fig. 77. — Coupe en travers par la Roche (1/40,000).

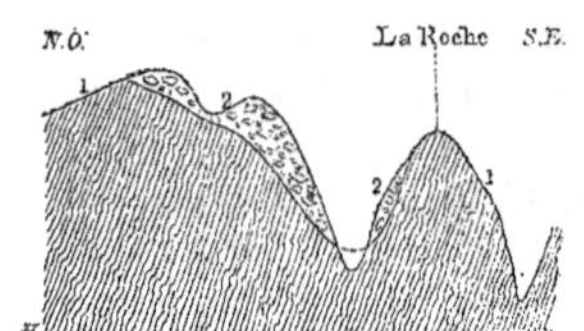

2. Grès houillers poudingiformes.   1. Schistes cristallins.

La coupe (fig. 78) est faite dans la partie où les phyllades n'affleurent pas jusqu'au thalweg.

Fig. 78. — Coupe en travers par Cherveix et Montcheyrol (1/40,000).

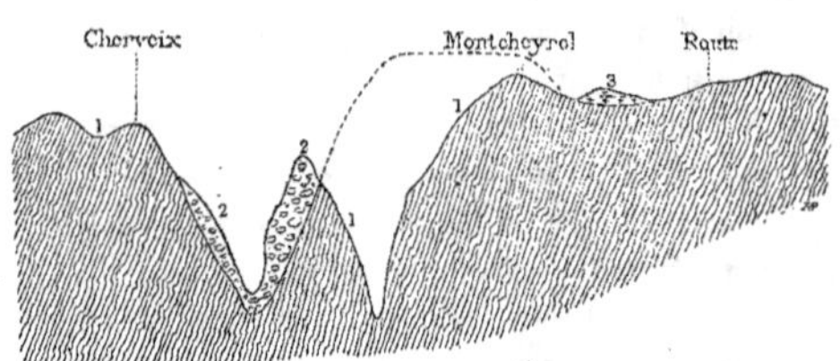

3. Grès houillers stratifiés.   2. Grès houillers poudingiformes.   1. Schistes cristallins.

La coupe (fig. 79) est faite près de la route de Juillac à Sanas.

L'épaisseur actuelle des grès houillers atteint plus de 100 mètres dans la partie la plus profonde de l'ancienne dépression houillère.

L'affleurement de la Rebeyrotte est le prolongement de celui des Gouttes, c'est-à-dire qu'il occupe le versant gauche de la dépression houillère. Les couches ont un grand plongement apparent vers l'ouest.

La route de Juillac à Génis fournit une très bonne coupe de ce terrain. Dès le début, au sud-ouest de la Vialle, on observe des grès jaunâtres, très schisteux, contenant des fragments anguleux de phyllades. Dans la descente, on suit toujours les mêmes grès graveleux, jaunâtres, comprenant quelques couches rouges ou violacées. En face du hameau situé au sud-ouest de La Vialle, on remarque des schistes avec rognons de fer carbonaté. Après le hameau, les phyllades affleurent sous forme d'une roche compacte, grenue, violacée, et après avoir passé le tournant, on constate que les grès poudingiformes, en couches très inclinées, reposent directement sur les phyllades, sans l'intermédiaire d'un conglomérat violacé.

Fig. 79. — Coupe en travers par Triguant (1/40,000).

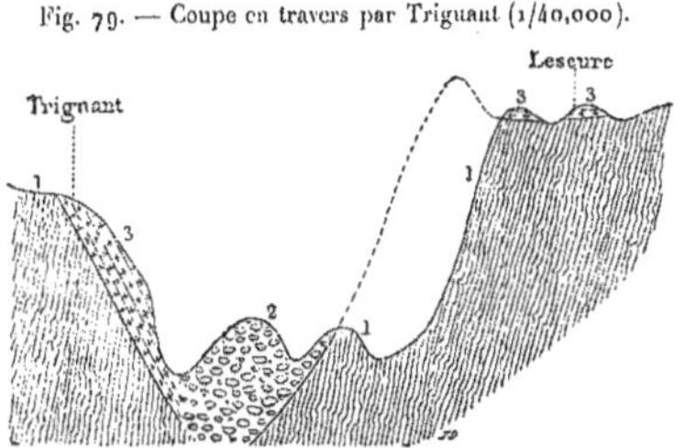

3. Grès houillers stratifiés.   2. Grès houillers poudingiformes.   1. Schistes cristallins.

Le chemin de la Rebeyrotte et le chemin de Nadalle fournissent des coupes semblables.

Les grès houillers affleurent encore sur le versant oriental des hauteurs de Sanas et des Piquets.

La meilleure coupe de ces affleurements, prolongement de celui des Bichets, est fournie par la route de Juillac à Salagnac. Le pied de la montée, sous le hameau des Gouttes, est occupé par des grès poudingiformes, comme au nord. Ces grès occupent aussi le ravin, non figuré sur la carte, qui descend de Triguant; entre le ravin et la route, il a été creusé jadis un puits de recherche pour la houille, dans des grès schisteux verdâtres. Les couches qui viennent ensuite sont des grès gris, plus fins, avec lits très schisteux, et qui plongent faiblement vers l'amont. Une grande carrière a été ouverte dans ces bancs, à gauche et en contre-bas de la route; le toit d'une partie excavée présente des empreintes nombreuses de tiges (*Calamites?*). Ces grès et schistes se suivent jusque sur le faîte, à Triguant.

Au pied du coteau, on peut les suivre sous Brunerie. Plus loin, sous la Combe-de-Job, ils se présentent sous forme de grès schisteux jaunâtres, alternant avec des couches d'argiles rougeâtres, et ils sont surmontés par les

IMPRIMERIE NATIONALE.

grès rouges. Un peu plus loin, au sud, on voit encore des grès schisteux jaunâtres, avec des grès poudingiformes. Ces couches, qui se poursuivent jusque près de Lizac (ou les Habeaux), disparaissent, par suite du plongement, sous les grès rouges inférieurs.

Sur le faîte, les grès houillers ne s'étendent pas beaucoup au sud de Triguant, et en même temps que diminue leur plongement, si considérable à Triguant, ils s'enfoncent sous les grès rougeâtres en gros bancs qui occupent le hameau de Brunerie. A Triguant, les grès houillers présentent, à la base, une couche d'argile rouge.

Le contrefort situé au sud du village est formé par des grès gris jaunâtre en bancs épais, plongeant au sud-est.

A la pointe sud-ouest du contrefort de la Bertonie, on observe aussi des couches gréseuses et argilo-schisteuses à facies houiller.

A Cardes, la carte ne figure qu'un petit contrefort, tandis qu'il en existe deux. Sur le contrefort situé le plus au nord, on retrouve un conglomérat violacé, surmonté par des grès jaunâtres, le tout plongeant très fortement. Sur le second contrefort, celui sur lequel est assise la ferme, le poudingue n'apparaît pas, soit qu'il y ait rejet, soit que le dépôt ait disparu, et l'on ne voit plus que des grès. A Cardes même, le houiller est recouvert par les grès rouges inférieurs.

Sur le faîte qui sépare le bassin de la Vézère de celui de l'Auvézère, les schistes cristallins s'étendent jusqu'à 800 mètres au sud de Sanas. Toutefois le puy, non figuré sur la carte[1], situé au sud du col, est couronné par des grès graveleux jaunâtres, sur une faible épaisseur.

A 100 ou 200 mètres au sud, les roches cristallines (phyllades et porphyroïdes) sont recouvertes par des grès sableux et micacés, très argileux, d'une teinte rouge, ayant le facies ordinaire des grès rouges inférieurs (fig. 80).

Malgré cette interruption sur le faîte, les grès houillers se poursuivent cependant dans le bassin de l'Auvézère, comme on le verra plus loin.

Les coupes, dans la région considérée, ne peuvent indiquer directement les mouvements que le sol a subis, car les dépôts des grès à facies houiller ne se sont pas faits horizontalement, ni même sur un fond plat. Elles servent seulement à préciser les relations entre les grès à facies houiller et les

---

[1] Toute cette bordure du Plateau central, de Juillac à Génis, est fort inexactement représentée sur la carte d'état-major.

sédiments plus fins et mieux stratifiés qui se sont déposés à une plus grande distance de la rive, sous la forme de grès rouges ou bigarrés.

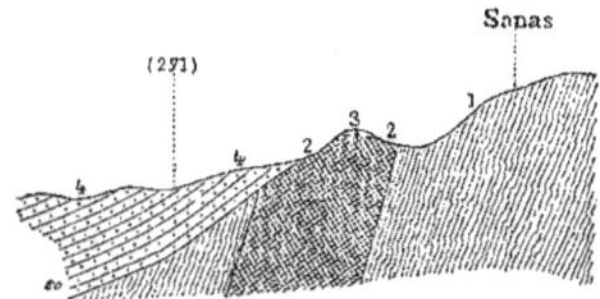

Fig. 80. — Coupe nord-sud par Sanas (1/40,000).

4. Grès rouges grossiers. 2. Schistes cristallins et porphyroïdes.
3. Grès houillers. 1. Schistes cristallins.

Voici d'abord la coupe de Montcheyrol à la Serre, suivant la ligne de faîte :

Fig. 81. — Coupe en long par la Vialle et la Serre (1/40,000).

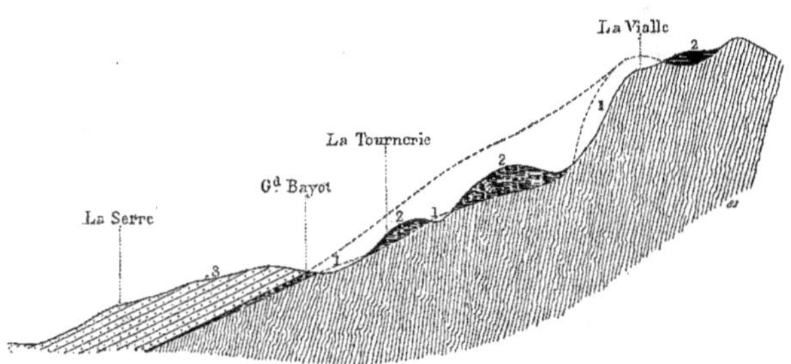

3. Grès rouges inférieurs. 2. Grès et conglomérats houillers. 1. Schistes cristallins.

Cette coupe est presque parallèle au rivage permo-houiller, mais une coupe sud-ouest, faite par Juillac (fig. 82), représente plus exactement la succession des couches normalement à la rive et accuse, en même temps, la nature accidentée du terrain sur lequel se sont déposés les sédiments houillers.

Une troisième coupe, par Cardes et la Tournerie (fig. 83), montre que le ravin houiller se prolongeait encore jusqu'en ces points.

Fig. 82. — Coupe par Juillac et Lizac (1/40,000).

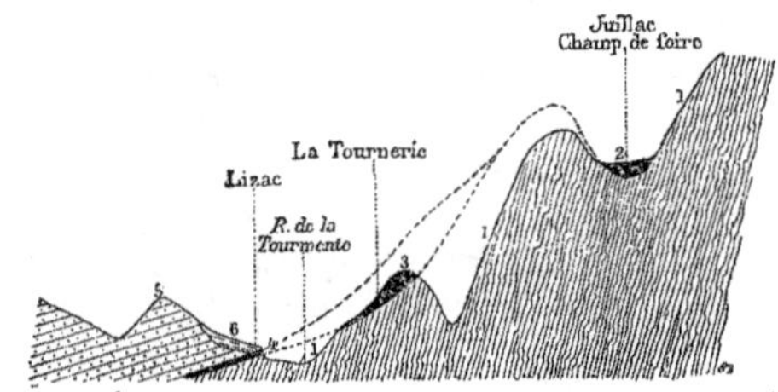

6. Alluvions.
5. Grès rouges grossiers.
4. Grès jaunâtres houillers.
3. Grès houillers et conglomérats.
2. Argiles et grès violacés.
1. Schistes cristallins.

Fig. 83. — Coupe par Cardes et la Tournerie (1/40,000).

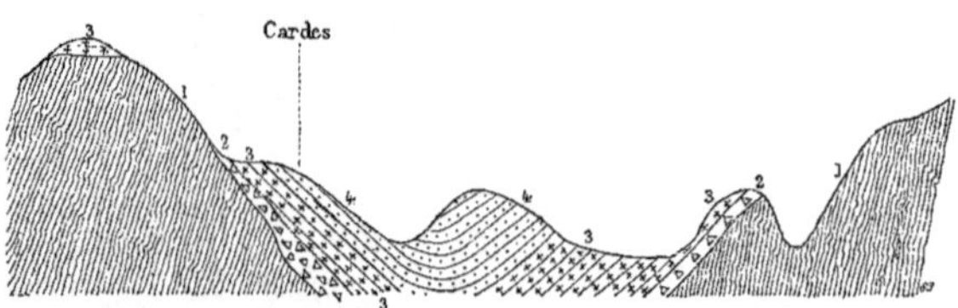

4. Grès rouges grossiers.   3. Grès houillers.   2. Conglomérats.   1. Schistes cristallins.

Il faut tenir compte, dans l'interprétation de ces coupes, de l'affaissement que les couches ont subi dans la région sud, mouvement qui s'ajoute à la pente de dépôt.

CONTREFORT DE SAINT-CYR-LA-ROCHE.

Le contrefort de Saint-Cyr-la-Roche sépare la vallée du ruisseau de Saint-Bonnet-la-Rivière de celle du Rozeix. Les grès qui le composent sont limités au massif cristallin de Juillac par une faille qui prend naissance dans le vallon de la Perche, passe au col situé au sud de ce village, puis au sud de la Brunetie; elle se retourne probablement suivant le petit vallon qui descend de Lescure et vient mourir dans les schistes cristallins.

Les couches les plus basses des grès rouges inférieurs ne peuvent s'observer qu'aux deux extrémités de cette faille : à l'extrémité est, où nous avons vu qu'elles surmontent une mince épaisseur de grès houiller, et à l'extrémité ouest, au Grand-Bayot, où ces couches sont sous forme d'argiles schisteuses violacées et de grès de même teinte, reposant encore sur une mince épaisseur de grès houiller. Plus au sud, sur le chemin de la Serre, on observe des grès rouges et verdâtres, puis des grès graveleux poudingiformes, jaunâtres ou rougeâtres. Le chemin de la Serre-Basse montre bien ces couches formées, parfois en totalité, de graviers réunis par un ciment rougeâtre.

Le contrefort de Saint-Cyr-la-Roche est formé, dans sa partie nord et sur sa bordure est, par les grès rouges inférieurs. Il est surmonté par les étages n°s 2 et 3, en couches plongeant vers le sud-ouest et venant affleurer au niveau de la plaine du Rozeix, sur la rive gauche de ce ruisseau.

La route d'Ayen à Juillac est ouverte dans les grès inférieurs, depuis la faille jusque sous Pierrefiche-Basse. La tranchée voisine de la faille montre des grès et argiles rouges assez bien stratifiés, contenant quelques concrétions gréseuses, peut-être calcarifères. Les couches plongent au sud ou sud-ouest.

En suivant le chemin du faîte depuis la faille, on se trouve dans les grès rouges inférieurs jusqu'à 300 mètres au sud du point coté (229).

Puis, vers le chemin de Pierrefiche, le niveau calcaire (étage n° 2) apparaît. Il est composé de couches argileuses de teinte rouge, alternant avec quelques bancs de grès rouges souvent épais, et contenant des lits de calcaires.

Ces couches se suivent sur le faîte jusqu'à la Jalézie ; le calcaire ne s'y présente guère en bancs continus : il est plutôt sous forme de rognons.

Si, de la Jalézie, on descend sur Saint-Bonnet-la-Rivière, on observe la série entière des grès n° 1, sous forme de grès et d'argiles rouges.

En se dirigeant de la Jalézie sur Puy-Failly, on remarque d'abord plusieurs couches calcaires, puis au-dessus, au sommet de la route, des bancs de grès avec galets de quartz, et même avec galets calcaires, ce qui indique que les couches du niveau inférieur ont été ravinées en d'autres points. C'est une particularité que j'ai déjà signalée au Poulverel.

Entre Puy-Failly et la Jalézie, la hauteur est occupée par des bancs de grès gris, qui ont bien les caractères ordinaires des grès de Saint-Antoine (niveau n° 3). Si l'on se dirige vers Neuvialle, on observe que les bancs de grès durs et de grès poudingiformes de ce niveau sont surmontés par une couche cal-

caire. Puis, en descendant encore plus bas, on retrouve, avant d'arriver à
Neuvialle, des traces du niveau n° 2. Il y a donc, comme l'indique la figure
ci-dessous, outre le niveau calcaire ordinaire, un niveau calcaire au milieu
des grès n° 3. C'est peut-être l'existence d'un niveau analogue qui expliquerait
l'anomalie que j'ai signalée en décrivant les terrains de Léchamet, près de
Saint-Viance (page 308).

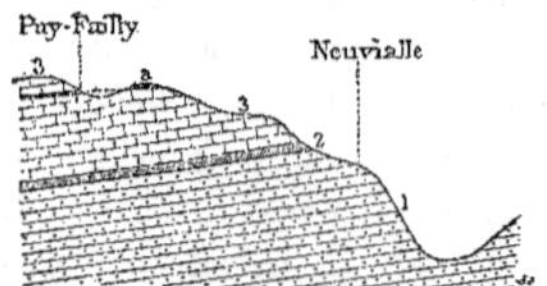

Fig. 84. — Coupe par Puy-Failly et Neuvialle (1/40,000).

3. Grès gris et bigarrés poudingiformes.   2. Niveau calcaire.
   a. Banc calcaire.   1. Grès rouges inférieurs.

Cette couche calcaire est assez épaisse; elle se voit sur le versant est du
puy coté (238) et sur le sommet compris entre ce puy et Neuvialle.

Étudions maintenant les environs du village de Saint-Cyr-la-Roche. Quand
on monte au village par la route qui vient d'Objat, on observe d'abord un
banc épais de grès massifs, puis, au-dessus, une petite couche de rognons calcaires, visible vers le tournant de la route. Elle est surmontée par des grès
gris ou bigarrés avec galets, grès appartenant donc au niveau n° 3 et déjà
observés à Objat. Ces couches forment un plateau sur lequel se trouve bâti le
village; elles deviennent quelquefois sableuses. Le plateau est dominé par une
hauteur formée principalement d'argiles rouges, avec quelques lits minces
de calcaires verdâtres.

Les couches plongent vers l'ouest ou sud-ouest d'environ 20 à 25 degrés.

En descendant au sud-est, un banc calcaire assez épais affleure sous le
château, et c'est sur ce banc que reposent les grès conglomératiques.

Sur le plateau situé au sud de Saint-Cyr-la-Roche, on observe encore,
près de Roumegiéras, des grès sableux jaunâtres, analogues à ceux de Saint-
Cyr; à la ferme, ce sont des grès rougeâtres ou bigarrés. Si l'on suit le chemin qui se dirige vers le point coté (179), près de Minet, le niveau calcaire
affleure nettement au pied du coteau, dans le talus du chemin.

Voici la coupe que l'on peut relever sur le nouveau chemin :

8. A partir du faîte : grès graveleux jaunâtres, parfois rougeâtres, alternant avec
   des argiles rouges schisteuses, parfois feuilletées. Ces couches se suivent
   sur presque toute la longueur de la descente; mais, comme leur plongement
   diffère peu de la pente du chemin, leur épaisseur n'est probablement pas
   considérable.
7. Vers le bas, grès graveleux jaunâtres, épais de 2 mètres.
6. Argiles schisteuses rouges.
5. Grès rouge, épaisseur 0 m. 50.
4. Argiles schisteuses rouges, épaisseur 0 m. 40.
3. Schistes argileux verdâtres, épaisseur 0 m. 20.
2. Calcaire en bancs réglés, schisteux, épaisseur 0 m. 10.
1. Schistes feuilletés, bitumineux, noirs, visibles sur 0 m. 30.

Ainsi donc, les couches argileuses et calcaires qui dominent Saint-Cyr représentent bien la base du niveau n° 4, ou peut-être la partie supérieure du
niveau n° 3, lequel comprend, en tout cas, les grès jaunâtres ou bigarrés, à
galets de quartz, du plateau de Saint-Cyr-la-Roche. Le niveau calcaire, très
peu développé sur la route d'Objat, l'est davantage au sud-ouest du village,
comme aussi sur la rive gauche du Rozeix.

Les grès jaunâtres se retrouvent aussi au village de Gaillard, au nord de
Saint-Cyr, mais je n'y ai pas remarqué le niveau calcaire. En montant au
nord du village, on retrouve les argiles rouges à nodules de calcaire verdâtre
du niveau n° 4.

Passons maintenant à la description du versant sud du contrefort.

La route, de Juillac à Ayen, traverse sans doute la série calcaire, mais
son niveau probable n'est indiqué que par des argiles rouges. Le niveau calcaire n'est apparent que sur le faîte, où il forme le puy situé au nord de
Pierrefiche-Haute, et probablement l'assiette du hameau de Bonnefousie.

Le chemin qui descend de Pierrefiche fournit une bonne coupe des grès
du niveau n° 3. Le plongement des couches est le même que celui de la surface du sol.

Le contrefort de la Bardonie présente la même constitution; mais il est
probable qu'en raison de la profondeur des vallons, les grès inférieurs affleurent dans le fond du vallon, vers sa partie haute, de même que dans le
vallon à l'est du Masmoutier.

Le vallon de Mingedeloup, assez profond, et celui du Burg sont creusés dans les argiles et grès rouges du niveau n° 4 et dans les grès peu colorés du niveau n° 3.

Sur la rive gauche du Rozeix, au pied des coteaux, entre la route de Juillac et l'affleurement de Roumegiéras, on ne voit affleurer que des grès peu colorés, sableux ou en bancs épais; ils appartiennent probablement au niveau n° 3. Toutefois, à l'ouest du Soulet, la couche calcaire apparaît sous ces grès, au niveau de la plaine. Il existe donc un petit synclinal peu accentué entre le Soulet et Pierrefiche.

En résumé, les grès inférieurs qui forment la partie nord du contrefort se présentent sous le facies de grès et d argiles rouges, facies assez semblable à celui des grès n° 4.

Le niveau calcaire n'est pas développé; il paraît représenté par des argiles rouges avec lits de calcaires noduleux, et un banc de calcaire schisteux.

Les grès n° 3 comprennent surtout des grès graveleux et des grès jaunâtres sableux. Ils ne présentent donc pas le facies des grès et schistes gris de Lanteuil et de Saint-Antoine.

Les couches qui forment la base de l'étage n° 4 passent graduellement aux couches n° 3, et il n'est guère possible de tracer une limite précise. Le passage se fait par des argiles rouges avec petites couches calcaires.

La coupe ci-dessous, entre Bonnefousie et Objat, permet de constater les ondulations transversales des couches et les deux plis synclinaux du moulin de Vialle et du Soulet :

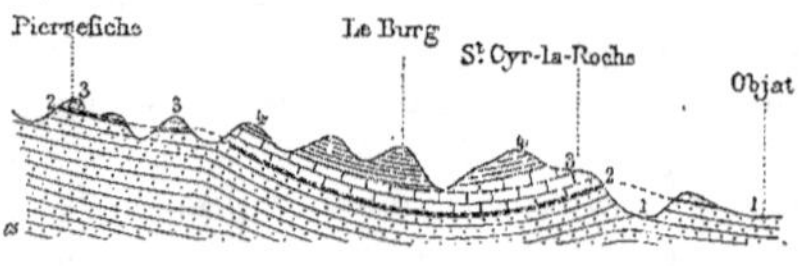

Fig. 85. — Coupe par Pierrefiche et Objat (1/80,000).

4. Grès rouges.　　　2. Niveau calcaire.
3. Grès bigarrés poudingiformes.　　　1. Grès rouges inférieurs.

Le plongement vers le sud est prononcé, ce que montre la coupe entre Chabrignac et le moulin de Vialle, près de Puy-Failly (fig. 86).

Ces coupes montrent aussi que l'épaisseur des grès rouges inférieurs est supérieure à 100 mètres dans le voisinage de la faille, et probablement de beaucoup. Un sondage effectué dans ce terrain, à la bifurcation du chemin de

Saint-Cyr, à 2 kilomètres de Saint-Bonnet, a traversé les grès rouges sur
180 mètres avant d'atteindre les grès houillers, et cependant l'orifice du
sondage est à 40 ou 50 mètres en contre-bas du niveau calcaire.

Fig. 86. — Coupe par Chabrignac et le moulin de Vialle (1/80,000).

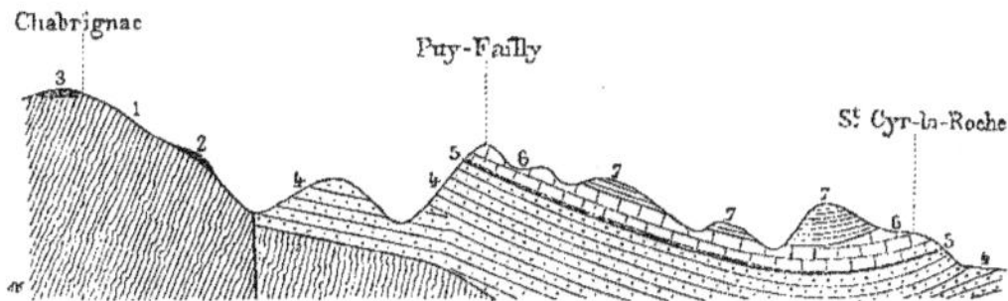

7. Grès et argiles rouges.
6. Grès bigarrés poudingiformes.
5. Niveau calcaire.
4. Grès rouges inférieurs.
3. Grès houillers.
2. Conglomérat houiller.
1. Schistes cristallins.

CONTREFORT DE ROZIERS.

Le contrefort de Roziers sépare le ruisseau de Juillac de celui du Rozeix
et se rattache par le col de Triguant au massif cristallin.

Il est formé par les grès rouges inférieurs qui en occupent la partie nord
et qui sont recouverts, au sud-est de Roziers, par le niveau calcaire et par les
grès du niveau n° 3, ainsi que le montre la coupe en long ci-dessous :

Fig. 87. — Coupe par Roziers et le moulin de Culières (1/80,000).

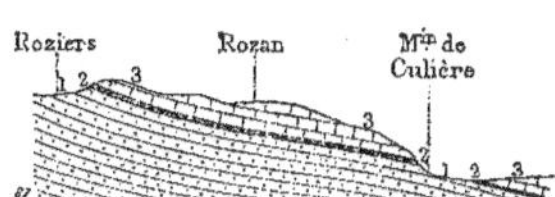

3. Grès rouges et bigarrés.   2. Niveau calcaire.   1. Grès rouges inférieurs.

Les grès rouges inférieurs sont en bancs épais, rougeâtres, séparés par
quelques bancs argileux. La route de Roziers, dans la montée au sud-ouest
du bourg, en fournit une bonne coupe. Dans les bancs à la base, on remarque
deux lits de rognons calcaires.

Plus au nord, vers Bruyère, on observe des argiles rouges avec quelques
bancs de grès rougeâtres; à Bruneric, dans les couches les plus basses, dominent les grès en bancs épais, peu colorés.

Le niveau n° 2 n'est pas développé. Il comprend un banc bien réglé de calcaire schisteux, visible au sommet de la route vers Cellier et dans la montée du moulin de Culières à Pommepuy. Ce banc calcaire est exploité pour l'empierrement sous le château de Lage et près de Bois-Robert.

Les grès du niveau n° 3 présentent la succession suivante, de Rauzan au moulin de Culières :

  4. Grès et argiles rouges avec quelques nodules calcaires.
  3. Grès rougeâtres (à Pommepuy).
  2. Argiles rouges et calcaires.
  1. Grès bigarrés graveleux (à Culières).

Le grès graveleux de Culières repose sur le banc calcaire. Le moulin même est assis sur des bancs épais des grès du niveau inférieur.

Du côté de Roziers, vers Cellier, on observe le passage du niveau n° 1 au niveau n° 2. Le banc calcaire repose sur des argiles rouges contenant plusieurs lits de rognons calcaires.

Le plongement général des couches paraît dirigé vers le sud ou le sud-sud-est, comme sur le contrefort de Saint-Cyr-la-Roche. Il correspond donc toujours à la direction de la limite du massif cristallin.

Les mêmes couches qui, à Cellier, près Roziers, atteignent l'altitude 220 mètres, affleurent au niveau de la plaine, près de Culières, à l'altitude 135 mètres.

CHAPITRE XIII.

ENTRE LA VÉZÈRE ET LA LOGNE.

Le présent chapitre contient la description de la région comprise entre la vallée de la Logne et la vallée qui s'étend de Roziers au confluent de la Corrèze : c'est la région d'Ayen, d'Yssandon et de Mansac.

Pour la commodité de la description, je subdiviserai cette région en quatre parties : la partie nord, limitée au sud par le ruisseau de Cabanis; la partie orientale, du ruisseau de Cabanis à la Roche, près de Saint-Pantaléon; la partie occidentale, c'est-à-dire le versant gauche du bassin de la Logne; et enfin la rive droite de la Vézère, depuis la Roche jusqu'à la Rivière-de-Mansac.

DE SEGONZAC AU RUISSEAU DE CABANIS.

La région que j'ai maintenant à décrire occupe le versant droit du bassin du Rozcix, puis de la Loyre, depuis Sanas au nord jusqu'au ruisseau de Cabanis au sud. Elle est limitée au sud-ouest par les faîtes de Saint-Robert, Ayen et Pampelonne, que couronnent les assises jurassiques.

Au sud de Sanas, le faîte est occupé jusqu'au delà du Granouiller par les grès inférieurs (étage n° 1), sous forme de grès et d'argiles rouges.

Un peu avant la ferme de Piller, le niveau calcaire fait son apparition. Le banc calcaire est épais de o m. 75. Le calcaire y est très argileux, compact, et présente une teinte verte ou rosée. Il est surmonté d'argiles rouges avec nodules et rognons calcaires. Ce banc calcaire a été exploité pour l'empierrement. On le recoupe sur le chemin de Piller à la Ribière; on peut, d'ailleurs, le suivre à flanc de coteau d'une manière continue. Il affleure sous le village de Chatiquot.

Une carrière montre aussi un banc calcaire, à la pointe est du contrefort du Bos, près du point coté (139). C'est un calcaire schisteux, irrégulier, un peu rognonné, noyé dans des argiles rouges, comprises elles-mêmes entre des bancs de grès poudingiformes.

Sur la route du Bos, les grès du niveau n° 3 se suivent sur une assez grande longueur; ils sont rougeâtres ou bigarrés.

Le niveau calcaire affleure aussi dans le chemin creux qui monte à Échalat; il est recoupé, à 1 kilomètre avant le pont du Soulet, par la route de Roziers, et il a été traversé par l'un des sondages de la voie ferrée projetée entre Hautefort et la station du Burg-Allassac.

Sur la route d'Ayen, près du Soulet, on observe, dans le talus de la route, des argiles rouges avec nodules calcaires. En raison du plongement des couches, ce ne peut être que le niveau supérieur des couches n° 3, ou la base des couches n° 4. Mais le niveau calcaire reparaît près du moulin du Soulet, à la maison qui est à la pointe orientale du contrefort de Laval. Le terrain est argileux et contient une épaisse couche schisteuse calcaire.

Cet affleurement disparaît plus loin, et le pied du contrefort des Fourchies, ainsi que le fond du vallon au sud, est occupé par des grès peu colorés, qui représentent le niveau n° 3. Ces couches sont surtout visibles près du village des Fourchies-Basses, du côté de la route.

Puis, les couches plongeant faiblement vers l'est, les grès peu colorés font place à des grès rouges, qui constituent les contreforts de la Carteyrie, de la Vidalie et de Chantegrêle. La route qui monte à ce dernier village fournit une bonne coupe des couches.

Sous Chantegrêle, les couches se relèvent; c'est la même allure qu'à Saint-Cyr-la-Roche. Il est donc probable que le pied du coteau est occupé par les grès du niveau n° 3, et, en effet, à la pointe est du contrefort, sur la rive gauche du vallon, on observe un banc de grès gris schisteux, solide, qui présente bien le facies des grès n° 3 et qui passe supérieurement à des grès gris graveleux. Ces couches ont un plongement vers l'aval du vallon. Sur le chemin qui, de ce point, monte à Chantegrêle, on n'observe que des grès graveleux, couronnés, un peu avant Chantegrêle, par une couche sableuse jaunâtre. Cette couche est surmontée d'argiles d'un rouge vif, qui supportent un banc de grès rougeâtre, épais de 4 à 5 mètres, sur lequel sont établies les constructions du village. Ces couches représentent la base du niveau n° 4.

Le niveau calcaire reparaît sur le chemin qui monte au point coté (179), et les grès inférieurs affleurent sur la route.

Au pied de la route de Vars à Minet, on observe des blocs épais de grès grossiers, surmontés de grès et argiles rouges, en bancs bien réguliers. Au-dessus, apparaissent des grès graveleux peu colorés, mais, dans l'intervalle, le terrain est masqué, et le niveau calcaire affleure peut-être, car ces grès peu colorés, avec des grès sableux jaunâtres qui les surmontent et qui occupent une petite butte, représentent le niveau n° 3.

Les grès sableux, déjà vus à Chantegrêle, sont surmontés par des grès et argiles rouges comprenant un banc calcaire. Ces couches appartiennent au niveau n° 4, ou du moins à la zone avec laquelle commence le facies des grès et argiles rouges de Brive. C'est, dans cette région, à la couche sableuse que j'arrêterai les grès du niveau de Saint-Antoine.

Le banc calcaire situé à la base des grès n° 4 (ou à la partie supérieure des grès n° 3) n'est pas visible sur la route, mais il apparaît entre la route et la crête au sud du point coté (179).

Le flanc gauche du vallon de Saint-Cyprien est très escarpé. Les couches plongent vers l'amont avec quelques ondulations.

Le banc calcaire qui vient d'être signalé dans les grès n° 4 se retrouve dans le lit du ruisseau de Saint-Cyprien, un peu à l'amont du chemin de Bouty à Vars.

On relève la coupe suivante dans la berge :

5. Couches d'argiles schisteuses, micacées, rouges.
4. Banc calcaire en rognons, vert ou violacé, épais de 0 m. 60.
3. Couche d'argiles schisteuses, sur 1 mètre.
2. Banc calcaire, sur 0 m. 40.
1. Couche d'argiles schisteuses.

A part le pied des coteaux qui, comme je viens de l'indiquer, est occupé généralement par les niveaux inférieurs, tout le versant du bassin, jusqu'à la ligne des faîtes et jusqu'aux plateaux jurassiques, est occupé par les couches du niveau n° 4, formées d'une alternance de grès argileux solides et d'argiles schisteuses, micacées ou gréseuses, peu résistantes. Il en résulte que, sur les flancs abruptes, ces couches alternantes forment des sortes d'échelons.

On remarque assez fréquemment dans ce terrain, surtout dans les couches supérieures, des lits de rognons d'un calcaire verdâtre ou rosé. Ces lits s'observent notamment sur la route de Saint-Robert à Ayen et sur le chemin de Laval au pont du Soulet.

On relève la coupe suivante assez nette sur ce chemin :

> 3. Sous le village : grès en bancs épais, avec argiles rouges.
> 2. Dans la partie moyenne : grès en bancs moins épais, contenant une plus grande proportion de couches argileuses et quelques couches noduleuses calcaires.
> 1. Grès rouges, sans couches calcaires.

Ces assises représentent la base des grès et argiles rouges.

A la partie supérieure du terrain, le facies est plus argileux; les couches, bigarrées de rouge et de vert, sont peu résistantes.

En ce qui concerne l'allure des couches, il y a plongement général vers le sud-ouest, mais avec quelques ondulations.

Ainsi, entre Échalat et Minet, les couches ont un plongement faible vers le nord, et la vallée du Rozeix occupe un synclinal. Le relèvement qui fait apparaître le niveau calcaire sous la Porcherie, sur la rive gauche du Rozeix, fait apparaître le même niveau sur la rive droite, au moulin du Soulet.

Le plongement marqué vers l'ouest, déjà signalé à Roziers, se manifeste aussi, quoique moins marqué, dans le vallon de Saint-Cyprien.

Pour terminer la description de la région considérée, il ne me reste plus qu'à décrire le contrefort compris entre le ruisseau de Saint-Cyprien et celui de Cabanis.

Tandis que le flanc gauche du vallon du ruisseau de Saint-Cyprien est escarpé, le flanc droit est très aplati, et le terrain se trouve masqué par les éboulis, sauf à Bouty, où l'on observe un grès graveleux, peu coloré, qui me paraît devoir être mis au niveau n° 3.

Vers la ferme de Loye (Chez-Loye), apparaissent les grès inférieurs, qui occupent la base des coteaux sur tout le pourtour du contrefort et s'élèvent assez haut à Gorbas, à la Quintanne, etc.

La route qui, du Moulin-Neuf, monte à Gorbas, fournit une coupe complète de cet étage, puisque, sous le village, affleure le niveau calcaire, et qu'au pied du coteau, une carrière ouverte dans les schistes cristallins de Juillac montre la superposition des grès à ces schistes.

Sur cette route, l'étage des grès inférieurs se compose de grès peu cohérents, parfois graveleux, quoique moins grossiers que les grès du niveau n° 3, dans la même région. Ces grès sont peu colorés, bigarrés ou faiblement rougeâtres, et passent, de place en place, à des argiles rouges. A la partie supérieure, on observe un ensemble assez épais (10 à 20 mètres) d'argiles et de grès rouges, assez bien stratifiés, ensemble qui présente le même facies que les grès et argiles rouges de Brive (niveau n° 4). Les grès bigarrés sont exploités à la base, près du vallon de Mallevialle; ils sont parsemés de taches charbonneuses. Dans la carrière de schistes cristallins, les couches permo-houillères débutent, au-dessus des schistes, par une couche d'argile rouge d'une épaisseur de 1 mètre environ, sur laquelle reposent des bancs de grès grossiers, graveleux, jaunâtres, offrant bien le facies des grès du niveau n° 1 de la région.

Le niveau calcaire affleure en tous points sur le flanc du coteau. Il est constitué par des argiles rouges comprenant plusieurs lits calcaires. On en voit une bonne coupe sous Gorbas, dans le talus de la route qui descend au Moulin-Neuf. Les couches calcaires sont peu épaisses, noduleuses et séparées par de fortes épaisseurs d'argiles rouges.

Sur le revers sud du contrefort, le niveau calcaire est plus développé; les bancs calcaires sont plus épais, massifs, et les couches d'argiles se sont atténuées ou ont disparu. C'est ce que l'on peut constater au début du chemin qui, du ruisseau de Cabanis, monte à Laleu. L'épaisseur des bancs calcaires est de 3 à 4 mètres; ces bancs sont surmontés par des grès jaunâtres.

Les couches du niveau n° 3 se composent, comme sur le contrefort d'Objat, en grande partie de grès très graveleux, contenant souvent des lits de galets. Les galets sont surtout quartzeux, parfois ils sont schisteux (phyllades); on remarque de rares galets de pegmatite.

Les grès sont peu colorés, ou faiblement bigarrés. Ils sont surmontés par une mince couche de schistes bitumineux, associée à un banc de calcaire schisteux. On observe aussi dans toute l'épaisseur, mais surtout vers la base, des bancs de grès jaunâtres avec quelques schistes argileux, c'est-à-dire des couches du même facies qu'à Lanteuil, Saint-Antoine, etc. Je viens de signaler des bancs semblables au sud de Laleu.

Les grès rouges du niveau n° 4 couronnent le contrefort jusqu'à Laleu et Carabin et n'ont qu'une faible épaisseur. Ce sont des grès et argiles rouges, assez mal stratifiés; vers la base, on observe, à Carabin, un banc de grès sableux jaunâtre. La tranchée du chemin, à l'est, se trouve dans des argiles rouges, contenant un lit de nodules calcaires, de 0 m. 30 d'épaisseur; ces nodules, très irréguliers, sont empâtés dans des argiles rouges et vertes. C'est cette couche que j'ai choisie pour délimiter conventionnellement les niveaux, ou plutôt les faciès n°s 3 et 4.

On voit une belle coupe de ces deux niveaux, le long du chemin de Saint-Laurent à la Gautherie. Avant le village, on observe des traces du niveau calcaire. Il est surmonté par des grès bigarrés, graveleux, auxquels succèdent des grès fins, jaunâtres, qui affleurent dans le village. Plus haut, on retrouve encore des grès bigarrés, en couches se ravinant les unes les autres. Sur le chemin du faîte, le terrain se compose de grès analogues, peu colorés, surmontés tout au sommet par la couche de schistes noirs feuilletés avec calcaires.

Les grès bigarrés se retrouvent à l'embranchement de la route de la Pestourie. Le sommet (209) est occupé par un grès graveleux, peu coloré. Puis on arrive à la tranchée où s'observent les argiles à nodules calcaires, prises pour base de l'étage n° 4.

En résumé, les terrains présentent la succession suivante :

Base du niveau n° 4 (*grès rouges de Brive*)......
- 12. Grès et argiles rouges.
- 11. Grès sableux jaunâtre.
- 10. Argiles à nodules calcaires.

Niveau n° 3 (*grès à Walchia*).
- 9. Schistes bitumineux, couches calcaires et argiles rouges.
- 8. Grès graveleux bigarrés.
- 7. Banc de grès fin jaunâtre et schistes gris.
- 6. Grès graveleux bigarrés.

Niveau n° 2 (*calcaire de Saint-Antoine*).......
- 5. Argiles rouges avec couches calcaires.

Niveau n° 1 (*grès rouges inférieurs*)...........
- 4. Grès rouges et argiles rouges schisteuses.
- 3. Bancs massifs de grès grossiers rougeâtres.
- 2. Grès schisteux jaunâtres et bigarrés avec couche d'argile rouge à la base.

- 1. Phyllades.

Dans leur ensemble, les couches plongent vers le sud-ouest. On peut observer directement ce plongement à la carrière de Gorbas, et le coteau, en ce point, présente du nord au sud la coupe figurée plus loin (fig. 88).

Quant aux hauteurs, depuis le Treuil jusqu'à Saint-Aulaire, elles sont occupées principalement par des couches d'argiles rouges bigarrées de vert, avec quelques bancs de grès. Cet ensemble, analogue à celui qui apparaît à Ayen et Saint-Robert, constitue la partie supérieure des affleurements de l'étage n° 4 dans cette région.

Fig. 88. — Coupe par Gorbas et par la carrière (1/5,000 – 1/2,000).

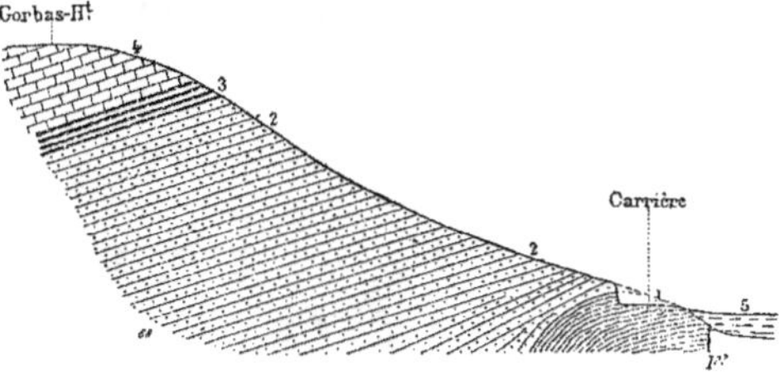

5. Alluvions.
4. Grès bigarrés graveleux.
3. Bancs calcaires et argiles rouges.
2. Grès rougeâtres et argiles rouges.
1. Schistes cristallins.

La topographie appelle peu d'observations. Par suite de la facile désagrégation des grès et argiles rouges supérieurs, le versant droit de la vallée du Rozeix a été découpé par des vallons larges mais profonds, creusés, à leur naissance, en un cirque régulier analogue aux bassins de réception des torrents.

Le vallon de Saint-Cyprien présente cette particularité, que son flanc droit est escarpé et son flanc gauche aplati; mais cette irrégularité tient au plongement des couches vers le nord-ouest. Les couches qui plongent vers le thalweg du vallon, c'est-à-dire celles situées sur le flanc droit, ont été nécessairement plus facilement attaquées que celles situées sur le flanc gauche, lesquelles se présentent par la tranche.

Fig. 89. — Plan schématique du revers du coteau.

Le flanc droit de la vallée de la Loyre, entre Gorbas et Saint-Laurent, est escarpé, alors que le flanc gauche, vers Bridedache (ou Bridelache), est aplati et couvert par des alluvions anciennes; la même raison explique en partie cette disposition, les couches plongeant vers le sud-ouest. Mais il y a une

44

autre raison, car on peut constater les traces d'un déplacement ancien de la Vézère sur sa rive droite; les chaînons primitifs du contrefort ont été rognés par la pointe, comme le figure le croquis à courbe de niveau ci-dessus (fig. 89).

Une coupe en travers montre l'importance des érosions dues à ce déplacement :

Fig. 90. — Coupe en travers.

DU RUISSEAU DE CABANIS À LA ROCHE (PRÈS SAINT-PANTALÉON).

Je passerai maintenant à la description du revers droit de la vallée de la Vézère, depuis le ruisseau de Cabanis jusqu'à celui du Grand-Riou, qui descend de la Chapelle, région limitée à l'ouest par la ligne de faîte depuis Pampelonne (entre Yssandon et Ayen) jusque vers Seuil (le Sueix).

Le flanc droit du vallon du ruisseau de Cabanis est occupé par les mêmes couches que le flanc gauche, mais, par suite du plongement vers le sud-ouest, les grès inférieurs (niveau n° 1) n'affleurent plus que sur une faible hauteur.

Fig. 91. — Coupe nord-est par le Theil (1/40,000).

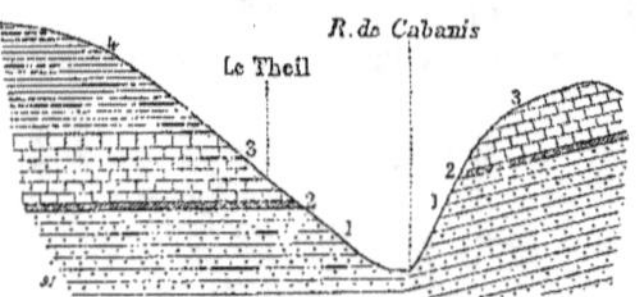

4. Grès et argiles rouges.　　2. Niveau calcaire.
3. Grès bigarrés graveleux.　　1. Grès rouges inférieurs.

Le niveau calcaire est visible sur le chemin d'Ayen à la station de Burg, à 60 mètres après le pont.

Sur la route qui monte à Yssandon, au nord de la Nadalie, on observe deux bancs calcaires séparés par des argiles et grès rouges, appartenant probablement au niveau n° 2. Le banc inférieur, qui n'a que 0.m 20, est composé d'un calcaire gris verdâtre ou rosé, noduleux; le banc supérieur est schisteux. Les grès contiennent des nodules calcaires disposés par veines obliques aux couches. Celles-ci ont un faible plongement vers l'amont.

Les grès du niveau n° 3 comprennent, à la base, quelques couches peu épaisses de grès schisteux gris jaunâtre, surmontées par des grès bigarrés ou rougeâtres qui passent supérieurement aux grès et argiles rouges du niveau n° 4.

La désagrégation du terrain ne m'a pas permis de suivre, sur le contrefort de la rive gauche, les niveaux observés sur la rive droite. Mais ce qu'il faut constater, c'est que les grès du facies des couches de Saint-Antoine se développent vers l'est, et qu'à Bayat et à la Feuille, ils présentent déjà quelque épaisseur.

Le village du Bos est assis sur des grès rougeâtres avec quelques grès gris, ensemble qui se rattache plutôt au niveau n° 3. Ces grès reposent sur les grès gris jaunâtre. Le niveau calcaire passe au-dessus de Nouaille; il est surtout visible, par ses débris, au sud de la Feuille. Le village du Burg est sur des grès jaunâtres plus ou moins schisteux, et celui de la Feuille-Basse se trouve assis sur des grès graveleux et poudingiformes; ces couches, inférieures au niveau calcaire, appartiennent au niveau n° 1.

Depuis la Feuille jusqu'au village du Temple, le niveau calcaire, qui se développe beaucoup et devient très net, se suit aisément vers la base des coteaux, reposant sur des grès et argiles rouges. Il vient affleurer au niveau de la plaine, au nord-est du village du Temple. Sur le bord de la route, près du passage à niveau, derrière une petite fontaine, on observe bien, en effet, les bancs calcaires avec un plongement prononcé vers le sud.

Le village est assis sur des bancs épais de grès jaunâtres du niveau n° 3, plongeant au nord-est. Ces grès se suivent, sur le chemin de la Vialle, jusque près du faîte, mais la tranchée qui précède le faîte est ouverte dans des bancs de grès rouges bien réglés, alternant avec des argiles rouges schisteuses et plongeant vers le sud-ouest. Il serait donc naturel de classer dans le niveau n° 4 ces couches qui paraissent surmonter les grès jaunâtres et qui ont bien le facies des grès rouges de Brive. Mais si l'on prend le chemin qui suit le faîte du petit contrefort du moulin de la Mothe, on observe les couches supérieures à ce niveau, en raison du plongement dirigé alors vers le sud, et l'on constate que ces couches comprennent d'abord des argiles vertes avec rognons calcaires, d'une épaisseur de 1 mètre, puis des bancs de calcaires compacts, bien assisés, surmontés par des grès et schistes gris. C'est bien nettement le niveau n° 2, le niveau calcaire, et, par conséquent, les grès et argiles rouges de la tranchée représentent la partie supérieure des grès inférieurs, avec le même facies que sous Gorbas.

Au reste, des grès sableux jaunâtres, avec galets de quartz, et rappelant les grès du trias, mais appartenant certainement au permien, couronnent le petit contrefort en question, et si l'on descend au sud, vers le confluent du vallon de la Chapelle, on constate que ces couches sableuses reposent sur des grès schisteux gris ou jaunâtres, avec minces lits de schistes bitumineux. Une grande carrière a été ouverte, dans ces couches, sur le versant est du coteau, très peu en contre-bas du sommet. On y observe un plongement marqué des couches vers le sud.

Sous ces grès, le niveau calcaire apparaît très nettement. Il est composé, à la partie supérieure, de bancs calcaires, schisteux, d'une épaisseur totale de 5 mètres, et à la partie inférieure, de grès schisteux jaunâtres.

Ceux-ci reposent sur des argiles rouges, épaisses de 6 à 8 mètres, qui correspondent aux couches de la tranchée de la route près du Temple, et à celles de Gorbas. Ces argiles elles-mêmes recouvrent des grès grossiers, de teinte claire avec veines bigarrées, formés de gros grains de quartz et de feldspath rose, avec mica blanc, et qui proviennent évidemment de la destruction d'une granulite. On y remarque aussi des galets de quartz et de menus fragments de schistes cristallins. Ces grès forment un banc épais au pied du coteau.

Ainsi donc, le petit contrefort de la Mothe est occupé par les couches suivantes, plongeant au sud-ouest :

> 3. Grès sableux et grès et schistes gris n° 3.
> 2. Bancs calcaires et grès schisteux n° 2.
> 1. Argiles rouges et grès grossiers n° 1.

D'autre part, le contrefort du Temple est formé par les grès gris du niveau n° 3 plongeant au nord-est, et qui viennent au contact des grès n° 1. Il y a, par suite, une faille anticlinale passant par ce contact. D'ailleurs, les grès inférieurs, en bancs épais, se poursuivent jusqu'au village du Temple. C'est donc immédiatement au sud de ce village que passe la faille.

Si, maintenant, on se dirige du Temple sur la Vialle, on retrouve, à ce dernier village, des grès jaunâtres du niveau n° 3. Le contrefort au sud est occupé par les mêmes grès, et la faille vient s'éteindre ici, car, dans le vallon situé à l'ouest de ce contrefort, on ne voit plus de traces de rejet.

Au delà du village, la tranchée du faîte est ouverte au milieu de grès et schistes gris, où j'ai recueilli de nombreuses empreintes de *Walchia*, dans une couche schisteuse située vers la crête du talus de gauche. Plus loin, on observe des grès jaunâtres avec argiles rouges et vertes, qui indiquent le début de l'étage supérieur.

En descendant dans la direction du Cailloux, par le petit sentier après le col, on remarque, à 10 mètres de la route, un tas de cailloux contenant des échantillons de bois fossile.

Quant à la route qui descend à Varetz, elle fournit une bonne coupe du niveau n° 3. Les couches ont un plongement marqué vers le nord-est, en sorte que le niveau calcaire affleure très bas, près du village du Cailloux.

Les couches inférieures du niveau n° 4, que j'ai signalées sur la route de la Vialle à Yssandon, forment une petite éminence allongée, suivie, au chemin d'Escurroux à la Vergne, d'un col occupé par les grès et schistes gris. Plus loin, la tranchée du chemin qui conduit à la Farge montre des grès argileux rouges, alternant avec des argiles schisteuses, ensemble qui appartient au niveau n° 4. Ces couches se poursuivent jusqu'au faîte principal.

On suit aisément le niveau calcaire tout autour du contrefort situé au sud de la Vialle. Les bancs plongent fortement vers le sud-ouest : la Vialle occupe donc le faîte de l'anticlinal.

Sur le contrefort à l'ouest, les bancs calcaires occupent un niveau plus élevé; ils se suivent, sans discontinuité, dans le ravin qui sépare les deux contreforts.

La route du Temple à la Chapelle fournit de beaux affleurements des niveaux n°ˢ 2 et 3. Elle montre, de chaque côté du vallon, deux affleurements calcaires bien développés, ce qui prouve qu'en ce point l'étage n° 2 se compose de deux séries de bancs calcaires, séries séparées par des grès gris.

Au reste, les grès et schistes gris supérieurs contiennent aussi, outre les schistes bitumineux, quelques bancs calcaires. On en observe également au milieu d'argiles rouges assez épaisses, qui séparent les bancs calcaires principaux des grès gris n° 3.

Au nord du ponceau, les grès inférieurs affleurent brusquement, par suite d'un rejet. Plus à l'amont, on retrouve le niveau calcaire, qui se prolonge jusqu'au pied du contrefort d'Escurroux.

La route qui monte à la Chapelle et qui se poursuit, plus loin, dans la direction de Seuil, présente la succession suivante :

<table>
<tr><td rowspan="4">Niveau n° 4.</td><td>f.</td><td>Grès et argiles rouges, avec nodules calcaires.</td></tr>
<tr><td>e.</td><td>Bancs de grès poudingiformes peu colorés.</td></tr>
<tr><td>d.</td><td>Grès gris jaunâtre.</td></tr>
<tr><td>c.</td><td>Grès rouges et argiles rouges.</td></tr>
<tr><td>Niveau n° 3.</td><td>b.</td><td>Grès et schistes gris, reposant sur des couches épaisses d'argiles rouges, avec banc de calcaire verdâtre.</td></tr>
<tr><td>Niveau n° 2.</td><td>a.</td><td>Bancs calcaires.</td></tr>
</table>

Les couches *d*, quoique nuancées de rouge, ont un facies qui rappelle celui des grès n° 3. Cependant leur position indique qu'il faut les placer vers la base, mais non tout à fait à la base, de l'étage n° 4.

Le contrefort de la Roche, au sud du vallon du Grand-Riou, est formé entièrement, du pied jusqu'au sommet, par les grès du niveau n° 4. Il y a donc une faille importante, séparant ces grès des terrains plus anciens qui occupent le flanc gauche du même vallon.

Cette faille se constate nettement à l'extrémité du contrefort de la Roche, près du confluent du Grand-Riou et de la Vézère.

On observe en ce point, au pied du coteau, sur le bord de la route, des argiles schisteuses et des schistes feuilletés d'un vert foncé avec rognons calcaires abondants, visibles sur 3 à 5 mètres de hauteur. Ces couches peuvent se tracer sur le flanc droit du vallon et représentent le niveau calcaire. Elles sont brusquement suivies, sur la route, par les grès et argiles rouges du niveau n° 4, en couches plongeant fortement vers le sud. C'est donc en ce point que passe la faille.

Si, maintenant, l'on pénètre dans le vallon du Grand-Riou, on remarquera que le flanc gauche est formé par les bancs épais des grès inférieurs, tandis que le flanc droit est occupé jusqu'à la faille, c'est-à-dire sur 50 à 100 mètres de largeur, par les grès et schistes gris du niveau n° 3. Puis, à 500 ou 600 mètres de la route, cet affleurement passe sur la rive gauche; il est bien visible sur le chemin qui monte à la Vialle.

La pointe du contrefort de la Chapelle est occupée par le niveau calcaire; puis, en montant à la Chapelle, on traverse les argiles rouges qui surmontent ce niveau et les grès et schistes gris qui les recouvrent, et qui font place ensuite aux grès rouges, le chemin recoupant la faille. Au delà, les grès rouges

se poursuivent jusque un peu avant le village, là où commencent à affleurer
les grès jaunâtres.

Il résulte de cette disposition des couches, qu'il existe une seconde faille
parallèle à la faille principale et située à une distance d'environ 500 mètres
vers le nord. C'est ainsi que les grès et schistes gris qui occupent le fond du
vallon sont juxtaposés aux grès grossiers n° 1, qui s'élèvent à une certaine
hauteur sur le flanc gauche, et aux grès et argiles rouges, qui constituent le
flanc droit et occupent aussi le faîte, à l'altitude 190 mètres, le fond du
vallon étant à l'altitude de 105 mètres environ.

D'ailleurs, la direction rectiligne de la limite sud et l'allure des couches
s'opposent à ce qu'on puisse considérer cette limite comme résultant de la
superposition des grès rouges aux grès et schistes gris.

La coupe ci-dessous, faite en travers du vallon, permet de se rendre
compte de la dislocation du terrain :

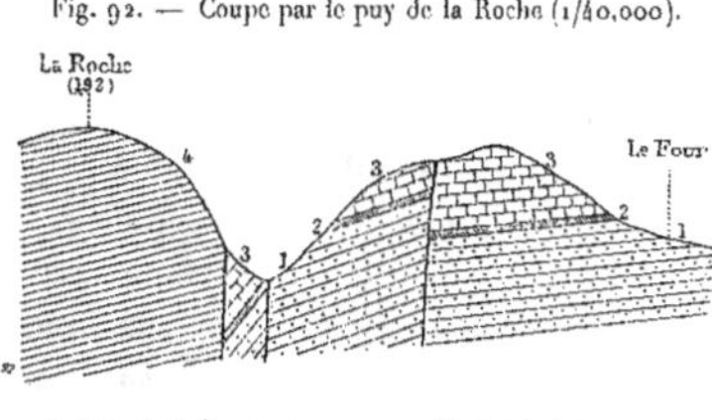

Fig. 92. — Coupe par le puy de la Roche (1/40,000).

4. Grès et argiles rouges.   2. Bancs calcaires.
3. Grès et schistes gris.   1. Grès rouges inférieurs.

Le long du chemin qui descend vers le sud-ouest, au sud du village de la
Chapelle, on constate que les grès jaunâtres de la Chapelle reposent sur les
grès et argiles rouges qui descendent jusqu'au bas, et appartiennent bien au
niveau n° 4. Le thalweg du vallon, sous la Chapelle, est peut-être creusé
dans les grès et schistes gris.

Le plateau qui domine les versants que je viens de décrire, est occupé par
les grès et argiles rouges, depuis Pampelonne, au nord, jusqu'à Seuil, qui
forme la limite sud de cette région. La route d'Yssandon au Burg fournit une
bonne coupe de ce terrain, sur le faîte, depuis Yssandon jusqu'aux Pirondeaux; mais, dans la descente, qui se fait sur le flanc droit très aplati du
vallon de Cabanis, le terrain ne se voit guère.

Les couches qui occupent le faîte se composent surtout d'argiles rouges avec lits de rognons d'un calcaire verdâtre. On peut les observer tout autour d'Yssandon, vers Scuil, etc.

La hauteur de Puy-Leix est couverte par le trias, mais le puy des Pirondeaux, quoique presque aussi élevé, ne présente que des grès graveleux rouges du niveau n° 4.

En ce qui touche à la topographie, j'ai à faire observer que le versant droit du vallon de Cabanis est très aplati, couvert d'éboulis; ce qui tient à la facile désagrégation des grès rouges, que ne protège pas un chapeau calcaire, comme celui qui existe sur le versant droit.

Le pied du versant de la Vézère présente des pentes plates, couvertes d'éboulis ou d'un terrain sablonneux rougeâtre, formé par la décomposition des grès rouges inférieurs. Ceux-ci forment, au sud de Varetz, un monticule isolé, qui s'élève d'une trentaine de mètres au-dessus de la plaine et qui est couronné par le château de Castel-Novel. C'est évidemment un témoin du chaînon qui rattachait jadis le contrefort de Voutezac au massif de Gumont, chaînon qui a été détruit en deux points : au sud de Castel-Novel, ancien lit de la Loyre, et au nord, à Varetz, son lit actuel.

Ce ne sont pas là, au reste, les seuls passages de la Loyre; il est probable qu'elle a dû, dans le cours du creusement de sa vallée, traverser le contrefort en d'autres points situés plus au nord, notamment au sud de Gorsa.

Les grès inférieurs, sous forme de grès quartzeux jaunâtres, grossiers, affleurent encore sur la berge gauche de la Vézère, au pont de Varetz. Comme la rive droite est occupée par les couches de grès rouges, il en résulte que la faille signalée à Saint-Viance se poursuit vers le sud, en passant à l'est du pont de Varetz et en accentuant son rejet.

D'après la description qui m'a été donnée du terrain rencontré dans les fondations des ponts du chemin de fer sur la Vézère et la Corrèze, ce terrain consisterait en grès grossiers, rougeâtres, appartenant au niveau n° 1 plutôt qu'au niveau n° 4. La faille passerait donc à l'est du chemin de fer.

Les couches permiennes affleurant à la base de la butte d'Yssandon ont été déjà signalées par Dufrénoy[1], qui les a classées dans les grès bigarrés du trias. Dufrénoy signale aussi les rognons calcaires, et il assimile à ces rognons les bancs calcaires « du village d'Escurron à une lieue d'Ussac ». Il s'agit, sans

---

[1] *Explication de la carte géologique de France*, II, 135, 136.

doute, des calcaires qui affleurent sur le versant droit de la Loyre, entre Escurroux et Varetz.

Dufrénoy signale, dans les calcaires, l'existence de tiges d'encrines et de polypiers tubulaires. Cependant je n'ai jamais rencontré aucun fragment fossilifère, ou portant des empreintes; ces calcaires, d'ailleurs, sont très probablement des formations d'eau douce.

D'Archiac [1] mentionne aussi les grès rouges, avec rognons calcaires, d'Yssandon, couches qu'il classe dans les grès bigarrés du trias. Il signale, de plus, les grès du niveau n° 3 au village du Beau (le Bos, près la station du Burg), et il les range à tort dans les grès houillers, faute d'avoir observé leur superposition à des couches permiennes.

ENTRE YSSANDON, LA ROCHE ET LA LOGNE.

La région que j'ai maintenant à décrire est formée par le revers occidental du massif compris entre la Loyre et la Logne, région limitée à l'est par la ligne de faîte qui s'étend de Pampelonne à Seuil, à l'ouest par la Logne, et au sud par la Vézère. Je décrirai plus loin, dans un paragraphe spécial, le bord méridional de cette région, entre le village de la Roche et le village de la Rivière-de-Mansac; dans le présent paragraphe, je ne m'occuperai que du versant de la Logne.

Comme la ligne de faîte est très rapprochée du cours de la Loyre, ce versant forme, en réalité, un plateau découpé par des vallons profonds, affluents de la Logne et de la Vézère, et il constitue la plus grande partie du massif.

Toute cette vaste étendue est occupée uniquement par les grès et argiles rouges du niveau n° 4, et leur description en sera fort simple.

Près du village des Fosses, sur le contrefort situé au sud de Perpezac, on observe, au milieu des grès et argiles rouges, et sur une épaisseur de 2 à 3 mètres, des schistes feuilletés, verts ou d'un gris verdâtre, compris dans des argiles rouges. Ces schistes, qui ont un facies spécial que je ne connais qu'en ce point, ne paraissent pas contenir d'empreintes; ils sont accompagnés d'un banc calcaire. Ils affleurent sur le chemin qui monte à l'ouest, entre le village et le chemin du faîte.

Le contrefort d'Alogne fournit une bonne coupe. Le faîte est occupé par

___

[1] *Histoire des progrès de la géologie*, VIII, 176.

des grès bigarrés de rouge et de vert. Si l'on descend de Belmont sur Brignac, par la route, on observe des grès rouges peu cohérents, graveleux, ou même poudingiformes; mais si l'on suit le faîte dans la direction du sud, on remarque, près du tombeau de Mme Gobert (à Chassat), des grès jaunâtres analogues à ceux déjà observés au village de la Chapelle. Ces couches reposent sur des grès rouges, qui occupent le flanc et le pied du coteau; il faut remarquer qu'elles ne se poursuivent pas plus au nord, puisqu'elles ont disparu sur la route de Belmont à Brignac.

Le contrefort d'Yssandon à Chamillac offre une coupe analogue, mais plus complète. Au sud du Chalard, près Yd'ssandon, et sous les grès du trias et du lias, affleurent des grès à grain plus fin, plus colorés, bigarrés, qui appartiennent au permien, bien qu'ils ressemblent beaucoup aux grès triasiques bariolés qui s'étendent entre Brive et la faille de Meyssac. Plus au sud, on observe des grès et argiles bigarrés, puis, au-dessous, des grès verdâtres, quelquefois rouges ou bigarrés, souvent graveleux, qui alternent aussi avec des argiles rouges et bigarrées. A Chamillac et au Sarradis, on retrouve, au-dessous, des grès jaunâtres ou gris jaunâtre, parfois très graveleux, ayant le faciès des grès de Saint-Antoine. C'est le niveau de la Chapelle et de la Chouanne (Chassat). Ces couches reposent sur des grès rouges qui occupent le pied du coteau et qui sont visibles aussi dans le lit du ruisseau.

En remontant le vallon qui passe à Laborderie, on suit les grès et argiles rouges, mais, au confluent des deux vallons, sous Chauviat, on voit affleurer, dans le lit du ruisseau, des grès gris à grain grossier. Ces grès reposent, par l'intermédiaire d'un banc de calcaire noir, sur des grès rouges schisteux. Ce serait le prolongement du niveau de Chamillac. Au-dessus, on ne voit plus, jusqu'aux Pirondeaux, que des grès et argiles rouges.

Le contrefort de Mansac est couronné par trois îlots de grès du trias; mais, à part ces affleurements restreints et peu épais, il n'est formé que de grès rouges, sur 100 mètres de hauteur. La pointe extrême sud comprend des couches particulières que je décrirai plus loin, avec les affleurements qui s'étendent à la base des coteaux, depuis la Roche jusqu'à la Rivière-de-Mansac. Mais au-dessus de ces couches, qui plongent fortement vers le nord, les grès et argiles reprennent le faciès ordinaire; les grès sont parfois très graveleux et les argiles ont une teinte rougeâtre ou verdâtre. La route de la Rivière à Mansac fournit une coupe de ce terrain.

On observe à Layrat, sous Mansac, des grès verdâtres bigarrés de rouge, avec quelques couches argileuses. Le contrefort de la Besse est formé par un terrain analogue.

Les faîtes sont couronnés par des grès bigarrés avec argiles rouges, contenant, comme au nord, de nombreux lits de rognons calcaires verdâtres, qu'on utilise pour l'empierrement. Ce sont ces mêmes couches, très argileuses, bigarrées de vert, qui forment les hauteurs environnant le village de Gumont.

Les couches stratigraphiquement les plus élevées paraissent être celles du puy coté (192), à l'ouest du village de la Roche-Haute. On y voit des bancs de grès qui ressemblent un peu aux grès de Grammont et qui représentent peut-être la base de l'étage n° 5.

Quoi qu'il en soit, le massif, dans son ensemble, est bien composé des grès et argiles du niveau n° 4, dont on peut voir des coupes sur le chemin de Gumont au moulin de la Mothe et sur la route de Gumont à Larche.

Au point de vue de la topographie, il n'y a à noter que le faîte, assez saillant, qui s'étend du puy des Pirondeaux jusqu'à Miallat, au sud de Gumont. Au sud, les collines plus basses de Lachaize et de la Roche forment une sorte de plateau en contre-bas du faîte. La colline de Mansac est, au contraire, presque aussi élevée que la ligne de faîte.

DE LA ROCHE (PRÈS DE SAINT-PANTALÉON) À LA RIVIÈRE-DE-MANSAC.

Le contrefort sur lequel est assis le village de la Roche-Haute présente des revers escarpés; il est composé de bancs de grès rouges, bien assisés et formant corniche. A mi-coteau, entre la Roche-Haute et la Roche-Basse, une carrière a été ouverte dans ces grès. Le terrain est rocheux et contient peu de bancs argileux.

Les couches plongent au nord ou au nord-ouest, depuis la faille du Grand-Riou, mais, à partir de la Prade, le terrain devient plus argileux et les flancs du coteau ne sont plus aussi escarpés. La route de Lavarde à Saint-Pantaléon fournit une bonne coupe de ces couches argileuses.

Toutes ces couches, qui correspondent stratigraphiquement aux couches de Lintillac à l'est et de Puy-Jubert à l'ouest, appartiennent évidemment au niveau des grès rouges de Brive. Plus loin, on rencontre des couches d'un faciès différent.

Si, en effet, on monte, par un petit chemin, sur le flanc est du contrefort situé à l'ouest de Lavarde (fig. 93), on trouve d'abord des grès argileux rouges, assez semblables à ceux de Saint-Pantaléon, mais, peu après et au-dessus, on observe des grès gris schisteux, semblables aux grès de Lanteuil, avec cette différence que les grès gris alternent avec beaucoup de bancs de grès rougeâtres. Ce terrain forme le petit plateau allongé qui couronne le contrefort. Plus au nord, là où le terrain commence à se relever pour atteindre le plateau de Nicoux, les grès gris sont surmontés par des grès rouges, analogues à ceux de Saint-Pantaléon.

Fig. 93. — Coupe nord-sud à 250 mètres à l'ouest de Lavarde (1/2,0000).

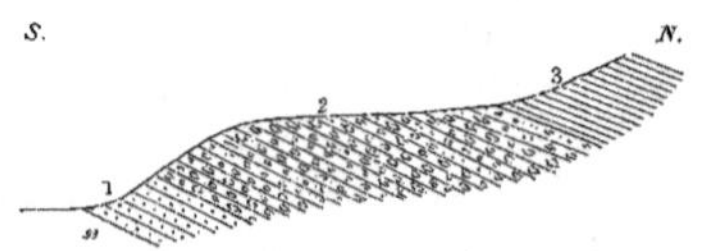

3. Grès et argiles rouges.   2. Grès jaunâtres.   1. Grès rouges.

Sur le flanc ouest du contrefort et non loin de la route, il existe une carrière ouverte dans des grès gris, que l'on peut voir aussi sur le chemin qui conduit à la ferme située sur la pointe du contrefort. Le ravin entre ce contrefort et celui de la Jarrousse montre des grès rouges alternant avec quelques grès gris.

En résumé, les couches se présentent dans la succession suivante, de haut en bas :

     c. Grès et argiles rouges.
     b. Grès gris avec quelques bancs de grès rougeâtres.
     a. Grès rougeâtres et rouges et argiles rouges, avec des bancs de grès gris.

Or, en montant de Saint-Pantaléon à Lavarde, et partout au nord, on ne trouve que des grès rouges, et les couches *b,* qui rappellent, par leur faciès, les grès de Saint-Antoine, n'existent pas. Il faut donc admettre qu'il y a eu affaissement des terrains à l'est, ce qui a déterminé une faille dirigée à peu près suivant le thalweg du vallon situé à l'ouest de Lavarde.

Ces couches *b* affleurent au pied du petit contrefort situé au sud de Nicoux. Là, elles contiennent des schistes bitumineux et des calcaires, et elles sont surmontées par les grès rouges.

Cependant les couches qui plongeaient au sud, sous la Roche, et qui étaient à peu près horizontales à Lavarde se relèvent vers l'ouest, et l'on observe, en se dirigeant vers la station, des couches de plus en plus basses.

À la Jarrousse, le pied du coteau est occupé par des grès et schistes gris ayant le facies des grès de Saint-Antoine. Ces grès, qui plongent au nord, sont surmontés, comme on peut le constater en montant vers Miallat, par des grès rouges et rougeâtres, prolongement des couches *a* de la coupe précédente. Au-dessus, on retrouve les grès gris jaunâtre *b* qui disparaissent, vers le point coté (145), sous les grès rouges de Brive.

À Puymorel, les grès gris qui affleurent à la base du coteau ont un plongement dirigé vers le sud, mais si l'on suit le chemin de Miallat qui en fournit une coupe (fig. 95), on ne tarde pas à voir ces couches devenir hori-

Fig. 94. — Coupe nord-sud suivant le chemin de Puymorel à Gumont (1/20,000).

2. Grès rouges.   1. Grès et schistes gris.

zontales, ou prendre même un faible plongement vers le nord, au point où les grès rouges de Brive commencent à affleurer. Les villages de la Jarrousse et de Puymorel se trouveraient donc sur un anticlinal relativement accentué. Le chemin de Puymorel à Miallat montre d'ailleurs la succession suivante :

4. Grès rouges de Brive.
3. Grès micacés jaunâtres.
2. Grès rougeâtres, verdâtres, surmontés par des argiles rouges et vertes.
1. Grès gris, plongeant au sud.

Non loin de Puymorel, de l'autre côté de la voie ferrée, il a été creusé, près de la ferme de Bernou, un puits pour la recherche de la houille. On en trouvera la coupe détaillée à l'annexe, coupe qu'on peut résumer comme suit :

Grès n° 3	50 mètres.
Calcaires et argiles rouges	37
Grès rouges inférieurs et grès houillers	286
Grès houillers, sans mélange de grès rouges	59
TOTAL	432

Les couches supérieures, que l'on peut voir affleurer, au reste, dans des sablières voisines du puits, et où l'on trouve des empreintes, correspondent aux grès gris inférieurs de Puymorel et de la Jarrousse.

On voit qu'elles surmontent des bancs calcaires avec schistes bitumineux qui ne peuvent être rapportés qu'au niveau des calcaires de Saint-Antoine. Les couches supérieures du puits appartiennent donc certainement au niveau des grès de Saint-Antoine et l'on retrouve ainsi, à Larche, la succession suivante, analogue à celle déjà observée à Marcillac et à Tudeils :

Étage n° 4.
- *c.* Grès et argiles rouges.
- *b.* Grès gris jaunâtre, schistes bitumineux et calcaires.
- *a.* Grès rouges.

Étage n° 3. — Grès et schistes gris.

Étage n° 2. — Bancs calcaires.

Dans la partie moyenne des grès rouges inférieurs, à la profondeur de 206 mètres, on a trouvé des schistes à empreintes, avec flore houillère, mais comprenant aussi des *Callipteris*.

La route de Larche à Gumont fournit une autre coupe des terrains. Au village du Crozet (Crouzet), ce sont les grès gris (étage n° 3) bien visibles au nord du village. Ces grès alternent supérieurement avec des argiles rouges, puis, sur les deux flancs du vallon, on aperçoit des grès gris schisteux qui se prolongent jusque sous les Arnaudes (Arnaudet). Ces couches représentent le niveau déjà observé à la Jarrousse (couches *b*). A gauche de la route, dans un champ, se voit un affleurement d'un banc calcaire au milieu des grès gris schisteux avec argiles rouges : c'est la partie supérieure du niveau *b*.

Plus loin, on n'observe plus que les grès rouges de Brive (couches *c*), très bigarrés de vert et qui se prolongent jusque sur le faîte.

Le village de la Cave est aussi assis sur les grès gris du niveau de Saint-Antoine. Ces grès s'élèvent assez haut, et l'on y a ouvert des carrières à plusieurs niveaux, non loin du village, au nord-ouest. Dans l'une de ces carrières, les dépôts fournissent beaucoup d'empreintes de fougères (voir p. 83). Les couches plongent fortement vers le nord.

Les carrières les plus hautes se trouvent déjà dans les grès rougeâtres de la zone inférieure de l'étage n° 4 (couches *a*). Le sommet est occupé par un banc épais de grès très grossier, feldspathique et graveleux, surmonté par une mince épaisseur de grès et d'argiles rouges. C'est sur ce terrain qu'est assis le hameau d'Audeguil (fig. 95). Au nord d'Audeguil, le plateau est formé par des grès gris ou jaunâtres, poudingiformes. Toutes ces couches plongent vers le nord, et, au point où cesse le plateau et où le terrain naturel se relève, les grès rouges de Brive apparaissent.

Fig. 95. — Coupe nord-sud par Audeguil (1/20,000 – 1/10,000).

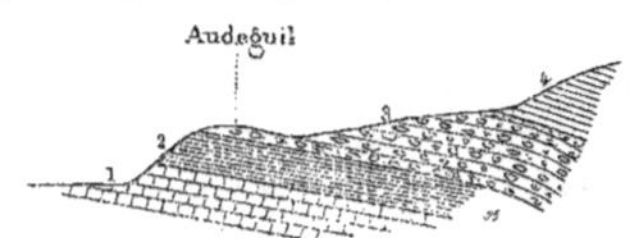

4. Grès et argiles rouges.   2. Grès rouges.
3. Grès poudingiformes et grès jaunâtres.   1. Grès et schistes gris.

Ainsi donc, le contrefort de la Cave permet de constater la même succession que celui, de la Jarrousse et, de plus, on remarque, à la base des grès gris de l'étage n° 4, la présence d'un banc de grès feldspathique, graveleux ou poudingiforme.

Fig. 96. — Coupe nord-sud par le nord de Beilotte (1/5,000 – 1/2,500).

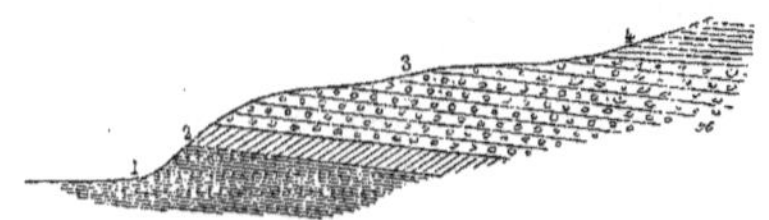

4. Grès et argiles rouges.   2. Grès jaunâtres.
3. Grès poudingiformes et grès gris.   1. Calcaires et schistes calcaires.

La pointe du petit contrefort situé à l'est de la Chaize et au sud du point coté 190 mètres est formée par ces mêmes couches d'Audeguil (fig. 96). On y remarque la succession suivante :

3. Grès et argiles rouges de Brive.
2. Grès poudingiformes et grès jaunâtres.
1. A la base, schistes calcaires et calcaires en nodules.

Cette couche n° 1, qui est le prolongement sans doute de celle observée entre la Jarrousse et Nicoux, ainsi qu'au Crozet, a une épaisseur de 10 à 15 mètres. Elle contient, à sa partie supérieure, des grès et argiles rouges surmontés d'une épaisse couche de rognons calcaires. Les schistes contiennent beaucoup d'écailles de poissons.

Les grès de Saint-Antoine, exploités à l'ouest du village de la Cave, sur le revers du coteau, s'abaissent et disparaissent sous les couches supérieures après le ravin qui descend du point coté (190). Toutefois l'extrême pointe du versant droit de ce ravin est encore dans ces grès, que l'on peut voir sur le chemin qui monte à la Chaize. Ce sont des grès schisteux jaunâtres, surmontés par des argiles schisteuses vertes ou bigarrées, contenant des rognons calcaires et des schistes feuilletés. Ces couches sont presque immédiatement surmontées par des grès rouges.

Ceux-ci constituent le petit contrefort situé plus à l'est. Ils sont recouverts par les grès gris supérieurs, un peu au sud du village de la Chaize, qui se trouve lui-même sur les grès rouges de Brive.

Le ravin qui descend du point coté (178), à la Chaize, traverse des couches de grès bigarrés avec quelques argiles schisteuses; c'est un terrain peu argileux et peu coloré.

Le contrefort étroit, à l'ouest de ce ravin, présente plusieurs carrières ouvertes sur le revers qui regarde la vallée. Ces carrières sont creusées dans des grès gris contenant quelques lits de schistes bitumineux et de schistes feuilletés gris, c'est-à-dire dans les couches du niveau n° 3. On les voit, à l'est, s'enfoncer sous les grès bigarrés, et, par conséquent, le ravin qui vient d'être décrit occupe un pli synclinal; c'est pourquoi les grès rouges de la Jarrousse (zone n° 4ª) viennent affleurer au niveau de la plaine, à peu près en face le village de Bru (le Brat).

Parmi les carrières que je viens de citer, je dois appeler l'attention sur celle située le plus à l'est et à gauche du chemin qui monte au Perrier. Cette carrière, que j'appellerai la carrière du Perrier, présente la coupe suivante :

Fig. 97. — Coupe de la carrière du Perrier (1/200).

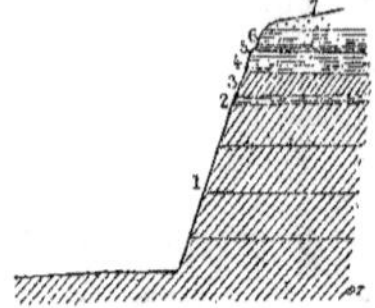

7. Terre végétale.
6. Schistes gris (0^m,30).
5. Schistes noirs feuilletés (0^m,15).
4. Schistes gris à empreintes (0^m,20).

3. Grès gris (0^m,50).
2. Schistes gris (0^m,35).
1. Grès gris jaunâtre exploité, visible sur 5 mètres.

J'ai recueilli un certain nombre d'empreintes dans une couche schisteuse qui forme le toit de la carrière. L'emplacement de cette carrière est indiqué sur la figure suivante, qui représente la succession des couches au pied du coteau, depuis le ravin de Bellotte jusqu'au passage à niveau du Perrier.

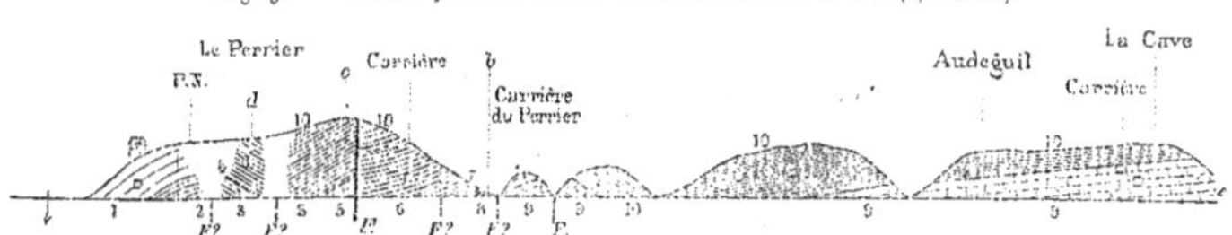

Fig. 98. — Vue du pied des coteaux entre le Perrier et la Cave (1/20,000).

10. Grès rougeâtres et bigarrés (zone 4ᵃ).
9. Grès et schistes gris (étage 3).
8. Bancs calcaires.
7. Grès gris poudingiformes.
6. Grès bigarrés et verdâtres.

5. Grès et schistes gris avec amas poudingiformes.
4. Grès gris à empreintes.
3. Grès bigarrés poudingiformes.
2. Grès rougeâtres poudingiformes (zone 4ᵃ).
1. Grès et schistes gris (zone 4ᵃ).

Après le dernier ravin et sur le flanc ouest, près du chemin vicinal, on voit affleurer en *b* des schistes bitumineux et des schistes calcaires très durs, surmontés de schistes verdâtres avec rognons calcaires, puis de grès poudingiformes. Ces schistes sont visibles sur une épaisseur de 3 à 4 mètres et plongent vers l'ouest. Ils sont surmontés par des grès bigarrés rougeâtres et verdâtres, en banc réglés, qui affleurent sur le bord du chemin et dans lesquels une carrière a été ouverte.

Ces grès bigarrés appartiennent évidemment au niveau de la Jarrousse (zone 4ᵃ), et les schistes calcaires occupent la partie supérieure du niveau nᵒ 3. Il y a donc une faille suivant le ravin, faille dont la lèvre abaissée est à l'ouest.

Les couches sont à peu près horizontales dans le sens du chemin, puis un nouveau rejet fait apparaître, à 50 mètres environ de ce point, en *c*, des couches de grès et schistes gris avec des amas irréguliers poudingiformes calcaires, qui représentent peut-être le bord de la lentille calcaire qui vient d'être signalée à la partie supérieure du niveau nᵒ 3, ou peut-être le niveau supérieur des couches nᵒ 4ᵇ. Les couches plongent toujours vers l'ouest.

Un peu plus loin, on voit affleurer en *d*, le long d'une rampe d'accès, des couches de grès gris et de schistes gris avec empreintes, correspondant peut-être au niveau nᵒ 4ᵇ. Ces couches sont comprises dans des grès bigarrés avec galets.

Un peu avant le passage à niveau, on observe encore des grès rougeâtres à

46

galets, en couches plongeant très fortement vers le sud. Après avoir dépassé le passage à niveau, en arrivant sous la maison, à la pointe du contrefort, le talus montre des grès gris micacés et des schistes gris qui plongent toujours fortement au sud.

Ces couches, qui surmontent les grès bigarrés poudingiformes, représentent le niveau des grès gris supérieurs (zone 4^b). On y a ouvert une carrière, où l'on observe de nombreuses faces de friction parallèles à la rivière. Je n'ai pas trouvé d'empreintes.

En montant par le chemin qui passe près de la carrière et conduit au village du Perrier, on traverse les mêmes couches, toujours composées de grès et schistes gris ayant le même facies que les grès de Saint-Antoine. On y trouve cependant des couches d'argiles rouges et violacées.

En descendant dans le vallon au nord du village, on voit affleurer, dans les fossés du chemin, des grès et schistes gris contenant des graines.

On observe, à la pointe du petit contrefort à l'est de la Chaize, un banc calcaire compris dans des argiles rouges. A l'aval, sur le flanc droit du vallon, il existe quelques couches de grès gris.

Entre le chemin qui monte de la Rivière à la Chaize et la maison du Perrier, le coteau s'abaisse insensiblement vers la plaine, et une terre sablonneuse masque la nature du terrain.

Si l'on suit le chemin de la Chaize, on observe, à mi-côte, des grès gris ou verdâtres avec des couches d'argiles rouges; la terre est sablo-argileuse, avec galets de quartz, et d'une teinte jaune clair. Ce ne sont pas, par conséquent, les grès de Brive.

A partir du col, commencent à affleurer des grès et argiles rouges qui, par leur facies, doivent probablement être classés dans les grès de Brive. Entre le Perrier et le village de la Chaize, ce sont encore des grès gris ou jaunâtres, tandis que la majeure partie du village de la Chaize se trouve sur les grès rouges. On observe, au milieu des grès gris, un grès grossier, contenant des galets de schistes cristallins et très analogue au banc déjà observé à Audeguil.

Ce qu'il faut remarquer, c'est que si l'on se dirige de la Chaize jusqu'au passage à niveau du Perrier, on se trouve toujours dans les mêmes couches de grès et schistes gris, et que ces couches, à la Chaize, sont surmontées par les grès et argiles rouges de Brive. Ces grès gris seraient donc bien l'équivalent des couches d'Audeguil (zone 4^b), et par suite de leur plongement vers le sud, on

comprend qu'ils viennent affleurer au niveau de la plaine, entre le passage
à niveau et le chemin de la Rivière à la Chaize. Les grès avec empreintes, observés près du passage à niveau, à l'est, peuvent donc appartenir au niveau
des grès rouges de la Jarrousse (zone 4^a), niveau qui se relèverait vers l'est,
pour laisser affleurer les grès et schistes gris avec amas poudingiformes, représentant la partie supérieure du niveau n° 3.

Reprenons maintenant notre description, en nous supposant placé à l'embranchement du chemin de la Chaize, sur la route de la Rivière à Mansac.
A peu de distance de ce point, le coteau devient plus escarpé et est constitué
par des grès verdâtres alternant avec des argiles rouges. C'est probablement
la zone 4^a. Entre les fermes de Chez-Lioux et le Jarrige (le Jarris), on ne
voit qu'un terrain argileux rouge, mais on n'observe pas les grès de la zone 4^b.
Vers la Chambre, on voit affleurer, dans le lit du ruisseau, des grès argileux
rouges et des argiles que l'on retrouve également sur le chemin qui monte au
village, comme aussi sur celui qui monte à la Chaize. Toutefois la pente du
sol est très faible sur le versant gauche du vallon, et il est difficile de bien
constater la nature du terrain, masqué par des dépôts meubles.

Fig. 99. — Coupe nord-sud par le Chalard (1/10,000).

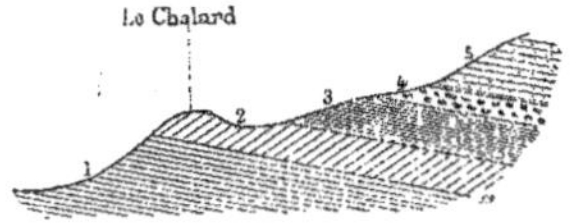

5. Grès graveleux rouges et verdâtres.
4. Argiles rouges avec rognons calcaires.
3. Grès verdâtres avec lits calcaires.
2. Grès gris et grès graveleux, grossiers, jaunâtres.
1. Grès rouges.

La ferme du Chalard, qui occupe la pointe sud du contrefort de Mansac,
est bâtie sur des grès gris et des grès grossiers, graveleux, de teinte claire,
qui reposent sur des grès rouges. Les couches plongent vers le nord. Elles représentent probablement le niveau d'Audeguil (zone 4^b). Elles sont surmontées par des grès verdâtres avec lits calcaires; au col qui sépare la pointe du
massif principal, ce sont des argiles rouges avec rognons calcaires. Plus haut
encore, on trouve les grès rouges ou verdâtres, graveleux, de la zone 4^c.

En résumé, le flanc du coteau depuis la Roche jusqu'à la Rivière-de-Mansac

46.

montre une succession intéressante des couches formant la partie supérieure des grès et schistes gris et la partie inférieure des grès et argiles rouges.

Les grès et schistes gris, représentant les grès de Saint-Antoine, affleurent au pied du coteau depuis la Jarrousse jusqu'à la carrière du Perrier. Le puits de Larche a permis de reconnaître leur superposition au niveau calcaire.

Les grès et schistes gris sont surmontés par des grès argileux massifs, rouges ou bigarrés, avec argiles rouges, qui occupent le flanc inférieur des coteaux, depuis Saint-Pantaléon jusqu'au Chalard. Au-dessus, ce sont des grès gris ou jaunâtres, analogues aux grès gris inférieurs et contenant, vers le haut, quelques bancs calcaires. Ces couches forment une sorte de banquette à la partie moyenne des coteaux, notamment au Perrier et à Audeguil, mais, à l'extrémité ouest, elles viennent affleurer au niveau de la plaine. Elles passent supérieurement aux grès et argiles rouges du facies ordinaire.

CHAPITRE XIV.

ENTRE L'ELLE ET LA LOGNE.

Le contrefort qui sépare la Logne, ruisseau qui passe à Brignac, et l'Elle qui passe à Villac, se détache, au nord, du plateau liasique d'Ayen et est limité, au sud, par la Vézère, depuis la Rivière-de-Mansac jusqu'à la Villedieu.

Les faîtes, étroits, sont couronnés par les grès du trias sur une épaisseur qui ne dépasse 30 mètres en aucun point.

Les phyllades ou schistes argileux anciens affleurent sur le bord sud-est, entre la Sudrie près de Villac et la Villedieu.

Sur ces schistes cristallins reposent les grès houillers du bassin de Cublac, grès dont est formé le chaînon de Loubignac; le reste du contrefort entre l'Elle et la Logne se trouve principalement dans les grès rouges du niveau n° 4.

Pour la commodité et la clarté de la description, je diviserai ce contrefort en trois parties, savoir :

1° La partie nord, depuis Ayen jusqu'au Batistou, au nord de Cublac, c'est-à-dire jusqu'aux vallons de Savignac et de Port-du-Feix, près de Brignac;

2° La partie sud-est, limitée à l'ouest par le chemin du Batistou à la Rochette;

3° La partie sud-ouest, c'est-à-dire les environs de Cublac.

ENTRE AYEN, BRIGNAC ET SAVIGNAC.

Étudions d'abord le flanc gauche de l'Elle jusqu'au vallon de Port-du-Feix.

Sur la route de Perpezac à Brignac, on observe, sous le plateau jurassique, à la croisée du chemin qui monte au signal coté (348), des couches argileuses d'un rouge vif, bigarrées de vert. Le grès est à grain fin, très micacé. C'est bien le même faciès que dans la région de Saint-Aulaire. Ces couches ont un plongement marqué vers le nord.

Un peu plus au sud, vers la borne 41ᵏ, on remarque que les argiles rouges contiennent un banc de calcaire verdâtre, de 0 m. 20 d'épaisseur.

Au delà, le terrain change de nature, bien que l'on soit toujours dans l'étage n° 4. Il se compose de couches plus sableuses, encore micacées, avec quelques lits d'argiles rouges schisteuses et des bancs irréguliers de grès, ou des amas gréseux et graveleux, avec galets.

Ce terrain qui, d'une manière générale, est graveleux, et non argileux, se voit bien dans les tranchées de la descente sur Brignac. On y remarque des couches sableuses, bigarrées comme le sont les couches du trias au sud de Brive, mais moins colorées. Ce sont des couches semblables à celles déjà notées à la base du puy d'Yssandon, notamment vers Puybouzou (Puy Lonzoux).

Au pied de la descente, les couches, peu distinctes, sont sableuses, micacées, argileuses, rouges ou verdâtres, mais ne paraissent pas graveleuses.

Un peu avant le bourg de Brignac, une fouille sur la gauche de la route met en évidence des grès sableux jaunâtres, assez grossiers, avec couches d'argiles rouges. C'est sur ces couches que se trouve établi le bourg. Elles sont analogues à celles de Chamillac et de la Chouanne, quoique moins développées, mais elles paraissent occuper un plus bas niveau dans la série des grès n° 4, sans toutefois se trouver aussi bas que les grès d'Audeguil, près de Larche.

En descendant des Vergnes à la Payrèdes, on observe des couches graveleuses ou argileuses semblables à celles de la route de Perpezac. Le versant droit de la Logne est donc, à l'exception des environs de Perpezac, composé de couches qui sont de même nature et qui ressemblent à celle du versant gauche.

Le faîte qui sépare l'Elle de la Logne, depuis la pointe sud du plateau jurassique jusqu'au Batistou, est couvert, presque sans discontinuité, par des dépôts de grès du lias ou du trias, et les grès rouges se voient mal jusqu'à la Chapelle. Cependant on peut constater que les grès et argiles rouges de Perpezac passent, vers Rémonderie, aux grès graveleux déjà observés sur les versants de la Logne.

Le puy situé entre le hameau de la Chapelle et le puy de Brouillaud coté (301) est constitué par des grès graveleux rouges. Au pied du côté nord, sur le chemin de Brouillaud, ce sont des argiles rouges et vertes, contenant des grès micacés schisteux, peu solides, jaunâtres, verdâtres, ou rouge vineux.

Au delà, entre Brouillaud et Rongères, on observe quelques couches de grès rouges non graveleux, alternant avec des couches argileuses et schisteuses. Le sommet coté (291) est formé par des couches sableuses et graveleuses.

Vers le Clusel, il y a aussi des grès graveleux et des bancs de grès gris,
piquetés de taches charbonneuses, reposant sur des couches argileuses.

Sur le chemin de la Sudrie, on observe des grès argileux, micacés, schisteux, ayant le faciès des grès rouges de Brive. Plus au sud, au col, on remarque des bancs poudingiformes, et, en montant au Bure, ce sont des grès
rouges, à grain fin, sans gravier, alternant avec des couches schisteuse rouges
et présentant un peu le faciès qu'on observe vers la Gleygeolle et la Bitarelle,
près Meyssac, bien qu'on soit à un niveau beaucoup plus bas. Ces grès sont
brusquement interrompus, à quelques centaines de mètres avant le Bure, par
les schistes argileux du précambrien, et, en descendant de part et d'autre du
contrefort, on constate qu'il n'y a que juxtaposition des grès et des schistes
et que leur séparation correspond à une faille.

Le long de la faille, sur le versant de l'Elle, les grès poudingiformes, déjà
observés au col, forment des couches plongeant fortement vers le nord. Des
grès analogues constituent un banc énorme qui paraît presque horizontal,
sous le village de la Sudrie, et qui a été classé à tort, par de Boucheporn[1],
dans les grès du trias, en discordance sur les grès rouges. Il n'y a, en ce point,
ni trias ni discordance.

On peut bien remarquer, à la Sudrie, que les grès poudingiformes ont été
silicifiés et durcis, et que des bancs, jadis de consistance variée, forment
maintenant un ensemble solide et compact. Il s'agit évidemment là d'actions
dues à des émanations siliceuses parvenues par la faille; au reste, ces émanations ont modifié, dans le voisinage immédiat de la faille, non seulement les
grès permiens, mais aussi les schistes argileux anciens, les conglomérats houillers et les grès du trias du puy de Brugeailles.

Le chemin de Brouillaud à Villac fournit aussi, surtout dans sa partie supérieure, une bonne coupe des grès graveleux et poudingiformes.

Les grès poudingiformes durcis forment le petit piton du moulin de Sougnac, au sud de la Ramisse, piton dont la base est formée par les schistes
anciens, séparée par faille des grès, et dont le sommet est couronné par d'énormes blocs de grès durs, isolés par la dénudation les uns des autres.

---

[1] *Op. cit.*, p. 77.

A la Ramisse, ces grès passent à des couches argileuses, micacées, de teinte rouge, bariolées de vert, avec quelques bancs de grès micacés, à grain fin, tendres, de teinte verte ou rouge, c'est-à-dire ayant le facies des grès d'Ayen, Saint-Aulaire, etc. Ces couches plongent encore vers le nord. On les suit sans modification jusqu'au puy de Sourgnac, dont une partie du sommet est occupée par les grès du lias ou du trias, plongeant vers le sud.

Le petit massif à l'ouest de Savignac est aussi constitué par les grès poudingiformes durcis, dont les gros blocs isolés couvrent le flanc sud, tandis que le flanc nord ne présente rien de semblable. Le durcissement ne s'est donc étendu qu'à une distance de 150 à 200 mètres au plus de la faille.

Déjà, au pied de la montée du chemin direct de Savignac, on observe des grès non durcis, argileux, rougeâtres, en bancs épais, ayant un plongement de 25 degrés vers l'est, et probablement aussi un plongement nord.

Plus loin, en remontant le flanc droit du vallon, il y a, sous la Valette, une carrière ouverte dans des bancs épais de grès poudingiformes, solides, mais non durcis. Sur la hauteur, à Savignac et à la Valette, ce sont des grès schisteux dalliformes, alternant avec des couches argileuses rouges.

Quant aux grès triasiques, j'ai déjà fait observer qu'ils couvrent la crête depuis le plateau de Perpezac jusqu'à la Chapelle. Ils forment aussi le sommet du Tour-de-l'Age. Ils s'étendent au sud jusqu'à la Valette, et leur limite ouest, entre la Valette et la Chapelle, est tracée par une faille, dont la lèvre abaissée est à l'est. On perd les traces de cette faille dans les grès rouges, au sud, où son amplitude atteint 50 mètres, et, au nord, elle vient mourir vers la Chapelle. Elle est donc subordonnée à la grande faille qui limite les grès et les schistes anciens.

Les grès poudingiformes, durcis ou non, qui se développent dans le vallon de Savignac, bien que rappelant beaucoup par leurs caractères apparents les grès inférieurs de Grand-Roche, représentent cependant le niveau n° 4. Nous les verrons reposer, à Cublac, sur des couches qui ne peuvent être assimilées qu'aux grès de Lanteuil n° 3 et aux grès rouges inférieurs. De plus, on peut facilement suivre le passage latéral graduel de ces grès aux grès n° 4 sous leur facies ordinaire. Les coupes que j'ai données dans la vallée de la Logne établissent ce passage : il a lieu par l'intermédiaire de grès graveleux.

La description des couches comprises entre Brignac, la Rivière-de-Mansac et Cublac montrera également le même fait.

ENTRE BRIGNAC, LA RIVIÈRE ET LA ROCHETTE.

La région comprise entre Brignac, la Rivière-de-Mansac et la Rochette occupe les versants droits de l'Elle et de la Vézère depuis Brignac jusqu'à la Rochette, près de Cublac. Elle est délimitée à l'ouest par le faîte de la Rochette au Batistou, et au nord, par le vallon de Port-du-Feix.

Elle se compose donc du contrefort compris entre la Logne et la Vézère, qui se détache au sud-est du Batistou, à part le flanc gauche du ruisseau de la Valade et à part le petit contrefort coté (178), dont je rattacherai la description à celle des environs de Cublac.

A Brignac, les grès qui occupent le fond du vallon sont, je l'ai fait remarquer, des grès sableux jaunâtres. On peut les observer à la sortie du bourg, près de la maison d'école, sur la route de la Rivière.

En suivant la route de la Chabrélie, on constate que les grès jaunâtres sont surmontés par des couches argileuses bigarrées, avec lits de rognons d'un calcaire verdâtre. A partir du col situé entre la Chabrélie et le Rouvet, les couches deviennent moins argileuses; elles comprennent surtout des grès bigarrés peu cohérents, micacés, schisteux, contenant beaucoup de galets et de graviers quartzeux. Il y a un point où l'on observe une discordance dans le dépôt des couches (*cross stratification*); on voit une alternance de psammites et de grès, en couches inclinées à 15 degrés, reposer sur des psammites sableuses en couches horizontales (fig. 100). Cela montre quel était le régime du dépôt, régime torrentiel, comme l'attestent, au reste, le grand nombre et la forte dimension des galets de quartz que contiennent les grès.

Fig. 100. — Vue d'un talus près de la Chabrélie.

De Brignac à la Seignardie (la Signardie), le terrain est masqué. Le village de la Seignardie se trouve assis sur des bancs de grès rougeâtres. Si l'on remonte le petit vallon transversal, on voit affleurer, à la base du flanc gauche de ce vallon, des bancs épais de grès grisâtres, prenant à l'air une

47

teinte rouge et contenant des galets et du gravier. Ces bancs, qui forment
un escarpement de 4 à 5 mètres de hauteur, paraissent être le prolongement
de ceux observés à la Seignardie; ils plongent au nord. On les observe jusqu'à Lescuret. Le lit du ruisseau est dans des grès sableux, parfois poudingiformes. Au fond du vallon, le contrefort de la Bélinerie est constitué par
des alternances de couches argileuses rouges et de grès souvent grossiers, grisâtres, dont certains bancs contiennent beaucoup de galets de quartz.

La pointe du petit contrefort de la Cabane, au sud de la Bélinerie, est
formée par des bancs de grès poudingiformes, surmontés par une faible épaisseur de grès gris schisteux avec traces d'empreintes, et comprenant un banc
de calcaire schisteux. Sur ces couches reposent des grès jaunâtres grossiers
et des grès rougeâtres poudingiformes; plus haut, vers la Cabane, ce sont
les grès poudingiformes ou graveleux déjà observés à la Chabrélie et à la
Bélinerie.

Au sud, de Lestrade à la Chalvarie, on observe des couches analogues :
grès graveleux et poudingiformes, de teinte rouge, alternant avec des couches
argilo-schisteuses rouges, bigarrées de vert, et avec quelques bancs de grès
jaunâtres, équivalents probables de ceux de Brignac ou de Chamillac. Mais
avant d'arriver à la Chalvarie, le terrain change de nature, car, un peu à
l'est de l'ancien chemin de Brignac à la Rivière, près du village, il existe
une petite carrière ouverte dans un grès d'un blanc jaunâtre, très grossier ou
même poudingiforme, qui présente un peu le facies des grès houillers.

Le flanc droit du vallon transversal qui descend de la Bélinerie est très
adouci comme pente, et le terrain ne présente pas d'affleurement. A en juger
par la nature des éboulis, ce doivent être des couches argileuses peu colorées.

Si, maintenant, on suit le vieux chemin de Brignac vers la Rivière, on
traverse des couches sableuses, bigarrées ou rouges, qui recouvrent le grès
jaunâtre; celui-ci apparaît aussi au sud. Puis, franchissant le ravin situé
entre l'Estrade et le Mas, on voit affleurer à la montée, près de la Cabane,
des bancs de grès et de schistes gris, qui ont le facies des grès de Saint-Antoine et qui reposent sur des roches très compactes et très dures, probablement siliceuses, accompagnées de grès grossiers jaunâtres. Ces couches
de grès gris et jaunâtres se suivent sur le chemin de la Rivière.

En montant de là au Mas, elles sont recouvertes bientôt par des grès rougeâtres et bigarrés, sableux et graveleux, analogues aux grès déjà décrits et
plongeant vers le sud.

Dans le vallon au sud du Mas, le thalweg est occupé par des grès sableux jaunâtres. Les mêmes couches forment le pied du contrefort de Genière, où elles sont surmontées par des grès rougeâtres et des argiles rouges.

Le village de la Combe se trouve sur ces grès jaunâtres. Dans le bas, vers le ruisseau, il y a quelques grès sableux rougeâtres. En suivant le thalweg du vallon, aux grès jaunâtres succèdent des grès solides, graveleux, rouges ou rougeâtres, alternant avec des argiles rouges.

En montant au sud du village de la Combe, on voit encore affleurer les grès jaunâtres jusque vers la croisée du chemin de la Rue-Mondie. A l'est de ce point, il y a un petit plateau formé par ces grès, associés à des schistes gris avec empreintes de tige. Le chemin qui relie les deux villages de la Rue-Mondie se trouve dans des couches analogues.

Le pied du coteau de la Rue-Mondie, à l'est, est occupé par des bancs de grès rouges, qui plongent vers le nord-est.

On voit donc que, de Brignac à la Rue-Mondie, le pied des coteaux est occupé par des grès jaunâtres qui représentent les couches de grès gris supérieurs d'Audeguil et du Perrier. Ces couches sont surmontées par une grande épaisseur de grès rouges, graveleux et poudingiformes, à gros galets, avec quelques couches d'argiles rouges; c'est le niveau supérieur des grès et argiles rouges de Brive.

Fig. 101. — Vue de la rive droite de la Logne, à l'aval de Brignac (1/80,000).

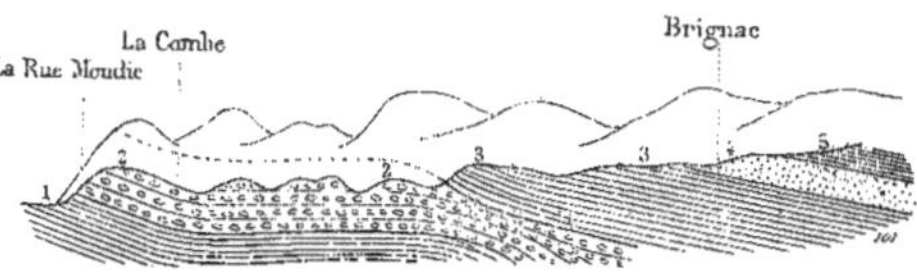

5. Grès rouges plus ou moins graveleux.   2. Grès gris et jaunâtres (zone 4^b).
4. Grès jaunâtres sableux.   1. Grès et argiles rouges (zone 4^a).
3. Grès rouges plus ou moins graveleux.

Enfin, sous la Rue-Mondie, apparaissent les couches les plus basses. Elles peuvent s'étudier très facilement au pied des coteaux qui bordent la Vézère, à partir du pont sur la Logne. Ce sont des grès rougeâtres et verdâtres, quelquefois graveleux ou un peu poudingiformes, alternant avec des couches plus tendres et avec quelques couches d'argiles rouges. Le faciès de ce terrain est très analogue au faciès des grès rouges de Brive. Les couches plongent d'une manière très marquée vers le nord, et elles sont ondulées dans le sens parallèle à la Vézère. Le chemin de Vieille-Vigne à la Rue-Mondie fournit une coupe de ces grès, et, en atteignant le faîte, on constate leur recouvrement par les grès gris de la Combe. Les grès rouges occupent encore le fond du vallon à l'est du Claud, et ils ne disparaissent qu'à la pointe sud du contrefort du Claud.

Quant aux grès gris supérieurs, on peut les suivre sur le chemin de la Combe au Claud. On ne les voit pas dans le vallon du Claud, mais on les retrouve dans le chemin qui descend du Claud sur la route, du côté de la Bombetterie. Ce sont des grès sableux, jaunâtres, avec quelques couches d'argiles rouges et des bancs de grès graveleux. Les couches ont un fort plongement vers le sud-ouest, même supérieur à l'inclinaison du chemin, et elles affleurent au niveau de la plaine, vers le point où ce chemin rencontre la route. Par contre, sur le flanc gauche du vallon du Claud, les couches plongent à l'est ; par conséquent, ce vallon est dirigé suivant un anticlinal.

Les couches supérieures se voient au village du Claud : ce sont des couches graveleuses de teinte rouge. Sous la Bombetterie, elles passent à des grès et argiles rouges. Plus loin, en continuant de suivre la route, on ne voit plus que des grès tendres, graveleux ou poudingiformes jusqu'à la Rochette. C'est le niveau des grès rouges de Brive.

Ces grès peuvent s'étudier, soit dans le vallon entre Ouirac et la Rochette, soit sur le chemin de Ouirac à la Rochette. Ce sont des grès rouges ou rougeâtres, souvent sableux, parfois compacts et durs ; souvent graveleux et poudingiformes, parfois fins et micacés, et contenant alors des amas poudingiformes à très gros galets de quartz. Leur peu de cohérence explique la fréquence des éboulis sur les flancs de coteaux qui ne sont pas escarpés.

À la Rochette, il existe quelques couches peu graveleuses, micacées, sans galets, un peu argileuses, surmontant des grès très graveleux. On peut les observer en remontant le flanc gauche du ruisseau de Ouirac.

On verra que ces couches sont représentées, au sud de la Rochette, par des grès et argiles rouges qui affleurent au bord de la Vézère, un peu avant le confluent du ruisseau de Cublac.

ENVIRONS DE CUBLAC (DE LA ROCHETTE À MARQUOIL).

Je comprends, dans les environs de Cublac, le contrefort de Loubignac jusqu'au Batistou, et le vallon de la Valade.

Pour la clarté de la description qui suit, j'indiquerai immédiatement la succession des couches, telle qu'elle s'observe à Cublac, sans faire d'hypothèses sur leur niveau géologique.

Au-dessus des schistes cristallins, reposent des grès à facies houiller, contenant une couche de houille; c'est le terrain que j'appellerai *grès houillers de Cublac*.

Ces grès sont surmontés par des grès à facies permien, argileux, bigarrés ou rouges, avec argiles rouges, et que j'appellerai *grès bigarrés de Cublac*.

A la partie supérieure, ces couches comprennent, en certains points de la région, des grès et schistes gris, des bancs calcaires et une petite couche de houille. Ce sont les *grès de la Cabane*.

Enfin les grès de la Cabane, quand ils existent, les grès bigarrés de Cublac, dans le cas contraire, sont surmontés par des grès grossiers ou graveleux, poudingiformes, rougeâtres ou bigarrés, que j'appellerai *grès de la Valade*.

La coupe brisée suivante, par le faîte du contrefort de la Cabane (la Chabanne, sur la carte) et le ruisseau de Cublac, met en évidence la succession de ces diverses couches :

Fig. 102. — Coupe par Cublac, le Moulin-à-Vent et la Valette (1/40,000 — 1/10,000).

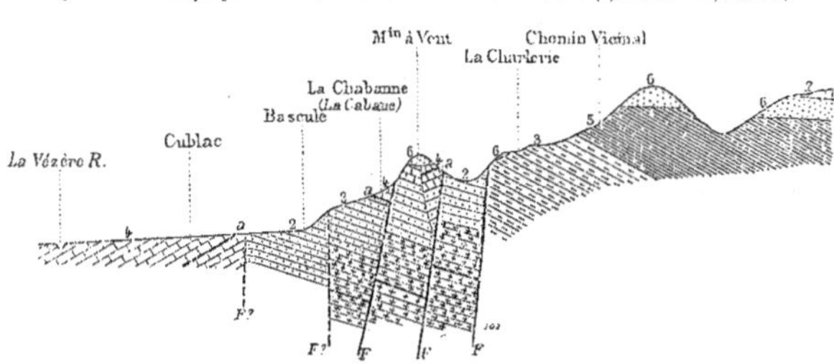

7. Calcaires de l'infralias.
6. Grès de l'infralias.
5. Grès graveleux et poudingiformes bigarrés (grès de la Valade).
4. Grès et schistes gris, calcaires, etc.
3. Grès bigarrés, bancs calcaires, etc.
2. Grès rougeâtres et argiles rouges (grès bigarrés de Cublac).
1. Grès houillers.

Le ravin situé à l'est de la Rochette, entre la Rochette et la Géronie, est creusé dans un terrain très rocheux, composé de grès solides, rougeâtres, généralement poudingiformes, semblables aux grès de Ouirac et à ceux que l'on peut voir à la Valade. A l'amont, les couches ont un plongement considérable vers le nord. Ces grès se voient aussi sur le revers du coteau qui forme le flanc droit du vallon, surtout un peu au nord de la Rochette. Le même terrain affleure dans le lit même du ruisseau, sous le pont du chemin, près de la Rochette, à côté du pont du chemin de fer. Le terrain se compose là d'argiles rouges et bigarrées, surmontées de bancs de grès.

Au sud-ouest de la Rochette, on remarque un petit plateau couvert d'éboulis sableux, et au sud de ce plateau, la route comprise entre le chemin de fer et la Vézère est établie sur des grès et argiles rouges. Au nord de la voie ferrée, le chemin latéral se trouve dans des grès graveleux rougeâtres. A la traversée du ruisseau de Cublac, près du Rouchoux, ce sont des grès grossiers gris.

Ces divers affleurements qui entourent, au sud-ouest, le petit plateau en question, n'ont pas absolument le faciès des grès de la Valade et forment peut-être le passage aux grès inférieurs; c'est une zone que l'on voit mieux à la Cabane, au nord de Cublac.

A Terrasson même, on observe, à l'entrée de la ville, côté de Brive, dans les escarpements qui bordent le faubourg, des grès graveleux, poudingiformes, bigarrés, surmontés par des couches analogues et qui s'en séparent difficilement. Celles-ci sont cependant plus sableuses, plus faiblement bigarrées, plutôt jaunâtres; ce sont les grès du trias ou du lias, tandis que les couches bigarrées de la base appartiennent aux grès de la Valade.

Si l'on remonte le petit ravin à l'ouest de la Rochette, on trouve une succession plus variée.

On ne voit d'abord que des grès gris ou rougeâtres, graveleux; puis, après une assez longue lacune, on observe, dans le lit du ruisseau, la succession suivante :

     6. Trias.
     .. ..
     4. Grès jaunâtres, souvent graveleux, avec quelques schistes argileux rouges, sur une assez grande épaisseur (10 à 15 mètres).
     3. Banc calcaire de 1 mètre environ d'épaisseur.
     2. Schistes bitumineux noirs, assez épais, avec schistes et grès micacés verdâtres.
     1. Schistes argileux rouges.

C'est là le niveau inférieur aux couches de la Valade, c'est-à-dire le niveau qui comprend les couches de la Cabane, ou qui sépare celles-ci des grès de la Valade.

Au delà et jusque sur le faîte, on ne trouve plus que les grès du trias.

Suivons maintenant la route qui conduit de Cublac à Mansac, par le Rieux.

Dès le début de la côte, après le petit ravin que je viens de décrire, on voit, dans les talus, affleurer des couches peu solides, plutôt argileuses que gréseuses, contenant quelques bancs sableux ou graveleux, mais principalement des grès argileux rougeâtres ou jaunâtres. Vers la partie inférieure, ces couches comprennent un ou plusieurs bancs de calcaire gris noduleux; un peu plus haut, il existe un banc régulier de calcaire compact. Ces divers bancs calcaires sont accompagnés de schistes gris ou jaunâtres. Le faciès de ces couches rappelle celui des couches qui affleurent le long du chemin de Rochemouroux, quoique celles-ci ne contiennent pas de bancs calcaires.

Un peu plus haut, en face de Cublac, on observe des grès sableux ou graveleux.

Plus haut encore, en face le puits Neuf, on retrouve des couches analogues aux couches inférieures, sableuses, rouges ou jaunâtres, non graveleuses, mais surmontant des grès graveleux, visibles en contre-bas de la route, sur la droite.

En descendant le flanc du coteau, dans la direction du puits Neuf, on observe, à 10 ou 15 mètres plus bas, des bancs de grès gris avec schistes bitumineux, en couches assez épaisses, et présentant bien le faciès des grès du Gourd-du-Diable. D'ailleurs, un petit ravin voisin, qui débouche un peu au nord du puits Neuf et qui est d'un accès assez difficile, surtout en été, fournit une coupe encore plus complète de ces couches. On y trouve des vestiges d'empreintes végétales. Les grès gris sont surmontés par des grès rougeâtres.

Une petite couche de houille, contenue dans la zone inférieure des grès gris, affleure un peu au nord du ravin, à une faible hauteur au-dessus du niveau du ruisseau, en face le puits la Valade; elle repose sur des schistes bigarrés.

En résumé, la route du Rieux traverse, au début, des couches qu'on peut assimiler à la partie supérieure des grès bigarrés qui surmontent les grès houillers, c'est-à-dire des grès bigarrés de Cublac, puis elle traverse les grès gris, les calcaires et les schistes bitumineux, équivalents des couches de la Cabane, et enfin la base des grès de la Valade. Ceux-ci sont très apparents au village du Rieux.

Entre la Valade et la Poujade, le petit contrefort que suit le sentier est formé de bancs épais de grès compacts jaunâtres ou verdâtres, plus ou moins poudingiformes, avec couches d'argiles rouges. Ces couches ont un fort pendage vers l'ouest, à peu près égal à la déclivité du sol. Elles affleurent au niveau du ruisseau sous le village. Elles représentent la base des grès de la Valade, ou peut-être la partie supérieure du niveau des grès de la Cabane, ou des grès bigarrés de Cublac. Au nord de la Valade, on observe des couches supérieures, formant des bancs épais en corniche; ce sont des grès rougeâtres, durs, poudingiformes, c'est-à-dire les grès de la Valade bien caractérisés.

Sur le flanc droit, en face le village, les couches qui affleurent sous le village occupent un niveau plus élevé, et elles reposent sur des grès plus argileux, colorés, non poudingiformes, et qui se rapportent aux grès bigarrés de Cublac.

Mais le nouveau chemin vicinal qui conduit du puits la Valade à Rochemouroux fournit une meilleure coupe de ce terrain.

On observe la succession suivante :

4. À partir de Rochemouroux, en descendant, et sur 150 mètres environ, grès graveleux analogue aux grès de la Valade.

3. Grès jaunâtres, un peu graveleux, en bancs épais, alternant avec quelques couches argilo-sableuses; ces couches deviennent de plus en plus argileuses vers la partie inférieure.

2. Argiles rouges, parfois vertes, alternant avec quelques bancs de grès jaunâtres.

1. Grès jaunâtres, grossiers ou très graveleux, alternant avec quelques couches argileuses rouges.

On ne voit nulle part de bancs calcaires.

Les couches nᵒˢ 1, 2 et 3 ont une épaisseur qui atteint peut-être 30 à 50 mètres; elles sont surmontées par les grès poudingiformes, solides, que j'ai désignés sous le nom de *grès de la Valade*, et que l'on peut suivre au nord de Rochemouroux.

Ces grès, comme je l'ai indiqué, occupent un niveau beaucoup plus bas à la Valade, et il y a tout lieu de croire qu'il existe une faille, dirigée suivant le thalweg du ruisseau et dont la lèvre abaissée est à l'est.

Ainsi le contrefort de Rochemouroux serait composé de grès peu solides, à peu près du même niveau que ceux affleurant au sud de la Valade, puis de grès de la Valade, qui ne formeraient qu'une couche assez mince sous le trias couronnant les hauteurs.

Passons à l'étude du contrefort de la Cabane, qui sépare le ruisseau de la Valade du ruisseau de la Morélie et dont la coupe a été donnée plus haut.

A la bascule de la Mine, située à l'embranchement du chemin du puits Neuf et du chemin de la Charlerie, le talus montre des grès sableux, bigarrés de rouge. Au sud, entre les deux chemins, se trouve le puits la Cabane qui a traversé des grès et argiles rouges ou jaunâtres.

A droite du chemin de la Charlerie, se dresse un petit mamelon, couvert d'un bois de pins et connu sous le nom des *Piniers*. Ce mamelon est formé d'un grès jaunâtre à facies houiller, alternant avec quelques grès psammitiques verdâtres. Au col qui sépare ce mamelon du massif principal, on constate un passage brusque de ces grès jaunâtres à des couches argileuses rouges ou rougeâtres. Il existe, près de ce point, une galerie de recherche ouverte dans les grès jaunâtres.

Il est évident qu'une faille traverse le col, comme le figure la coupe suivante :

Fig. 103. — Coupe sud-ouest par les Piniers (1/10,000).

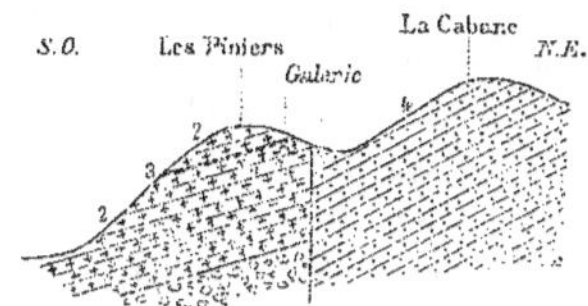

4. Grès bigarrés de Cublac.   2. Grès houillers.
3. Petite couche de houille.   1. Conglomérat.

La hauteur principale, dont l'altitude est de 206 mètres, et qui se trouve au nord de la Cabane, est connue sous le nom de *Moulin-à-Vent*. Elle est formée par des grès argileux, peu solides, rougeâtres et violacés, passant, au niveau de la route, à des couches gréseuses jaunâtres.

En face le Moulin-à-Vent, sur la gauche, tout près du chemin, se trouve le puits Sainte-Barbe qui, avant d'atteindre le terrain houiller, a traversé des couches de grès argileux rougeâtres ou jaunâtres et des argiles rouges.

Le Moulin-à-Vent est couronné par une petite calotte de grès du trias.

Peu après le puits Sainte-Barbe, et à 50 mètres environ à droite du chemin, une petite fouille pratiquée dans le terrain a mis à découvert une couche de houille présentant la composition suivante :

> 3. Houille, o m. 10.
> 2. Schistes argileux à empreintes, o m. 5o.
> 1. Houille, o m. 5o.

Cette couche est comprise dans des grès et schistes argileux gris, avec schistes feuilletés bitumineux. Ce terrain présente le même facies que les grès de Saint-Antoine.

La couche de houille a été aussi rencontrée dans les fondations de la maison des Frères, à la Cabane. C'est son prolongement qu'on observe sur la rive gauche du ruisseau de la Valade, en face le puits la Valade.

A gauche du chemin et bien en contre-bas, se trouve l'ancien puits Festugière, creusé dans les grès rouges et bigarrés.

Si, maintenant, on suit la ligne de faîte, entre le Moulin-à-Vent et la Gorce au nord, on voit que le terrain se compose de grès et schistes gris verdâtre ou jaunâtre, de grès sableux contenant plus ou moins de galets, de grès argileux micacés rouges, d'argiles rouges, etc. Un peu au sud de la première sommité, après le Moulin-à-Vent, il y a des bancs de calcaire verdâtre qui plongent assez fortement vers le nord. Ce plongement n'est pas, au reste, général, car la couche de la Cabane plonge vers le sud, et il y a sans doute de nombreux rejets dont quelques-uns ont été reconnus par l'exploitation de la mine. Vers la Gorce cependant, le plongement vers le nord devient constant.

En résumé, le contrefort de la Cabane est constitué par des couches peu solides de grès rouges et jaunâtres et d'argiles rouges reposant sur les grès houillers, comme le prouve la coupe des puits. A la partie supérieure, ces couches passent à des grès gris avec schistes gris et contiennent une petite couche de houille. Enfin on trouve à peu près au même niveau, c'est-à-dire à la partie supérieure, quelques petites couches calcaires. C'est à cet ensemble de grès et schistes gris avec bancs calcaires que je donne le nom de *grès de la Cabane*.

Les grès de la Cabane sont surmontés, comme on le voit bien vers la Gorce, par des grès bigarrés poudingiformes, dont le facies est analogue à ceux du trias et qui se prolongent par les grès déjà observés au nord de Rochemouroux et à la Valade : ce sont les grès de la Valade.

En suivant le lit du ruisseau de Cublac à la Valade, on obtient une autre coupe des terrains qui viennent d'être décrits.

Vers le chemin de Cublac à la Rochette, le lit du ruisseau est dans des grès argileux bigarrés. Au droit de l'église, on constate la présence d'une couche calcaire de o m. 5o qui correspond peut-être à celle déjà observée sur la route du Rieux; cette couche est comprise dans des argiles rouges. Au delà, apparaissent des schistes gris et verdâtres avec empreintes, qui ont un fort plongement vers le sud. Au droit des dernières maisons de Cublac, on voit encore affleurer un banc calcaire pyriteux, qui contient de menus grains de charbon. Il y aurait aussi, vers ce point, un affleurement d'une petite couche de houille. Au nord de Cublac, on ne trouve plus que des grès et argiles rougeâtres qui plongent vers le nord. On les observe notamment près de la bascule de la mine. Avant d'arriver à la Valade, le lit du ruisseau montre de belles coupes d'argiles bigarrées, inférieures aux grès de la Valade.

Il convient de remarquer que les grès de la Cabane, avec les bancs calcaires qui les surmontent, les grès schisteux à empreintes et le lit de houille ne se retrouvent plus à Rochemouroux. Mais on observe, entre les grès de la Valade bien caractérisés et les grès rouges ou bigarrés inférieurs, quelques couches peu colorées, qui représentent probablement le niveau de la Cabane très atténué, soit que l'épaisseur de ce dépôt ait fortement diminué, soit qu'il ait passé en partie aux grès de la Valade ou aux grès bigarrés.

De toutes les couches de grès qui surmontent les grès houillers, les grès de la Valade sont les seuls que l'on puisse suivre en dehors du bassin de Cublac, et l'on a vu qu'ils passent latéralement et graduellement aux grès et argiles rouges de Brive; leur âge, par là, se trouve établi. Celui des grès bigarrés de Cublac peut aussi être déterminé, car on doit assimiler ces grès aux grès bigarrés inférieurs· de Grand-Roche, etc.; ils occupent la même position stratigraphique et ils ont le même facies.

Le niveau exact des couches de la Cabane reste indéterminé. Par la flore, les couches inférieures devraient être rattachées plutôt aux grès bigarrés de Cublac; les couches supérieures, avec calcaires, représenteraient peut-être le niveau calcaire, et la base, des grès à *Walchia*.

Quant aux grès gris et jaunâtres d'Audeguil et de la Rue-Mondie, ils n'existent plus à Cublac, et ce sont les grès poudingiformes qui forment l'étage n° 4, depuis la base jusqu'au sommet.

Après avoir établi la succession des couches dans la partie orientale du bassin, il faut maintenant examiner le massif compris entre la vallée de l'Elle et le ruisseau de la Morélie (Morétie), c'est-à-dire le contrefort de Loubignac.

Dans l'ensemble, ce massif est formé par un substratum de schistes cristallins qui affleurent au nord-ouest, et sur lesquels reposent des grès houillers qui n'ont pas une épaisseur considérable. Ces grès sont recouverts par une faible épaisseur de grès du trias ou de l'infralias.

Si l'on remonte le ruisseau de la Morélie à partir de son confluent, on voit d'abord affleurer les grès bigarrés de Cublac, puis on se trouve brusquement dans des grès et schistes gris à facies houiller. En continuant à remonter le ruisseau, on rencontre le puits de l'Espérance, situé sur la rive droite, près de l'ancien chemin de Loubignac.

Ce puits, actuellement rempli d'eau, a été percé sur 135 mètres de profondeur; il a traversé 15 mètres de grès houillers et 120 mètres d'un conglomérat compact très spécial, décrit au chapitre II; le fond du puits paraît avoir atteint les schistes cristallins qui forment le substratum de ce poudingue.

Les abords du puits sont occupés par un poudingue tout différent, à galets de quartz, avec rares galets de schistes. Il affleure autour du puits jusqu'à 4 ou 5 mètres de hauteur, et il est surmonté par des grès gris schisteux, jaunes, solides, avec lits de schistes verdâtres ou rosés, le tout plongeant d'environ 15 degrés vers le sud.

En continuant à remonter le ruisseau, on suit ce poudingue sur peu de longueur, puis, au droit du puits Sainte-Barbe, ou peu après, le lit du ruisseau montre des schistes vineux bigarrés, qui appartiennent au niveau des grès bigarrés de Cublac. Un peu plus loin, sur la rive droite, on trouve une petite carrière ouverte dans un grès gris grossier, avec lits schisteux, appartenant au terrain houiller.

Après le puits Festugières, le lit du ruisseau est dans des argiles schisteuses, grises, verdâtres ou violacées, plongeant faiblement vers le nord. C'est encore le niveau des grès bigarrés. On suit ces couches, dans le ruisseau, jusqu'au sud-ouest de la Morélie, puis on traverse un terrain formant des saillies irrégulières et où les affleurements sont masqués. Sous la Morélie, on observe des bancs épais et saillants formés par les grès poudingiformes bigarrés de la Valade, surmontés au village même par d'autres bancs en corniche, mais qui représentent les grès du lias ou du trias.

Ainsi donc, on voit que le flanc droit du ruisseau est occupé par les grès houillers, et le flanc gauche, sauf vers les Piniers, par les grès bigarrés; on trouverait d'ailleurs, paraît-il, dans le lit du ruisseau, sous les Piniers, un affleurement d'une couche de houille.

Il y aurait aussi des traces d'un autre affleurement au nord. Quelques puits de recherches peu profonds ont été creusés très anciennement dans cet endroit.

Il résulte de la différence dans la nature des terrains sur les deux rives, que le thalweg du ruisseau suit à peu près une faille dont la lèvre abaissée est à l'est. C'est cette faille qui vient passer par le petit col des Piniers, se prolongeant probablement vers Cublac; mais les éboulis qui, au sud du confluent des ruisseaux, recouvrent la plaine, ne permettent pas de reconnaître ce prolongement.

La coupe en travers par Loubignac rend compte du rejet des couches (fig. 104) :

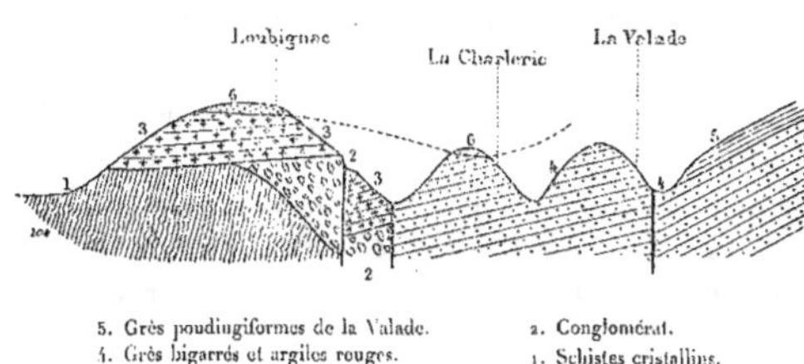

Fig. 104. — Coupe par Loubignac et la Charlerie (1/40,000-1/10,000).

5. Grès poudingiformes de la Valade.
4. Grès bigarrés et argiles rouges.
3. Grès houillers.

2. Conglomérat.
1. Schistes cristallins.

Suivons maintenant la nouvelle route de Cublac à Ayen, route qui passe sous Loubignac. Comme, de ce côté, les couches plongent constamment vers le sud, nous passerons successivement des couches les plus hautes aux couches les plus basses.

Les affleurements n'apparaissent que vers le confluent des ruisseaux : ce sont des grès et schistes jaunâtres du terrain houiller. Puis, après avoir passé le vallon au sud de Loubignac, on peut observer dans les talus un poudingue à galets de quartz, épais de 1 m. 50 à 2 mètres, poudingue qui est inférieur aux couches précédentes. On retrouve encore, au-dessous de ce poudingue, des grès schisteux et des schistes surmontant un poudingue analogue au premier, mais situé à un niveau géologique inférieur. C'est ce même poudingue inférieur qui affleure autour du puits de l'Espérance.

Plus loin, sur la route, on observe, sous le poudingue inférieur, les grès jaunâtres et les schistes qui ont été traversés par le puits, et l'on voit ensuite très nettement ces couches reposer sur le conglomérat, que le puits a traversé sur la plus grande partie de sa profondeur. Un banc ou une lentille de schiste jaunâtre foncé, d'un aspect exactement semblable à celui des schistes houillers, est intercalé dans ce conglomérat, à sa partie supérieure.

Le conglomérat, altéré et désagrégé, est visible dans le talus de la route, sur 5o mètres environ de longueur; on y observe une face de friction transversale à la route et qui indique un rejet. La roche, sur un côté de cette face, a été durcie sur environ o m. 5o à 1 mètre d'épaisseur, et simule un dyke ou filon.

Le poudingue disparaît ensuite et, après une lacune résultant des éboulis, on voit apparaître les couches supérieures, grès et schistes houillers, qui forment le talus de la route jusqu'à la bifurcation des chemins.

En arrivant à l'embranchement du chemin qui descend au nord du village de Loubignac, on retrouve le conglomérat. La faille recoupe donc la route en deux points.

En suivant la ligne droite qui relie ces deux points et qui forme la corde de l'arc que décrit la route, le passage de la faille est nettement marqué par le changement brusque de déclivité du sol et par la juxtaposition, aux grès houillers, du conglomérat qui paraît ainsi former un banc saillant surmontant le terrain houiller, mais qui, en réalité, se trouve à la base de ce terrain.

Il y a donc deux failles, celle que je viens de signaler coupant la route, et celle que j'ai déjà indiquée et que suit le thalweg du ruisseau. La faille principale, celle dont le rejet est le plus grand, est celle qui coupe la route; la faille qui passe aux Piniers, puis à Cublac, doit en être considérée comme le prolongement.

La seconde faille se raccorde à ses deux extrémités à la grande faille, et suit le thalweg du ruisseau depuis le ravin de la Morélie jusque sous le puits Sainte-Barbe. Les terrains compris entre les deux failles sont formés de grès houillers, dont on voit des affleurements dans le talus de la route et dans la petite carrière qui est située près du ruisseau.

Continuant à suivre la route au delà de l'embranchement du chemin de Loubignac, on voit des grès poudingiformes jaunâtres; mais, après avoir franchi le vallon de la Morélie, on trouve des grès tout différents, bigarrés, et contenant beaucoup de galets de quartz, quoiqu'on observe aussi des couches ou lentilles sans galets. Ces grès sont fréquemment sableux. Dans la grande tranchée de la route, au tournant, on peut remarquer qu'ils forment des bancs massifs, sans lits distincts. Ces dépôts ont à peu près le facies des grès triasiques colorés, mais leur bigarrure est plus prononcée : ce sont les grès de la Valade.

Les couches des grès qui viennent d'être décrites plongent fortement vers la faille, et l'apparition brusque des grès de la Valade prouve que la faille secondaire passe par le thalweg du ravin.

Les escarpements sous la Morélie montrent nettement l'allure des couches.

Plus loin sur la route, on traverse l'embranchement du chemin de la Charlerie, toujours dans les mêmes grès, qui reposent là sur les grès de la Cabane; enfin, à la Gorce, ces grès disparaissent sous le trias.

Si, au lieu de continuer à suivre la route, on avait pris le chemin de Loubignac, on aurait observé la coupe suivante, de haut en bas :

8. Aux premières maisons du village, grès jaunâtres avec bigarrures violacées.

7. Alternance de grès jaunâtres schisteux et de schistes gris, formant un terrain assez argileux; forte épaisseur.

6. Grès schisteux jaunes.

5. Schistes avec beaucoup d'empreintes végétales; épaisseur de quelques mètres.

4. Lacune sur une assez grande épaisseur, par suite des éboulis qui masquent les affleurements.

3. Poudingues à galets de quartz, parfois assez solide pour que les galets soient brisés plutôt que détachés; visibles sur 5 mètres d'épaisseur.

2. Grès et schistes à empreintes.

1. Conglomérat du puits de l'Espérance, plongeant vers le sud.

Ce chemin fournit donc une coupe identique à celle que l'on observe sur la route.

Le village de Loubignac est assis sur les grès du lias ou du trias, et, en descendant par le chemin du sud, on trouve d'abord, à la sortie du village, des grès qui contiennent de très gros galets de quartz et qui reposent sur des couches sableuses jaunâtres. Sous ces couches, on aperçoit des psammites bigarrées qui forment peut-être la base du trias, mais qui, à la rigueur, pourraient appartenir à la zone inférieure des grès bigarrés de Cublac. En tout cas, ces couches reposent sur des grès sableux ou schisteux, jaunâtres ou verdâtres, du terrain houiller, qui se suivent jusqu'à la route. Non loin, sur le flanc droit du vallon, se trouve une carrière ouverte dans le grès houiller.

En remontant le petit vallon à l'est, on peut voir, au-dessus du houiller, sous le village de Loubignac, un grand escarpement, résultat d'un éboulement. Cet escarpement montre bien les grès du trias, faiblement bigarrés, plutôt blancs, avec nombreux galets de quartz, très analogues, par conséquent, aux grès de Planchetorte, près de Brive.

Le revers sud du massif compris entre l'Elle et Cublac se trouve dans les grès houillers. On peut s'en convaincre en suivant les deux chemins qui montent à Malavalle; celui de l'ouest, principalement, fournit une bonne coupe, de même que le vallon compris entre ces deux chemins.

A l'est de la Pagégie, on a commencé récemment l'exécution d'un puits de sondage pour la recherche de la houille (*puits Camille*).

A côté du chemin qui monte au village, une carrière a été ouverte dans les grès houillers. Le village même se trouve sur des grès jaunâtres reposant sur des argiles grises et violacées, et surmontés par des argiles rouges et jaunâtres avec grès sableux jaunâtres. Le vieux chemin ainsi que le chemin à l'ouest montrent bien ces couches. Dans le chemin à l'ouest, on les voit plonger vers le nord.

Un peu avant la ferme de la Morelle, quelques bancs de grès jaunâtre affleurent à la base du coteau. Une ancienne carrière a été ouverte derrière la ferme, dans des grès jaunâtres grossiers, reposant sur un grès schisteux verdâtre, d'un facies analogue à celui du grès qui affleure à la verrerie du Lardin. Ces couches, qui ont 3 à 4 mètres d'épaisseur, sont surmontées, sur 2 à 3 mètres, par des grès et schistes gris; elles plongent vers l'est.

Après la ferme, en montant vers la Villedieu, on voit affleurer des couches très argileuses de teinte verte ou vineuse, plongeant vers le sud, avec une inclinaison plus grande que celle du chemin. Puis apparaît un banc de grès épais, compact, jaunâtre, avec gravier. Des schistes argileux gris et verdâtres succèdent à ce banc et affleurent jusque dans le village. A l'angle de la maison principale, on observe des schistes jaunâtres plongeant vers le sud-ouest.

Si l'on monte vers les villages du haut, on n'aperçoit, dans les fossés du chemin, que des couches schisteuses verdâtres, parfois teintées de rouge. A l'est, sous le village de Villedieu-Haute, ce sont des grès jaunâtres plongeant vers le sud-est.

En se dirigeant à l'ouest de la Villedieu, vers la vallée de l'Elle, on retrouve des couches analogues, sous forme de grès verdâtres, argileux et schisteux. On y a ouvert une carrière sur le bord du chemin.

Au bas de la descente, les schistes cristallins apparaissent, et l'on constate avec netteté que les grès houillers reposent sur les tranches de ces schistes. Ces grès houillers sont en couches inclinées à 30 ou 40 degrés, c'est-à-dire aussi fortement que le coteau lui-même. Elles forment un banc saillant, qui offre la composition suivante, bien visible à mi-coteau :

> 6. Grès jaunâtre en bancs épais, formant la corniche qui descend à flanc de coteau, 3 mètres.
> 5. Grès ferrugineux dur, schisteux, peu épais.
> 4. Schistes noirs et schistes argileux gris, o m. 50.
> 3. Poudingue ferrugineux à galets de quartz, très dur, o m. 40.
> 2. Schistes noirs charbonneux, o m. 30.
> 1. Schistes cristallins.

Ainsi les couches qui recouvrent immédiatement le substratum cristallin ne sont là ni des poudingues, ni des brèches, mais des schistes. Ces schistes sont surmontés par quelques poudingues à galets de quartz, mais le conglomérat du puits de l'Espérance ne se retrouve pas en ce point.

Dans ces grès et poudingues, ou à un niveau supérieur, il existe une petite couche de houille que l'on ne voit pas à la Villedieu, mais qui affleure dans le lit du ruisseau de l'Elle, un peu à l'amont du pont du chemin vicinal.

En résumé, depuis Cublac jusqu'à la Villedieu, on constate que les mêmes couches qui, sous Loubignac, ont un faciès houiller et se composent de grès jaunâtres quartzeux, passent graduellement aux grès plus colorés, verdâtres, plus argileux, et aux couches argileuses de la Villedieu. Ce changement commence à se manifester dès Malavalle.

Au nord de la Villedieu, dans la vallée de l'Elle, les schistes cristallins se relèvent, et l'on n'observe plus que les couches inférieures des grès houillers, comme le montre la figure 105.

Examinons en détail les affleurements houillers de la vallée de l'Elle.

Si l'on remonte la rive gauche de la vallée, depuis le chemin de la Villedieu, on constate que les schistes cristallins font bientôt place aux grès houillers, ramenés au niveau de la plaine par un rejet d'une trentaine de mètres

Ce rejet passe par le petit ravin, et l'affleurement de schistes cristallins, au sud de ce ravin, ne monte pas plus haut que le sentier à mi-côte.

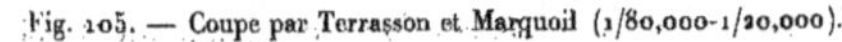

Fig. 105. — Coupe par Terrasson et Marquoil (1/80,000-1/20,000).

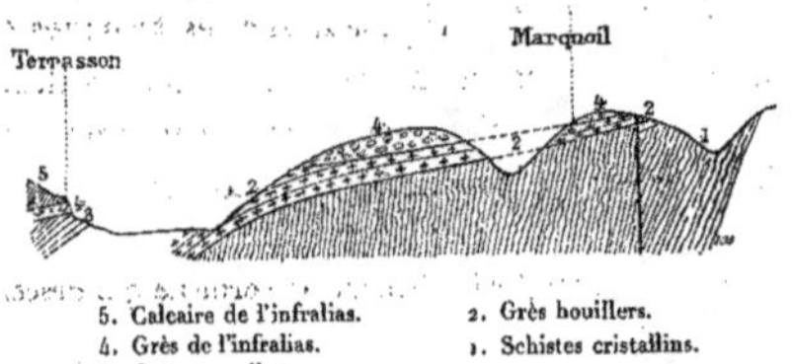

5. Calcaire de l'infralias.
4. Grès de l'infralias.
3. Grès et argiles rouges.
2. Grès houillers.
1. Schistes cristallins.

Après ce rejet, le houiller se relève encore fortement vers le nord. Près de la Tuilière, on le voit reposer sur les schistes cristallins. Une carrière de grès est ouverte dans ces couches inférieures du houiller, composées de grès grossiers, et l'on peut y recueillir quelques empreintes.

Dans le vallon du moulin de Lignac, on voit les grès reposer sur les schistes cristallins par l'intermédiaire du poudingue dur à galets de quartz, qui prend là une puissance bien plus grande qu'au sud.

Un rejet, passant par le moulin de Marquoil, ramène les grès au niveau de la plaine et, en ce point, le poudingue à galets de quartz acquiert son épaisseur maximum; il remplit le ravin situé entre Marquoil et Chez-Pey.

Un autre rejet, dirigé suivant ce ravin, relève fortement les grès, et le village de Marquoil, bien qu'à une altitude élevée, se trouve assis sur le poudingue. Enfin un dernier rejet fait affleurer les schistes cristallins à la sortie de Marquoil.

Au nord de ce point, il existe encore quelques couches de grès houillers, couches situées à l'ouest du rejet, et que l'on peut suivre jusque dans le vallon de la Valette, près du moulin de Sourgnac.

Sur le flanc gauche de ce vallon, on trouve des grès blancs très grossiers, dont on ne voit guère que les débris. Ces grès poudingiformes contiennent des empreintes de tiges et appartiennent incontestablement au houiller. Ils sont accompagnés de grès jaunâtres et de poudingues à galets de quartz, durcis et silicifiés.

CHAPITRE XV.

ENTRE L'ELLE ET LE TARAVELLOU.

La région comprise entre l'Elle et le Taravellou peut se diviser en deux
parties : la région au nord de la faille de Châtres, où affleurent les grès
rouges, et le versant sud du massif cristallin de Terrasson, recouvert en
partie par les grès houillers et par une faible épaisseur des grès rouges inférieurs. Les grès et calcaires du lias rompent la continuité des affleurements
houillers, qui comprennent : à l'est, ceux du Lardin ou de Beauregard; à
l'ouest, ceux de Peyrignac.

Au nord, dans le voisinage de la faille de Châtres, on observe aussi, près
du village de Châtres, quelques affleurements houillers.

ENVIRONS DE SAINT-LAZARE.

Au moulin de Marquoil, le coteau qui occupe la rive droite de l'Elle présente un flanc très escarpé, et il est formé par des grès quartzeux et graveleux jaunâtres, comprenant des couches schisteuses avec rognons de fer
carbonaté, c'est-à-dire par des couches à faciès houiller, mais d'un niveau
supérieur à celles de la rive gauche. Celles-ci forment en effet, tout à fait
la base, des dépôts houillers, et elles ont un plongement notable vers le sud-
ouest.

A 250 mètres au nord du moulin de Marquoil, le flanc du coteau devient
abrupt, car il est formé par les schistes cristallins, séparés par une faille des
grès houillers. Cette faille passe au nord de Beauregard; elle se perd dans la
vallée de l'Elle.

Au sud, vers Charpenet, le coteau prend au contraire une pente plus douce,
et il se forme, à sa base, une sorte de terrasse arrondie et peu élevée. On peut
observer les affleurements des terrains dans un ravin qui passe à une faible
distance au nord de Charpenet, comme aussi sur le petit contrefort situé vis-à-

vis de la Tuilière, et notamment dans le sentier de Charpenet qui coupe ce contrefort du nord au sud.

Le terrain se compose de couches très argileuses, micacées, de teinte grise, alternant avec quelques bancs, généralement minces, de grès ocreux. Ces couches ont le même facies qu'à la Villedieu; elles sont beaucoup plus argileuses et moins solides que les grès de Marquoil, dont elles forment cependant le prolongement, de même qu'elles forment le prolongement de la partie supérieure des couches de la Villedieu.

Nous avons déjà vu les grès à facies houiller de Cublac passer aux couches argileuses de la Villedieu; nous voyons maintenant les couches argileuses de Charpenet passer, au nord, à des grès houillers.

En montant à Charpenet et de là sur le faîte, on retrouve les mêmes couches, dont voici la succession entre Langle et Charpenet :

9. Grès du trias.
8. Argiles schisteuses, gréseuses, violacées, avec taches jaunâtres.
7. Argiles gréseuses et schistes verdâtres.
6. Lacune.
5. Grès sableux jaunes et argiles gréseuses verdâtres jusque vers la maison.
4. Grès jaunâtre, schiste, et argiles gréseuses verdâtres.
3. Dans la tranchée avant Charpenet : argiles gréseuses jaunâtres.
2. Lacune.
1. A Charpenet : argiles gréseuses jaunâtres et verdâtres.

Ce sont ces dernières couches que traversent les sondages du chemin de fer projeté de Condat à Hautefort. Elles sont là à peu près horizontales; mais, plus au nord, vers Langle, elles plongent assez fortement vers le sud.

Ce terrain contient, à sa partie supérieure, un banc épais de grès, qui forme un escarpement sensiblement horizontal entre Charpenet et la Galibe.

Sur la hauteur, les éboulis du trias ne permettent pas d'apercevoir les couches les plus supérieures du terrain houiller. Toutefois, au nord, vers la faille, les grès du trias ont disparu, et l'on peut constater la présence de grès houillers, parfois très blancs, et contenant un banc d'argillite schisteuse de teinte rosée et violacée, avec empreintes. D'anciennes fouilles, à l'est de Lage, sur le bord du plateau qui forme le faîte, ont mis ces couches à nu.

Si, du village de Lage, on descend au moulin de Marquoil, le chemin, d'abord en tranchée dans les grès du lias ou du trias, passe ensuite dans le houiller, puis brusquement apparaissent les schistes cristallins. Enfin, à la descente, près de la route, on recoupe le grès houiller, ce qui prouve que la faille suit la direction générale du chemin.

Le pied des coteaux, de Charpenet à la Galibe, est occupé par des couches très argileuses, qui forment des éboulis d'une teinte rouge. Ce sont ces éboulis que suit le chemin de la Galibe à Langle, jusqu'à 150 mètres environ de la route nationale. Les argiles y sont exploitées pour une tuilerie. On traverse ensuite des argiles gréseuses verdâtres et violacées, semblables à celles de Charpenet, jusqu'à un petit plateau occupé par des argiles de même nature, mais jaunâtres. Au-dessus, jusqu'à Langle, ce sont des couches argileuses verdâtres ou jaunâtres, parfois violacées. On ne voit pas apparaître le banc de grès observé à Charpenet. Toutes ces couches plongent encore fortement au sud-ouest ou au sud. C'est le même plongement qu'au nord de Charpenet.

Dans le petit vallon, à l'ouest de la Galibe, les éboulis masquent le terrain.

Remontons maintenant le flanc gauche du vallon de Lage, situé entre Saint-Lazare et Langle. Un peu au nord de la route, près du chemin de Las Poras, on observe, grâce à d'anciennes fouilles, des grès gris à gros grains, assez tendres, micacés. Entre ce point et la Galibe, le terrain est formé d'argiles gréseuses violacées, grises ou verdâtres, qui reposent sur le même grès jaunâtre, poudingiforme, alternant avec quelques couches argileuses verdâtres. Ces couches n'ont qu'un faible plongement, dirigé vers l'est.

Les couches argileuses se continuent jusque vers la métairie de Las Poras. Puis, plus au nord, elles passent à des grès houillers tendres, jaunâtres ou rougeâtres; c'est le changement de faciès déjà reconnu dans la vallée de l'Elle. Une carrière est ouverte dans ces grès; on y observe quelques empreintes vagues de tiges. Le plongement des couches est à peine marqué.

Le petit contrefort au sud de Lage est entièrement composé de ces grès durs, en fragments anguleux, de teinte ocreuse. Le pied du coteau est occupé par des grès poudingiformes, surmontés par des grès jaunâtres ou rougeâtres, avec quelques couches de grès ocreux dalliformes. A la partie supérieure, on observe des grès schisteux très fins, gris blanchâtre, que l'on retrouve dans les vallons autour de Las Poras, et qui correspondent sans doute au niveau déjà observé au nord-est de Lage. Ces grès contiennent là encore des argillites schisteuses, de teinte claire, avec empreintes.

En passant de ce contrefort sur le flanc droit du vallon, on observe le changement de facies. On voit en effet, au-dessus d'un lavoir, des grès grossiers, rougeâtres, surmontés d'argiles gréseuses violacées avec nombreux graviers de schistes cristallins. Plus au sud, les divers chemins montrent une succession d'argiles gréseuses, micacées, et de schistes argileux, de teinte grise ou verdâtre, alternant avec des grès jaunâtres micacés et schisteux et quelques bancs poudingiformes, le tout plongeant au sud ou au sud-ouest. Le cimetière de Saint-Lazare est sur les grès du trias ou du lias, ainsi que le village de Saint-Lazare; mais le nouveau chemin, qui descend de Saint-Lazare sur la route nationale, fournit la coupe suivante assez complète des couches, lesquelles plongent fortement vers le sud-ouest ou l'ouest, de 30 à 40 degrés :

14. Éboulis du trias.	
13. Grès jaunâtres et verdâtres, très schisteux, avec schistes noirâtres	1 à 2 mètres.
12. Grès gris jaunâtre ou rougeâtres, poudingiformes, à galets de quartz	3 à 4
11. Grès jaunâtres plus fins, plus tendres, visibles seulement sur l'ancien chemin	5
10. Schistes noirâtres, fer carbonaté et lit de houille (?)	2 à 3
9. Argiles gréseuses verdâtres	2
8. Schistes gris	3
7. Lacune, éboulis	5 à 10
6. Grès jaunâtres, sableux	1
5. Argiles gréseuses verdâtres	1
4. Schistes gris argileux	0 20
3. Psammites micacées, très argileuses, verdâtres, avec rognons de grès ferrugineux	5 à 6
2. Psammites avec lits violacés	3 à 4
1. Éboulis	10
Total	30 à 40

C'est la coupe la moins incomplète de la région. L'épaisseur totale visible atteint de 30 à 40 mètres.

Les grès poudingiformes n° 12 forment un escarpement analogue à celui de Charpenet. On voit cet escarpement plonger fortement vers l'ouest et atteindre le niveau de la plaine, un peu avant la verrerie du Lardin, au pied d'une petite butte. Le banc poudingiforme, qui passe derrière le pigeonnier, est surtout visible entre l'ancien et le nouveau chemin de Saint-Lazare. Il se perd, sur le nouveau chemin, sous les grès du trias, et l'ancien chemin ne recoupe que des éboulis argileux rouges.

Cet ancien chemin fournit une coupe analogue à celle du nouveau chemin, mais moins complète. Le petit chemin qui conduit de Saint-Lazare à Las Poras ne fournit pas de coupe du terrain, masqué par les éboulis argileux rouges, semblables à ceux de la Galibe, qui s'étendent au sud-est de Saint-Lazare.

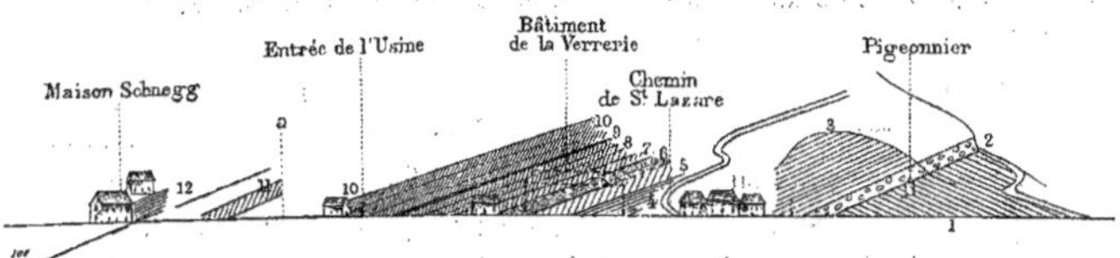

Fig. 106. — Coupe du pied du coteau, du Lardin à la Galibe (environ 1/10,000).

12. Grès rouges. — a, b, rejets.
11. Grès graveleux gris jaunâtre.
10. Grès gris jaunâtre.
9. Couche de houille.
8. Grès gris verdâtre et schistes.
7. Grès graveleux gris jaunâtre (2 mètres).
6. Schistes noirâtres à empreintes (10 mètres).
5. Grès jaunâtres.
4. Argiles micacées schisteuses jaune verdâtre.
3. Couches argileuses et schisteuses.
2. Grès poudingiformes gris rougeâtre.
1. Couches argileuses et schisteuses verdâtres.

La petite butte, sur le bord de la route nationale (fig. 106), qui surmonte le banc poudingiforme, est formée par des psammites argileuses et des schistes verdâtres, avec quelques petits bancs de grès jaunâtres, micacés, schisteux; le tout présente une assez forte épaisseur : 20 à 30 mètres. Ces couches ne diffèrent pas, par leurs caractères extérieurs, des couches inférieures au banc poudingiforme.

A la verrerie, on observe, derrière les bâtiments, des couches probablement supérieures à celles qui viennent d'être décrites et qui plongent également très fortement vers le sud-ouest; elles sont d'ailleurs de même nature. Ce sont d'abord, à la base, des argiles micacées d'un jaune verdâtre, surmontées d'une alternance de grès jaunâtres et de psammites verdâtres argileuses, micacées, schisteuses. Ces couches sont surmontées par des schistes noirâtres, plus ou moins bitumineux, d'une épaisseur de 10 mètres et qui, vers la base, contiennent beaucoup d'empreintes. Ces schistes sont recouverts par un banc épais de grès jaunâtres graveleux et massifs, que surmontent des psammites sableuses verdâtres et des grès jaunâtres schisteux, visibles à l'entrée de la verrerie. Dans ces grès plus ou moins argileux, jaunâtres ou verdâtres, à grain assez fin, et qui ressemblent un peu aux grès du Gourd-du-Diable et de Saint-Antoine, est intercalée une couche de houille de o m. 4o environ. Plus à l'aval, cette couche affleure avec les grès gris dans le lit de la Vézère. Sur la route, elle est relevée, à l'ouest, par un petit rejet, voisin de l'entrée de la verrerie.

Avant d'arriver à la première maison du Lardin (maison Schnegg), on observe, plongeant encore vers l'ouest, des grès graveleux gris jaunâtre, massifs; la couche de houille ne s'en trouve pas à une grande distance, et elle est probablement au-dessus, à en juger par un second rejet entre ce point et l'embranchement du chemin à l'ouest de la verrerie. La maison Schnegg est bâtie sur des grès rouges ou bigarrés graveleux, en bancs massifs, avec argiles rouges et reposant sur les grès gris du Lardin.

Ceux-ci, encore visibles en contre-bas, sur la rive de la Vézère, sont recouverts à peu de distance à l'ouest et disparaissent en ce point, pour ne plus reparaître qu'au moulin de Peyraud, près de la station de Condat.

Les grès rouges et bigarrés, visibles dans le chemin qui monte à l'est de la maison Schnegg, s'étendent, en se relevant rapidement, jusqu'à la dépression de terrain située à l'ouest de Saint-Lazare.

Outre le plongement très apparent vers l'ouest, les couches ont un plongement vers le sud, égal à la déclivité du terrain, en sorte que, derrière la maison Schnegg et la verrerie, la couche de houille ne se trouve qu'à une faible profondeur. Elle a été exploitée, sous la maison Schnegg, à l'aide d'une galerie qui passe sous la voie ferrée et débouche sur le chemin de rive de la Vézère.

On a fait aussi quelques recherches derrière la verrerie, et M. Delas, directeur des houillères du Lardin, a constaté que la couche s'amincit graduellement au fur et à mesure que l'on remonte les bancs vers le nord, et qu'elle finit par disparaître. Dans cet intervalle, on remarque d'abord que les grès gris, qui forment le toit, passent à des grès rouges; plus loin, les grès gris du mur subissent une modification semblable, et enfin la couche elle-même disparaît.

C'est là une constatation précise, faite sur un niveau déterminé, et qui prouve le passage latéral des grès argileux gris verdâtre aux grès rouges. On a déjà constaté qu'il y a un passage des couches inférieures de ces mêmes grès verdâtres à des grès à facies houiller.

Il faut remarquer que la transformation des grès gris en grès rouges est accompagnée de la disparition de la couche de houille. Les deux faits ne sont pas sans rapport : les grès rouges ne contiennent jamais de couches de houille, car les conditions de leur dépôt s'opposaient à la conservation des végétaux entraînés avec les sables et graviers et à leur tranformation en houille.

Je donne ci-dessous la coupe en long du petit contrefort situé derrière la verrerie, et dans lequel a été percée la galerie de recherche, à une dizaine de mètres en contre-bas du sol :

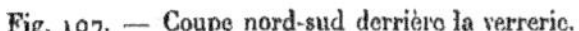
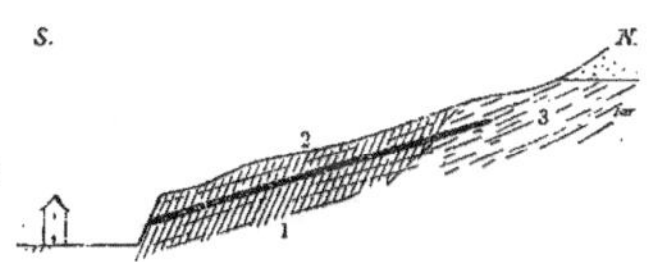

Fig. 107. — Coupe nord-sud derrière la verrerie.

3. Grès rouges.   2. Grès gris verdâtre et schistes.   1. Couche de houille.

Les grès du Lardin et de Saint-Lazare affleurent en divers points du lit de la Vézère.

J'ai déjà signalé les affleurements voisins de la maison Schnegg et de la verrerie, notamment l'affleurement de la couche de houille.

Marrot signale aussi d'autres affleurements à la hauteur de la Galibe, dans le lit de la Vézère; on observerait là un banc rocheux saillant, qui détermine une chute des eaux. A proximité, le lit laisse voir des schistes plus ou moins bitumineux, prolongement probable de ceux qui affleurent à la verrerie, car ces schistes de la Vézère contiennent aussi beaucoup d'empreintes. Cet affleurement est sans doute celui connu sous le nom de *Mazubrier*, mais j'ignore son emplacement exact (qui est peut-être vers Bouillac-Bas).

La couche de houille du Lardin, qui a fait l'objet d'une concession (concession du Lardin), a été principalement exploitée dans le voisinage de la station de Condat, à 57 mètres sous la plaine, à l'aide d'un puits situé à 100 mètres environ de la station.

Ce puits traverse d'abord les grès graveleux, rouges et bigarrés, puis les grès verdâtres du Lardin; une descenderie a traversé des grès et schistes gris à empreintes, qui sont le prolongement des schistes de la verrerie et de Mazubrier. D'après la coupe du puits (voir p. 39), ce niveau serait compris dans des grès bigarrés; or, il n'existe pas, au Lardin, de grès bigarrés inférieurs à la couche, à part un banc de grès poudingiforme qui prend une teinte rougeâtre à l'air. Il est probable qu'on a voulu plutôt décrire le facies des psammites du Lardin.

Tandis qu'au Lardin, les couches ont un fort plongement vers le sud-ouest, dans les environs de Condat, les couches plongent au nord-est, et les travaux d'exploitation ont permis de reconnaître que le plongement diminue dans la direction du Lardin et que les couches finissent par devenir horizontales.

Fig. 108. — Coupe par le puits Jeanne et la verrerie (1/20,000 – 1/8,000).

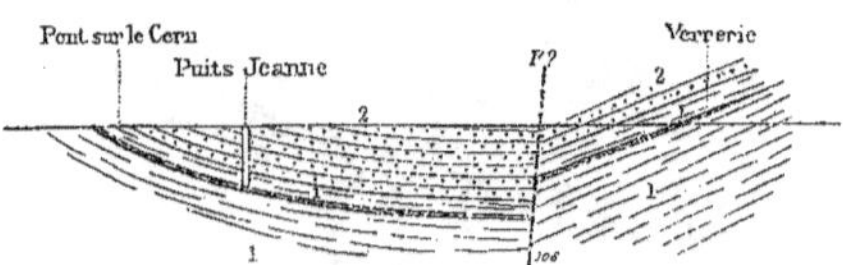

2. Grès rouges graveleux.   1. Grès gris verdâtre avec couche de houille.

Il résulte de cette allure des couches que les grès gris du Lardin doivent affleurer dans le vallon du Cern à l'ouest du puits (fig. 108), et, effective-ment, on peut constater que le pont de la route de Condat, près de la station, est fondé sur les grès jaunâtres schisteux de ce niveau, qui, proba-blement, surmontent la couche. Celle-ci affleure d'ailleurs dans le lit du ruisseau, à quelque distance du pont.

Sur la route nationale, au Lardin-de-Bersac, on n'observe que les grès de l'infralias ou trias, mais plus à l'ouest, les couches permiennes reparaissent. Elles seront décrites plus loin.

En résumé, dans la région de Saint-Lazare et du Lardin, les couches in-férieures du même niveau que les grès de Cublac ont le facies des grès houillers vers Lage, au nord de Saint-Lazare; elles passent au sud, à Charpe-net et au Lardin, à des couches plus argileuses, semblables à celle de la Ville-dieu, avec des bancs de grès fins, micacés, verdâtres, et elles contiennent, à la partie supérieure, une couche de houille de 0 m. 40 d'épaisseur. Cette couche disparaît à l'est, avant Saint-Lazare, en même temps que les grès gris qui la contiennent passent à des grès rouges. Au-dessus des couches du Lardin, apparaissent les grès à facies permien, rougeâtres ou bigarrés, grossiers, graveleux ou poudingiformes. Il existe, au reste, dans les couches inférieures un banc de grès semblable, quoique peu coloré.

Ce terrain, qui est recouvert par les alluvions dans la plaine de la Vézère, est limité au sud par la grande faille de Meyssac, qui ramène au niveau de la plaine les calcaires du bathonien. Cette faille longe le pied des coteaux de la rive gauche de la Vézère et de la rive droite du Cern; elle limite forcément les exploitations de la concession du Lardin. Le puits Jeanne s'en trouve, au plus, à 200 mètres.

La coupe ci-dessous, faite par Langle, met la faille en évidence :

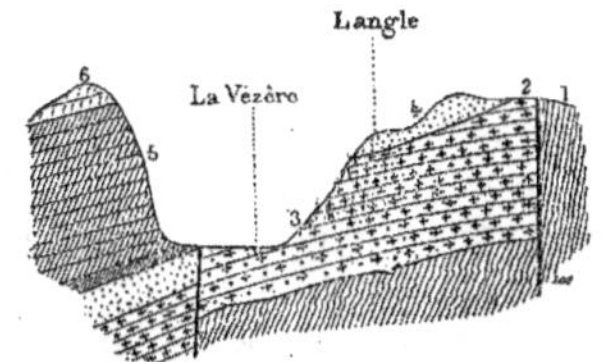

Fig. 109. — Coupe par Lage et Bouillac (1/40,000).

6. Oolite.
5. Lias et infralias.
4. Grès de l'infralias ou du trias.
3. Argiles de Saint-Lazare.
2. Grès houillers.
1. Schistes cristallins.

ENVIRONS DE PEYRIGNAC.

Les grès houillers et permo-houillers affleurent dans le vallon du Cern, depuis Condat jusqu'au moulin de Poujet.

Sur le flanc droit du vallon, à partir de la station de Condat, le pied des coteaux est occupé par les calcaires jurassiques, séparés par faille des grès permo-houillers. Mais, entre le village de la Boissière et la route des Farges, il existe une croupe de terrain, arrondie et peu élevée, formée par des grès gris plus ou moins schisteux avec schistes noirâtres. On voit affleurer ces couches dans les fossés de la route des Farges, à partir du passage à niveau; elles plongent de 15 degrés vers le nord. A 200 mètres environ de ce point, sur ladite route, les couches de grès sont subitement remplacées par les calcaires jurassiques : c'est le passage de la faille dirigée suivant la vallée du Cern.

Sur la droite du vallon que suit la route, le contrefort au nord de Sileron est formé par des grès rougeâtres ou rouges, sableux, poudingiformes, amalogues à ceux qui seront signalés sur le flanc gauche du Cern et à ceux que l'on voit au Lardin. Ces grès n'affleurent que sur le revers est du contrefort. Le revers ouest et le faîte sont occupés par des grès ou par des éboulis des grès du trias ou de l'infralias, comme le montre la coupe ci-dessous, parallèle à la faille :

Fig. 110. — Coupe E. S. E. par Sileron (1/10,000).

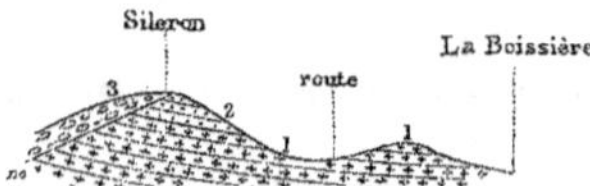

3. Grès de l'infralias.   2. Grès graveleux bigarrés.   1. Grès gris et schistes noirâtres.

Sur le flanc gauche du Cern, à partir de la station, les premières couches qu'on voit affleurer au pied du coteau sont les grès du trias.

Sur le bord de la route nationale, les grès permo-houillers ne commencent à apparaître qu'un peu avant Goursat, à l'origine du nouveau chemin.

Sous Goursat, ils sont sous forme de grès sableux, avec nombreux galets de quartz et fragments de micaschistes. Leur teinte est d'un rouge vineux. Ils comprennent aussi des bancs de grès grossiers, durs, poudingiformes, rouges ou rougeâtres, et des bancs de grès micacés, schisteux, verdâtres.

Ces couches reposent sur des poudingues durs, à galets de quartz et de schistes cristallins.

Sous le Roc, on observe, à peu de hauteur au-dessus de la route, des grès fins, micacés, violacés, à peu près horizontaux. Au delà de ce point, le terrain est couvert par les éboulis.

Environ à 10 mètres avant d'arriver au chemin de la Combe-Ségerard, on aperçoit, sur la droite de la route, en contre-haut du talus, un petit dépôt qui provient d'un puits creusé en ce point pour la recherche de la houille (*puits Sautet*). Ce dépôt, actuellement couvert par la vigne Sautet, m'a fourni beaucoup d'empreintes, bien qu'il soit déjà ancien.

Un autre puits aurait été aussi creusé dans le même but, un peu à l'aval, dans la vallée.

On voit donc que, sous les grès rouges permo-houillers qui forment le pied des coteaux de la rive gauche, les grès du Lardin existent à peu de profondeur.

Plus loin, les couches se relèvent, et elles affleurent dans le fossé et le talus de la route, entre le chemin de la Combe-Ségerard et le moulin de Lestieu. On observe la succession figurée ci-dessous :

Fig. 111. — Coupe du pied du coteau entre le moulin et le puits Sautet (1/4,000).

5. Argiles vertes et rouges, avec traces d'une couche de houille.

4. Psammites grises, alternant avec quelques couches de grès jaunâtres. Rognons de fer carbonaté.

3. Schistes noirs avec nombreuses empreintes.

2. Schistes gris.

1. Grès micacés sableux jaunâtres.

Si l'on continue à remonter le flanc gauche du Cern qui, en ce point, s'infléchit brusquement vers le nord-nord-est, on constate d'abord que le terrain est masqué sous les éboulis de la base; mais, un peu plus haut, on observe des grès sableux micacés d'une teinte violacée, à facies permien. Le chemin qui monte à la Combe-Ségerard met ces grès en évidence ; ils sont de même nature que les grès de Sileron. Ce sont des grès rouges ou rougeâtres, très graveleux, avec galets de quartz et de schiste, et contenant des couches d'argiles rouges.

Au delà du village, on passe brusquement de ces grès au terrain cristallin; on traverse, en effet, la faille dont j'ai déjà signalé l'existence entre Lage et le moulin de Marquoil. Dans le bas, près de cette faille, on voit des argiles gréseuses et schisteuses, bigarrées ou d'un rouge vineux, subordonnées aux grès permo-houillers.

La faille coupe le contrefort situé sur le flanc droit du Cern, à la hauteur du Perd. Toute la partie au nord se trouve dans les schistes cristallins. Seule la pointe, sur 20 à 30 mètres de longueur, est formée de grès dont on peut facilement étudier la nature, soit sur le flanc est de cette pointe, soit surtout sur le flanc ouest, où l'on observe la succession suivante, sur une épaisseur d'environ une dizaine de mètres :

4. Schistes gris à empreintes.

3. Argillite sur une épaisseur de 1 mètre, avec empreintes.

2. Grès grossiers sableux, micacés, avec petits graviers; quelques mètres d'épaisseur.

1. Conglomérat sableux à très gros galets de quartz et grands fragments de schistes cristallins non roulés. Teinte rouge, jaunâtre et violacée.

Toutes ces couches plongent de 3o degrés environ vers le sud.

Ces schistes à empreintes et l'argillite affleurent dans le ruisseau, au confluent du vallon de Peyrignac. Les schistes à empreintes forment une petite butte où l'on peut recueillir beaucoup d'échantillons, mais qui n'appartiennent qu'à un nombre restreint d'espèces.

Ces grès houillers ou permo-houillers forment aussi le pied du coteau depuis le gisement d'empreintes jusqu'à la route nationale. A une certaine hauteur, à mi-chemin, on retrouve les argillites à empreintes.

On les voit aussi affleurer un peu plus loin, dans une dépression de terrain, la dernière avant d'atteindre la route. Cet affleurement est sur le bord d'un petit bois; j'ai recueilli là un certain nombre d'empreintes de *Rhabdocarpus* dans les argillites. Celles-ci sont comprises dans des couches poudingiformes; un rejet limite l'affleurement.

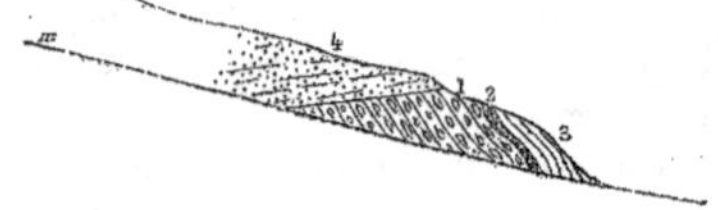

Fig. 112. — Coupe suivant le chemin du moulin de Lesticu à Peyrignac.

3. Schistes jaunâtres ou violacés.   1. Grès poudingiformes et schistes
2. Schistes noirâtres (0^m20).   rouges ou violacés.

Enfin, au début du chemin du moulin de Lesticu à Peyrignac, le talus (fig. 112) montre des grès rosés avec des schistes compacts, rosés ou violacés, à empreintes, qui représentent la couche plus développée sous le village du Perd.

On y observe la succession suivante :

3. Schistes jaunâtres, verdâtres, violacés ou rosés; à empreintes.
2. Schistes noirâtres, gréseux, épais de o m. 20; sans empreintes.
1. Schistes rosés, peu épais, et grès conglomératiques rosés et violacés, visibles sur 5o mètres de longueur.

En montant plus haut, on voit des traces d'argiles rouges ou vertes, qui représentent peut-être le niveau des grès à faciès permien; au-dessus, ce sont les sables blanchâtres et jaunâtres du trias.

Sur la route nationale, en se dirigeant vers la Bachellerie, le grès fait presque immédiatement place aux schistes cristallins, sans que l'on puisse voir s'il y a superposition ou rejet. Mais, comme le conglomérat de la base n'existe pas en ce point, il est probable qu'il y a un rejet.

Les couches de grès ont un plongement très fort vers l'est ou le sud-est. A l'est, elles n'apparaissent plus, et les schistes cristallins sont directement recouverts par les grès de l'infralias.

La disposition des terrains peut être figurée comme ci-dessous :

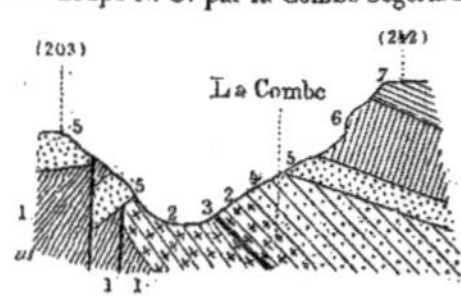

Fig. 113. — Coupe N. O. par la Combe-Ségerard (1/40,000).

7. Lias inférieur.
6. Calcaires de l'infralias.
5. Grès de l'infralias.
4. Grès rouges graveleux et argiles.
3. Couche de houille.
2. Grès jaunâtres et schistes houillers.
1. Schistes cristallins.

En résumé, la couche de houille traversée par le puits Sautet et qui affleure un peu plus loin, dans le talus de la route, n'a qu'une faible épaisseur et se trouve à peu de profondeur au-dessous des grès rouges. Elle représente probablement la couche du Lardin. Elle repose sur des grès, des couches schisteuses et des argillites que j'ai déjà signalées au nord de Saint-Lazare. Le terrain houiller, en ce point, a une faible épaisseur, comparé à celui de Saint-Lazare. Il contient, vers la base, un conglomérat à galets de quartz et fragments de schistes cristallins.

La disposition générale du terrain, entre Saint-Lazare et Peyrignac, est figurée ci-dessous :

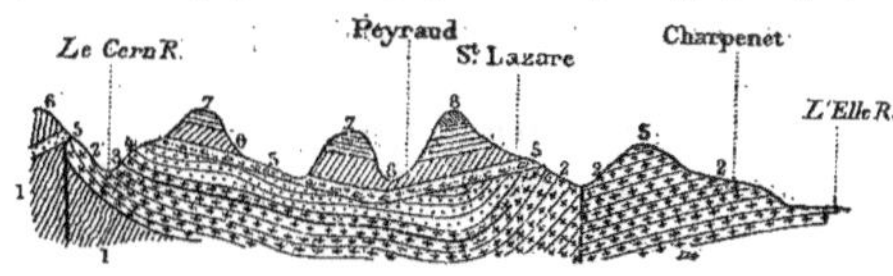

Fig. 114. — Coupe par la Combe-Ségerard et Charpenet (1/80,000-1/20,000).

8. Oolite.
7. Lias.
6. Calcaire de l'infralias.
5. Grès de l'infralias.
4. Grès rouges graveleux.
3. Couche de houille.
2. Grès du Lardin.
1. Schistes cristallins.

ENVIRONS DE CHÂTRES.

Au nord de Peyrignac, vers Châtres, à la surface du plateau cristallin formé par les schistes argileux anciens, on retrouve quelques lambeaux de grès à faciès houiller.

Les villages du Faure et de Châtres sont assis sur les schistes argileux anciens, rubéfiés. A la sortie de Châtres, au nord, il existe un petit affleurement de grès fort peu épais, sur 5o mètres environ d'étendue. Les schistes reparaissent ensuite et forment la sommité occupée par le village de Nibans.

Il existe un affleurement plus étendu autour de Dupuy, au sud-est de Nibans. Les couches plongent vers le sud; elles doivent avoir une épaisseur totale de 1o à 15 mètres. Elles contiennent des grès quartzeux gris ou jaunâtres, exploités en carrière, et des couches schisteuses avec rognons de fer carbonaté. Elles ressemblent aux couches à faciès houiller, déjà observées sous le village de la Combe-Ségerard. On peut recueillir des empreintes dans les couches schisteuses. A la base, au contact des schistes cristallins, le terrain est graveleux.

Au nord de Transalvat, entre les fermes du Treuil et du Noyer, il existe un troisième affleurement moins épais et moins continu que celui de Dupuy. Les couches plongent vers le nord, en suivant l'inclinaison du coteau, et elles sont limitées au nord par la faille de Loubignac.

Ce terrain comprend quelques couches schisteuses, mais surtout des grès et des sables graveleux, contenant un grand nombre de débris de quartz à peine roulés, et de fragments des schistes cristallins, remaniés sur place.

VERSANT DROIT DU BASSIN DE L'ELLE.

Les grès permiens occupent, sur le versant droit du bassin de l'Elle, un vaste espace triangulaire compris entre le plateau jurassique de Saint-Robert, le bourg de Batefols-d'Ans et celui de Villac. Ils sont limités au sud par les schistes argileux anciens dont ils sont séparés par une faille, prolongement de celle déjà constatée au Burc, au moulin de Savignac et sous Loubignac.

Les grès permiens de cette région appartiennent tous à l'étage n° 4.

Le contrefort de Louignac en offre une coupe sur une grande épaisseur.

Si l'on remonte d'abord la rive gauche de l'Elle en partant de Villac, on remarque que les grès, d'abord rocheux et contenant peu de couches d'argiles, deviennent plus argileux, et qu'au delà du moulin de la Jarce, ils comprennent un plus grand nombre de couches d'argiles. Ils passent alors aux grès et argiles de la région d'Ayen et de Saint-Aulaire, et ce terrain occupe le vaste cirque, ou bassin de réception, compris entre Yssandon et Ayen, à la naissance de la vallée de l'Elle.

La route de Villac à Louignac et à Saint-Robert fournit une belle coupe dans la montée des Farges (voir plus loin, fig. 116)..Le terrain est formé par des grès rouges, homogènes, sans galets ni graviers, en bancs compacts, massifs, séparés par des lits plus tendres et schisteux, non argileux. C'est à peu près le facies des grès de la Bitarelle et de Meyssac. Ces grès sont exploités sur le bord de la route, près des Farges; on les suit jusqu'au sommet. Le petit bois qui forme le point culminant se trouve sur des bancs de grès et d'argiles.

Ces grès rouges reposent sur des grès plus argileux, moins solides, visibles au col bas, non figuré sur la carte, que franchit la route. On observe un banc calcaire, près de ce col, dans le chemin qui descend aux Farges-Basses.

Toutes ces couches plongent vers le nord de 30 à 40 degrés. Vers les Farges, ce plongement commence à diminuer, et il cesse sur le plateau.

A Louignac, on observe des bancs de grès rouges bien stratifiés, comme aux Farges.

Au mamelon de la Cabane, la tranchée de la route montre des grès fins, jaunâtres ou verdâtres, entremêlés d'argiles rouges et qui ressemblent beaucoup aux grès du trias ou de l'infralias. Mais ceux-ci, plongeant au nord, reposent en discordance sur les grès en question, qui plongent légèrement vers le sud; ce sont donc bien des grès permiens.

Le contrefort de Louignac est surmonté par deux lambeaux de grès triasiques ou infraliasiques.

Les plongements que je viens d'indiquer, et qui correspondent à un synclinal passant un peu au nord des Farges, prouvent que c'est à Louignac qu'il faut chercher les couches les plus récentes du permien de la région nord du bassin de la Corrèze. Peut-être a-t-on là la base des grès de Grammont.

Au nord de Villac, dans le petit vallon peu profond qui descend des Mirandies, on observe des grès friables, rougeâtres, et des couches argileuses, avec bancs de calcaire schisteux verdâtre.

51

IMPRIMERIE NATIONALE.

Au sud de Villac, sur la route de Terrasson, on remarque des grès analogues, en bancs horizontaux, qui se suivent jusqu'au chemin de la ferme
du Pont. Au delà, ils passent à des grès conglomératiques rougeâtres, contenant des fragments de schistes anciens et rappelant, par leur facies, les grès
de Mallemort; c'est le prolongement des grès de la Sudrie et de Savignac.

Un peu avant d'arriver au Moulin-Neuf, les schistes anciens silicifiés apparaissent par faille dans le talus de la route; ils sont cependant recouverts par
des blocs de grès conglomératiques, mais ceux-ci ne sont pas en place.

Les schistes anciens occupent le pied du coteau de Brugeailles, jusque sous
le Noyer.

Les grès poudingiformes, en gros blocs comme au moulin de Sourgnac,
couvrent les flancs du coteau, qui est couronné par une calotte de grès secondaires très durcis, en couches plongeant vers le sud. Au delà du Noyer,
le thalweg du vallon est creusé dans les grès jusqu'à Batefols. La faille entame donc très obliquement le contrefort de Brugeailles.

La route de Villac à Batefols fournit une bonne coupe des grès rouges. En
montant au Mas, on observe des grès poudingiformes non durcis, au début
de la montée, puis des grès graveleux jusqu'à Guillot. Au delà, ce sont des
grès rouges. Le village du Mas est assis sur des bancs de grès rouge à grain
fin, avec argiles rouges. On remarque, sur les lits des bancs de grès, de nombreuses traces en forme d'impressions vagues de tiges. Plus loin, à Caramoza, les grès prennent une teinte d'un rouge plus vif, comme les grès de
la Bitarelle, et correspondent probablement aux couches de Louignac. Mais
sur le revers ouest du contrefort, et à un niveau inférieur, on observe encore,
entre Beauredon et le Mas, les bancs épais de grès graveleux et poudingiformes plus ou moins durcis.

Dans la descente après Murat, sur le ruisseau de Cussat, on remarque des
bancs de grès rouges, parfois graveleux, qui alternent avec des argiles
rouges; c'est à peu près le facies des grès rouges de Brive. Les lits des bancs
de grès offrent quelquefois des traces sur la nature desquelles je ne suis pas
fixé et qui pourraient représenter des pistes.

La montée de Cussat se fait dans des couches analogues, moins rocheuses.
Aux Faures, ce sont encore des grès rouges. Plus loin, des bancs de grès
argileux jaunâtres couvrent la hauteur. Ces bancs rappellent les couches de
Grammont.

On voit des grès d'un jaune rougeâtre près de Fautive, puis, au-dessous du hameau, des grès rouges avec quelques amas graveleux. A la Séchère, on retrouve des grès d'un jaune rougeâtre avec argiles rouges.

Si, au lieu de descendre sur le ruisseau de Cussat, on continuait à suivre le faîte, dans la direction du nord, on observerait, à la Fournerie, des bancs de grès schisteux parfaitement assisés, souvent verdâtres et ne contenant que de rares intercalations d'argiles. Ces grès rappellent bien les grès de Meyssac; c'est encore très probablement le même niveau qu'à Louignac.

On retrouve les mêmes couches en suivant le faîte de l'autre côté du vallon, au sud de Cussat. On les observe aussi à Artigeas.

Plus au sud, à Vieillemare, près de Châtres, les grès rouges sont recouverts par un dépôt des sables du Périgord. Dans la descente de Châtres sur le Taravellou, par la route de Granges-d'Ans, on traverse des couches sableuses et des grès à grain fin, très schisteux, d'une teinte rouge, formant une masse assez homogène. Vers le thalwëg, le terrain est formé de grès schisteux à grain fin, d'un rouge jaunâtre, ayant tout à fait le facies des grès de la Bitarelle. On n'y observe, en aucun point, de couches graveleuses. Ces grès rouges, encore mieux caractérisés, affleurent aussi au pied de la montée de Larre.

Dans cette partie, entre Châtres et Larre, la route longe la faille de fort près, et les schistes anciens affleurent sur le flanc gauche de la dépression suivie par la route, à l'ouest de Châtres.

La route traverse la faille sous le village de Larre. Les grès permiens forment là des monticules assez bas, au pied des flancs plus raides du massif cristallin.

Fig. 115. — Coupe entre Batefols et Larre (1/80,000).

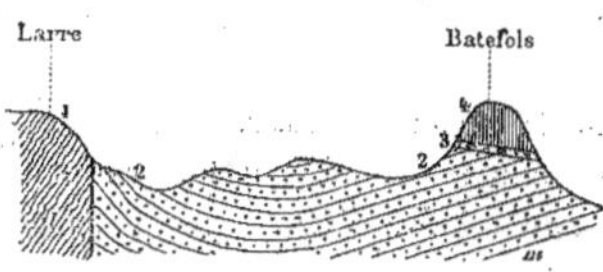

4. Lias et infralias.   2. Grès rouges.
3. Grès de l'infralias.   1. Schistes cristallins.

La vallée haute du Taravellou est occupée par des grès rouges ou verdâtres, à grain fin, peu consistants. On peut les observer notamment à la Séchère. Ces grès, presque toujours désagrégés, donnent naissance à un terrain

51.

argileux rougeâtre ou jaunâtre; le sol est peu accidenté et couvert de bois. Ce terrain occupe une dépression comprise entre les hauteurs jurassiques au nord et à l'ouest et celles du massif cristallin au sud, comme le montre la coupe ci-dessus (fig. 115), faite entre Batefols et Larre.

Afin de faire bien saisir l'allure générale des couches permiennes suivant la vallée de l'Elle, je donne ici la coupe faite de Saint-Robert au puy de Brugeailles, par Louignac et les Farges.

Fig. 116. — Coupe par Villac et Saint-Robert (1/80,000).

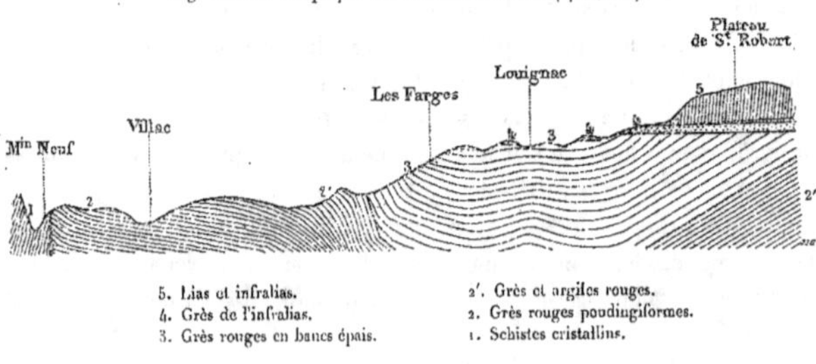

5. Lias et infralias.
4. Grès de l'infralias.
3. Grès rouges en bancs épais.

2'. Grès et argiles rouges.
2. Grès rouges poudingiformes.
1. Schistes cristallins.

Cette coupe met en évidence le pli des Farges.

En résumé, le versant droit de la vallée de l'Elle, au nord du massif cristallin, est occupé par des grès argileux et des argiles rouges, que couronnent des bancs de grès rouges schisteux à grain fin. Aux environs de Villac, ces couches passent latéralement à des grès graveleux et conglomératiques. Ces grès sont silicifiés et durcis à différents niveaux dans le voisinage de la faille, jusqu'à Beauredon.

La topographie de la région est assez simple. On peut distinguer trois contreforts : celui de Louignac, celui de la Fournerie et celui d'Artigeas. Les vallées offrent cette particularité d'avoir à peu près la même direction que la vallée principale, c'est-à-dire de s'étendre du nord au sud. C'est seulement à 300 ou 400 mètres de la faille qu'elles commencent à s'infléchir parallèlement au massif cristallin (Taravellou, ruisseau de Cussat).

CHAPITRE XVI.

BASSIN DE L'AUVÉZÈRE.

———

Le bassin de l'Auvézère est séparé du bassin de la Vézère par une crête qui s'étend de Granges-d'Ans à Pompadour, par Batefols, Saint-Robert, Sanas, les Bichets, etc.

Les affluents qui intéressent la présente description sont, dans cet intervalle, le ruisseau de la Forge de Bord, le Dalon avec son affluent, le ruisseau de Salagnac, et la Lourde avec ses affluents, les ruisseaux de la Bauze et de Naillac.

Le terrain permien affleure entre ce dernier ruisseau et celui de Salagnac; il est recouvert par quelques plateaux jurassiques qui s'étendent sur la bordure du bassin, ou même à l'intérieur (plateaux de Batefols et d'Hautefort).

Je décrirai séparément chacun des contreforts séparant les ruisseaux qui viennent d'être énumérés.

SANAS À SALAGNAC.

Le contrefort qui s'étend entre le ruisseau de la Forge de Bord et le ruisseau de Salagnac est formé, pour la plus grande partie, par les phyllades de Donzenac et par les porphyroïdes de Montchabrol, mais les dépôts permiens s'étendent au pied du versant sud, sur la rive droite du ruisseau de Salagnac, jusque vers Montchenil.

A Bugeadas, le faîte est occupé par des grès sableux, micacés, très argileux, de teinte rouge ou violacée, qui sont la suite des couches du Granouiller. Ce terrain couvre tout le versant sud, très aplati, du contrefort de Bugeadas, depuis le faîte jusqu'au ruisseau.

Au sud-ouest des Vignaux, le terrain contient quelques rognons calcaires.

Un peu à l'est de Bugeadas, au Champ, on observe des grès graveleux généralement jaunâtres, comprenant quelques argiles rougeâtres. Ces grès, peu colorés, sont inférieurs aux grès de Bugeadas et reposent sur des grès schisteux, gris verdâtre ou jaunâtres, qui ont le même facies que les grès houillers de Juillac. Ces grès gris verdâtre occupent le flanc nord assez raide du contrefort qui s'étend entre le Champ et Bugeadas, tandis que le revers opposé et assez plat du vallon est occupé par les porphyroïdes. L'inclinaison des couches de grès tend à prouver que ceux-ci reposent sur les roches cristallines, et il n'existe aucune trace de faille, comme on peut le vérifier sur le chemin du faîte, à l'ouest de Bugeadas. Mais il faut remarquer qu'en ce point, les grès rouges de Bugeadas reposent sur les schistes anciens, sans l'intermédiaire des grès houillers.

C'est le même fait qui a déjà été constaté sur la crête qui s'étend de Sanas au Granouiller. Le massif cristallin de Sanas formait donc déjà, à l'époque du dépôt de ces couches, une hauteur de chaque côté de laquelle les grès houillers se déposaient, mais dont le revers sud n'a été couvert que par des dépôts colorés probablement un peu moins anciens.

Les grès houillers de Bugeadas passent supérieurement aux grès rouges.

Le chemin du Champ au vallon fournit une bonne coupe de la succession des couches.

A l'ouest du Champ, les grès rouges reposent directement sur les phyllades et sur les porphyroïdes, et la forte déclivité du coteau, sous les villages de Chantecorps et de Soudenas, prouve que les grès se sont déposés sur un sol accidenté. La ligne séparative des grès et des schistes suit régulièrement le pied de ce petit promontoire cristallin, mais il ne serait pas impossible qu'il existât des lambeaux de grès houillers à un niveau plus élevé, entre Soudenas et Montchabrol.

Les grès rouges, graveleux, occupent le monticule coté (285) au sud-ouest des Fontanelles.

Le terrain, assez accidenté à Chantecorps, devient très aplati plus à l'ouest, avec une pente d'environ 5 degrés vers le thalweg.

Au delà du point coté (285), une petite éminence située au nord de la Forêt-Basse (métairie disparue) est occupée par des grès gris à facies houiller; l'affleurement, d'ailleurs restreint, est plus ou moins masqué par les bois taillis. Toutefois, le petit monticule sur lequel la ferme de la Roche (ou la Roque) a été établie, met les mêmes grès bien en évidence, et un puits de recherche a été creusé sur le bord du chemin qui conduit de la ferme à la route, dans la direction de Juillac.

M. Marrot, dans son journal de voyage inédit, a donné (13 décembre 1851) une description de l'affleurement de la Roque, qu'il considère bien comme appartenant au terrain houiller.

Je reproduis cette description :

« En montant à cette métairie, on rencontre un rocher saillant d'un grès gris jaunâtre très constant. Un puits approfondi dans la cour pour avoir de l'eau a traversé, jusqu'à 3 mètres de profondeur, une argile gris de fer, onctueuse, sans stratification distincte, empâtant une plus ou moins grande quantité de rognons sphéroïdaux de fer carbonaté, en partie décomposé, et changé en oxyde rouge et en hydrate de fer, qui se lèvent par zones concentriques. De 2 à 4 mètres, on a recoupé des argiles de même couleur, un peu feuilletées, à peine bitumineuses par places; au milieu, se trouve une veinule de houille de 2 à 4 centimètres d'épaisseur, qui se divise quelquefois en deux ou trois rameaux, sans augmentation dans l'épaisseur totale de la matière combustible.

« Au-dessous de l'argile feuilletée, existe un banc de grès à peine entamé; son grain est d'une grosseur moyenne, sa couleur, le gris sale moucheté de points blancs kaoliniques. J'y ai vu une empreinte de feuille peu distincte.

« A l'ouest-sud-ouest de la Roque, la déclivité du mamelon est éminemment argileuse, et la teinte rouge du sol, les fragments que l'on rencontre, indiquent la présence du fer carbonaté décomposé. » [Il s'agit là des grès rouges, dont la teinte a évidemment une origine différente de celle indiquée par Marrot.]

« A 800 mètres au sud-sud-est de la Roque, dans une vigne plantée sur le revers d'un ravin [c'est probablement l'affleurement que j'ai signalé plus haut], le sol est parsemé de fragments de la roche sous-jacente; elle offre tantôt un grès de couleur claire, à grains moyens, peu micacé, tantôt un grès jaunâtre, à grain fin, micacé, se divisant en plaques, souvent minces et d'épaisseur uniforme. Le terrain affecte une teinte jaunâtre bien prononcée. En creusant le sol de cette vigne, on y a, dit-on, rencontré des veinules de charbon analogues à celles trouvées dans le puits de la Roque.

« La houille obtenue de la veinule qu'il a traversée, varie dans son aspect : tantôt elle se casse en fragments pseudo-réguliers, dont les tranches dures ont peu de brillant; tantôt elle se brise par petits éclats, dont les surfaces courbes sont miroitantes. Dans l'un et l'autre cas, elle se comporte au feu comme une houille sèche à longue flamme. Une observation faite dans le puits avec soin nous a indiqué la direction des couches à l'O. 21°N. Elles plongent au S. 21°O., sous un angle d'environ 12 degrés avec l'horizon.

« Ce lambeau de terrain houiller a une étendue apparente d'un kilomètre carré environ, car, s'appuyant, près de la Roque, contre les schistes argileux métamorphiques [*porphyroïdes*], qui constituent les montagnes au nord, il descend, au sud, vers le ruisseau de Mureau, dont la rive droite ne présente que les grès bigarrés bien caractérisés [*grès rouges inférieurs*]. Mais il se pourrait qu'il plongeât sous ces dernières roches et qu'il se prolongeât vers l'est et le sud, en remontant la vallée, sous les bois qui couvrent sa surface. »

J'ajouterai qu'en descendant de la métairie vers l'ouest, on reconnaît que les grès houillers passent à un poudingue-brèche de teinte grise, surmonté de grès gris ou verdâtres. Au sud, on ne tarde pas à rencontrer les grès rouges qui surmontent les grès gris. A l'étang, près de la route, on observe un conglomérat violacé.

Ces couches de grès gris, de poudingues et de brèches (pour mieux dire, d'éboulis) occupent le fond du vallon qui descend de Babillard, mais seulement aux abords de la route. Elles ne s'étendent pas plus à l'est, ni plus au nord, sauf un lambeau peu étendu recoupé par le sentier qui monte de la Roche à Bellegarde.

Le petit contrefort boisé qui descend à l'étang de Bord (près de Nepoux), est formé de couches graveleuses rouges. Plus à l'est, le bord du lac se trouve dans les schistes, que suit aussi la route jusqu'à Salagnac. Mais, au nord de Salagnac, on observe encore le conglomérat violacé qui affleure sur un kilomètre de longueur, sous Sarzanas et la Font, et sur 30 à 50 mètres de largeur. Le creusement du vallon, à l'est de Salagnac, a enlevé une partie de ce ce dépôt, mais il est bien visible sur la route de Génis, sur le chemin situé au nord de Salagnac et sur celui de la Font.

Le village de Salagnac occupe une butte de schistes anciens; mais, à l'ouest, et sur un kilomètre de longueur, les extrémités des petits contreforts qui forment la rive droite du ruisseau sont occupées par des dépôts graveleux des grès rouges inférieurs, qui reposent directement sur les micaschistes.

Plus loin, le promontoire de Montchenil est formé par les schistes argileux. A ce promontoire se rattache la butte du Moureau, au confluent des deux ruisseaux, butte constituée par une roche siliceuse compacte, de teinte foncée, dont les débris se retrouveraient dans le conglomérat de Cublac.

CONTREFORT DE SAINTE-TRIE.

Le contrefort de Sainte-Trie, qui sépare les ruisseaux de Salagnac et du Dalon, est parallèle à la direction des couches, et son profil en travers indique nettement le sens du plongement, car le versant sud, à pente douce, mais entamé par des vallons secondaires profonds, s'étend sur une largeur de 2,500 mètres environ, tandis que le versant nord, à pente plus raide, n'a qu'une largeur cinq fois moindre, soit 500 mètres.

A l'est, ce contrefort est limité par une crête bien marquée, dont voici la coupe en long :

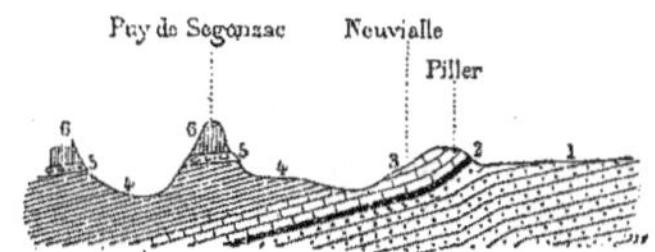

Fig. 117. — Coupe du Piller au puy de Segonzac (1/80,000).

6. Calcaires de l'infralias.	3. Grès bigarrés et argiles rouges.
5. Grès de l'infralias.	2. Argiles rouges et calcaires.
4. Argiles rouges et grès rouges.	1. Grès rouges inférieurs.

Cette crète, qui s'étend de Piller au puy de Segonzac, est occupée par des grès rougeâtres jusqu'au sud de Férande, puis, au delà, par des argiles rouges.

On a vu qu'au Piller, les grès reposent sur un banc calcaire assez épais, avec argiles rouges. Je n'ai pu voir les affleurements de cette couche à l'ouest, mais on la retrouve sur le chemin de l'Aurézie à Pardoux, près de ce dernier village. L'affleurement calcaire du Piller, au lieu de se prolonger sur le versant gauche du vallon de Salagnac, se retourne donc au sud, pour passer à l'ouest sous Neuvialle et sous le puy Atier.

Sur le chemin de l'Aurézie, on ne voit du niveau calcaire que les couches schisteuses qu'il comprend, couches plongeant très fortement vers le sud-sud-est. Mais à Segonzac, près de l'église, le banc calcaire même est bien net, semblable à celui du Piller; son épaisseur est de 1 mètre, et il est compris dans des argiles rouges. Il est recoupé par la route de la Chassagne, mais, là, son affleurement n'est pas net. Il apparait surtout à l'embranchement du chemin de Pialepinson, et l'une des constructions du bourg est fondée sur ce banc. On peut le suivre à quelque distance, le long du chemin qui monte au nord de ce point.

Il plonge fortement vers le sud-sud-est, et il disparaît rapidement sur le chemin de Pialepinson, comme l'indique la figure ci-dessous, qui est une coupe faite par le bâtiment en question et suivant le chemin :

Fig. 118. — Coupe nord-sud par Segonzac (1/5,000).

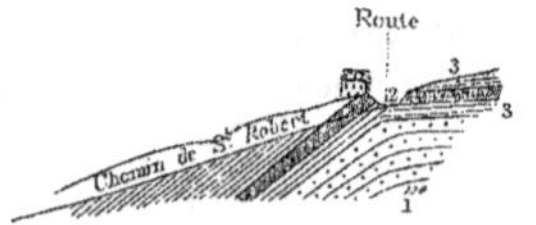

3. Argiles rouges.   2. Banc calcaire (1 mètre).   1. Grès rouges et argiles.

Il semble qu'on retrouve des traces du niveau calcaire près du chemin, sur la gauche, à la pointe sud du petit contrefort que longe le chemin.

La couche calcaire est surmontée, dans le bourg de Segonzac, par des argiles rouges contenant un banc sableux jaunâtre.

Près du ruisseau, sur la rive droite, au nord du moulin, on observe des bancs de grès bigarrés, dirigés de l'est à l'ouest, et qui doivent occuper un niveau un peu supérieur à celui du calcaire. C'est la dernière trace, dans la région, des grès du niveau n° 3, comme le calcaire de Segonzac est la dernière trace du niveau n° 2. Au moulin même, le terrain est formé de couches d'argiles schisteuses rougeâtres.

Au col de Segonzac, les couches sont très argileuses; elles représentent le niveau des grès n° 4. Autour du puy de Segonzac, elles se présentent sous forme d'argiles d'une teinte rouge très prononcée, zonées de vert, avec rares petits bancs de grès rouge. C'est le facies des couches d'Ayen et de Saint-Aulaire.

La galerie de sondage du souterrain n'a traversé que des grès argileux rouges et des argiles rouges.

En dehors des points qui viennent d'être cités, le contrefort de Sainte-Trie ne présente que des grès peu consistants, comprenant des argiles rougeâtres. Sur le chemin du faîte, on observe des couches faiblement colorées, rougeâtres ou jaunâtres, avec quelques argiles rouges. Le village de Tireloubie est assis sur des bancs épais de grès rougeâtres. Le plongement des couches est très faible. Sur le chemin de Tireloubie à Bugeadas, vers le milieu de la descente, on remarque un petit banc calcaire. Un autre banc calcaire peut s'observer sur la route du Dalon, sous Chabanat. Cette route du Dalon est ouverte, tout le long de la vallée, dans des grès très graveleux ou poudingiformes.

La route de Salagnac à Boisseuilh, passant par Sainte-Trie, fournit une coupe de la partie ouest du contrefort. On n'y observe guère que les grès graveleux rougeâtres que l'on voit aussi à Boisseuilh.

Il est clair que les grès qui composent le contrefort de Sainte-Trie représentent les grès inférieurs, puisqu'ils sont surmontés à l'est par le niveau calcaire et qu'ils se prolongent au nord et reposent sur les schistes anciens. Il est peu probable, d'ailleurs, que même les couches du faîte appartiennent au niveau n° 3, car le plongement des couches dans le sens de la longueur du contrefort doit, en raison de la direction des limites du bassin, se faire vers le sud-est.

CONTREFORT DE TEILLOTS-BOISSEUILH.

Entre Bigeau (col de Segonzac) et Milande, la rive gauche du Dalon est occupée par des couches argileuses d'une teinte rouge, visibles notamment au Vieux-Lavaysse. Ces couches ont un faible plongement vers le thalweg; sur la rive droite, elles ont un plongement en sens contraire. La vallée du Dalon occupe donc, dans ce point, un pli synclinal.

Je n'ai constaté, sur cette rive gauche, aucune trace du niveau calcaire. Ce niveau a certainement disparu, et la séparation entre les grès rouges inférieurs et les grès rouges supérieurs ne peut plus être établie d'une manière aussi précise que dans la région du Rozeix.

On observe toutefois que, depuis le moulin du Coudert jusqu'à Neboul, la rive gauche est bordée par des grès très graveleux ou poudingiformes, mal stratifiés, rougeâtres ou jaunâtres, identiques à ceux de la rive droite. Ces grès sont surmontés par des argiles rouges bigarrées de vert, analogues à celles du puy de Segonzac, et l'on verra qu'en remontant les couches vers le sud, on passe graduellement au niveau des couches du bassin de l'Elle, qui est le niveau n° 4, celui des grès et argiles rouges de Brive.

D'autre part, les grès graveleux forment certainement les couches de la

52.

base dans toute la région; ils reposent directement sur les schistes anciens. Ces couches ne constituent pas un accident au milieu des grès ordinaires, car elles s'étendent sur une grande longueur, depuis Sanas jusqu'à Naillac. Les grès graveleux représentent donc les grès rouges inférieurs, tandis que les argiles et grès non graveleux et mieux assisés qui les surmontent, représentent les grès rouges supérieurs.

Le chemin de Chavant, près de Vieux-Lavaysse, à la route du Dalon, fournit une coupe de la superposition des deux étages.

C'est sur les grès graveleux en bancs massifs que se trouve assis le village de Boisseuilh. Les mêmes couches graveleuses se voient bien sur la route de Boisseuilh à Neboule, et de là se suivent jusqu'à Cubas. La forme même de la limite des grès et des schistes, en tenant compte des accidents du sol, ne se concilie pas avec l'existence d'une faille et s'explique, au contraire, par la superposition des grès aux schistes anciens. Il faut alors admettre que ces grès se sont déposés sur un sol accidenté, car si, en certains points, la limite des terrains suit à peu près une section plane du sol, en d'autres points, elle passe à flanc de coteau, de telle sorte que les grès paraissent inférieurs aux schistes. Ces faits s'observent notamment près du Moureau et entre Paquey et Cubas.

A Cubas, les couches les plus inférieures, qui reposent sur les schistes anciens, sont formées de menu gravier emprunté aux schistes; elles contiennent aussi quelques galets de quartz. On peut observer ces couches violacées dans le petit vallon au sud-ouest de Cubas.

Le chemin de Cubas à Boisseuilh, par le faîte, montre des couches analogues. A Brugou, notamment, on observe un grès sableux, fin ou graveleux, peu argileux, de teinte rouge, bigarré de vert. Il se présente en bancs massifs, mal stratifiés, ravinés en quelques points par les grès de l'infralias. On remarque, dans ces couches, quelques bancs non graveleux de grès rouges à grain moyen, solides ou sableux.

A l'embranchement de la route de Teillots, les grès graveleux font place à des couches d'argiles rouges bigarrées de vert, contenant quelques bancs de grès argileux bien stratifiés. Puis apparaissent des grès rougeâtres avec quelques argiles. Après le Mas-au-Pin, les couches sont encore mieux assisées et plus schisteuses; elles contiennent des bancs de grès verdâtres, assez durs. Elles prennent donc tout à fait le facies des grès du niveau n° 4 de la vallée de l'Elle. Ces couches se continuent ainsi jusqu'à la route de Saint-

Robert à Batefols. Vers Teillots, le plongement est dirigé vers le nord-est, ce qui indique qu'on a traversé le synclinal de Milande (vallée du Dalon).

Sur le versant sud du contrefort, les grès graveleux affleurent sous le recouvrement jurassique à Cherveix. Leur point extrême, à l'ouest, se trouve à l'embranchement de la route départementale et du chemin du point coté (169), à un kilomètre au sud de Cherveix. Ces grès forment la pointe sud des contreforts du Buisson, de Mareille et le fond et les flancs du vallon situé à l'est des Vidalloux. Toutefois, à la Supière, près des Vidalloux, on observe quelques couches argileuses exploitées pour terre à brique, et quelques grès fins, le tout reposant sur les couches graveleuses; c'est peut-être là un affleurement des grès supérieurs.

Le contrefort de la Besse et de Brugière est recouvert, vers ces deux villages, par des grès bien assisés, exploités avec quelques argiles rouges, et qui doivent être rattachés aussi au niveau supérieur des grès. Ces couches se prolongent jusqu'au fond du vallon de la Lourde, vers Mouney, à l'est de la ferme de Leymongédie, mais cette ferme même est sur les grès graveleux qui se voient également dans le chemin de Cubas. Les couches plongent au sud (fig. 119).

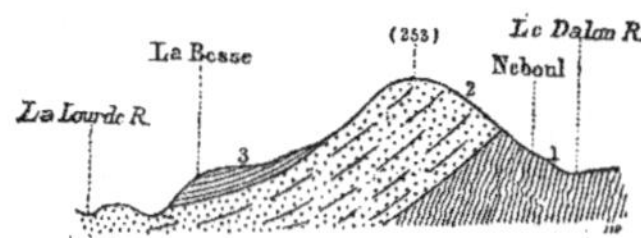

Fig. 119. — Coupe par la Besse et Boisseuilh (1/80,000).

3. Grès rougeâtres.   2. Grès graveleux.   1. Schistes cristallins.

Les mêmes couches de grès peu coloré, également exploitées, s'observent sur la route d'Hautefort à Boisseuilh, notamment près de la Contie.

Toutefois, le fond du vallon du château de Boisseuilh est occupé par les grès graveleux. En effet, d'après le journal de voyage de M. Marrot (13 décembre 1851), le château de Boisseuilh « est bâti sur des bancs assez solides de grès bigarrés de 0 m. 30 à 0 m. 50 d'épaisseur. Au-dessous, le terrain est formé de bancs moins distincts et moins solides de poudingues, dont les fragments n'excèdent pas la grosseur d'une noix [c'est ce que j'appelle les grès graveleux]; ils consistent surtout en quartz et aussi en lydienne [il s'agit probablement de la roche du Moureau]; leur ciment est très argileux et peu micacé. Les bancs de grès plus durs sont à grain fin, de quartz et de mica, sans ciment bien visible. Le mica est en paillettes bien apparentes et parallèles aux bancs; aussi la roche a une grande tendance à se détacher en plaques et en plaquettes, même assez minces. La couleur dominante des grès est lie de vin, avec veines grises ou rouges, et quelques enduits noirs et sans doute manganésifères.

« Au château de Boisseuilh, ces bancs durs forment un plan très faiblement incliné, remontant au nord-est suivant la pente des couches. Une carrière importante de pierres de taille est ouverte à droite de l'avenue. En marchant vers le bourg de Boisseuilh, on suit les mêmes couches, plus ou moins découpées [décomposées?], mais elles sont très apparentes dans le bourg.

« En descendant de là au Dalon, on trouve constamment les poudingues friables à ciments argileux, se désagrégeant avec une grande facilité. »

Un peu plus loin, Marrot indique que les bancs du château sont dirigés du nord-ouest au sud-est et plongent au sud-ouest sous un angle de 3 à 4 degrés.

Ainsi donc, le château de Boisseuilh est fondé précisément sur le banc inférieur des grès rouges supérieurs, tandis que le fond du vallon est occupé par les grès inférieurs, graveleux et mal stratifiés.

La route de Boisseuilh et la métairie de la Contie sont sur les grès supérieurs, qui se prolongent sans interruption, à l'est, sur le flanc sud du contrefort de Teillots. Si, en quittant Hautefort, au lieu de remonter la route de Boisseuilh, on prend le chemin direct du Mas-au-Pin, on observe à la base des coteaux, vers le vallon compris entre les villages des Arcis et de la Lourde, des grès rougeâtres, bien assisés, schisteux, alternant avec quelques argiles. Plus haut, vers le hameau de la Lourde, la roche est désagrégée, et l'on ne voit qu'un terrain argileux rougeâtre.

En résumé, le contrefort de Teillots est formé, en grande partie, par des grès rouges à grain fin, bien stratifiés, alternant avec quelques couches argileuses. Ces grès surmontent des couches très graveleuses, mal stratifiées, de teinte rouge, qui affleurent au pied du versant nord depuis le Coudert à l'est, et qui forment l'extrémité occidentale du contrefort, à l'ouest de la Besse. Ces couches sont masquées, en partie, par les bancs jurassiques qui s'étendent depuis Brugou jusqu'à Cherveix et jusqu'au confluent de la Lourde. Elles reposent sur les schistes argileux anciens. Ceux-ci forment le massif de Fougerolas; ils disparaissent, au delà de Neboule sur le versant du Dalon, sous les grès graveleux, et près de Cherveix sur le versant de l'Auvézère, sous les couches jurassiques.

Le contrefort présente un profil en travers symétrique. Formé par des couches plus résistantes que celles qui composent le contrefort de Sainte-Trie, il est aussi plus profondément entaillé, sauf dans la partie haute argileuse, vers le Coudert et Vieux-Lavaysse.

VERSANT GAUCHE DU BASSIN DE LA LOURDE.

Les contreforts du Meynichoux et de Champagnac sont formés par les grès supérieurs.

En montant au Fournial, venant d'Hautefort, on observe, au début de la montée, des grès graveleux alternant avec quelques argiles rouges; cependant le revers opposé du vallon de la Lourde, au pied de la rampe de la Contie, se trouve dans les grès supérieurs, et par suite les grès graveleux doivent, peut-être, être rattachés aux couches supérieures. Quoi qu'il en soit, la route qui monte à Hautefort, venant de Boisseuilh, présente la succession suivante :

> 3. Grès verdâtres et jaunâtres horizontaux, rappelant un peu les grès du niveau n° 3.
> 2. Argiles rouges avec quelques bigarrures vertes.
> 1. Argiles rouges et grès graveleux plongeant au sud.

Ces dernières couches, qui affleurent au pied du coteau, appartiennent aux grès inférieurs. Les autres couches forment le passage aux grès supérieurs.

Sur la route de Batefols, on ne voit que les grès rouges supérieurs dont les caractères se précisent vers Batefols, où l'on observe des grès bien assisés, en bancs épais.

Le mamelon d'Hautefort, couronné par les couches de l'infralias, est formé, en grande partie, par les grès graveleux, sauf dans sa partie est, où l'on observe les couches que viens de signaler, et qui se retrouvent sur le chemin au sud-est de l'Hôpital : on y voit, près du lavoir, des grès sableux rougeâtres et verdâtres, bien assisés, reposant sur des bancs horizontaux de grès un peu graveleux.

Mais les grès graveleux s'observent bien sur la route d'Hautefort à Saint-Aignan, de même que sur les autres routes qui se dirigent d'Hautefort vers le sud.

Sur la route de Saint-Martial-d'Hautefort, les grès graveleux, peu visibles, affleurent jusqu'à 400 mètres de Saint-Martial et sont ensuite recouverts par les grès de l'infralias, qui plongent vers l'Auvézère.

Le fond du vallon de Naillac est occupé par les grès graveleux, recouverts à l'ouest par les grès du trias et à l'est par les grès supérieurs; ceux-ci se voient au Chabridou, au Maine près de Chassaing, et ils occupent le fond du vallon de Naillac, aux environs du bourg. Le chemin qui monte au bourg, au nord, montre en effet des bancs de grès verdâtres et de grès finement graveleux, rougeâtres, surmontés par des argiles rouges, puis des grès sableux, micacés, rougeâtres, formant les couches de passage. Les couches plongent au sud, et le chemin au sud de Naillac, sous le Verdier, est établi sur des bancs épais de grès peu colorés, bien stratifiés, plongeant fortement au sud, mais reposant encore sur quelques grès graveleux. Ces grès assisés appartiennent certainement au niveau supérieur.

En montant à Lanochette, on retrouve les bancs de grès fins schisteux, solides, rougeâtres ou verdâtres, semblables à ceux de la Fournerie, Louignac, etc., et aussi exploités. C'est incontestablement le niveau n° 4 (ou le niveau n° 5).

La crête qui sépare les bassins de l'Elle et de l'Auvézère est couronnée, presque sans interruption, par les bancs du lias, en sorte que l'on ne peut guère y observer les couches permiennes, sauf vers Puyredon où se retrouvent les grès peu argileux, solides, bien stratifiés, du niveau tout à fait supérieur. En ce point, les couches de grès forment un anticlinal (fig. 120).

Fig. 120. — Crête de Batefols à Saint-Robert (1/80,000).

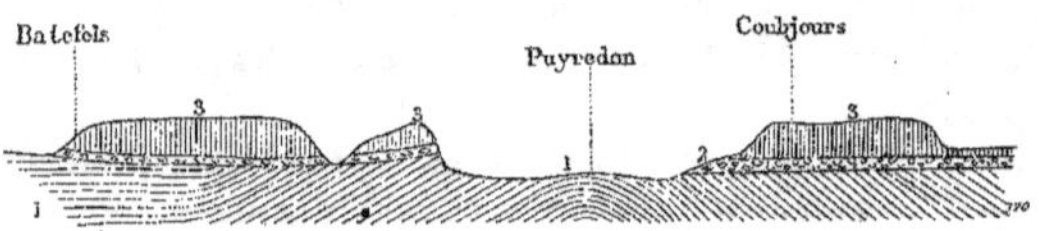

3. Lias et infralias.   2. Grès de l'infralias.   1. Grès rouges.

En ce qui concerne la topographie, il n'y a à noter que le parallélisme de la partie haute des vallons de la Lourde, du ruisseau de Raffaillac, de la Bauze et du ruisseau de Naillac sous Lorserie. C'est aussi la direction du Dalon, à l'aval de la ferme du Dalon, et du ruisseau de Salagnac, à l'amont de Salagnac.

ANNEXE.

53

COUPE DES TERRAINS

TRAVERSÉS PAR LE SONDAGE DE SAINT-CYR-LA-ROCHE (CORRÈZE).

ÉTAGES TRAVERSÉS.	INDICATION DES COUCHES DE TERRAIN TRAVERSÉES.	ÉPAISSEUR VERTICALE des couches.	PROFONDEURS.
		m. c.	m. c.
	Terre végétale	3 50	3 50
	Argile rouge	1 10	4 60
	Argile rouge avec rognons de grès gris	1 35	5 95
	Grès gris	0 50	5 45
	Argile rouge	0 90	7 35
	Grès rouge	1 05	8 40
	Argile et sable rouge	2 80	11 20
	Grès rouge	0 40	11 60
	Argile rouge et rognons de grès gris	3 00	14 60
	Grès rougeâtre	1 65	16 25
	Argile rouge et filets de grès gris	2 05	18 30
	Grès rougeâtres	3 20	21 50
	Argile rouge avec filets de grès gris	2 85	24 35
	Grès rougeâtres	13 15	37 50
	Argile rouge avec filets de grès gris	2 40	39 90
	Grès rougeâtre très dur	2 85	42 75
	Grès rougeâtre mélangé de quartz	4 55	47 30
	Argile rouge avec filets de grès gris	2 40	49 70
Grès rouges inférieurs sur 137 mètres.	Grès rougeâtre très dur	1 75	51 45
	Grès rougeâtre dur	0 80	52 25
	Grès rougeâtre moins dur	1 70	53 95
	Grès rougeâtre dur	2 00	55 95
	Grès rougeâtre tendre	5 55	61 50
	Argile rouge avec rognons de grès gris	1 75	63 25
	Argile grisâtre	0 85	64 10
	Grès rougeâtre dur	5 65	69 75
	Grès rougeâtre mélangé de quartz	4 85	74 60
	Argile rouge avec filons de grès gris	2 05	76 65
	Grès rougeâtre dur	1 05	77 70
	Argile rouge avec filets de grès gris	1 50	79 20
	Grès rougeâtre	6 30	85 50
	Argile rouge	0 50	86 00
	Argile grise	0 60	86 60
	Grès rougeâtre	2 25	88 85
	Argile grise	0 70	89 55
	Grès rouge dur	1 45	91 00
	Grès rougeâtre avec filets de schistes	1 65	92 65
	Argile rouge mélangée d'argile grise	0 75	93 40
	Grès rougeâtre dur	5 45	98 85
	Grès rougeâtre tendre	1 75	100 60

ÉTAGES TRAVERSÉS.	INDICATION DES COUCHES DE TERRAIN TRAVERSÉES.	ÉPAISSEUR VERTICALE des couches.	PROFONDEURS.
		m. c.	m. c.
	Report......................	....	100 60
	Argile grise................................	1 15	101 75
	Argile rouge avec filets d'argile grise............	1 45	103 20
	Grès rougeâtre..........................	4 55	107 75
	Argile rouge......................	0 50	108 25
	Grès rougeâtre dur.....................	1 55	109 80
	Argile rouge avec filets de grès gris............	0 30	110 10
Grès rouges inférieurs sur 137 mètres. (Suite.)	Grès rougeâtre dur.......................	3 65	113 75
	Grès rougeâtre tendre......................	4 35	118 10
	Grès rougeâtre dur......................	2 55	120 65
	Grès très fin avec filets d'argile bleue...........	1 35	122 00
	Grès rougeâtre dur......................	4 60	126 60
	Argile compacte......................	1 70	128 30
	Grès gris rougeâtre......................	5 10	133 40
	Grès micacé...........................	0 55	133 95
	Grès rougeâtre dur......................	0 70	134 65
	Argile avec filets de grès gris................	0 70	135 35
	Grès rougeâtre.......................	1 65	137 00
	Naissance du terrain houiller................	0 85	137 85
	Argile grisâtre avec filets de grès gris...........	0 50	138 35
	Grès rougeâtre......................	0 35	138 70
	Grès rouge avec filets d'argile...............	1 30	140 00
	Grès rougeâtre dur......................	1 30	141 30
	Schistes houillers......................	0 30	141 60
	Grès houiller dur.......................	2 15	143 75
	Grès gris...........................	0 45	144 20
	Grès houiller très dur.....................	3 05	147 25
	Argile schisteuse et grès rouge...............	5 06	152 85
	Plaquettes de grès très dur.................	0 25	153 10
Grès houillers et grès rouges sur 43 m. 75.	Argiles schisteuses rougeâtres...............	1 05	154 15
	Grès gris dur........................	0 35	154 50
	Marne bleue rougeâtre....................	0 75	155 25
	Grès gris rougeâtre......................	0 40	155 65
	Argile bleue rougeâtre avec nodules de grès gris ..	1 75	157 40
	Argile schisteuse avec plaques de grès gris.......	2 10	159 50
	Argile schisteuse avec nodules de grès gris.......	0 75	160 25
	Grès gris très dur......................	0 50	160 75
	Argile schisteuse rougeâtre.................	2 65	163 40
	Grès rouge très sableux...................	0 65	164 05
	Argile rouge sableuse....................	2 05	166 10
	Grès gris rougeâtre......................	0 45	166 55
	Argile grise........................	1 75	168 30
	Grès rouge avec argile rouge et grise...........	2 70	171 00

ÉTAGES TRAVERSÉS.	INDICATION DES COUCHES DE TERRAIN TRAVERSÉES.	ÉPAISSEUR VERTICALE des couches.	PROFONDEURS.
		m. c.	m. c.
	Report.		171 00
	Grès rouge avec argile rouge et grise	1 45	172 45
	Argile rouge avec filets de grès gris	1 50	173 95
Grès houillers	Argile rouge et argile grise	2 20	176 15
et grès rouges	Argile bleue	0 80	176 95
sur 43 m. 75.	Grès gris avec couche d'argile blanche	1 00	177 95
(Suite.)	Grès rouge avec couche d'argile grisâtre	0 70	178 65
	Grès rouge	1 70	180 35
	Grès avec couche d'argile grise	0 40	180 75
	Grès gris micacé	1 78	182 53
	Grès gris tendre	1 10	183 63
	Argile schisteuse rougeâtre	0 85	184 48
	Grès avec argile noirâtre	3 10	187 58
	Argile schisteuse rouge	2 15	189 73
	Grès gris et argile rougeâtre	2 20	191 93
Grès houillers	Grès verdâtre tendre	1 00	192 93
sur	Argile grise avec calcaire blanc	0 25	193 18
19 m. 30.	Grès verdâtre	0 40	193 58
	Schiste houiller noir	0 55	194 13
	Grès gris avec calcaire blanc	0 55	194 68
	Houille	0 15	194 83
	Grès gris clair	0 90	195 73
	Grès verdâtre	2 55	198 28
	Schiste noir avec un peu de calcaire	1 76	200 04

COUPE DES TERRAINS
TRAVERSÉS PAR LE SONDAGE DE LA VOUTE,
COMMUNE DE SÉRILHAC (CORRÈZE).

ÉTAGES TRAVERSÉS.	INDICATION DES COUCHES DE TERRAIN TRAVERSÉES.	ÉPAISSEUR VERTICALE des couches.		PROFONDEURS.	
		m.	c.	m.	c.
	Grès et argiles rouges	8	40	8	40
	Calcaire grisâtre très dur	1	17	9	57
	Grès argileux moins dur	3	18	12	75
	Grès et argiles rouges plus ou moins durs	58	60	71	35
	Grès rouge micacé très dur	0	70	72	05
	Argiles bigarrées	0	65	72	70
	Grès et argiles rouges	6	35	79	05
	Calcaire foncé très dur	1	82	80	87
	Grès et argiles rouges	14	58	95	45
	* Calcaire foncé	8	10	103	55
Grès	Grès et argiles rouges	14	95	115	50
et argiles rouges	* Calcaires divers	11	20	126	70
de Brive	Grès rouges argileux	1	28	127	98
sur 306 m. 80	* Calcaire gris très dur	2	12	130	10
de profondeur.	* Grès quartzeux rouge dur	4	85	134	95
(Nota. Les bancs désignés	Grès et argiles rouges	19	68	154	63
sous le nom de calcaires	Argiles grises	1	42	156	05
ne sont	Grès et argiles rouges	7	70	163	75
certainement pas,	Grès jaunâtre sablonneux	3	53	167	28
pour la plupart,	Grès et argiles rouges	59	05	226	33
composés de calcaires,	Schistes gris noirâtres avec grès gris à la base et filet de houille (carotte)	6	04	232	37
mais probablement	Grès et argiles rouges	49	43	281	80
de grès fins	Grès gris schisteux	1	12	282	92
et compacts.)	Grès et argiles rouges	14	98	297	90
	Grès gris rouge (fin du sondage Lippmann)	0	60	298	50
	Grès fin rose	2	20	300	70
	Schiste lie de vin	2	30	303	00
	Grès fin rouge	1	00	304	00
	Grès fin rouge	1	20	305	20
	Schiste lie de vin	1	60	306	80
Grès et schistes gris	Schiste bleu	3	00	309	80
(niveau	Grès gris fin clair	2	00	311	82
du Verdier?)	Schiste bleu et grès gris fin	3	10	314	90
sur 44 m. 90.	Grès gris très dur	1	40	316	30
	Grès rose et schiste	0	75	317	05

ÉTAGES TRAVERSÉS.	INDICATION DES COUCHES DE TERRAIN TRAVERSÉES.	ÉPAISSEUR VERTICALE des couches.		PROFONDEURS.	
		m.	c.	m.	c.
	Report..........................	....		317	05
	Argile et grès bleuâtre.......................	1	60	318	65
	Grès gris argileux...........................	2	00	320	65
	Grès gris dur...............................	2	95	323	60
	Schiste verdâtre bleuâtre....................	5	80	329	40
	Schistes gréseux durs.......................	1	50	330	90
Grès et schistes gris	Schistes de plus en plus noirs..............	1	80	332	70
(niveau	Schiste noir................................	1	40	334	10
du Verdier?)	Schiste gréseux clair.......................	3	05	337	15
sur 44 m. 90.	Schiste clair...............................	4	25	341	40
(*Suite.*)	Schiste noir gras...........................	1	00	342	40
	Schiste charbonneux très noir...............	1	50	343	90
	Grès fin dur................................	2	70	346	60
	Grès gris dur quartzeux.....................	2	80	349	40
	Grès fin gris dur...........................	1	80	351	20
	Schiste noir................................	0	50	351	70
Superposition ou rejet?					
	Grès et schistes rouges.....................	6	00	357	70
	Schiste gréseux rouge.......................	0	50	358	20
Grès et argiles rouges	Grès rouge dur..............................	2	60	360	80
(niveau	Argile rouge ébouleuse......................	3	10	363	90
de Tudeils?)	Schiste rouge moins gros....................	1	00	364	95
sur 15 m. 65.	Mélanges rouges par suite d'éboulement (fin du sondage Deutscher, d'Alais)....................	2	45	367	35

COUPE DES TERRAINS
TRAVERSÉS PAR LES PUITS DE LA MINE DE CUBLAC (CORRÈZE).

Nº 1. — PUITS BOSREDON (LA CABANE).

ÉTAGES TRAVERSÉS.	INDICATION DES COUCHES DE TERRAIN TRAVERSÉES.	ÉPAISSEUR VERTICALE des couches.	PROFONDEURS.
		m. c.	m. c.
Grès bigarrés de Cublac [1] sur 65 mètres d'épaisseur.	Terre végétale, argile et terre rouge forte........	14 25	14 25
	Schiste friable, vert et rouge, veiné............	27 00	41 25
	Grès gris vert très fin......................	7 50	48 75
	Schiste rouge et grès saturé de minerai de fer....	16 25	65 00
Grès houillers sur 69 m. 50.	Gros schiste solide et friable..................	12 20	77 20
	Grès gris fin.............................	6 95	84 15
	Schiste gros, solide et friable.................	5 50	89 65
	Gros schiste solide et petits filets de charbon.....	4 05	93 70
	Schiste avec empreintes de fougères	5 30	99 00
	Lacune, environ.........................	35 50	134 50
Couche exploitée ..	Charbon, environ	0 50	135 00

[1] C'est-à-dire le niveau des grès rouges inférieurs de Brive.

Nº 2. — COUPE DU PUITS SAINTE-BARBE.

ÉTAGES TRAVERSÉS.	INDICATION DES COUCHES DE TERRAIN TRAVERSÉES.	ÉPAISSEUR VERTICALE des couches.	PROFONDEURS.
		m. c.	m. c.
Grès bigarrés de Cublac sur 71 m. 70.	Remblais................................	2 00	2 00
	Terre végétale...........................	1 00	3 00
	Grès gris, fin, micacé......................	8 00	11 00
	Schiste vert et rouge, tendre.................	4 00	15 00
	Grès rouge..............................	13 50	28 50
	Schiste vert et rouge, moins tendre que le précédent.	9 50	38 00
	Grès rouge avec blocs de grès blanc mi-fin	7 00	45 00
	Schiste vert et rouge, tendre, un peu plus dur vers la fin du banc...........................	15 00	60 00

ÉTAGES TRAVERSÉS.	INDICATION DES COUCHES DE TERRAIN TRAVERSÉES.	ÉPAISSEUR VERTICALE des couches.		PROFONDEURS.	
		m.	c.	m.	c.
	Report....................	....		60	00
Grès bigarrés de Cublac sur 71 m. 70. (*Suite.*)	Grès rouge......................	1	70	61	70
	Schiste verdâtre contenant de petits grains de minerai de fer........................	3	40	65	10
	Grès rouge......................	6	60	71	70
Grès houiller sur 68 mètres au-dessus de la galerie.	Grès gris micacé feuilleté..............	3	20	74	90
	Grès à gros grains très quartzeux et grès gris fin micacé............................	5	00	79	90
	Grès rouge......................	3	10	83	00
	Grès gris verdâtre micacé feuilleté...........	4	20	87	20
	Grès blanc dur demi-fin, contenant un nerf schisteux à o m. 90 du commencement du banc....	7	90	95	10
	Schiste noir......................	3	50	98	60
	Grès grisâtre......................	0	50	99	10
	Schiste rouge et bleu feuilleté..............	3	40	102	50
	Grès gris foncé feuilleté..............	4	50	107	00
	Schiste rouge et bleu..................	4	10	111	10
	Grès blanc contenant une veine de o m. 60 de schiste noir à boules..................	7	00	118	10
	Grès fin schisteux, gris verdâtre, un peu micacé...	2	30	120	40
	Même que le précédent, moins schisteux........	5	90	126	30
	Grès grisâtre schisteux, un peu micacé, avec un nerf de schiste noir à la fin du banc............	0	50	126	80
	Grès blanc dur, fin, délit schisteux à la fin du banc.	0	50	127	30
	Grès blanc demi-fin, un peu sablonneux dans le fond et faisant l'eau....................	3	00	130	30
	Grès gris fin, assez dur vers la fin du banc......	8	70	139	00
	Schiste noir à empreintes, avec un petit filet de charbon au commencement du banc. (Niveau de la galerie.)....................	1	00	140	00
Grès houiller sur 56 mètres au-dessous de la galerie.	Grès gris et veine d'argile de o m. 05 d'épaisseur..	6	00	146	00
	Grès gris schisteux avec empreintes végétales (*Cordaites, Pecopteris, Odontopteris*).............	2	00	148	00
	Grès gris blanc micacé, un peu feuilleté, contenant quelques veinules de charbon plus blanc et moins compact dans le fond....................	2	50	150	50
	Grès blanc à rognons quartzeux................	0	20	150	70
	Grès gris noir compact....................	1	30	152	00
	Même que le précédent, moins compact.........	0	50	152	50
	Grès blanc fin dur, devenant plus grossier vers le bas, et contenant de petits nerfs de houille.........	2	70	155	20
	Schiste noir passant au grès gris vers le bas......	0	60	155	80
	Grès bleuâtre devenant plus clair et presque blanc dans le bas, taché de rouge en quelques points..	2	30	158	10

ÉTAGES TRAVERSÉS.	INDICATION DES COUCHES DE TERRAIN TRAVERSÉES.	ÉPAISSEUR VERTICALE des couches.		PROFONDEURS.	
		m.	c.	m.	c.
	Report.................	....		158	10
	Grès gris très dur au commencement et à la fin du banc, avec du grès noir au milieu.............	1	50	159	60
	Grès noir un peu schisteux vers le haut, contenant quelques empreintes de calamites............	1	00	160	60
	Grès bleuâtre et un peu rouge dans le haut, devenant gris dans le bas et très dur sur 0 m. 30 d'épaisseur................................	1	40	162	00
	Grès noir............................	0	90	162	90
	Grès gris schisteux micacé..................	1	00	163	90
	Grès gris blanc assez dur...................	1	00	164	90
Grès houiller sur 56 mètres au-dessous de la galerie. (*Suite.*)	Grès noir schisteux contenant quelques bancs, dans le haut, de grès gris de 0 m. 50 d'épaisseur, très dur et taché de rouge dans le bas............	8	40	173	30
	Grès blanc faisant un peu l'eau...............	1	30	174	60
	Schiste noir et petit filet de houille de 0 m. 02 d'épaisseur...............................	0	60	175	20
	Grès grisâtre devenant blanc dans le bas.........	1	80	177	00
	Grès gris fin un peu micacé..................	1	00	178	00
	Grès blanc fin..........................	0	60	178	60
	Schiste noir contenant, en commençant, quelques filets de houille........................	1	50	180	10
	Grès mi-fin blanc, assez dur.................	3	00	183	10
	Grès gris.............................	6	40	189	50
	Schiste noir, assez dur....................	2	50	192	00
	Grès gris fin un peu micacé..................	2	70	194	70
	Grès gris un peu verdâtre, structure schisteuse....	0	30	195	00
	Grès micacé feuilleté, contenant quelques empreintes de *Pecopteris* (fond du puits)..............	0	90	195	90

N° 3. — Coupe du puits Festugière [1].

ÉTAGES TRAVERSÉS.	INDICATION DES COUCHES DE TERRAIN TRAVERSÉES.	ÉPAISSEUR VERTICALE des couches.		PROFONDEURS.	
		m.	c.	m.	c.
Grès bigarrés de Cublac sur 16 m. 70.	Terre végétale........................	1	50	1	50
	Grès gris gros.........................	6	05	7	55
	Schiste friable qui n'est pas houiller...........	8	45	16	00
	Grès fin rouge.........................	0	70	16	70
Grès houillers sur 74 m. 70.	Schiste fin très friable....................	6	30	23	00
	Grès fin..............................	8	55	31	55

[1] Cf. Dufrénoy, *Explication de la carte géologique de France*, tome 1er, page 622.

ÉTAGES TRAVERSÉS.	INDICATION DES COUCHES DE TERRAIN TRAVERSÉES.	ÉPAISSEUR VERTICALE des couches.	PROFONDEURS.
		m. c.	m. c.
	Report....................	....	31 55
	Schiste friable.....................	5 65	37 20
	Grès gris fin noir.....................	8 70	45 90
	Schiste friable.....................	7 50	53 40
	Grès gris fin blanc.....................	3 00	56 40
	Schiste lamelleux avec empreintes de fougères.....	0 65	57 05
	Grès gris gros blanc.....................	9 80	66 85
Grès houillers sur 74 m. 70. (Suite.)	Schiste solide.....................	2 00	68 85
	Schiste friable.....................	4 40	73 25
	Grès fin mêlé de charbon.....................	4 25	77 50
	Schiste friable.....................	1 45	78 95
	Gros schiste solide.....................	1 05	80 00
	Schiste friable, empreintes.....................	2 05	82 05
	Gros schistes et grès.....................	3 20	85 25
	Schiste friable.....................	2 40	87 65
	Grès noir et gros schiste très dur...............	3 75	91 40
Couche exploitée : 0 m. 80.	Charbon.....................	0 80	92 20
	Gros schiste dur.....................	0 80	93 00
	Schiste friable mêlé d'argile schisteuse..........	2 70	95 70
	Grès gris noir.....................	2 70	98 40
	Schiste avec empreintes de fougères.............	1 10	99 50
	Schiste friable saturé de minerai ou schiste rouge...	3 40	102 90
	Gros schiste solide.....................	2 10	105 00
	Grès gros gris blanc.....................	1 25	106 25
	Schiste gros et friable noir.....................	4 10	110 35
	Grès gris fin vert.....................	5 65	116 00
	Schiste friable avec empreintes de fougères.......	8 40	124 40
Grès houillers sur 83 m. 30.	Grès gris blanc gros, donnant beaucoup d'eau....	3 45	127 85
	Gros schiste saturé, dans quelques parties, de minerai de fer, quelques parties vertes............	1 00	128 85
	Grès gris blanc fin.....................	2 75	131 60
	Schiste noir friable et gros schiste avec empreintes de fougères.....................	11 75	143 35
	Grès gris gros avec cornets de charbon.........	5 50	148 85
	Gros schiste et schiste friable..................	2 55	151 40
	Grès gris noir.....................	2 30	153 70
	Gros schiste, schiste avec rognons de minerai de fer.	5 05	158 75
	Grès gris fin.....................	10 95	169 70
	Schiste friable avec empreintes...............	1 60	171 30
	Schiste friable et charbon mêlé d'argile..........	2 45	173 75
	Gros schiste et grès fin.....................	1 75	175 50
	Lacune (grès et schistes?) sur.................	32 50	208 00

Nº 4. — Coupe du puits Neuf.

ÉTAGES TRAVERSÉS.	INDICATION DES COUCHES DE TERRAIN TRAVERSÉES.	ÉPAISSEUR VERTICALE des couches.		PROFONDEURS.	
		m.	c.	m.	c.
Grès bigarrés de Cublac sur 48 m. 30.	Terre végétale, terre forte rouge..............	2	00	2	00
	Forte argile blanchâtre et grès rouge tendre micacé.	5	8o	7	8o
	Grès gris dur, avec beaucoup de paillettes de mica.	3	00	1o	8o
	Schiste fin et friable....................	6	2o	17	00
	Grès rouge et tendre assez fin................	29	00	46	00
	Schiste tendre et noir tirant sur le rouge.........	2	3o	48	3o
Grès houillers sur 72 m. 95.	Grès gris, solide, mi-fin, micacé..............	8	3o	56	6o
	Schiste assez dur, mais fissuré..............	4	00	6o	6o
	Grès gris verdâtre, semblable au précédent, d'abord très dur dans la partie supérieure, devenant plus tendre à sa base....................	6	6o	67	2o
	Schiste noir peu dur, entremêlé de lits de grès schisteux foncé....................	2	4o	69	6o
	Schiste micacé assez dur, un peu rougeâtre dans le haut, devenant noir dans le bas..............	3	1o	71	7o
	Grès foncé, fin, micacé, assez dur, un peu schisteux, plus gris et moins schisteux dans le bas.......	1	8o	73	5o
	Grès grisâtre assez tendre et renfermant de petits nerfs de schiste noir....................	6	25	79	75
	Schiste noir et couche de houille de o m. 02 d'épaisseur....................	o	3o	8o	o5
	Schiste noir à rognons, peu durs..............	4	1o	84	15
	Schiste noir avec lits de houille intercalés........	o	o8	84	23
	Grès fin schisteux de couleur foncée............	4	o7	88	3o
	Schiste noir....................	3	00	91	3o
	Grès micacé....................	1	00	92	3o
	Schiste rouge peu dur....................	1	00	93	3o
	Grès fin micacé....................	1	1o	94	4o
	Schiste rouge en rognons et veine de fer carbonaté.	1	5o	95	9o
	Schiste noir....................	2	00	97	9o
	Schiste rouge et bleu et lit de terre glaise........	3	2o	1o1	1o
	Grès schisteux de couleur foncée..............	o	5o	1o1	6o
	Schiste rougeâtre et bleuâtre................	1	4o	1o3	00
	Grès fin micacé, de couleur foncée, entremêlé de schiste rouge en rognons....................	1	5o	1o4	5o
	Schiste rouge en boules....................	1	00	1o5	5o
	Schiste noir à empreintes....................	o	35	1o5	85
	Grès schisteux fin et foncé....................	1	4o	1o7	25
	Schiste noir, contenant un nerf de houille vers le milieu du puits....................	o	15	1o7	4o
	Grès gris très dur....................	o	6o	1o8	00

ÉTAGES TRAVERSÉS.	INDICATION DES COUCHES DE TERRAIN TRAVERSÉS.	ÉPAISSEUR VERTICALE des couches.	PROFONDEURS.
		m. c.	m. c.
	Report....................	....	108 00
	Schiste noir.............................	0 60	108 60
	Grès blanc très dur........................	1 10	109 70
	Schiste noir peu feuilleté...................	0 40	110 10
Grès houillers sur 72 m. 95. (Suite.)	Grès gris dur...........................	1 50	111 60
	Grès gris entremêlé de lits de schiste de 0 m. 10 à 0 m. 15 d'épaisseur......................	4 90	116 50
	Même que le précédent, en est séparé par un lit de terre glaise...................	2 20	118 70
	Grès micacé plus tendre que le précédent........	0 95	119 65
	Grès schisteux micacé......................	0 65	120 30
	Schiste micacé feuilleté, très tendre à sa base, avec empreintes végétales.....................	0 95	121 25
Couche exploitée : 0 m. 50.	Couche de houille.......................	0 50	121 75
	Schiste noir tendre.......................	0 35	122 10
	Grès foncé assez dur.......................	1 10	123 20
Grès houillers sur 23 mètres environ.	Schiste noir moyennement dur..............	1 40	124 60
	Même que le précédent, en est séparé par un lit d'argile de 0 m. 02 et passe insensiblement au grès dans sa partie inférieure..............	1 05	125 65
	Lacune d'environ.........................	19 35	145 00
	(Le fonds du puits est dans les grès.)		

N° 5. — COUPE DU PUITS MARCILLAC (LA VALADE).

ÉTAGES TRAVERSÉS.	INDICATION DES COUCHES DE TERRAIN TRAVERSÉS.	ÉPAISSEUR VERTICALE des couches.	PROFONDEURS.
		m. c.	m. c.
	Terre végétale et argile....................	7 10	7 10
Grès bigarrés de Cublac sur 51 m. 70.	Grès gros gris...........................	4 65	11 75
	Schiste rouge...........................	5 45	17 20
	Grès fin gris.............................	8 70	25 90
	Schiste rouge...........................	25 80	51 70
	Grès gris fin noir.........................	6 15	57 85
Grès houillers sur 72 m. 90.	Gros schiste noir, contenant quelques rognons de minerai de fer........................	4 20	62 05
	Gros schiste............................	11 95	74 00
	Grès gris fin noir, avec cornets de charbon et schiste.	6 20	80 20

ÉTAGES TRAVERSÉS.	INDICATION DES COUCHES DE TERRAIN TRAVERSÉES.	ÉPAISSEUR VERTICALE des couches.		PROFONDEURS.	
		m.	c.	m.	c.
	Report........................	....		80	20
	Gros schiste solide noir.....................	0	90	81	10
	Couche de grès fin...........................	0	10	81	20
	Gros schiste solide noir.....................	0	22	81	42
	Grès gros gris noir........................	2	45	83	87
	Schiste avec empreintes, solide...............	0	50	84	37
	Grès gros gris fin	2	30	86	67
	Gros schiste noir veiné de charbon............	2	15	88	82
	Grès gris fin noir	1	20	90	02
	Schiste noir..............................	6	05	96	07
Grès houillers	Grès gros gris blanc........................	4	00	100	07
sur 72 m. 90.	Gros schiste avec empreintes..................	1	80	101	87
(Suite.)	Schiste rouge avec minerai de fer............	1	40	103	27
	Gros schiste..............................	1	33	104	60
	Grès gris fin	2	50	107	10
	Schiste noir très feuilleté...................	3	20	110	30
	Gros schiste noir, saturé de minerai de fer......	2	10	112	40
	Schiste solide, alternant avec parties de grès noir.	5	20	117	60
	Gros grès gris noir........................	1	70	119	30
	Schiste noir feuilleté, avec empreintes de fougères et gros schiste solide......................	2	30	121	60
	Gros grès gris noir	1	90	123	50
	Gros schiste très dur.......................	1	10	124	60
Couche exploitée : 0 m. 50.	Veine de charbon	0	50	125	10
	Grès noir...............................	2	00	127	10
	Schiste friable et gros schiste.................	7	45	134	55
	Grès gris ordinaire.........................	3	45	140	00
	Grès et gros schiste mêlé....................	2	30	142	30
	Schiste noir feuilleté avec empreintes de fougères..	1	60	143	90
	Gros schiste et grès [1]......................	5	30	149	20
Grès houiller	Schiste friable avec empreintes de fougères [1].....	1	75	150	95
sur	Gros schiste avec empreintes de fougères et grès noir..............................	1	25	152	20
120 mètres environ.	Schiste noir feuilleté.........................	0	30	152	50
	Gros schistes et grès noirs..................	3	50	156	00
	Grès gris avec cornets de charbon.............	3	50	159	50
	Grès noir et gros schiste	1	80	161	30
	Schiste friable avec quelques empreintes de fougères.	1	00	162	30
	Grès noir fin.............................	1	60	163	90
	Schiste friable et gros schiste avec empreintes.....	4	90	168	80

[1] Un filon de charbon de 0 m. 02 à 0 m. 03 d'épaisseur traverse ces deux bancs.

ÉTAGES TRAVERSÉS.	INDICATION DES COUCHES DE TERRAIN TRAVERSÉES.	ÉPAISSEUR VERTICALE des couches.	PROFONDEURS.
		m. c.	m. c.
	Report.....................	....	168 80
	Grès noir................................	1 30	170 10
	Gros schiste et grès noir mêlé...............	2 40	172 50
	Gros schiste...............................	1 85	174 35
	Schiste avec empreintes.....................	2 40	176 70
	Gros schiste...............................	3 05	179 75
	Schiste avec empreintes.....................	1 85	181 60
	Grès noir fin..............................	2 55	184 15
	Gros schiste et grès noir....................	8 30	192 45
Grès houiller sur 120 mètres environ. (*Suite.*)	Grès gris blanc fin.........................	2 35	194 80
	Grès gris noir et gros schiste.................	5 60	200 40
	Grès noir et schiste avec empreintes...........	5 00	205 40
	Grès gris blanc.............................	2 75	208 15
	Grès noir et gros schiste....................	3 20	211 35
	Grès gris noir fin..........................	2 20	213 55
	Schiste gros...............................	2 40	215 95
	Schiste avec empreintes.....................	0 25	216 20
	Grès noir..................................	0 65	216 85
	Schiste avec rognons de minerai de fer..........	0 05	216 90
	Lacune d'environ...........................	31 10	248 00
Schistes cristallins 3 mètres?	(Fond du puits dans les schistes cristallins sur quelques mètres.)		

N° 6. — Coupe du puits Renard.

ÉTAGES TRAVERSÉS.	INDICATION DES COUCHES DE TERRAIN TRAVERSÉES.	ÉPAISSEUR VERTICALE des couches.	PROFONDEURS.
		m. c.	m. c.
	Terre végétale argileuse.....................	2 50	2 50
	Schiste rouge, contenant un bloc de grès à gros grains de 4 mètres d'épaisseur d'un côté.......	10 00	12 50
Grès bigarrés de Cublac sur 43 m. 70.	Grès bigarré, fin et tendre à la partie supérieure; il a le grain plus gros vers le milieu de son épaisseur et l'a plus serré vers le bas; la partie à gros grains contient des fissures donnant l'eau......	7 60	20 10
	Schiste rouge micacé ayant beaucoup d'analogie avec ceux de la partie supérieure................	18 40	38 50
	Grès gris vert contenant des paillettes de mica et de petits grains de feldspath décomposé; le quartz y est en très forte proportion et donne à la masse un aspect dur et compact..................	5 20	43 70

ÉTAGES TRAVERSÉS.	INDICATION DES COUCHES DE TERRAIN TRAVERSÉES.	ÉPAISSEUR VERTICALE des couches.	PROFONDEURS.
		m.　c.	m.　c.
	Report...................	....	43　70
Faille sur 15 m. 3o.	On a rencontré une faille dirigée à 110° et inclinée de 68°. Cette faille est composée de détritus de grès vert grisâtre, de schiste charbonneux; on y rencontre quelques fragments de houille.......	//	44　00
	La faille ne tient plus que le quart de la circonférence du puits; terrain toujours très ébouleux..	//	55　00
	La faille a disparu tout à fait pour faire place à un grès à grains fins, micacé, grisâtre..........	//	5g　00
	Grès avec lits de schiste noir................	6　00	65　00
	Schistes noirs très fissiles	5　00	70　00
	Grès gris bleuâtre moins fin que le précédent, peu de mica....................	3　5o	73　5o
	Schiste gris foncé, à empreintes, peu solide......	4　3o	77　80
	Grès friable, à éléments assez gros et désagrégés..	3　3o	81　10
	Schistes noirs, peu fissiles, assez durs pour ne pas exiger de muraillement. A leur partie supérieure, on a trouvé une veine de charbon de o m. 02 d'épaisseur...................	3　go	85　00
Grès houillers sur 51 m. 3o.	Les mêmes schistes, mais avec nombreuses empreintes de fougères..........	1　20	86　20
	Grès à gros grains, très désagrégés, donnant beaucoup d'eau..................	4　8o	g1　00
	Le grès précédent, sans changer de nature, prend un grain plus serré et devient plus solide......	3　20	g4　20
	Schiste rouge en rognons	1　8o	g6　00
	Schiste noir peu fissile................	2　6o	g8　6o
	Schiste rougeâtre, ressemblant à de l'argile.......	2　8o	101　4o
	Grès fin micacé, de couleur bleu-verdâtre.......	4　5o	105　go
	Schiste noir................	o　8o	106　70
	Grès bleu très dur, rendant un son très clair sous le choc du marteau................	3　00	10g　70
	Schiste noir assez feuilleté................	o　6o	110　3o
Couche exploitée : o m. 5o?	Couche de charbon................	[o 5o?]	[o 5o?]
Grès houiller sur 15 à 20 mètres.	Lacune d'environ................ (Fond du puits dans les grès.)	15 à 20 m.	125 à 130 m.

N° 7. — COUPE DU PUITS DE L'ESPÉRANCE.

ÉTAGES TRAVERSÉS.	INDICATION DES COUCHES DE TERRAIN TRAVERSÉES.	ÉPAISSEUR VERTICALE des couches.	PROFONDEURS.
		m. c.	m. c.
Grès houillers et poudingues sur 19 m. 80.	Schiste et terre pourrie......................	1 60	1 60
	Gros grès avec cailloux roulés de quartz.........	8 00	9 60
	Schiste solide, gros, avec empreintes de fougères larges, sans découpures [*Cordaites*]...........	4 20	13 80
	Schiste solide, fin, très lamellé...............	4 16	17 96
	Petite couche de charbon.....................	0 04	18 00
	Schiste gros, solide.........................	1 80	19 80
Conglomérat de Cublac sur 117 m. 75.	Poudingue. (Fond du puits probablement sur les schistes cristallins.)......................	117 75	137 55

COUPE DES TERRAINS
TRAVERSÉS PAR LE PUITS BERNOU, À LARCHE (CORRÈZE).

ÉTAGES TRAVERSÉS.	INDICATION DES COUCHES DE TERRAIN TRAVERSÉES.	ÉPAISSEUR VERTICALE des couches.		PROFONDEURS.	
		m.	c.	m.	c.
	SECTION N° 1.				
	Sables et alluvions..........................	3	oo	3	oo
	Grès jaune et gris avec schiste noir à empreintes...	5	65	8	65
	Schiste gris noir avec filets calcaires............	3	8o	12	45
	Grès gris compact, pyriteux à la base avec traces charbonneuses..............................	7	73	20	18
	Schiste gris en haut et en bas, rouge foncé au milieu....................................	1	63	21	81
	Grès grossier argileux avec lamelles de dolomie....	3	10	24	91
	Grès et schistes noirs mélangés avec empreintes...	o	75	25	66
	Grès fins, puis grossiers......................	1	20	26	86
	Schiste à empreintes de fougères et de calamites..	o	7o	27	56
	Grès fin avec pyrites dans les fissures...........	3	47	31	o3
Grès à *Walchia* sur 49 m. o6.	Schiste à empreintes de fougères et de calamites et filets de houille..............................	o	4o	31	43
	Grès et schistes mélangés.....................	2	33	33	76
	Schiste bitumineux avec écailles de poissons et coprolithes..................................	o	33	34	o9
	Schiste moins bitumineux avec rognons..........	1	37	35	46
	Grès gris fin...............................	3	4o	38	86
	Schiste noir, puis rouge......................	3	oo	41	86
	Grès vert, rouge et gris......................	2	oo	43	86
	Schiste rouge foncé.,.......................	o	5o	44	36
	Schiste et grès vert.........................	1	5o	45	86
	Schiste gris...............................	o	2o	46	o6
	Grès gris.................................	o	25	46	31
	Schiste rouge et gris (faille à 75°).............	o	15	46	46
Rejet...........	Grès gris dur..............................	2	6o	49	o6
	Calcaire noirâtre avec argile durcie............	o	9o	49	96
	Grès fin gris avec rognons....................	3	3o	53	26
	Calcaire noirâtre avec argile durcie............	1	5o	54	76
Calcaires de Saint-Antoine sur 17 m. 20.	Grès fin gris...............................	2	10	56	86
	Calcaire noirâtre avec argile durcie............	3	2o	6o	o6
	Grès fin gris...............................	2	3o	62	36
	Calcaire noirâtre avec argile durcie et écailles.....	3	5o	65	86
	Schiste bleuâtre avec écailles de poissons et coprolithes..................................	o	4o	66	26

ÉTAGES TRAVERSÉS.	INDICATION DES COUCHES DE TERRAIN TRAVERSÉES PAR LE PUITS.	ÉPAISSEUR verticale des couches.	PROFONDEURS.
	Section n° 1. (Suite.)		
	Report.		66 16
	Schistes micacés rouge foncé, avec rognons.	4 7o	70 96
	Grès rouge et gris.	2 3o	73 26
	Grès gris dur.	1 35	74 61
Niveau inférieur de Saint-Antoine sur 20 m. 44.	Schiste rouge.	1 7o	76 31
	Argile rouge et noire par petites écailles.	o 2o	76 51
	Calcaire schisteux avec restes de poissons, a fourni un poisson fossile, entier (recueilli par M. Raulin).	o 8o	77 31
	Grès et schiste rouge et bleu.	9 3o	86 70
	Poudingue avec cailloux de quartz et feldspath.	3 75	90 45
	Schiste et grès rouge et bleu.	3 45	93 90
	Schiste et grès rouge avec rognons.	9 7o	103 60
	Calcaire noir compact.	o 4o	104 00
	Poudingue avec bois silicifié et fibreux.	4 4o	108 40
	Schiste gris noir.	o 4o	108 80
	Grès schisteux rouge avec empreintes noires.	2 15	110 95
	Grès schisteux moins rouge.	1 35	112 30
	Grès et schiste rouge, bouleversé.	[illegible]	[illegible]
	Grès grossier dur.	[illegible]	118 60
	Grès schisteux rouge avec poudingue rouge dur.	4 83	127 03
	Grès gris bleu.	o 8o	127 83
	Grès schisteux rouge tendre avec rognons bleus.	3 5o	131 33
	Grès gris dur.	1 5o	132 83
	Schiste rouge.	o 5o	133 33
Grès rouges inférieurs sur 29 m. 52.	Grès gris.	1 5o	134 83
	Grès grossier ou poudingue.	2 97	137 80
	Schiste rouge et bleu.	o 97	138 77
	Poudingue friable ou grès grossier.	1 76	140 53
	Schiste rouge et bleu.	o 43	140 96
	Poudingue avec nid de schiste rouge et bleu.	10 89	151 85
	Schiste rouge et bleu.	o 38	[illegible]
	Grès gris bleu dur.	5	151 98
	Schiste rouge et bleu en rognons.	[illegible]	156 70
	Grès gris dur fin.	[illegible]	158 00
	Schiste rouge et bleu avec rognons et nids de grès.	8 oo	166 00
	Grès gris.	4 38	170 38
	Grès et schistes rouges traversés par un filon de plâtre rose.	1 98	172 36
	Grès gris.	1 9o	174 26
	Schiste rouge et bleu.	4 9o	179 16
	Grès gris noir grossier, schisteux à la base.	4 44	183 60
	Schiste rouge, bleu et noir d'un côté, grès gris de l'autre (faille).	2 63	186 32

ÉTAGES TRAVERSÉS.	INDICATION DES COUCHES DE TERRAIN TRAVERSÉES.	ÉPAISSEUR VERTICALE des couches.	PROFONDEURS.
		m. c.	m. c.
	Section n° 1. (Suite.)		
	Report.............................	....	186 32
	Grès comme dessus, avec schiste pareil..........	2 57	188 89
	Grès gris noir dur.......................	0 43	189 32
	Schiste noir à empreintes.................	0 55	189 87
	Grès gris assez dur, plus fin que le précédent.....	3 28	193 15
	Schiste noir avec empreintes et filets de houille. ...	0 25	193 40
	Grès gris noir fin et dur...................	2 40	195 80
Grès houiller sur 19 m. 80.	Schistes gris noir avec surfaces lisses...........	0 34	196 14
	Grès gris fin.......................	0 81	196 95
	Schiste gris noir.....................	0 33	197 28
	Grès gris fin.......................	0 90	198 18
	Schiste gris noir.....................	0 89	199 07
	Grès grossier blanc noirâtre, avec taches charbonneuses et filets de houille à la base...........	6 24	205 31
	Schiste noir à empreintes et houille en rognons ...	0 56	205 87
	Grès gris blanc dur et fin, avec fossiles........	0 25	206 12
Niveau à *Callipteris* sur 1 m. 05.	Schiste noir, *avec empreintes déterminées par M. Zeiller.*	0 25	206 37
	Schistes mélangés de charbon et couche de houille de 0 m. 15 à 0 m. 25 d'épaisseur...........	0 80	207 17
	Section n° 2.		
	Schistes noirs............................	3 80	3 80
	Grès noir............................	0 40	4 20
	Schiste noir dur	1 20	5 40
	Grès fin noir.........................	0 80	6 20
	Schiste noir.........................	1 30	7 50
	Grès gris très dur	0 30	7 80
Grès houillers sur 19 m. 60.	Grès gris............................	0 80	8 60
	Grès gris dur	0 20	8 80
	Schiste noir tendre...................	1 00	9 80
	Schiste très noir.....................	1 80	11 60
	Schiste noir.........................	2 20	13 80
	Grès gris schisteux...................	3 60	17 40
	Grès blanc...........................	2 20	19 60
	Schiste rouge marron....................	2 70	22 30
Grès rougeâtres et bigarrés sur 146 m. 43.	Grès gris grossier	0 70	23 00
	Grès rouge marron....................	1 90	24 90
	Grès fin bleuâtre avec fissures rouge foncé........	1 90	26 80
	Grès rouge foncé......................	1 40	28 20

ÉTAGES TRAVERSÉS.	INDICATION DES COUCHES DE TERRAIN TRAVERSÉS.	ÉPAISSEUR VERTICALE des couches.	PROFONDEURS.
		m. c.	m. c.
	Section n° 2. *(Suite.)*		
	Report............................	....	28 20
	Grès fin gris avec teinte rouge foncé............	0 40	28 60
	Grès gris et blanc........................	2 00	30 60
	Grès gris avec schiste intercalé.............	1 80	32 40
	Schiste rouge foncé, très micacé...............	0 40	32 80
	Grès gris fin............................	0 90	33 70
	Schiste rouge foncé avec grès.................	5 50	39 20
	Grès ordinaire mélangé de schistes gris noirs.....	0 80	40 00
	Grès dur tirant sur le blanc.................	4 00	44 00
	Grès schisteux rouge foncé et gris.............	2 90	46 90
	Grès foncé rouge grossier....................	2 30	49 20
	Schiste rouge foncé et grès bleu.............	5 80	55 00
	Grès grossier rouge foncé et gris.............	0 60	55 60
	Schiste rouge foncé avec rognons..............	1 80	57 40
Grès rougeâtres et bigarrés sur 146 m. 43. *(Suite.)*	Grès gris rouge foncé......................	1 00	58 40
	Grès fin noirâtre.........................	0 20	58 60
	Grès rouge foncé..........................	2 00	60 60
	Schiste gris verdâtre......................	1 00	61 60
	Grès gris..............................	2 40	64 00
	Schiste rouge foncé avec veines verdâtres	2 00	66 00
	Grès rouge foncé et gris....................	3 60	69 60
	Schiste bleuâtre vert et rouge foncé...........	2 60	72 20
	Grès grossier blanc et rouge foncé.............	3 80	76 00
	Schiste bleuâtre..........................	0 25	76 25
	Grès gris grossier noirâtre.................	0 75	77 00
	Grès schisteux dur........................	0 10	77 10
	Grès gris grossier noirâtre..................	1 00	78 10
	Grès schisteux très micacé..................	0 25	78 35
	Grès schisteux micacé avec empreintes	0 16	78 51
	Grès noirâtre taché de blanc.................	0 80	79 31
	Argile noirâtre, un peu schisteuse en commençant..	1 00	80 31
	Section n° 3.		
	Schiste rouge foncé........................	2 50	2 50
	Grès blanc grossier.......................	4 00	6 50
	Argile rouge foncé et bleu noir...............	5 20	11 70
	Grès gris..............................	3 40	15 10
	Schiste rouge foncé, gris et noir.............	7 10	22 20
	Grès bleuâtre tacheté de rouge................	4 30	26 50
	Schiste rouge foncé........................	0 25	26 75
	Grès gris..............................	0 85	27 60
	Grès schisteux gris noir micacé..............	0 30	27 90
	Grès gris fin micacé.......................	1 60	29 50

ÉTAGES TRAVERSÉS.	INDICATION DES COUCHES DE TERRAIN TRAVERSÉES.	ÉPAISSEUR VERTICALE des couches.		PROFONDEURS.	
		m.	c.	m.	c.
	SECTION N° 3. (*Suite.*)				
	Report.	. . . .		29	50
	Grès schisteux fin, gris, noir, micacé	0	10	29	60
	Grès très grossier, caillouteux à la base.	2	50	32	10
	Lame de grès schisteux noirâtre	0	02	32	12
	Grès gris plus fin avec veines noirâtres	0	90	33	02
	Grès gris grossier avec empreintes à la base.	3	20	36	22
	Grès gris schisteux micacé avec taches charbonneuses.	0	15	36	37
	Grès grossier blanc mêlé de schiste noir.	2	40	38	77
	Grès gris, très dur à la base.	0	25	39	02
Grès rougeâtres et bigarrés sur 146 m. 43. (*Suite.*)	Schiste noir, mêlé d'argile noire, avec houille et empreintes	2	50	41	52
	Schiste rouge foncé.	2	00	43	52
	Schiste noir à empreintes	0	20	43	72
	Schiste rouge, mêlé de noir, avec empreintes à la base et rognons ferrugineux.	5	80	49	52
	Grès gris fin noirâtre, avec filets de houille, grossier et caillouteux à la base	5	10	54	62
	Schiste gris.	0	60	55	22
	Grès grossier caillouteux, fin et dur à la base, avec empâtement de schiste gris et noir.	10	60	65	82
	Schiste noir en haut et en bas, argile grise au milieu	1	80	67	62
	Terre grasse avec cailloux blancs.	0	03	67	65
	Grès schisteux rouge foncé, avec veines grises.	1	10	68	75
	Grès fin gris assez dur.	1	10	69	85
	Grès et schistes rouge foncé et gris, assez durs. . . .	8	67	78	52
	Grès schisteux gris noirâtre, avec empreintes	1	20	79	72
	Schiste rouge et bleu.	0	30	80	02
	Grès rouge foncé.	0	85	80	87
	Schistes rouges et bleus mélangés de grès.	1	48	82	35
	Même banc.	3	37	85	72
Grès houillers sur 59 m. 37.	Grès schisteux gris noir micacé, quelques empreintes de calamites	2	60	88	32
	Grès gris grossier, très dur au commencement. . . .	1	30	89	62
	Argile schisteuse gris noir, un peu gréseuse à la base.	4	00	93	62
	Grès gris fin dur.	0	67	94	29
	Schiste noirâtre argileux	1	00	95	29
	Grès noirâtre fin.	0	60	95	89
	Argile schisteuse grise et rouge	2	20	98	09
	Divers petits bancs de grès et grès schisteux micacés.	8	00	106	09
	Grès schisteux micacé, avec filet de houille à la base.	0	25	106	34
	Grès grossier gris noir, avec charbon et schistes mêlés.	4	25	110	59

ÉTAGES TRAVERSÉS.	INDICATION DES COUCHES DE TERRAIN TRAVERSÉES.	ÉPAISSEUR VERTICALE des couches.		PROFONDEURS.	
		m.	c.	m.	c.
	SECTION N° 4.				
	Report....................	....		110	59
	Grès gris noirâtre grossier, avec schistes noirs entre-mêlés........................	8	80	8	80
	Schiste noir à empreintes....................	0	15	8	95
	Grès gris très dur.........................	0	80	9	75
	Schiste gris micacé plus tendre..............	0	15	9	90
	Grès schisteux micacé......................	0	40	10	30
Grès houillers sur 59 m. 37. (Suite.)	Grès gris, avec filet de houille; grossier au milieu, avec schiste gris noir...................	6	50	16	80
	Grès schisteux fin, un peu micacé............	1	75	18	55
	Grès gris grossier, dur.....................	2	90	21	45
	Grès schisteux fin, micacé..................	2	10	23	55
	Grès gris grossier, très dur au commencement, avec argile à la base.......................	1	20	24	75
	Grès schisteux mêlé de grès très dur...........	5	00	29	75
	Grès schisteux mêlé de grès très dur...........	1	10	30	85
	Schiste gris noir...........................	0	25	31	10
	Grès gris................................	3	40	34	50
	(Fond du puits n° 4 dans le grès.)				

RÉSUMÉ PAR SECTIONS.

	PROFONDEUR de chaque section.	PROFONDEURS cumulées.
SECTION N° 1....................................	207^m 17^c	
		207^m 17^c
SECTION N° 2....................................	81 31	
		287 48
SECTION N° 3....................................	110 59	
		398 07
SECTION N° 4....................................	34 50	
PROFONDEUR TOTALE...................	——	432^m 57^c

RÉSUMÉ PAR ÉTAGES.

	ÉPAISSEURS partielles.	ÉPAISSEURS totales.
9. Grès à *Walchia*................................	49^m 06^c	49^m 06^c
8. Calcaire de Saint-Antoine........................	17 20	37 64
7. Niveau inférieur de Saint-Antoine, à poissons..........	20 44	
6. Grès rouges inférieurs............................	99 62	99 62
5. Grès houillers.................................	19 80	
4. Niveau à *Callipteris* et couche de houille..............	1 05	40 45
3. Grès houillers.................................	19 60	
2. Grès rougeâtres et bigarrés........................	146 43	146 43
1. Grès houillers.................................	59 37	59 37
ÉPAISSEUR TOTALE....................	——	432^m 57^c

BIBLIOGRAPHIE DES OUVRAGES CITÉS DANS LE TEXTE.

* L'astérisque est affecté aux ouvrages originaux contenant des indications
sur les bassins de Brive et d'Argentat.

ARCHIAC (D'). *Histoire des progrès de la géologie*, t. VIII, *Formation triasique*. Paris, 1860.

BERGERON. *Revue de géologie pour l'année 1886 (système permo-carbonifère)*. Annuaire géologique universel, t. III, p. 204. Paris, Dagincourt, 1887.

— *Étude géologique du massif ancien situé au sud du Plateau central.* Paris, Masson, 1889.

BERTRAND. *La chaîne des Alpes et la formation du continent européen.* Bull. Soc. géol. de France [3], XV, p. 423, 1887.

— *Les bassins houillers du Plateau central.* Bull. Soc. géol. de France [3], XVI, p. 517, 1888.

— *Distribution géographique des roches éruptives en Europe.* Bull. Soc. géol. de France [3], XVI, p. 573, 1888.

BLEICHER. *Essai de géologie comparée des Pyrénées, du Plateau central et des Vosges.* Colmar, Decker, 1870.

BOISSE. *Esquisse géologique du département de l'Aveyron.* Paris, Imprimerie nationale, 1870.

BOUCHEPORN (DE). ** Explication de la carte géologique du département de la Corrèze.* 1re éd., Imprimerie nationale, 1848; 2e édit. Tulle, Bossoutrot, 1875.

— ** Carte géologique du département de la Corrèze en 4 feuilles.* Paris, Imprimerie nationale, 1848. — 2e édit. publiée par M. de Lépinay. Tulle, 1874.

CAREZ. *Revue de géologie pour l'année 1888 (la France).* Annuaire géologique universel, t. V. Paris, Dagincourt, 1889.

COQUAND. *Description géologique du terrain permien du département de l'Aveyron et de celui de Lodève.* Bull. Soc. géol. de France [2], XII, p. 128, 1855.

— *Mémoire géologique sur la présence du terrain permien et du représentant du grès vosgien dans le département de Saône-et-Loire, ainsi que dans la montagne de la Serre (Jura).* Bull. de la Société d'émulation du Doubs, 1857.

CREDNER. *Traité de géologie et de paléontologie.* Paris, Savy, 1879.

Delafond. *Bassin houiller et permien d'Autun et d'Épinac.* Fascicule 1, *Stratigraphie.* Paris, Baudry, 1889.

— *Observations sur le bassin de Blanzy et du Creusot.* Bull. du Serv. géolog. de France, t. II, n° 12, 1890.

Dufrénoy et Élie de Beaumont. *Explication de la carte géologique de France.* Tomes I et II. Paris, Imprimerie royale et nationale, 1841-1848.

Delpon. *Statistique du département du Lot.* Paris, Bachelier, 1831.

Fabre. *Observations sur le terrain permien supérieur de l'Aveyron.* Bull. Soc. géol. de France [2], XXIX, p. 421, 1872.

— *Feuille de Largentière.* Carte géologique détaillée de la France, 1889.

— *Le permien dans l'Aveyron, la Lozère, le Gard et l'Ardèche.* Bull. Soc. géol. de France [3], XVIII, p. 13, 1889.

Fayol. *Études sur le terrain houiller de Commentry.* 1re partie, *Lithologie et stratigraphie.* Bull. de la Soc. de l'industrie minérale [2], XV, 3e et 4e livraisons. Saint-Étienne, Théolier, 1886. — Tirage à part, 1887.

— *Résumé de la théorie des Deltas et histoire de la formation du bassin de Commentry.* Bull. Soc. géol. de France [3], XVI, p. 968, 1888.

Fouqué. * *Feuille d'Aurillac.* Carte géologique détaillée de la France, 1885.

— *Feuille de Mauriac.* Carte géologique détaillée de la France, 1888.

Fournet. *De l'extension des terrains houillers sous les formations secondaires de diverses parties de la France.* Mém. de l'Acad. impér. des sciences, belles-lettres et arts de Lyon, classe des sciences, t. V, 1855.

Gosselet. *Études relatives au bassin houiller du Nord de la France.* Bull. Soc. géol. de France [3], I, p. 409, 1873.

Grand'Eury. * *Mémoire sur la flore carbonifère du département de la Loire et du centre de la France.* Mémoires présentés par divers savants à l'Académie des sciences de l'Institut de France, t. XXIV. Paris, Imprimerie nationale, 1877.

Grossouvre (de). *Observations sur l'origine du terrain sidérolithique.* Bull. Soc. géol. de France [3], XVI, p. 287, 1888.

— *Observations au sujet du trias du nord du Plateau central.* Bull. Soc. géol. de France [3], XVI, p. 336, 1888.

— *Observations sur la théorie des Horst.* Bull. Soc. géol. de France [3], XVII, p. 435, 1889.

Gruner. *Description géologique et minéralogique du département de la Loire.* Paris, Imprimerie impériale, 1857.

— *Étude des bassins houillers de la Creuse.* Paris, 1868.

GRUNER. *Bassin houiller de la Loire*. Paris, Quantin, 1882.

HARLÉ. *Note sur la formation jurassique et la position des dépôts manganésifères dans la Dordogne*. Bull. Soc. géol. de France [2], XXII, p. 33, 1864.

LAPPARENT (DE). *Traité de géologie*. 1re édition, 1883. — 2e édition, 1885. Paris, Savy.

LAUNAY (DE). ** Étude sur le terrain permien de l'Allier*. Bull. Soc. géol. de France [3], XVI, p. 298, 1888.

— *Les dislocations du terrain primitif dans le nord du Plateau central*. Comptes rendus de l'Académie des sciences, 10 décembre 1888.

— *Les dislocations du terrain primitif dans le nord du Plateau central*. Bull. Soc. géol. de France [3], XVI, p. 1045, 1888.

LEFORT. *Le terrain permo-carbonifère [du Nivernais]*. Nevers, Mazeron, 1889.

MARROT. ** Carte géologique du département de la Dordogne à l'échelle de 1/80,000*. Inédite.

— ** Tableau des communes du département de la Dordogne*. Périgueux, Dupont, 1870.

— ** Journal manuscrit des tournées dans le département de la Dordogne, 1836 à 1869*.

MARROT et G. MOURET. ** Carte géologique du département de la Dordogne à l'échelle de 1/200,000*. Périgueux, 1882.

MICHEL-LÉVY. *Aperçu général sur la constitution du Morvan*. Bull. Soc. géol. de France [3], VII, p. 758, 1879.

— *Note sur le terrain houiller des environs de Montreuillon*. Ibid., p. 914, 1879.

— *Sur un gisement français de mélaphyre à enstatite*. Comptes rendus de l'Académie des sciences, 1889.

MICHEL-LÉVY, VÉLAIN et DELAFOND. *Feuille de Château-Chinon*. Carte géol. détaillée de la France, 1883.

MICHEL-LÉVY et DELAFOND. *Feuille d'Autun*. Ibid., 1881.

MOURET. ** Esquisse géologique des environs de Brive*. Bull. de la Société scientifique, historique et archéologique de Brive, t. I. — Tirage à part. Paris, Savy, 1879.

— *Profil en long géologique, au 1/10,000, du chemin de fer de Cahors à Capdenac*. Notice sur les travaux de construction de la ligne. Cahors, 1886.

— *Note sur le lias des environs de Brive*. Bull. Soc. géol. de France [3], XV, p. 358, 1887.

— *Excursion de la Société géologique à Simeyrols*. Bull. Soc. géol. de France [3], XV, p. 875, 1887.

— ** Note sur la stratigraphie du Plateau central entre Tulle et Saint-Céré*. Bull. du Service géolog. de France, t. I, n° 10, 1890.

— ** Feuille de Brive*. Carte géol. détaillée de la France, 1890.

Mouret. *Feuille de Tulle. Cart. géol. détaillée de la France. En préparation.

Neumayr. *Ueber Klimatische Zonen während des Jura und Kreidezeit*. 1883.

Reynès. *Essai de minéralogie et de paléontologie aveyronaises*. Paris, J.-B. Baillière, 1868.

Roche. *Sur les fossiles du terrain permien d'Autun*. Bull. Soc. géol. de France [3], IX, p. 78, 1880.

Rouville (de). *Sur le permien de l'Hérault*. Bull. Soc. géol. de France [3], I, p. 250, 1873.

— *Sur le permien de l'Hérault*. Bull. Soc. géol. de France [3], XVI, p. 350, 1888.

Stuart Menteath. *Note sur certaines relations entre la géologie et l'art des mines. Ibid.* [3], XVII, p. 157, 1888.

Termier. *Étude sur le massif cristallin du mont Pilat*. Bull. du Service géol. de France, t. I, n° 1, 1889.

Vélain. *Le permien dans la région des Vosges*. Bull. Soc. géol. de France [3], XIII, p. 536, 1885.

Zeiller. *Détermination des étages houillers à l'aide de la flore fossile. Résumé des travaux de M. Grand'Eury*. Ann. des mines, 7ᵉ série, t. XII, p. 341, Paris, Dunod, 1877.

— *Note sur quelques plantes fossiles du terrain permien de la Corrèze*. Bull. Soc. géol. de France [3], VIII, p. 196, 1879.

Voir aussi, pour la région du sud et du sud-ouest du Plateau central, la biographie donnée par M. Bergeron (*Étude géologique du massif ancien situé au sud du Plateau central*, p. 345), notamment aux noms suivants :

Bergeron.	Daubrée.	Péron.
Blavier.	Dufrénoy.	Reboul.
Bleicher.	Fournet.	Rey-Lescure.
Boisse.	Garella.	Reynès.
De Boucheporn.	Gervais.	De Rouville.
Brongniart.	Graff.	De Saporta.
Burat.	Grand'Eury.	Sauvage.
Caraven-Cachin.	Magnan.	Marcel de Serres.
Combes.	Manès.	De Verneuil.

LISTE DES FIGURES INSÉRÉES DANS LE TEXTE.

PREMIÈRE PARTIE.

DEUXIÈME PARTIE.

LISTE DES PLANCHES.

Carte du bassin de Brive à l'échelle de 1/320,000.

PLANCHE I.

Figures.
1. Plan de la mine de Cublac.
2. Plan de la concession de Cublac.
3. Carte des deltas houillers du bassin de Brive.
4. Carte des chenaux houillers de Mauriac (*pars*) et d'Argentat.

PLANCHE II.

1. Sondage de la Voute.
2. Coupe du puits Jeanne, de la concession du Lardin.
3 à 9. Coupe des puits de la concession de Cublac.
10. Coupe du puits Bernou, à Larche.

Gravé chez L. Wührer, r. de l'A

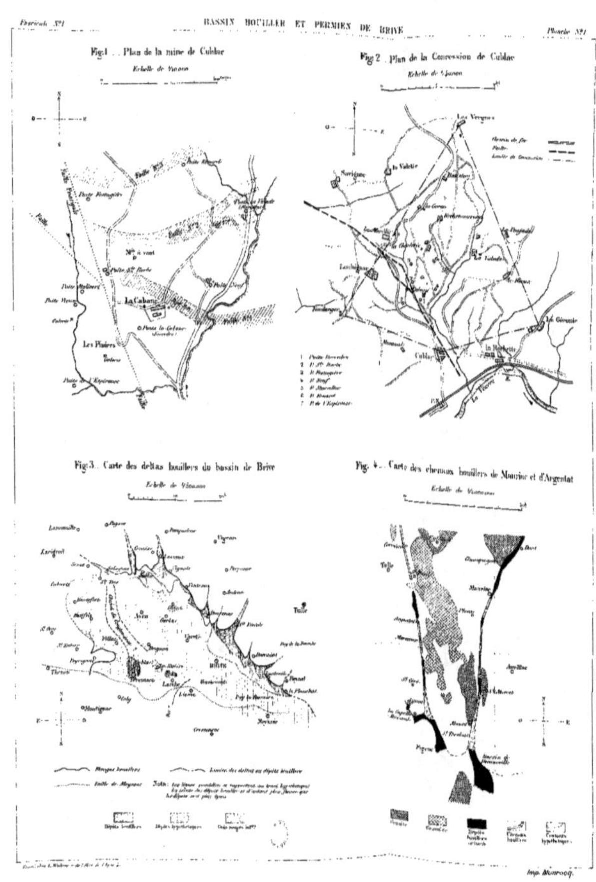

Fig. 1 .. Plan de la mine de Cublac
Echelle de 1/10.000
Fig. 2 . Plan de la Concession de Cublac
Echelle de 1/40.000
Chemin de fer
Route
Limite de Concession
Fig. 3 .. Carte des deltas houillers du bassin de Brive
Echelle de 1/250.000
Fig. 4 .. Carte des chenaux houillers de Maurine et d'Argentat
Echelle de 1/200.000
Morges houillers
Limite des deltas ou dépôts houillers
Faille de Meyssac
Dépôts houillers
Dépôts hypothétiques
Dépôts houillers actuels
Chenaux houillers
Chenaux hypothétiques
Imp. Monrocq.

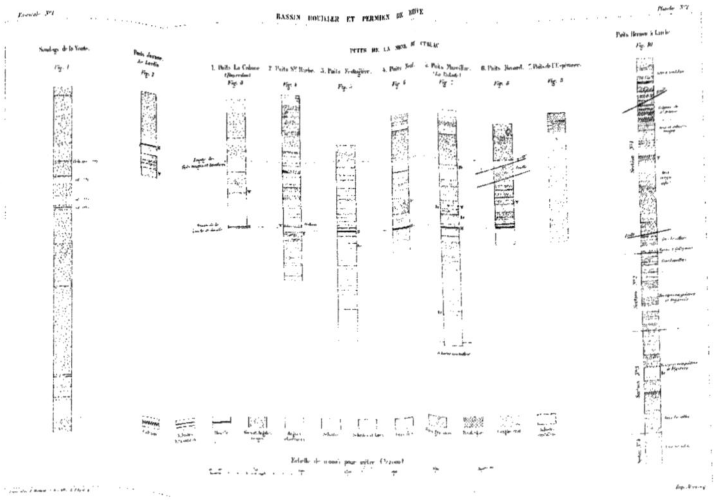

BASSIN HOUILLER ET PERMIEN DE BRIVE

PUITS DE LA MINE DE CUBLAC

Sondage de la Voute.
Fig. 1

Puits Joseph de Laval.
Fig. 2

1. Puits La Colone (Observation).   Fig. 3
2. Puits Ste Marthe.   Fig. 4
3. Puits Fontagère.   Fig. 5
4. Puits Sud.   Fig. 6
5. Puits Mareillac (La Dalude).   Fig. 7
6. Puits Renard.   Fig. 8
7. Puits de l'Espérance.   Fig. 9

Puits Bresson à Larche.
Fig. 10

Échelle de 0m001 pour mètre (? mesures).

Imp. Becquet

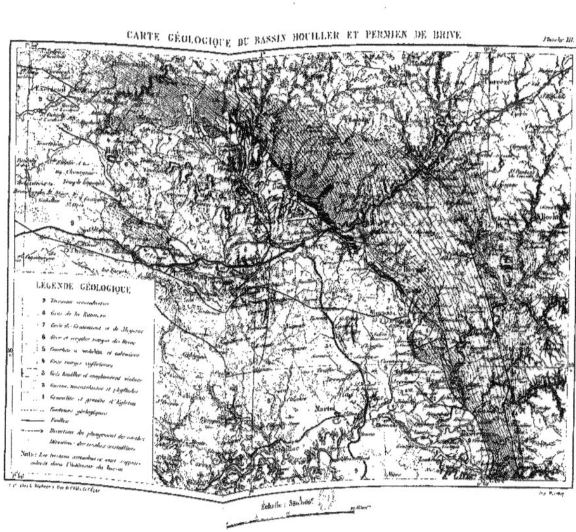

CARTE GÉOLOGIQUE DU BASSIN HOUILLER ET PERMIEN DE BRIVE
Planche III.
LÉGENDE GÉOLOGIQUE

TABLE DES MATIÈRES.

INTRODUCTION.

PREMIÈRE PARTIE.

DESCRIPTION GÉNÉRALE.

CHAPITRE 1er.

BASSIN D'ARGENTAT.

CHAPITRE II.

GRÈS HOUILLERS DU BASSIN DE BRIVE.

CHAPITRE VII.

FAILLES ET ALLURE DES COUCHES.

CHAPITRE VIII.

LE BASSIN DE BRIVE COMPARÉ AUX BASSINS DU SUD DU PLATEAU CENTRAL.

§ 1er. DESCRIPTION SOMMAIRE DES BASSINS.

§ 2. COMPARAISON ENTRE LES BASSINS DU SUD ET CELUI DE BRIVE.

§ 3. CLASSIFICATION DES NIVEAUX HOUILLERS ET PERMIENS.

§ 4. GÉOGÉNIE.

CHAPITRE IX.

EXPLOITATIONS ET RECHERCHES.

DEUXIÈME PARTIE.

DESCRIPTIONS LOCALES.

CHAPITRE X.

BASSIN D'ARGENTAT.

CHAPITRE XI.

RÉGION AU SUD DE LA VÉZÈRE ET DE LA CORRÈZE.

§ 1er. DE TUDEILS AU PLANCHAT.

CHAPITRE XII.

CONTREFORTS ENTRE LA CORRÈZE ET ROZIERS.

CHAPITRE XIV.

ENTRE L'ELLE ET LA LOGNE.